Computational Lithography &
Layout Optimization

전산 리소그라피
레이아웃 최적화

计算光刻与版图优化

计算光刻与版图优化 ISBN 978-7121402265

First published in the Chinese language under the title 计算光刻与版图优化
Korean translation rights arranged with PUBLISHING HOUSE OF ELECTRONICS INDUSTRY CO., LTD through Media Solutions, Tokyo Japan (info@mediasolutions.jp)

전산 리소그라피 레이아웃 최적화

인 쇄: 2024년 3월 10일 초판 1쇄
발 행: 2024년 3월 29일 초판 1쇄

역 자: 김동수 · 김재환 · 김민회
발행인: 송 준
발행처: 도서출판 홍릉
주 소: 01093 서울시 강북구 인수봉로 50길 10
등 록: 1976년 10월 21일 제5-66호

전 화: 02-999-2274~5, 903-7037
팩 스: 02-905-6729
e-mail: hongpub@hongpub.co.kr
http://www.hongpub.co.kr
ISBN: 979-11-5600-149-2(93000)

정 가: 37,000원

낙장 및 파본은 구입처나 본사에서 교환하여 드립니다.

역자소개

김동수 한밭대학교 창의융합학과 교수

학력 및 주요 경력

영남대학교 기계공학 학, 석, 박사
한국기계연구원 책임연구원(프린팅공정장비 팀장, 나노융합기계 본부장, 선임연구 본부장)
한밭대학교 창의융합학과 교수(현재)
미국 UCLA Visiting Scholar, 교육부 중점연구소장
산업통상자원부 반도체디스플레이/에너지절약 및 신재생에너지 전문위원
과학기술정보통신부 국가과학기술위원회 전문위원, 강소특구 전문위원
서울대학교 차세대 융합기술원 전문위원, 국제표준(IEC TC 119 인쇄전자)전문위원
한국유연인쇄전자학회장, 대한기계학회이사 및 한국정밀공학회 3D프린팅위원장
한국플렉시블일렉트로닉스산업협회 부회장, 한국3D프린팅산업협회 대전지회장
미국 UCLA, 마이크로 액츄에이터 공동연구, 덴마크 RISO 연구소, 인쇄 유기태양전지 공동연구
독일 Fraunhofer, 4D 프린팅 분야 공동연구, 일본 동경대학교, ESD 프린팅 공동연구
일본 RIKEN, Protein Array 공동연구, 특허 240건, 논문 132편 및 발표 200건, 정부 과제 69건

주요 수상경력

대한민국 대통령 과학기술 훈장(도약장)
정진기이사장상 과학기술부문(Roll Printer)
과학기술교육부 장관상(국가 R&D 100선 우수성과상, Roll Printer)
대한기계학회장 기술상(3D프린팅 & Roll Printer)
부총리겸과학기술부 장관상(우수연구자)
산업통상자원부 장관상 (인쇄전자)
특허청장상(3D 프린팅)
한국기계연구원장상(최우수금상, 디지털 3차원 실물복제기)

김재환 인하대학교 기계공학과, 인하펠로우 교수

학력 및 주요 경력

한국과학기술한림원 공학부 정회원 (2012.11-현재)
한국공학한림원 기계공학분과 일반회원 (2015.1-현재)
Institute of Physics Fellow (1998-현재)
BK21+ 지속가능 기계시스템 사업단 단장 (2015.3-2016.2)
한국연구재단 지정 나노셀룰로오스 미래복합재 창의연구단 단장 (2015.12-현재)
과학기술부/연구재단 지정 EAPap Actuator 창의연구단 단장 (2003.7-2012.4)
Smart Materials and Structures 국제학술지 부편집인
Smart Nanosystems in Engineering and Medicine 국제학술지 부편집인
Int. J. Precision Eng. Manufacturing- Green Technology 국제학술지 편집인
SPIE's Smart Structures and Materials & NDE 국제학술대회 조직위원장
2017년도 Hayashi Jisuke Award, The Cellulose Society of Japan
2008년도 제11회 인천광역시 과학기술 대상 수상
2013년 현송공학상 수상

연구 분야

지능재료: Electroactive Paper, 나노셀룰로오스, 친환경 레진
지능 디바이스: 소프트 액추에이터, 햅틱, 스피커, 모터, 에너지 하베스터, 유연 센서
복합재: 친환경 고강도 복합재, 친환경 다기능 복합재, 친환경 흡음재, 단열재, 포장재

김민회 국립한밭대학교 창의융합학과 교수

학력 및 주요 경력

연세대학교 기계전자공학부(1999-2006)
서울대학교 전기컴퓨터공학부(2006-2013)
국립한밭대하교 교수 (2013-현재)

연구 분야

전자 소자(메모리, 센서) 및 반도체/디스플레이 공정

Computational Lithography & Layout Optimization

전산 리소그라피 레이아웃 최적화

웨이야이 · 수야잔 · 동리송 · 장리빈 · 첸루이 · 자오리준 공저

김동수 · 김재환 · 김민회 공역

첨단 기술 노드에서 집적 회로 제조의 실제 상황을 밀접하게 따르고, 전산 리소그래피 및 레이아웃 최적화의 개발 상태와 향후 동향을 다루고, 에칭 이론을 체계적으로 소개하고, 레이아웃 설계 간의 관계를 논의한다. 제조 프로세스 뿐만 아니라 레이아웃 설계가 제조 수율에 미치는 영향, 레이아웃 설계 및 제조 프로세스의 협업 최적화에 대한 개념과 방법론을 소개하고 논의했으며, 구체적인 구현 사례를 기반으로 업계의 구체적인 사례를 소개한다.

電子工業出版社

도서출판 홍릉

전산 리소그라피 및 레이아웃 최적화

리소그라피는 집적 회로 제조의 핵심 기술이며, 리소그라피 공정 비용은 집적 회로 제조 총 비용의 3분의 1을 초과했다. 집적 회로 제조의 여러 공정 단위 중 리소그라피 공정만이 실리콘 웨이퍼에 그래픽을 생성하여 소자와 회로의 3차원 구조 제작을 완성할 수 있다. 컴퓨터 리소그라피는 리소그라피 이미징 품질과 공정 기간을 더욱 개선할 수 있는 효과적인 수단으로 인정받고 있다. 리소그라피 이미징 모델을 기반으로 전산 리소그라피는 광원의 조명을 최적화하고 마스크의 이미지 모양과 크기를 수정할 수있을뿐만 아니라 공정 난이도의 관점에서 설계 레이아웃에 대한 수정을 제안하고 궁극적으로 리소그라피 공정이 충분한 해상도와 공정 창을 갖도록 보장 할 수 있다. 이 책은 7개의 장으로 구성되어 있으며, 먼저 집적 회로 설계 및 제조 프로세스에 대한 간략한 소개, 집적 회로 물리적 설계 (라벨 설계)의 전체 프로세스를 소개 한 다음 리소그라피 모델, 해상도 향상 기술, 식각 효과 보정, 제조 가능성 설계를 소개하고 마지막으로 설계 및 프로세스 최적화를 소개한다.

이 책의 내용은 첨단 기술 노드 집적 회로 제조의 실제 상황에 밀착하여 계산 리소그라피 및 레이아웃 최적화의 개발 현황과 향후 동향을 다루고 계산 리소그라피 및 식각 이론을 체계적으로 소개하고 레이아웃 설계와 제조 공정의 관계 및 레이아웃 설계가 제조 수율에 미치는 영향을 논의하고 레이아웃 설계와 제조 공정의 공동 최적화의 개념과 방법론을 설명하고 논의하며 구체적인 구현 사례와 함께 업계의 구체적인 실무를 소개한다. 이 책은 집적회로 설계 및 제조 분야의 실무자뿐만 아니라 대학의 마이크로일렉트로닉스 관련 학과 학부생, 대학원생 및 참고서로서도 적합하다.

에디션 카탈로그의 도서(CIP) 데이터

전산 리소그라피 및 레이아웃 최적화 / 웨이 야이. Beijing: 전자 산업 보도, 2021.1
(집적 회로 기술 시리즈)

ISBN 978-7-121-40226-5

서문

집적 회로(칩)는 기술 발전의 산물이자 현대 정보 사회의 토대다. 현재 인공 지능, 무선 통신, 가상 현실, 사물 인터넷과 같은 핫한 기술과 응용 프로그램은 모두 고성능 칩에 의존하여 달성되므로 칩의 설계 및 제조 능력은 국가의 기술력을 나타내는 중요한 지표다. 독자적인 혁신과 발전을 달성하기 위해 국가 중장기 과학기술 발전 계획 개요(2006~2020년)에 따라 2008년부터 집적회로 장비 및 전체 세트 제조 특별 프로젝트가 시행되기 시작했다. 그 이후로 중국은 집적 회로 제조 장비, 완전한 기술 및 재료 기술 세트의 경적을 울리고 일련의 핵심 기술을 습득했으며 독립적 인 산업 기술 혁신을 달성했다. 2014년 국무원은 국가 차원에서 배치하고 국내 시장의 장점을 최대한 활용하며 혁신, 산업 및 자금의 3사슬 통합을 실현하고 국제 선진 수준을 따라 잡고 능가하는 속도를 가속화하며 집적 회로 산업의 비약적인 발전을 달성하기 위해 노력할 것을 제안한 국가 집적 회로 산업 발전 촉진 개요를 발표했다.

국가 집적 회로 산업 발전의 고급 인재에 대한 긴급한 수요를 최대한 빨리 충족시키기 위해 교육부 및 기타 6개 부서는 2015년에 대학 내 시범 마이크로 일렉트로닉스 대학 건설 지원에 대한 통지를 발표하여 집적 회로 설계, 제조, 패키징 테스트 및 장비 및 재료 방향으로 엔지니어링 인재 양성을 가속화하도록 요구했다. 최초의 시범 마이크로일렉트로닉스 단과대학 중 하나인 중국과학원(CAS) 마이크로일렉트로닉스 대학은 집적회로의 고급 리소그라피 및 레이아웃 최적화에 관한 세미나를 최초로 개설했다. 이 과정은 실제 집적 회로 제조와 밀접한 관련이 있으며 레이아웃 설계가 기판에 어떻게 전달되는지 심도 있고 체계적으로 소개한다. 여러 교사와 학생들의 공동 노력을 통해 강좌의 내용과 형식이 점차 성숙해졌다.

리소그라피는 집적 회로 제조의 핵심 기술로, 칩 제조 비용의 3분의 1 이상이 리소그라피 공정에 사용된다. 집적 회로 제조의 많은 공정 단위에서 리소그라피만이 실리콘 웨이퍼에 그래픽을 생성하여 장치와 회로의 구성을 완성할 수 있다. 리소그라피 기술의 발전으로 실리콘 웨이퍼의 그래픽은 점점 더 작아지고 레이아웃 밀도는 계속 증가하여 무어의 법칙이 기대하는 기술 노드를 실현하고 있다. 기술 노드가 발전함에 따라 리소그라피 기술의 의미와 확장도 계속 진화하고 있다. 0.35mm 기술 노드 이전에는 리소그라피 공정을 코팅, 노광 및 현상(디자인 레이아웃이 마스크에 직접 준비됨)으로 간단히 분해할 수 있으며, 리소그라피 기계는 코팅된 웨이퍼에 마스크 패턴을 투사할 수 있을 만큼 높은 해상도를 가지고 있으며, 현상 후 도면은 디자인 레이아웃과 일치한다. 0.18mm 이하의 기술 노드에서는 리소그라피 이미징 중 왜곡을 보정해야 하며, 디자인 레이아웃을 마스크에 준비하기 전에 광학 근접 보정(OPC)을 수행해야 한다. 이 마스킹 보정은 이미징 중 왜곡을 효과적으로 보정하여 웨이퍼 표면에 레이아웃 설계와 최대한 일치하는 패턴을 생성한다. 기술 노드가 작아질수록 근접 효과 보정은 점점 더 복잡하게 진화한다. 예를 들어, 90nm 기술 노드는 하위 해상도 지원 기능인 SRAF를 추가하기 시작한다); 20nm 이하 기술 노드에서는 레이아웃 보정만으로는 해상도 및 프로세스 창 요구 사항을 충족 할 수 없지만 마스크의 노출 시간 소스 조사 (예 : 조명 조건)도 최적화해야한다. 즉, 광원과 마스크 그래픽 공동 최적화 (소스 마스크), 공동 최적화 (SMO)만이 리소그라피 프로세스의 품질을 보장한다.

서문

리소그라피 공정의 목적은 기판의 레이아웃을 높은 충실도로 반영하는 것이다. 그러나 리소그라피 해상도 및 정렬 오류와 같은 일련의 기술적 조건으로 인해 리소그라피 프로세스는 모든 그래픽의 프로세스 창을 보장 할 수 없으며 일부 복잡한 그래픽은 레이아웃에서 피해야 한다. 또한 레이아웃 디자인에 대한 제한은 제조 비용에 대한 고려에서 비롯된다. 레이아웃 디자인에 대한 이러한 제한은 레이아웃에서 그래픽의 크기와 상대적 위치를 지정하는 일련의 기하학적 매개 변수 인 디자인 규칙을 통해 제조 공장에서 레이아웃 부서로 먼저 전달되었다. 기술 노드가 작아지고 더 많은 규칙이 사용됨에 따라 완성된 레이아웃은 설계 규칙에 의해 검사되어야 하지만, 복잡한 2D 그래픽은 기하학적 치수 집합으로 설명하기 어렵기 때문에 설계 규칙 검사로는 제조 수율에 영향을 미치는 레이아웃의 모든 문제를 찾아내지 못한다. 따라서 업계에서는 설계 레이아웃의 공정 시뮬레이션을 기반으로 제조 개념에 맞는 설계를 제안하고, 제조 수율에 영향을 미치는 부분을 발견하여 수정을 제안한다. 제조 지향 설계는 공정 개발 주기를 단축하고 제조 수율을 빠르게 개선하며 제조 비용을 크게 절감한다. 65~40nm 기술 노드 공정은 신속하게 개발하여 양산에 투입할 수 있으며, 제조 가능성 설계는 핵심 요소 중 하나이다.

집적 회로가 14nm 이하로 발전함에 따라 리소그라피 기술은 한 번의 노광으로 한 층의 디자인을 구현하는 것에서 여러 번의 노광을 사용하여 한 층의 레이아웃을 구현하는 것으로 발전했다. 이 다중 노출에는 리소 에칭-리소 에칭(LELE), 자체 정렬 이중 또는 다중 패터닝, SADP 및 SAMP와 같은 다양한 구현 방식이 있다. 리소그라피 기술 경로에 따라 서로 다른 레이아웃 규칙을 지원할 수 있다. 과거에는 리소그라피 공정이 리소그라피 엔지니어에 의해 결정되었고, 주어진 리소그라피 공정에 따른 설계 엔지니어의 레이아웃은 더 이상 설계 및 공정 최적화 요구 사항을 충족할 수 없었다. 설계 엔지니어는 리소그라피 엔지니어와 협력하여 레이아웃이 기술 노드의 요구 사항과 제조 가능성을 모두 충족하는지 확인하기 위해 리소그라피 솔루션을 식별해야 한다. 이를 위해 설계 및 기술 공동 최적화(DTCO)라는 새로운 기술 개념이 도입되어 업계에 빠르게 적용되고 있다. 설계 및 제조 공동 최적화는 설계자와 제조 공장 간의 양방향 커뮤니케이션을 연결한다. 기술 노드가 더욱 줄어들고 설계 및 공정 복잡성이 더욱 증가함에 따라 집적 회로 제조의 공정 수율을 개선하는 데 큰 의미가 있다.

1장에서는 집적 회로를 설계하고 제조하는 과정에 대한 개요를 제공한다. 다음 장으로 넘어가기 위한 기반을 마련하기 위해 이 책에서는 설계와 제조가 어떻게 상호 연결되는지에 대해서도 설명한다. 2장에서는 집적 회로의 물리적 설계를 소개하고 집적 회로 레이아웃 설계의 전체 프로세스를 자세히 설명한다. 3장과 4장에서는 각각 리소그라피 모델과 해상도 향상 기술에 대해 설명한다. 리소그라피 모델은 웨이퍼 기판에서 리소그라피를 구현하는 데 사용되며, 모든 리소그라피 제조 가능성 확인은 리소그라피 시뮬레이션을 기반으로 한다. 이 장은 후속 장의 이론적 기초를 제공한다. 에칭은 포토레지스트의 패턴을 기판으로 전사하는 역할을 하며, 이 전사 편차는 큰 기술 노드에서는 무시할 수 있지만 작은 기술 노드에서는 이 편차를 고려해야 하며 새로운 유전체 재료 및 하드 마스크의 도입으로 인해 이 편차가 그래프의 모양과 밀접한 관련이 있다. 마스크의 패턴은 이 편차를 다시 타겟

팅해야 한다. 6장에서는 레이아웃 관련 제조 공정, 즉 리소그라피, 화학적 기계 연마(CMP) 및 기타 공정에 더 적합한 레이아웃 설계를 만드는 방법에 중점을 둔 제조 가능성 설계를 소개한다. 7장에서는 설계 및 공정 공동 최적화와 공동 최적화 아이디어를 설계 및 제조 공정에 구현하는 방법을 소개한다.

집적 회로 설계 및 제조는 전문 어휘를 수입하고 영어로 직접 소통하는 국제적인 산업이다. 이 전문 어휘를 중국어로 정확하게 번역하는 방법은 어려운 과제이다. 예를 들어, 영어로 "레이아웃"이라는 단어는 마스크의 그래픽, 즉 근접 효과를 위해 수정되지 않은 "GDS" 파일(사전 OPC)이 아니라 물리적 디자인이 완료된 후의 그래픽으로 정의된다. 이 책은 모호함을 피하기 위해 두 가지 접근 방식을 채택했다. 하나는 전문 어휘가 나타나는 곳에 괄호로 해당 영어를 표시하는 것이고, 다른 하나는 독자가 쉽게 접근 할 수 있도록 책 끝에 중국어-영어 일치 전문 어휘 검색을 추가하는 것이다. 추가 학습에 대한 독자의 요구를 충족시키기 위해 각 장의 마지막에 참고 문헌이 제공된다. 이러한 참고 문헌은 필터링되어 있으며 기본적으로 업계에서 더 고전적인 자료이다.

이 책은 중국과학원 대학교 마이크로전자공학부와 중국과학원 마이크로전자공학연구소의 지원으로 완성되었다. 특히 첨단 리소그라피의 중요성을 인식하고 본 연구 그룹의 연구 개발을 장기간 지원해 주신 예위춘 교수님께 감사의 말씀을 드린다. 저자의 작업을 지원해 준 저우 유메이, 자오 차오, 왕 웬우 덕분에 이 책은 그들의 도움 없이는 독자들을 이렇게 빨리 만날 수 없었을 것이다. 중국과학원 마이크로전자공학연구소 선도공정연구개발센터의 동료들 덕분에 이 책에 영감과 자료를 제공한 것은 그들의 훌륭한 상호 작용과 협력 덕분이었다.

이 책은 중국과학원 마이크로전자공학연구소의 전산 리소그라피 연구 개발 센터 선생님들의 공동 노력의 결과물이다. 1장은 웨이 야이와 장 리빈이, 2장은 자오 리준 박사가, 3장은 동 리송이, 4장은 4.2.2 다중 그래픽 이미징 기술 외에 동 리송이, 5장은 멩 링장 박사가 초기 기획에 참여한 첸 루이가, 6장은 웨이 야이가, 7장은 소야주안이 공동 저술했다. 집적 회로 기술 노드가 지속적으로 발전함에 따라 계산 리소그라피 및 레이아웃 최적화의 의미와 확장도 진화하고 있다. 저자는 재 인쇄시 더 개선 될 수 있도록 독자들이 비판하고 수정하기를 진심으로 바란다.

역자서문

반도체는 미래의 먹거리 중 하나로 자동차, 스마트폰, 가전 등 모든 제품의 핵심을 이룬다. 반도체 제조 공정 중 리소그라피는 가장 중요하고 복잡하며 비용이 많이 드는 반도체 제조의 핵심 기술로, 실리콘 웨이퍼에 3차원 구조를 제작할 수 있는 기술로 실리콘 웨이퍼에 설계 레이아웃을 정확히 구현하는 역할을 한다. 본 서는 전산 리소그라피를 통한 반도체의 레이아웃 설계부터 디지털 회로의 물리적인 설계, 리소그라피의 전산해석을 위한 수학적 모델링, 이미지 해상도 향상기술, 에칭공정에서 보정기술, 그리고 디자인 규칙을 확인하는 제조 가능성을 고려한 설계를 다룬다. 리소그라피는 반도체에 대한 이해를 기반으로 광학을 사용하므로 빛의 파동, 간섭, 산란에 대한 이해, 포토레지스트와 실리콘 웨이퍼의 에칭 그리고 제조공정에 이르기까지 폭넓은 분야를 다루는 다학제 분야이다. 따라서 본 서는 학부에서는 고학년의 심화과정에서 교재로 사용이 가능하며, 대학원의 반도체 제조 그리고 MEMS(Microelectromechanics System) 과목에서 사용할 수 있다.

본 서를 번역하는데 수고하신 역자들과 번역을 도운 한밭대 원미진, 오경석, 이건희 대학원생, 박화목, 이주환, 조혜령, 박지영, 천혜랑 학부생, 인하대 장양소철, 주수수, 자요휘군에게 감사를 드립니다. 본 서의 출판이 이루어지기까지 수고하신 홍릉출판사의 관계자에게도 깊은 감사를 드립니다.

목차

CHAPTER 01 개요

CHAPTER 02 집적 회로 물리적 설계

CHAPTER 03 리소그라피 모델

CHAPTER 04 해상도 향상 기술

CHAPTER 05 에칭 효과 보정

목차

CHAPTER 07

협업 설계 및 프로세스 최적화

CHAPTER 01

개요

집적 회로 (칩) 생산의 전체 프로세스는 설계, 제조 및 패키징 및 테스트로 나눌 수 있다. 집적 회로 설계 회로의 기능 및 성능 요구 사항에 따라 시스템 구성, 회로 형태, 장치 구조, 프로세스 체계 및 설계 규칙을 올바르게 선택한 경우 칩 면적과 전력 소비를 최소화하여 성능 요구 사항을 충족하는 집적 회로를 설계해야 한다. 집적 회로 설계의 최종 출력은 레이아웃이다. 집적 회로 제조는 설계의 요구 사항에 따라 산화, 리소그라피, 식각, 확산, 에피택시, 필름 증착, 증착, 전기 도금 등과 같은 반도체 제조 공정 후 특정 기능을 가진 회로를 형성하는 데 필요한 반도체, 저항기, 커패시터 및 기타 구성 요소와 이들 사이의 연결 와이어를 모두 하나의 실리콘 칩에 통합한다. 집적 회로 제조에서 가장 중요하고 복잡하며 비용이 많이 드는 공정은 리소그라피로, 실리콘 웨이퍼에 설계 레이아웃을 정확하게 구현하는 역할을 한다. 리소그라피 기술의 발전으로 디바이스의 크기는 점점 더 작아지고 칩의 집적도는 점점 더 높아지고 있으며, 무어의 법칙에 따라 집적회로는 지속적으로 축소되고 있다. 완성된 실리콘 웨이퍼(웨이퍼)는 슬라이싱을 통해 작은 웨이퍼(다이)로 절단한 후 패키징 된다. 집적 회로 패키징은 집적 회로 칩의 내부 및 외부 전기 연결에 중요한 역할을 할뿐만 아니라 집적 회로 칩의 기계적 또는 환경 보호 역할을하는 집적 회로 칩에 안정적이고 신뢰할 수있는 작업 환경을 제공하여 집적 회로 칩이 정상적인 기능을 수행하고 높은 안정성과 신뢰성을 보장 할 수 있도록 한다. 패키지 칩은 설계 성능 요구 사항을 충족하는지 확인하기 위해 전기적으로 테스트해야 한다.

그림 1-1은 집적 회로 설계 및 제조의 전체 흐름과 각 생산 단계별 대표 기업을 보여준다. 설계만 하는 회사를 흔히 '팹리스' 또는 '디자인 하우스'라고 하는데, 미국의 퀄컴과 같이 설계만 하는 회사를 팹리스, 제조만 하는 회사를 파운드리라고 하는데, SMIC나 대만의 TSMC와 같이 제조만 하는 회사를 파운드리라고 한다. 물론 이러한 설계, 제조, 패키징 테스트는 미국의 인텔이나 한국의 삼성과 같이 한 회사에서 수행할 수도 있는데, 이를 통합 설계 및 제조(IDM) 회사라고 한다. TSMC는 칩 제조 외에 패키징 테스트도 할 수 있다. 이렇게 설계와 제조가 통합된 회사도 제조 역량을 개방하여 순수 설계 회사에게 제조 서비스를 제공할 수 있다.

집적회로는 기판 소재에 따라 실리콘(Si) 소자, 갈륨비소(GaAs) 소자, 탄화규소(SiC) 소자로 나눌 수 있고, 기능과 구조에 따라 아날로그 집적회로, 디지털 집적회로, 디지털-아날로그 하이브리드 집적회로로 나눌 수도 있다. 아날로그 집적회로는 다양한 아날로그 신호(시간에 따라 진폭이 연속적으로 변하는 신호)를 생성, 증폭, 처리하는 데 사용되며, 디지털 집적회로는 다양한 디지털 신호(시간에 따라 진폭이 불연속적으로 변하는 신호)를 생성, 증폭, 처리하는 데 사용된다. 집적 회로는 전도 유형에 따라 양극성 접합과 양극성 접합으로 나눌 수도 있다. 양극성 집적 회로에서는 대부분의 캐리어와 소수의 캐리어(캐비티 및 전자)가 활성 소자의 전도에 관여하며, 트랜지스터의 구조는 트랜지스터-트랜지스터-로직(TTL)과 같이 NPN 또는 PNP이다. 단극 트랜지스터는 전계 효과 트랜지스터(FET), 금속 산화물 반도체(MOS) 집적 회로에서 많은 수의 캐리어만이 전기를 전도하기 때문에 흔히 금속 산화물 반도체(금속 산화물 반도체)라고도 하는 단극 집적 회로이다. 용도에 따라 집적 회로는 범용 및 애플리케이션 별 IC(ASIC)로 나눌 수 있으며, 일반 집적 회로는 표준 입력 및 출력 모드를 의미하며 컴퓨터의 메모리 칩과 같은 집적 회로의 일부 공통 기능을 완료하고 특수 집적 회로는 특정 사용자 또는 집적 회로로 만들어진 특정 전자 시스템을위한 것이며 특정, 일반적이지 않은 기능을 달성한다.

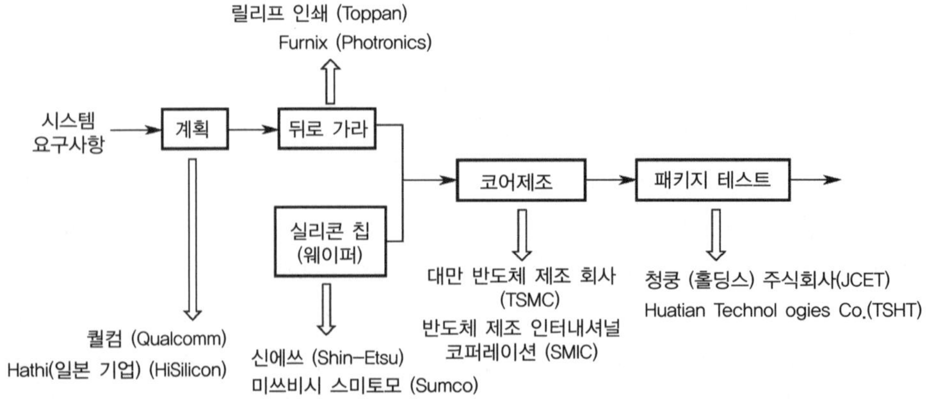

그림 1-1 집적회로 설계 및 제조 전체 흐름도(각 생산 단계에 해당하는 대표 기업도 그림에 표시)

Si 기판을 기반으로 하는 상보형 MOS(CMOS)는 현재 집적 회로에서 가장 널리 사용되는 재료 중 하나다. CMOS는 그림 1-2와 같이 N 채널 MOS 튜브와 P 채널 MOS 튜브로 구성된다. 입력이 낮으면 PMOS 파이프가 켜지고 NMOS 파이프가 꺼지고 출력이 높고, 입력이 높으면 PMOS 파이프가 꺼지고 NMOS 파이프가 켜지고 출력이 낮아진다. CMOS의 정적 전력 소비는 0에 가까워 다른 장치보다 훨씬 우수하며 더 높은 집적 밀도를 달성 할 수 있다. 대부분의 대규모 집적 회로가 CMOS 구조를 기반으로 한다는 점을 고려할 때이 책의 많은 내용은 CMOS를 기반으로 한다.

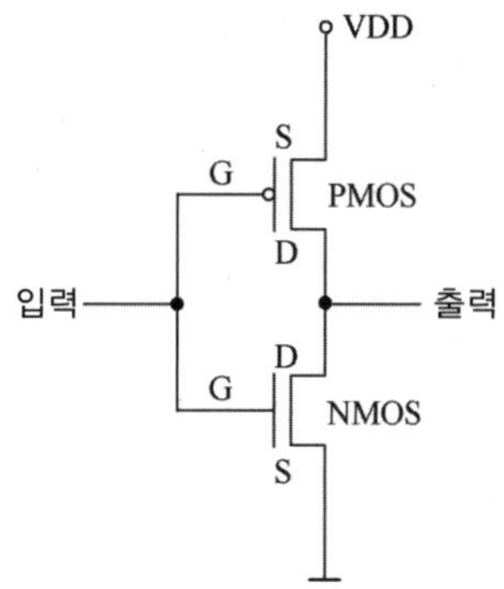

그림 1-2 CMOS의 기본 구조

이 장에서는 집적 회로의 설계 흐름, 집적 회로 제조의 공정 흐름, 설계와 제조의 관계에 대해 간략하게 설명한다.

1.1 IC 설계 흐름 및 설계 도구

1.1.1 집적 회로 설계 프로세스

집적 회로에는 두 가지 설계 아이디어가 있다. 하나는 상향식(바텀업), 즉 공정에서 시작하여 단위 설계를 먼저 수행하고 전체 시스템의 최종 설계가 완료될 때까지 기능 블록 및 하위 시스템 설계를 점진적으로 수행하는 것이다. 대부분의 아날로그 집적 회로와 더 간단한 디지털 집적 회로는 "상향식" 설계 방법을 채택한다. 다른 하나는 하향식이다. 설계자는 먼저 동작 설계를 수행 한 다음 구조 설계를 수행 한 다음 각 하위 단위를 논리 다이어그램 또는 회로 다이어그램으로 변환하고 마지막으로 회로 다이어그램을 제조를위한 레이아웃으로 변환한다. 현재 대부분의 고급 디지털 집적 회로는 이러한 "하향식" 설계 방식을 채택하고 있다. 독자는 설계에 관한 논문을 참조하여 설계 지식을 심도 있게 배울 수 있다(예: 참고 문헌 [1, 2]).

"하향식" 설계 흐름은 시스템 기능 설계, 로직 및 회로 설계, 레이아웃 설계의 세 가지 주요 단계로 나눌 수 있다. 설계 프로세스 전반에 걸쳐 다양한 데이터베이스(라이브러리)를 사용해야 하며, 시스템 설계 검증, 로직 검증, 회로 검증, 레이아웃 검증 등 각 단계의 설계를 검증해야 한다. 시스템 기능 설계의 목표는 시스템 기능을 실현하고 기본 성능 요구 사항을 충족하는 것이다. 이 프로세스에는 기능 블록 분할, 동작 수준 설명 및 동작 수준 시뮬레이션이 포함된다. 기능 블록 분할의 원칙은 첫째, 기능 블록의 크기가 합리적이어서 각 기능 블록을 독립적으로 설계하는 데 편리하고, 둘째, 기능 블록 간의 연결이 가능한 한 적고 인터페이스가 명확하다는 것이다. 동작 수준 시뮬레이션(사전 시뮬레이션)은 전체 기능과 타이밍이 올바른지 확인하기 위해 수행된다. 로직 및 회로 설계의 작업은 위의 시스템 기능을 만족하는 로직 또는 회로 구조를 결정하는 것이며, 그 출력은 RTL (레지스터 전송 레벨) 파일, 즉 하드웨어 설명 언어

(HDL)로 설명 된 레지스터 전송 레벨 회로이며 회로 넷리스트 (넷리스트)라고도 한다. 집적 회로 설계 프로세스에서 언급되는 RTL은 일반적으로 Verilog/VHDL 설계 파일을 의미한다. 여기서 디지털 회로와 아날로그 회로의 설계 프로세스는 완전히 동일하지 않다. 디지털 회로의 설계는 표준 셀 라이브러리를 호출하여 수행된다. 셀 라이브러리는 집적 회로 제조 회사(파운드리)에서 제공하는 셀 회로 그룹(예: 인버터, 논리 게이트, 메모리)의 모음이다. 셀 라이브러리의 회로는 반복적인 공정 검증을 거쳤으며 제조성이 우수하여 공장에서 비교적 쉽게 제조할 수 있다. 이러한 단위 회로의 조합을 로지스틱 합성이라고도 한다. 디지털 회로의 논리 합성은 일반적으로 전용 소프트웨어에 의해 완료되는 반면 아날로그 회로에는 좋은 논리 합성 소프트웨어가 없다. 그림 1–3은 디지털 집적 회로 논리 설계의 흐름도로, Verilog/VHDL 시뮬레이터를 사용하여 출력 RTL 파일(넷리스트)의 정확성을 검증하고 타이밍 분석 및 최적화(정적 타이밍 분석, STA)를 통해 전체 회로를 추출한다. 모든 타이밍 경로에 대해 경로를 따라 신호의 전파 지연을 계산하고 타이밍 제약 조건을 위반하는 오류를 찾는다.

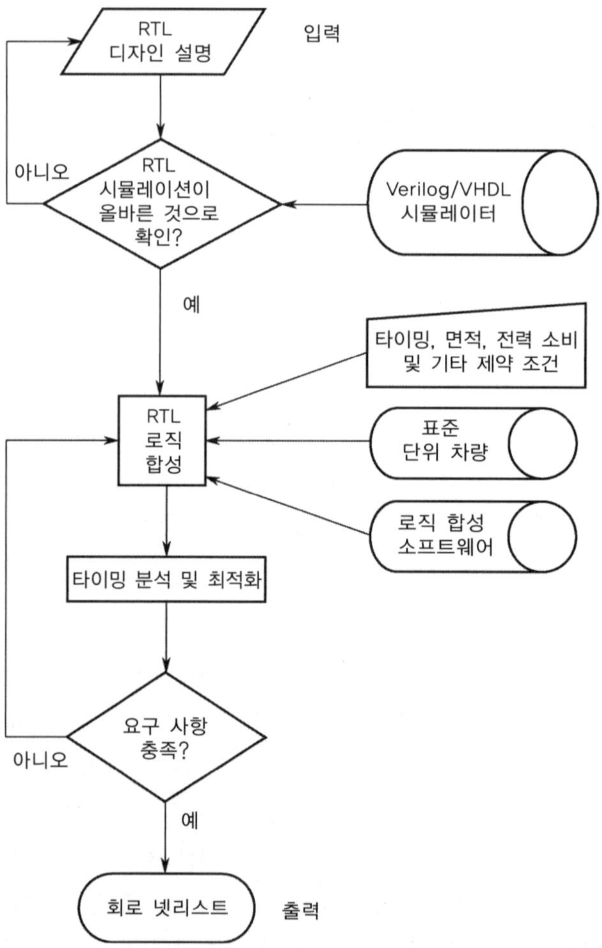

그림 1–3 디지털 집적 회로 로직 설계의 흐름도

다음은 회로 설계에서 "합성"의 개념에 대한 특별한 설명이다. 합성이란 높은 수준의 추상화 설명을 낮은 수준의 추상화 설명으로 자동 변환하는 방법을 말한다. 일반적으로 합성은 하이 레벨 합성, 로직 합성, 레이아웃 합성의 세 가지 수준으로 나눌 수 있다. 그중 레이아웃 합성은 시스템 회로 계층의 구조적 설명을 레이아웃 계층의 물리적 설명으로 변환하는 것을 말하며, 논리 합성은 시스템 레지스터 전송 수준(RTL) 설명을 게이트 수준 넷리스트(넷리스트)로 변환하는 과정을 말하며, 하이 레벨 합성은 시스템 알고리즘 계층의 동작 설명을 레지스터 전송 수준 설명으로 변환하는 것을 말한다.

백엔드 설계라고도 하는 레이아웃 설계는 게이트 레벨 넷리스트를 레이아웃으로 변환하고 그 정확성과 제조 가능성을 검증하는 프로세스다. 독자는 백엔드 설계에 관한 논문(예: 참조 [3])을 참조하여 백엔드 설계에 대한 지식을 더 배울 수 있다. 디지털 회로의 레이아웃 설계는 실제로 표준 셀 라이브러리를 기반으로 한 레이아웃 설계, 주로 레이아웃 및 배선 프로세스다. 레이아웃 (배치)은 칩의 적절한 위치에 모듈을 배치하는 것, 즉 연결 관계에 따라 기능 블록을 배치하여 칩 면적을 가능한 한 작게 만드는 것이다. 라우팅은 회로의 연결 관계에 따라 지정된 영역에서 연결을 완료하는 것이다. 그림 1-4는 표준 셀 라이브러리에있는 두 셀의 레이아웃이다. 아날로그 회로의 레이아웃 설계는 더 복잡하다. 완전 수동 레이아웃 설계다. 먼저 각 유닛의 위치를 수동으로 배치한 다음 수동으로 배선한다. 이 프로세스는 작은 기능 블록에서 큰 기능 블록으로 아래에서 위로 진행된다. 그림 1-5는 회로도 입력을 사용한 아날로그 회로 설계의 흐름도다. 표준 셀 라이브러리가 지원되지 않기 때문에 레이아웃은 인위적인 생성, 즉 완전히 사용자 정의된 레이아웃과 배선에 의존해야 한다. 디지털-아날로그 하이브리드 회로의 경우 완전 맞춤형 셀과 표준 셀을 혼합하는 설계 프로세스를 사용할 수 있다. 레이아웃 설계가 완료되면 IC 제조 공장으로 보내기 전에 일련의 검사와 검증을 거쳐야 한다. 이 검사의 목적은 레이아웃의 정확성과 제조 가능성을 보장하는 것이다.

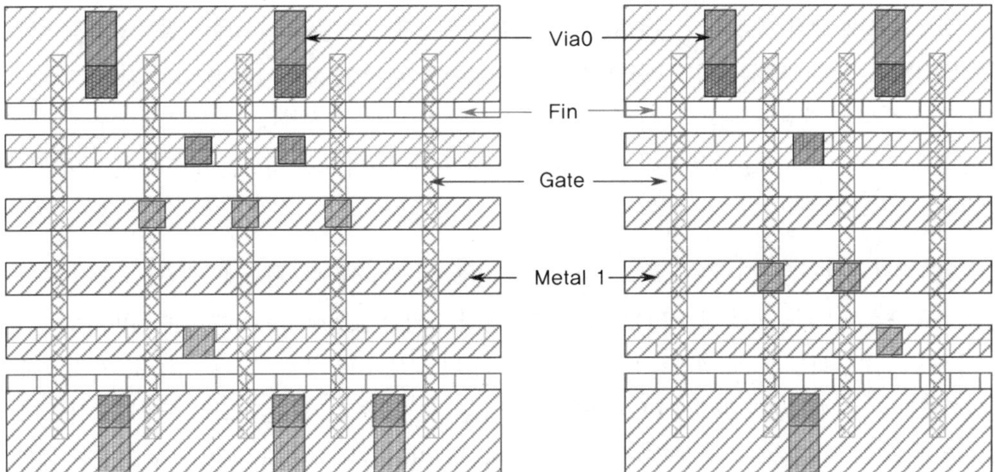

그림 1-4 표준 셀 라이브러리에서 두 개의 셀(왼쪽은 INV, 오른쪽은 NAND2)의 레이아웃
(서로 다른 색상 음영/범례는 서로 다른 포토레지스트 레이어를 나타냄)

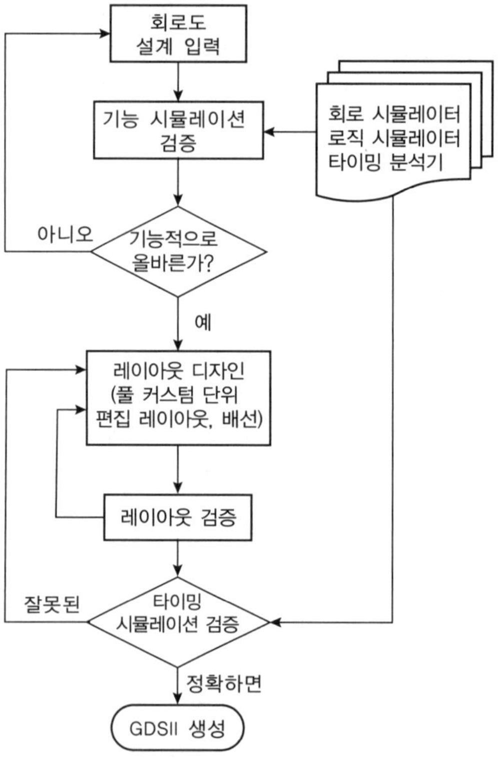

그림 1-5 회로도 입력을 사용한 아날로그 회로 설계의 흐름도(레이아웃은 수동으로 생성해야 함)

1.1.2 설계 도구(EDA 도구)

집적 회로의 전체 설계 프로세스는 EDA 소프트웨어 플랫폼에서 수행된다. 설계 파일은 하드웨어 설명 언어 VHDL로 완성된 후 컴퓨터가 특정 대상 칩에 대한 적응 컴파일, 로직 매핑 및 프로그래밍 다운로드까지 로직 컴파일, 단순화, 세분화, 합성, 최적화, 레이아웃, 배선 및 시뮬레이션을 자동으로 완료한다. EDA 툴은 회로 설계의 효율성과 조작성을 크게 개선하고 설계자의 노동 강도를 낮추며 설계 비용을 절감했다.

현재 업계에서 사용되는 EDA 툴은 주로 Cadence, Mentor, Synopsys에서 제공한다. 표 1-1은 칩 설계의 주요 프로세스에서 사용되는 EDA 툴과 그 기능을 요약한 것이다. EDA 회사는 일반적으로 전체 툴 세트를 제공하므로 고도로 통합된 EDA 제품을 보유한 회사가 더 많은 이점을 갖는다. 이 세 회사는 기본적으로 칩 설계를 위한 완전한 EDA 솔루션 세트를 제공할 수 있다. 현재 널리 사용되고 있으며 전체 프로세스 개발 플랫폼으로 사용할 수 있는 Cadence Virtuoso가 있다. Synopsys는 완전한 설계 프로세스를 구성하기 위해 DC, VCS 및 ICC와 같은 일련의 제품을 보유하고 있다. EDA 툴에 대한 자세한 소개는 참고자료 [4]를 참고하기 바란다.

(1) Synopsys는 비교적 포괄적이며 디지털 프런트 엔드, 디지털 백엔드 및 PT 사인 오프에 장점이 있다. 아날로그 프론트 엔드의 XA, 디지털 프론트 엔드의 VCS, 백 엔드의 사인 오프 도구 및 뛰어난 PT, DC 및 ICC 기능은 모두 강력하다. 시놉시스는 TCAD 디바이스 시뮬레이션의 90%, DFM 공정 시뮬레이션의 50%를 시장에서 보유하고 있다.

(2) Cadence의 강점은 아날로그 또는 혼합 신호의 맞춤형 회로 및 레이아웃 설계에 있다. 매우 강력하고 PCB는 상대적으로 강력하지만 사인 오프 도구는 약하다.

(3) 멘토는 백엔드 레이아웃 및 배선에서도 상대적으로 강하며 PCB에서도 장점이 있다. 구경 사인 오프와 DFT가 널리 사용되지만, 멘토는 통합 측면에서 앞의 두 가지와 경쟁하기 어렵다.

표 1-1 강칩 설계의 주요 프로세스에서 사용되는 EDA 툴과 그 기능

<table>
<tr><td rowspan="4">디지털 프론트 엔드</td><td colspan="2">RTL 설계 및 사전 시뮬레이션</td><td>VCS의 Synopsys, 멘토의 모델심/퀘스타심, 케이던스의 NCsim/인시시브</td></tr>
<tr><td colspan="2">포괄적</td><td>디자인 컴플라이언스의 시놉시스, 속성의 케이던스 지배</td></tr>
<tr><td colspan="2">정적 타이밍 분석(STA)</td><td>프라임 타임의 시놉시스, 템푸스의 템포</td></tr>
<tr><td colspan="2">공식 인증</td><td>형식의 시놉시스, 컨포멀의 만남의 리듬</td></tr>
<tr><td rowspan="9">디지털 백엔드</td><td colspan="3">ICC/ICC2의 시놉시스와 이노비너스의 케이던스 이 플랫폼은 현재 업계에서 더 많이 사용되고 있다.</td></tr>
<tr><td rowspan="4">DFT
(테스트 가능성을 위한 디자인)</td><td>BSCAN
(경계 스캔)</td><td>테센트 바운더리스캔의 멘토, 테스트맥스 어드바이저/스파이글라스 DFT의 시놉시스</td></tr>
<tr><td>BIST
(자체 테스트 내장)</td><td>테센트 LBIST의 멘토, 테센트 MBIST의 시놉시스 테스트맥스</td></tr>
<tr><td>ATPG
(자동 테스트 패턴 생성)</td><td>TestKompress의 멘토, 테트라맥스의 시놉시스(ATPG)</td></tr>
<tr><td>스캔 체인</td><td>테스트맥스 DFT 시놉시스</td></tr>
<tr><td>레이아웃 배선</td><td colspan="2">ICC/ICC2/Astro의 시놉시스, 이노버스 나노라우트의 케이던스</td></tr>
<tr><td>기생 매개변수 추출</td><td colspan="2">Star-RCXT 시놉시스</td></tr>
<tr><td rowspan="2">로그오프</td><td>타이밍 확인</td><td>Synopsys PT, 나노 타임 지배적 위치, 케이던스 템푸스 또한 다음을 사용하는 일부 고객도 있다.</td></tr>
<tr><td>물리적 인증</td><td>멘토 칼리버의 지배적 위치, ICV의 시놉시스, PVS의 케이던스 또한 일정한 시장 점유율을 가지고 있다.</td></tr>
</table>

또한 EDA 툴 라이선스 (라이선스) 판매 외에도 EDA 회사는 IP 승인 (하드 코어 및 소프트 코어)도 제공 할 수있어 많은 중소 설계 회사에게 매우 매력이다. 현재 Synopsys의 IP 사업은 세계를 선도하고 있으며 Cadence의 IP 사업 매출도 해마다 증가하고 있다. Synopsys와 Cadence에 비해 멘토는 IP 사업에서 경쟁력이 거의 없다.

중국은 또한 Huada Jiutian의 Zeni EDA 소프트웨어와 같은 자체 EDA 도구를 개발했다:

(1) 언어 및 그래픽 입력을 지원할 수 있는 디자인 툴인 ZeniVDE;

(2) 대화형 물리적 레이아웃 디자인 도구인 ZeniPDT;

(3) 레이아웃 정확성 검증 도구 및 CAD 데이터베이스 ZeniVERI.

현재 국내 EDA 툴의 첫 번째 단점은 제품이 특히 디지털 회로에서 충분히 완성되지 않았다는 점이고, 두 번째 단점은 첨단 기술과의 결합이 상대적으로 약하다는 점이다.

1.1.3 디자인 방법 소개

다음은 집적 회로의 몇 가지 주요 설계 방법을 간략하게 소개한다.

완전 맞춤형 설계 방식, 즉 트랜지스터 수준에서 각 유닛의 성능과 면적을 최적화하고 각 트랜지스터의 레이아웃/배선을 수동으로 설계하며 모든 마스크 레이어를 수동으로 생성해야 한다. 결과 칩은 최고의 성능, 가장 작은 칩 및 가장 낮은 전력 소비의 특성을 가지고 있다. 이 완전 맞춤형 방법은 다양한 유형의 메모리 칩과 같이 집적도가 매우 높고 규칙적인 구조를 가진 IC, 고비용 성능 및 고출력 칩(CPU, 통신 IC 등), 아날로그 IC 및 디지털-아날로그 하이브리드 IC를 설계하는 데 적합하다.

제조업체에서 제공한 반제품(반제품 실리콘 웨이퍼를 마스터 칩이라고도 함)을 기반으로 설계자가 최종 설계를 계속 완성하는 세미 커스텀 설계 방식은 금속 배선층과 같은 몇 가지 특정 수준의 마스크만 생성하면 된다. 회로 어레이의 필요에 따라 게이트 어레이와 같은 다양한 반제품 유형을 사용할 수 있다) 방식: 동일한 모양과 크기의 사전 제조 된 로직 게이트 유닛이 특정 어레이 형태로 칩에 배열되고 각 유닛에는 여러 장치가 포함되어 있으며 어레이 사이에 규칙적인 배선 채널이있어 게이트 간의 연결을 완료한다.

사용자 지정 방법에는 표준 셀(SC) 방법과 빌딩 블록 레이아웃(BB) 방법이 포함된다. SC 방식은 표준 셀 라이브러리에서 미리 설계된 논리 유닛을 호출하여 행으로 배열하고 행 사이에 조정 가능한 케이블 채널을 남겨 둔다. 내부 유닛과 입력/출력 유닛은 기능 요구 사항에 따라 연결되어 필요한 특수 회로를 형성한다. 칩의 중앙은 단위 영역이고 입력/출력 장치와 압력 납땜 블록은 칩 주위에 있다. 그림 1-6 (a)는 SC 방식으로 설계된 레이아웃 구조다. SC 방법은 게이트 어레이 방법과 비슷해 보이지만 몇 가지 기본적인 차이점이 있다. 게이트 어레이 방법은 게이트 어레이가 가지고있는 셀을 기반으로하는 반면 SC 방법은 표준 셀 라이브러리의 표준 셀을 기반으로 한다. 게이트 어레이 설계는 부분 마스크 만 사용자 정의하면되고 SC 방법은 설계 후 모든 마스크를 사용자 정의해야 한다. 빌딩 블록 방법은 범용 단위 설계 방법이라고도하며, SC 방법과 다른 점은 첫째, 각 단위 (또는 빌딩 블록)가 똑같이 높을 필요도없고 동일한 너비가 필요하지 않으며 각 단위는 가장 합리적인 상황에 따라 개별적으로 레이아웃 할 수 있으므로 최상의 성능을 얻을 수 있으며 설계된 단위는 리콜을 위해 라이브러리에 저장된다. 둘째, 균일 한 라우팅 채널이 없지만 필요에 따라 할당된다. 그림 1-6 (b)는 BB 방식의 레이아웃을 보여준다. BB 방식으로 설계된 유닛은 일반적으로 ROM, RAM, ALU, 아날로그 회로 등과 같은 대규모 기능 블록이다.

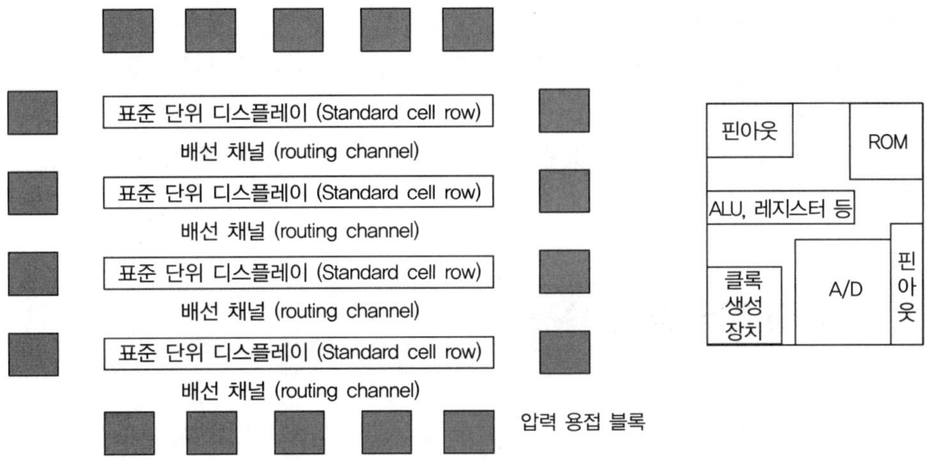

(a) sc 방법으로 설계한 레이아웃 결과의 개략도

(b) BB 방법으로 설계된 레이아웃 결과의 개략도

그림 1–6 지도 구조 다이어그램

프로그래머블 논리 소자(PLD) 설계 방법. PLD(프로그래머블 논리 소자)는 실제로 배선되지 않은 게이트 어레이 회로이며, 사용자는 특정 기능을 달성하기 위해 프로그래머블 논리 구조 단위를 프로그래밍할 수 있다. 이 사용자 프로그래밍 프로세스는 플로팅 게이트를 사용하는 것이며, PLD는 여러 번 지울 수 있으며 설계 및 수정이 용이하다. PLD 장치는 주로 EPROM 및 FPGA와 같은 여러 유형이 있다. 동등한 통합의 경우 비용이 많이 들고 제품 시험 단계 또는 소량 배치 특수 제품에만 적합하다.

실제로 전용 집적 회로(ASIC) 시스템을 설계할 때는 위의 방법을 혼합하여 사용할 수 있다. 더 큰 기능 블록(예: ROM, RAM 또는 아날로그 회로 장치)은 벽돌처럼 보드에 배치된다. 각 셀은 그림 1–7에 표시된 것처럼 게이트 어레이, 표준 셀 방법 또는 완전 맞춤형 방법으로 설계할 수 있다.

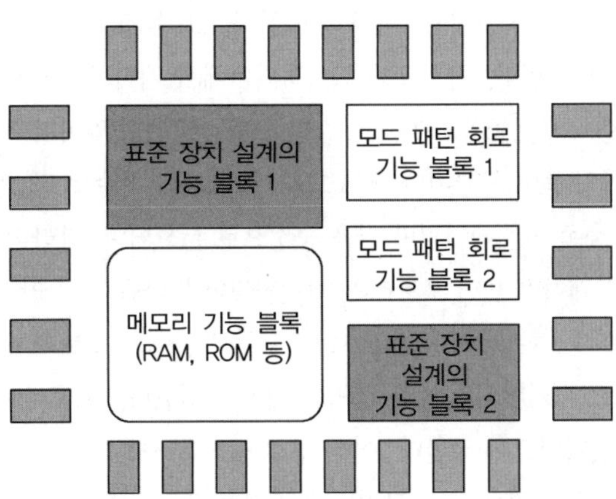

그림 1–7 다양한 설계 방법을 혼합하여 얻은 칩 구조 다이어그램

설계 과정에서 향후 칩의 테스트 가능성, 즉 제조된 칩의 성능 테스트를 가능하게 하고 회로의 결함을 찾아낼 수 있는 설계가 필요하다. 테스트 가능성 설계의 과제는 칩 핀(PIN)의 수가 제한되어 있고 칩 내부의 많은 정보에 접근할 수 없다는 것이다. 따라서 추가 핀과 추가 회로를 가능한 한 적게 늘리고 성능 손실을 최소화하면서 칩이 회로 제어 가능성 및 관찰 가능성 요구 사항을 충족하도록 만들어야 한다.

1.2 집적 회로 제조 공정

이 책에서 집적 회로 제조(예: CMOS 제조 공정)는 특히 칩의 평면 설계에서 물리적 실체로 성공적으로 이전하는 프로세스를 의미한다. 이 섹션에서는 실리콘 기반 집적 회로 공정에 대해서만 논의하고 학습한다. 공정에 대한 자세한 설명은 참고 문헌에서 확인할 수 있다.

집적 회로 제조 기술 또는 공정 기술에는 오늘날 인간이 만든 가장 정확하고, 가장 복잡하며, 가장 엄격한 공정 프로세스가 포함된다. 공정 모듈 부문에 따르면 집적 회로 제조 공정에는 추가 공정, 제거 공정, 그래픽 공정 및 열처리 공정의 네 가지 유형이 포함된다. 모듈 단위 부문에 따르면 집적 회로 제조 공정에는 필름 성장, 필름 증착, 화학적 기계적 연마, 리소그라피, 에칭, 스트리핑 세정, 이온 주입, 열 어닐링, 합금, 환류 등이 포함된다. 그중 첨가 공정에는 주로 박막 성장, 박막 증착, 이온 주입 등이 포함되며 제거 공정에는 주로 화학적 기계적 연마, 에칭, 스트리핑 세정 등이 포함되며 그래픽 공정에는 포토 리소그라피 및 부분 에칭 공정이 포함되며 열처리 공정에는 열 어닐링, 합금 및 환류가 포함된다.

그림 1-8과 같은 집적 회로 제조 공정 프레임워크 다이어그램. 우선 웨이퍼 표면에 박막층을 성장시키거나 증착해야 한다. 기존 그래픽 구조의 웨이퍼 표면이 박막 코팅을 성장 또는 증착하는 경우 일반적으로 박막 평탄화 및 공정 제어를 위한 고급 노드 리소그라피 공정의 요구 사항을 충족하기 위해 표면 평탄화 공정 (특히 화학적 기계적 연마 공정)을 사용해야 한다. 그 후 표면이 평평하고 박막층이 균일한 웨이퍼가 리소그라피 공정에 도입된다. 리소그라피는 리터치에서 웨이퍼로 패턴을 전송하는 그래픽 프로세스다. 리소그라피 공정 단계에는 포토레지스트 스핀 코팅, 베이킹, 웨이퍼 정렬, 웨이퍼 노출, 노출 후 베이킹, 현상, 증착 후 베이킹 등이 포함된다. 리소그라피, 그래픽 치수 측정, 정렬 편차 측정, 결함 감지 등을 거친 후 요구 사항을 충족하는 웨이퍼만 다음 공정으로 분산되며, 파라미터 범위의 요구 사항을 충족하지 않으면 원인을 찾아 웨이퍼 표면 포토레지스트를 씻어낸 다음 다시 리소그라피 공정을 거쳐야 한다. 포토리소그라피 후 웨이퍼는 에칭 또는 이온 주입 모듈로 들어가 포토레지스트 패턴을 타겟 필름 재료로 옮기거나 포토레지스트의 커버되지 않은 영역을 이온 주입한다. 그 후 웨이퍼에 남아있는 포토레지스트와 같은 필름 소재를 벗겨내고 세정한다. 이온 주입 공정을 사용하는 경우 일반적으로 이온을 활성화하기 위해 후속 열처리 공정이 필요하다. 그러나 열처리는 재료 필름의 응력 방출을 가져와 필름 층의 국소 변형 또는 정렬 불량을 유발할 수 있다는 점에 유의해야 한다.

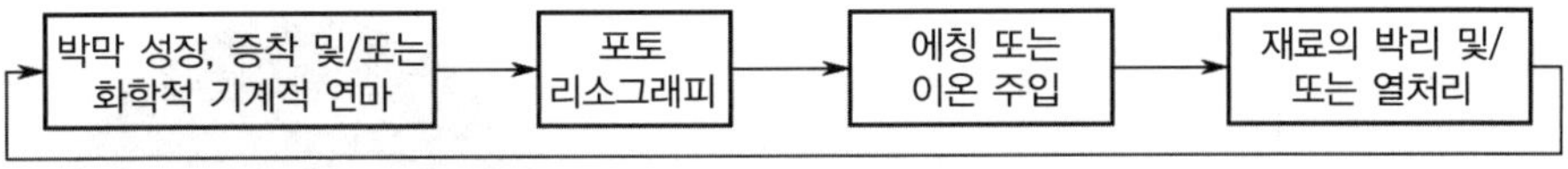

그림 1-8 집적 회로 제조 공정 프레임워크 다이어그램

CMOS 공정에서는 일반적으로 프론트 엔드(FEOL), 미들 엔드(MOL), 백 엔드(BEOL)로 나뉜다. 프론트 채널 공정에는 활성 영역, 웰 영역, 게이트, 소스 및 드레인의 제조가 포함된다. 백 채널 공정에는 금속 상호 연결 및 금속 스루 홀 제조가 포함되며, 현재 고급 노드 (0.18, 대부분의 μm 이상 고급 노드)는 전도성 금속으로 구리를 사용하고 더 이상 전도성 금속으로 알루미늄을 사용하지 않는다. 중간 채널 공정은 특히 게이트, 소스 및 드레인을 백 채널 금속 와이어에 연결하는 접촉 구멍 공정을 말하며 일반적으로 접촉 상호 연결 금속으로 텅스텐 금속을 사용한다. 이 구분의 중요한 이유는 공정 간 교차 오염, 특히 백엔드 공정에 사용되는 금속 공정을 피하기 위해 에칭 기계 테이블, 화학 기계 연마 기계 테이블 등을 프런트 엔드 공정에 사용해서는 안되기 때문이다.

무어의 법칙에 따르면 칩의 주요 치수와 단위 칩의 면적은 지속적으로 감소하고 있다. 칩의 전기적 특성과 공정을 제조할 수 있도록 새로운 소자 구조, 새로운 공정, 새로운 재료 및 새로운 장비가 지속적으로 발명되고 적용된다. 예를 들어, 기술 노드가 28nm로 발전하면 집적 회로 제조업체는 고급 침지 리소그라피 장비와 일련의 해상도 향상 기술(광학 근접 효과 보정, 저해상도 보조 그래픽, 축외 조명, 광원 마스크 조인트 최적화 등)을 사용하고 폴리실리콘 그리드 구조 대신 금속 게이트 및 유전율이 높은 매체 재료, 스트레인 실리콘 기술을 사용하여 소스와 드레인 사이의 전자 또는 정공의 이동성을 개선하기 시작한다.

그림 1-9는 서로 다른 두 노드의 표준 칩 구조의 측면도를 보여준다. 왼쪽 그림은 상호 연결된 컨덕터와 절연 재료로 Cu와 낮은 재료를 사용하는 SOI 기판의 칩 구조를, 오른쪽 그림은 28nm 노드의 HKMG 칩 구조를 보여준다. 주요 혁신은 기존의 게이트 산화물 층을 대체하는 높은 재료의 사용, 폴리 실리콘을 금속으로 대체, 전자와 정공의 이동성을 향상시키기 위해 소스 및 드레인에 스트레인 실리콘 기술(SiGe 또는 SiC와 같은 재료)을 사용하는 것이다.

28나노 HKMG를 예로 들어 칩 공정을 이해하고 학습할 수 있도록 공정 제조 과정을 간략하게 설명하고, 전체 칩 개발 및 제조 공정에서 노광 공정이 차지하는 위치와 역할에 대해 알아본다.

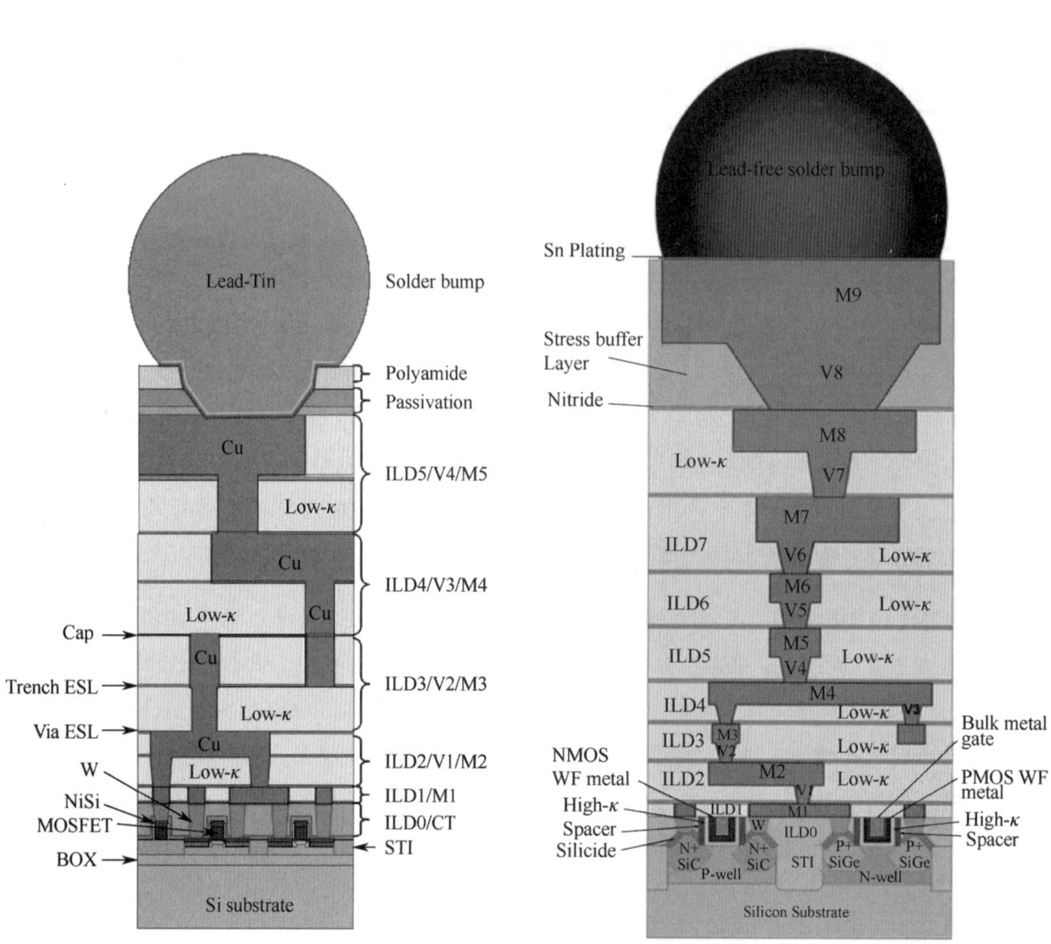

그림 1-9 서로 다른 두 노드의 표준 칩 구조 측면도[5]

1단계, 얕은 트렌치 격리 프로세스(프로세스)

얕은 트렌치 절연(STI) 공정은 집적 회로의 고급 노드에서 활성 영역을 분리하는 데 사용되는 중요한 절연 기술이다. 이 기술은 대형 노드에서 실리콘 국부 산화를 수행하는 LOCOS 기술을 대체하여 후자에 의해 형성되는 타조 부리 효과를 제거한다. 28nm 노드의 경우 STI 구조의 최소 설계 폭이 35nm로 낮고 최소 사이클이 약 110nm에 불과하므로 침지 리소그라피를 사용해야 한다. 또한 침지 리소그라피를 사용하면 레이어가 후속 코어 레이어를 위한 중첩된 정렬 기준 레이어이기 때문에 리소그라피 위치의 정확성을 크게 보장할 수 있다. 14nm 노드에 공통적으로 사용되는 핀형 트랜지스터(FinFET)는 핀형 구조를 활성 구조로, 핀형 구조의 간격을 트렌치 절연 구조로 사용하여 치수 압축 및 성능 향상을 달성한다.

침지 리소그라피는 박막 코팅의 더 복잡한 조합을 사용하며, 박막 코팅의 권장 조합은 일반적으로 스핀 코팅 된 비정질 탄소 스핀 온 탄소, SOC, SiARC 및 PR 층이있는 유기 평탄화 층 (OPL)으로 구성된 3층 기술이다. 세 가지 재료 코팅은 주로 침지 리소그라피의 최소 크기 감소로 인해 포토레지스트의 두께를 100, 약 nm로 줄여야하며 포토레지스트의 전사 에칭은 큰 도전을 가져온다; 한편으로 OPL 층을 추가하면 필름의 평탄도가 향상되고 리소그라피 초점의 깊이 변화가 이미징 품질에 미치는 영향을 줄이고 다른 한편으로 에칭을 전사하는 데 도움이되며 이미지 가장자리 거칠기를 효과적으로 줄여 전사 에칭 후 나노 구조 라인의 가장자리 품질을 향상시킨다.

- 웨이퍼 표면에서 실리콘 산화물을 제거한다;
- 웨이퍼 청소;
- 성장 매트의 실리콘 산화물;
- 실리콘 질화물 증착;
- 그림 1-10(a)와 같이 스핀 코팅 OPL(비정질 탄소층 등) / SiARC / 포토레지스트 필름;
- 그림 1-10(b)와 같이 STI 리터치 정렬 및 리소그라피(AA 레이어, 침지 ArF 리소그라피 사용)를 수행한다;
- 리소그라피 후 품질 검사;
- 에칭 OPL, 실리콘 질화물, 기판 실리콘 산화물, 실리콘 기판;
- 포토레지스트, SiARC 레이어 및 OPL을 제거한다;
- 그림 1-10(c)와 같이 실리콘 질화물의 적절한 측면 에칭(풀백)을 수행한다;
- 고온 열 증착 선형 실리콘 산화물 필름;
- 고밀도 실리콘 산화물 필름 증착;
- STI로 채워진 고분해능(HARP) 트렌치 실리콘 산화물 증착;
- 어닐링;

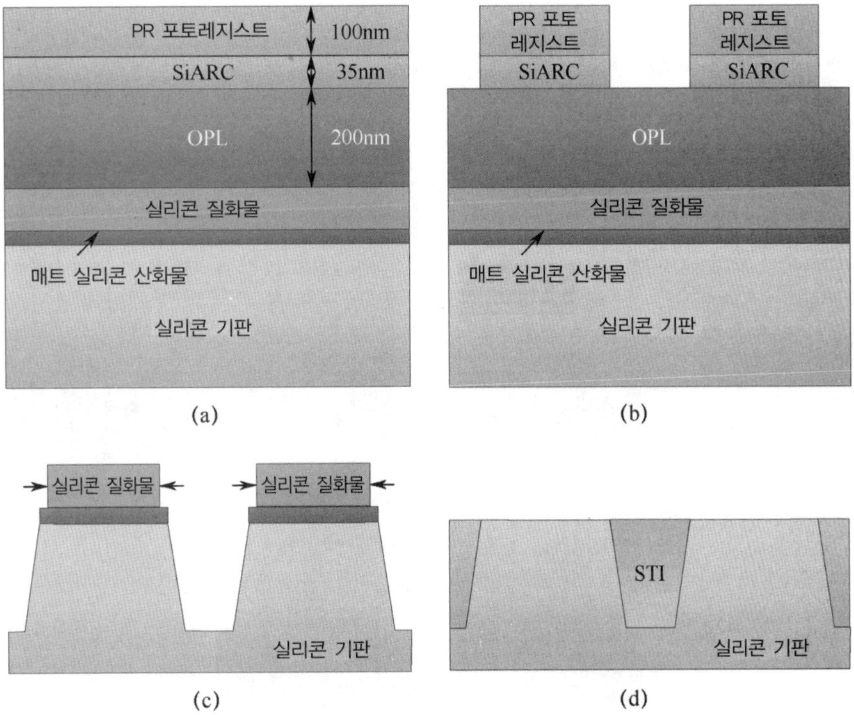

그림 1-10 얕은 트렌치 격리 프로세스의 개략도

- CMP 실리콘 산화물;
- 고밀도 STI 구조를 형성하기 위한 강화된 고접근 비율(EHARP) 트렌치 어닐링;
- 그림 1-10(d)와 같이 질화규소 및 바닥 산화물 실리콘을 에칭한다.

2단계, 트랩 주입 및 기능 영역 이온 주입 프로세스

이 과정에서 STI의 자체 정렬 효과로 인해 일반적으로 파장 248nm의 KrF 리소그라피가 사용된다. 일부 지역에서는 파장이 193nm인 ArF 건식 리소그라피가 사용되며, 주된 목적은 더 높은 패턴 각인 정확도를 얻는 것이다.

- 그림 1-11(a)와 같이 붕소 이온을 주입하여 P형 기판을 형성한다;
- 청소;
- N-웰 리소그라피(스피닝 리소그라피, KrF 리소그라피);
- 그림 1-11(b)와 같이 N-웰 이온 주입;
- 포토레지스트를 제거하고 청소한다;
- P-웰 리소그라피(스핀온 포토레지스트, KrF 리소그라피);
- P 우물 이온 주입, 그림 1-11(c)와 같이;
- 포토레지스트를 제거하고 청소한다;
- 기능 및 이온 농도가 다른 임플란트 공정의 경우 접착제 코팅 및 포토리소그라피(일부 영역에서는 KrF 포토리소그라피, 건식 ArF 포토리소그라피가 사용됨)가 사용된다;
- 우물 이온 주입;
- 포토레지스트 박리, 희생 실리콘 산화물 박리, 세척;
- 이온 주입 후 웰 영역은 열 어닐링된다.

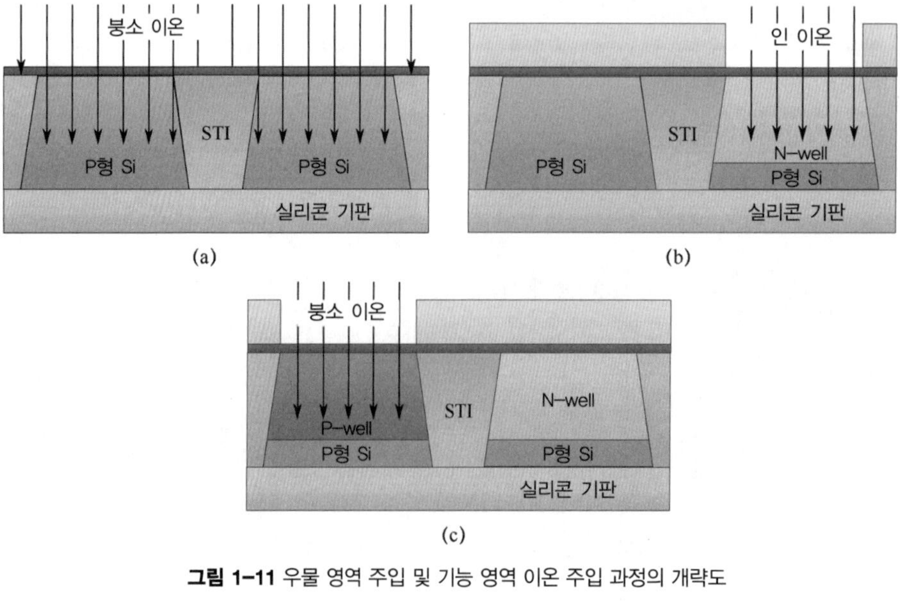

그림 1-11 우물 영역 주입 및 기능 영역 이온 주입 과정의 개략도

3단계, HKMG 공예

HKMG 공정은 게이트 실리콘 산화물 대신 HfO와 같은 고 유전체 층을 사용하고 금속 소재를 게이트로 사용한다. 공정 순서에 따라 HKMG 공정에는 게이트-퍼스트 공정과 게이트-라스트 공정이 있다. 두 공정의 가장 큰 차이점은 전자는 소스 및 드레인 공정 전에 이미 금속 게이트를 만들고, 후자는 소스 및 드레인 공정 전에 기존 폴리실리콘 게이트를 먼저 성장시켜야 한다. 그 후 게이트 폴리실리콘을 에칭하고 높은 재료와 게이트 금속 재료를 다시 증착한다.

이 단계에서는 먼저 게이트 우선 프로세스를 예로 들어 간략한 프로세스 흐름에 대해 설명한다. 게이트-라스트 프로세스에 대해서는 4단계에서 간략하게 설명한다.

- 웨이퍼는 높은 κ 영역으로 전달된다;
- 원자층 증착(ALD) 공정을 통해 HfO를 증착한다;
- 그림 1-12(a)와 같이 P형 금속 박막층을 증착한다;
- 청소;
- N형 금속 게이트 증착 영역 포토리소그라피(KrF 포토리소그라피);
- P형 게이트 금속 에칭;
- 포토레지스트 박리 및 청소;
- 그림 1-12(b)와 같이 N형 금속 박막층을 증착한다;
- 폴리실리콘의 고온 증착;
- 빠른 열 어닐링;
- 어닐링 후 폴리실리콘 및 미반응 N형 및 P형 게이트 금속을 습식 세정;
- TiN 박층을 증착;
- 폴리실리콘의 고온 증착;
- 청소(웨이퍼가 FEOL 영역으로 회전됨);
- 희생 실리콘 산화물의 얇은 층을 증착;
- 고밀도 질화규소 및 산화규소를 증착;
- 그림 1-12(c)와 같이 OPL 스핀 코팅, 포토레지스트 스택 필름 스핀 코팅;
- 게이트(PC) 리소그라피(침지 ArF 리소그라피 사용);
- 포토리소그라피 후 패턴 감지;
- 에칭
- 그림 1-12(d)와 같이 포토레지스트 박리 및 세척;
- 그림 1-12(e)와 같이 OPL 스핀 코팅, 포토레지스트 스택 필름 스핀 코팅;
- 게이트 트리밍(CT) 리소그라피(침지 ArF 리소그라피 사용);
- 포토리소그라피 후 패턴 감지;
- 그림 1-12(f)와 같이 에칭, 박리 및 청소;
- 실리콘 질화물의 측벽 증착;
- 그림 1-12(g)와 같이 실리콘 질화물을 수직으로 에칭하여 스페이서를 형성;
- 청소

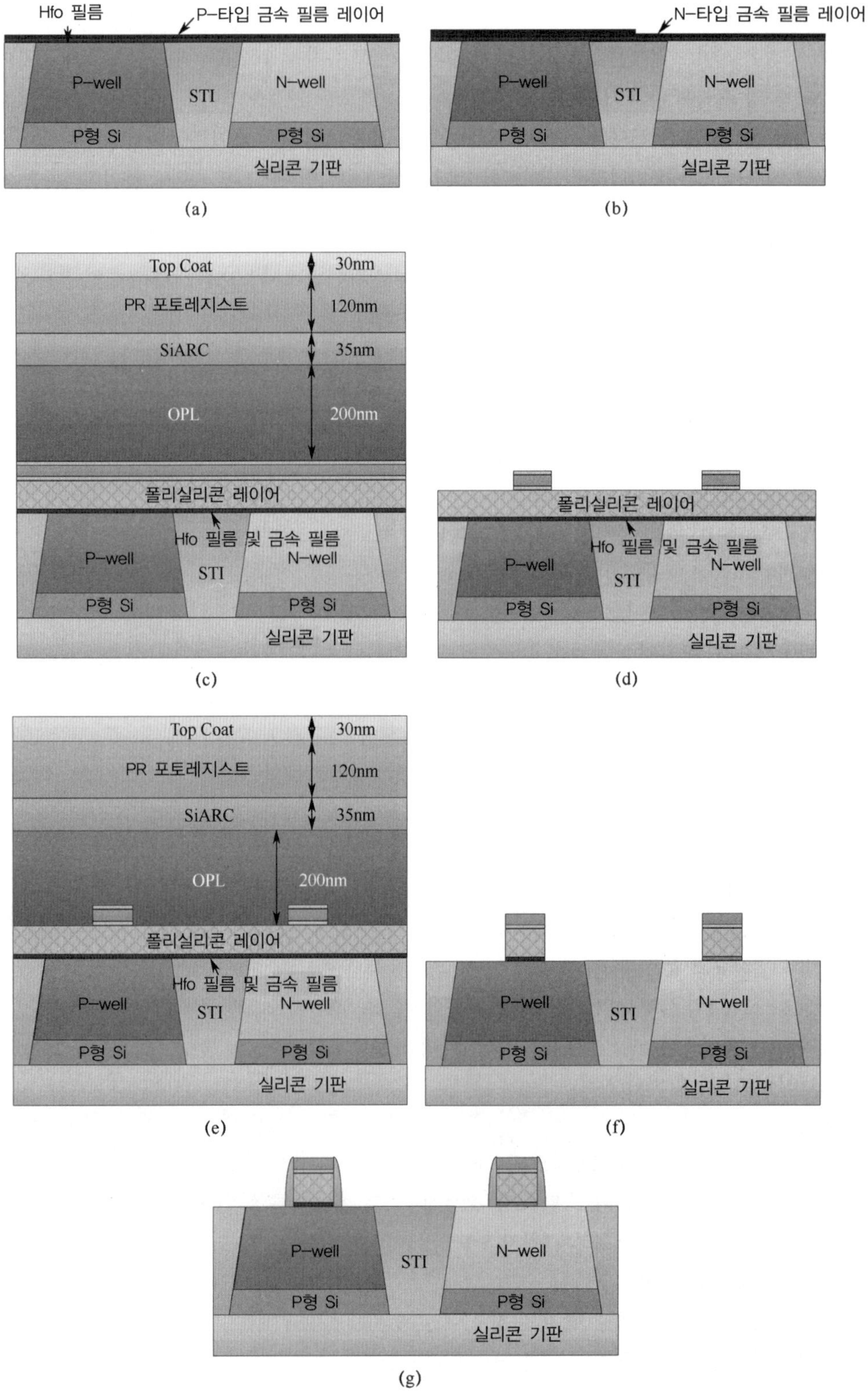

그림 1-12 HKMG 프로세스 개략도

4단계, 소스-드레인 프로세스 및 게이트-라스트 프로세스

소스 및 드레인 영역 공정은 N-웰과 P-웰의 소스 및 드레인 영역을 구현하는 데 사용한다. 게이트 라스트 공정의 경우 소스 영역과 드레인 영역 공정 후 폴리실리콘과 실리콘 산화물 소재를 포토리소그라피로 식각한 후, HfO 고소재 박막과 P/N 영역의 각 게이트 금속 스택을 성장시킨다. 게이트-라스트 공정의 전기적 특성이 더 우수하기 때문에 인텔, TSMC와 같은 기업에서 널리 채택하고 있다.

- 그림 1-13(a)와 같이 실리콘 산화물 및 실리콘 질화물 필름을 증착;
- P 웰 영역의 SiGe 에피택셜 공정 리소그라피(KrF 리소그라피);
- 그림 1-13(b)와 같이 Si를 습식 에칭하여 규칙적인 구조를 형성;
- P-well SiGe 소스 및 드레인 영역의 에피택셜 성장;
- 그림 1-13(c)와 같이 어닐링, 에칭 및 세척을 수행;
- 다양한 영역에 가장 적합한 리소그라피 방법(KrF, ArF 리소그라피)을 선택;
- 실리콘 표면에 얕은 이온 주입(광각 헤일로 주입 프로세스);
- 소스 및 드레인 이온 주입(확장된 초박형 접합부 주입 프로세스);
- 포토레지스트 박리 및 청소;
- 그림 1-13(d)와 같이 Halo/Ext 후 레이저 어닐링 및 세척;
- (게이트 라스트 포스트 메탈 게이트 프로세스를 사용하는 경우 게이트 관련 프로세스를 조정해야 하며, 4단계 이후에 다음 작업이 수행된다);
- 실리콘 산화물 유전체 층과 CMP를 증착;
- 게이트 영역 리소그라피(KrF 리소그라피);
- 폴리실리콘 에칭;
- 침전물 높은 κ 유전체 필름;

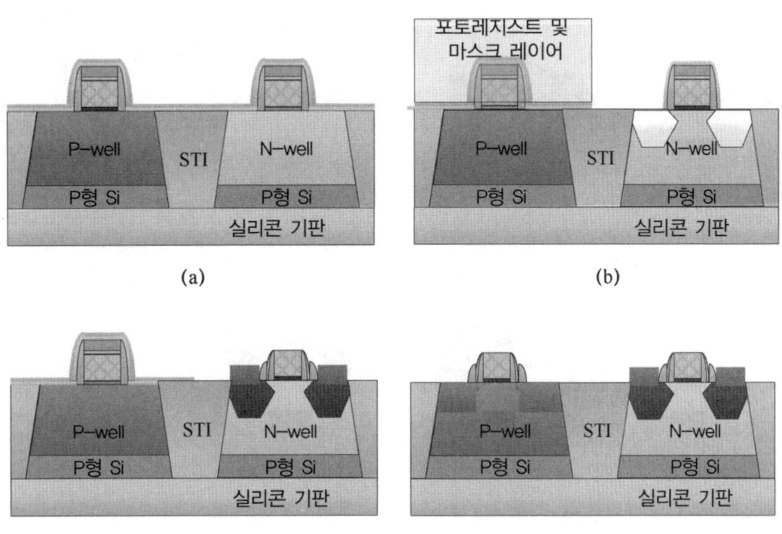

그림 1-13 소스-드레인 영역 프로세스 및 게이트-라스트 프로세스의 개략도

- N-웰과 P-웰은 각각 리소그라피(KrF 리소그라피);
- 다른 금속 게이트 재료를 별도로 입금;
- 금속 게이트 구조를 형성하기 위한 에칭 및 CMP

5단계 연결 과정

연결 프로세스는 비아 홀을 사용하여 게이트, 소스 및 드레인을 후속 공정의 금속 라인에 연결하는 MOL(Middle of Line)이라고도 한다.

28nm 노드에서의 최소 비아 주기는 약 100nm에 불과하고 최소 비아 직경은 36nm에 불과한다. 라인 구조와 달리 비아는 2차원 구조로 간주되기 때문에 1차원 라인 패턴에서와 같이 쌍극자 조명을 사용하여 최대 광학 해상도를 얻기가 어렵다. 따라서 최상의 리소그라피 품질을 달성하기 위해서는 특수 포토레지스트 재료를 사용하고, 최적의 링 조명 또는 4중극자 광원을 최적화하며, 광학 근접 효과 보정 등을 사용하여 마스크를 수정하는 등의 작업이 동시에 이루어져야 한다. 더 작은 기술 노드의 정공 형 구조의 포토 리소그라피 공정, 특히 기간이 침지 리소그라피의 한계에 가까운 경우, 포토 리소그라피 후 정공 형 구조의 패턴 품질을 향상시키기 위해 명시야 마스크와 네거티브 현상 공정을 사용한다.

- 박막 증착 니켈;
- 빠른 열 어닐링;
- 그림 1-14(a)와 같이 여분의 니켈 합금을 벗겨냄;
- 에칭된 측벽;
- 실리콘 질화물 필름 선형 증착, 희생 층 실리콘 산화물, 에틸 실리케이트(TEOS) 증착;

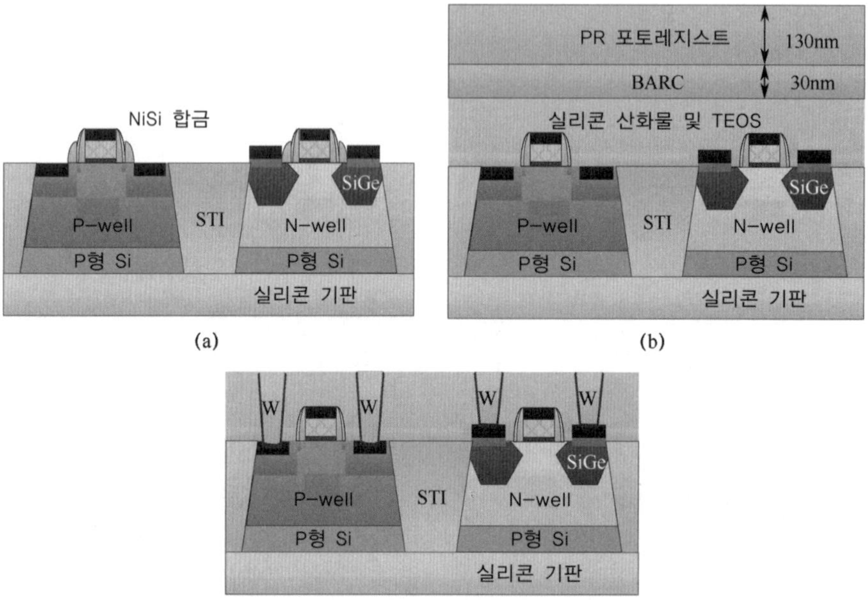

그림 1-14 연결 과정의 개략도

- CMP 평탄화 및 청소;
- 그림 1-14(b)와 같이 포토레지스트 필름을 증착;
- 접촉 홀 리소그라피(침지 ArF 리소그라피 사용);
- 포토리소그라피 후 패턴 감지;
- 에칭 TEOS, 산화규소, 질화규소;
- 질화 티타늄 필름 증착;
- 증착 금속 텅스텐;
- 그림 1-14(c)와 같이 CMP 텅스텐;
- 웨이퍼 청소

6단계, 백엔드 구리 인터커넥션 프로세스(백엔드 오브 라인, BEOL)

후속 구리 상호 연결 공정은 금속 라인 공정(금속)과 금속 구멍 상호 연결 공정(스루홀, 비아라고도 함)의 두 가지 유형의 공정을 포함하여 특정 기능 구조의 연결을 말한다. 첫 번째 금속층(M1)은 후속 공정의 초기 공정이며, 가장 복잡한 공정 중 하나이다. 그리고 고급 노드, 광원, 마스크 등의 협업 최적화가 필요하다. 또한, 하나의 리소그라피에서 M1의 기능적 배선을 실현하는 것은 종종 어렵기 때문에 설계자는 그래픽 분할을 용이하게하거나 준 1 차원 배선 설계를 채택하는 등 리소그라피에 도움이되는 M1 배선에 대한 최적의 배선 할당을 만들어야한다.

첫 번째 비아 층 (V1)과 두 번째 금속 층 (M2)은 일반적으로 이중 다마스커스 공정, 즉 첫 번째 포토리소그라피가 M2 패턴을 형성하고 에칭을 하드 마스크로 전송한 다음 V1 포토 리소그라피를 수행하고, 한 번의 전사 에칭 후 V1과 M2의 두 가지 패턴이 실현된다. 이 공정은 자체 정렬 원칙, 즉 V1 금속 홀 패턴이 M2 금속 라인이 커버하는 범위 내에 있어야하므로 공정 정렬 품질을 효과적으로 개선하고 포토리소그라피 제어의 어려움을 줄이며 공정 단계를 줄일 수 있다.

- M1 배리어 필름 증착;
- SiCOH 필름 증착;
- TEOS 실리콘 산화물 증착;
- 그림 1-15(a)와 같이 OPL 스핀 코팅, 포토레지스트 스택 코팅 스핀 코팅;
- M1 리소그라피(침지 ArF 리소그라피 사용).;
- 포토리소그라피 후 패턴 감지;
- 에칭, 청소;
- Cu 금속 충전(배리어 필름 증착, Cu 시드 레이어, Cu 도금 레이어);
- CMP 금속 Cu, 어닐링;
- 그림 1-15(b)와 같이 CMP 평탄화;
- 청소
- M2 배리어 필름 증착;
- 초저 κ 유전체 SiCOH 필름 증착;

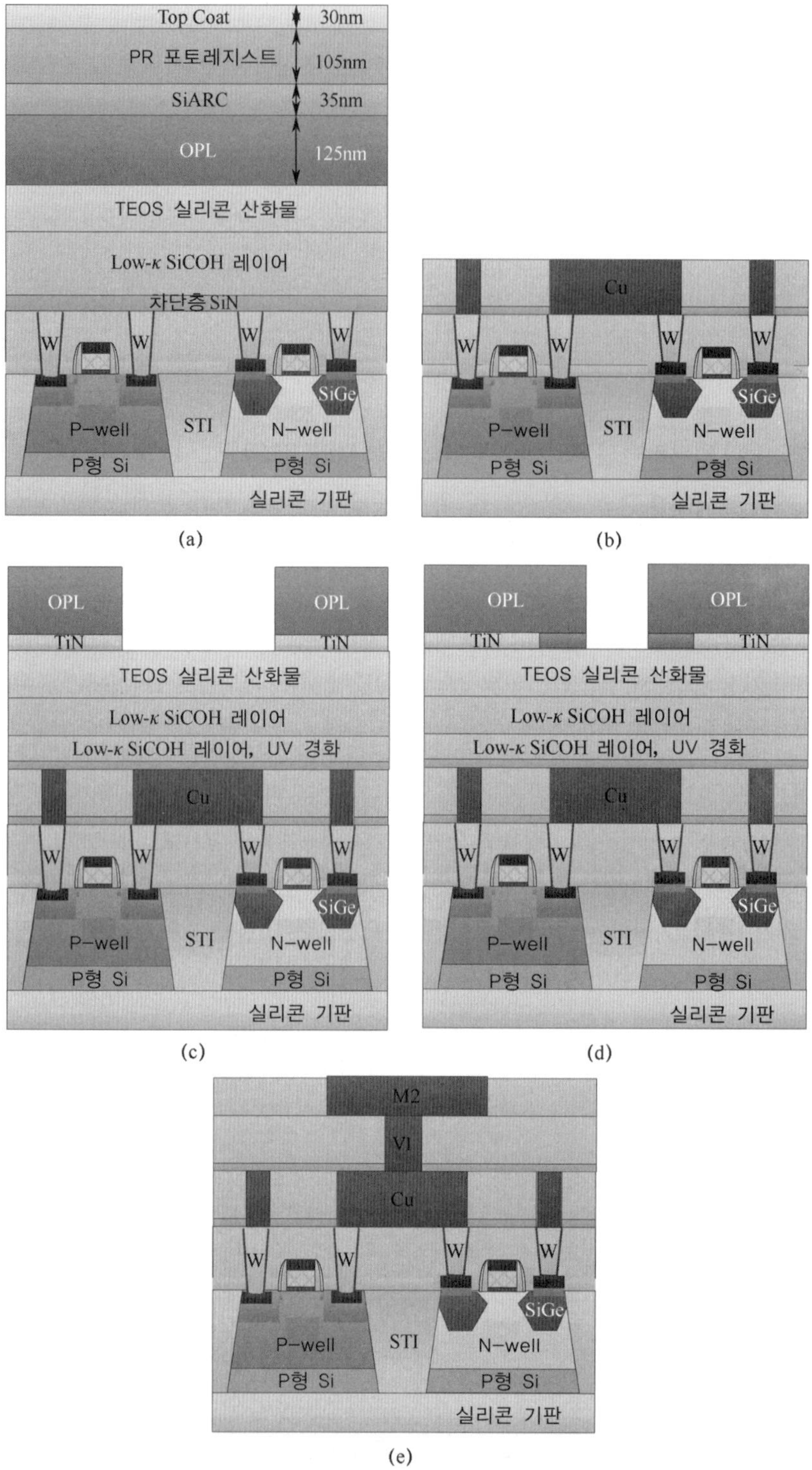

그림 1-15 구리 상호 연결 공정의 개략도

- UV 경화;
- 초저 κ 유전체 SiCOH 필름 증착;
- TEOS 필름 증착;
- TiN 금속 하드 마스크 층 증착;
- OPL 스핀 코팅, 포토레지스트 스택 코팅 스핀 코팅;
- M2 리소그라피(침지 ArF 리소그라피 사용);
- 포토리소그라피 후 패턴 감지;
- 그림 1-15(c)와 같이 에칭;
- V1 OPL 스핀 코팅;
- 그림 1-15(d)와 같이 V1 리소그라피(침지 ArF 리소그라피 사용) 및 에칭을 수행;
- 유전율이 낮은 재료 코팅 에칭;
- 청소;
- Cu 금속 충전(배리어 필름 증착, Cu 시드 레이어, Cu 도금 레이어);
- CMP Cu;
- Cu 금속 어닐링;
- 그림 1-15(e)와 같이 CMP 평탄화;
- 나머지 금속 레이어 및 비아 레이어 프로세스의 경우 단계는 위의 M2, V1과 유사.

공정 노드가 작아질수록 리소그라피 공정의 복잡성은 점차 증가한다. 더 짧은 주기와 더 작은 크기로 패턴 이미징을 구현하기 위해서는 더 많은 리소스를 동원하고 새로운 리소그라피 기술을 연구해야 한다. 신제품 개발 단계에서 리소그라피 공정은 종종 칩 개발의 성공을 위한 핵심 공정이다. 칩 설계가 리소그라피 프로세스 요구 사항을 충족하는지 여부, 즉 새로운 노드 설계 규칙에 따라 그려진 칩 레이아웃에 리소그라피 프로세스가 있는지 여부 창의 제한된 그래픽; 계산 리소그라피 (계산 리소그라피), 특히 광학 근접 보정 (OPC) 모델이 칩 설계 레이아웃의 모든 주요 그래픽과 일치하는지 여부; 리소그라피에 필요한 새로운 장비, 새로운 재료 및 새로운 프로세스 최소 그래픽 크기, 최소 오버레이 오류, 최소 결함 수 및 최적의 그래픽 모양 [6] 요구 사항에 도달하거나 만족하는지 여부 등 여러 가지 이유가 있다. 따라서 레이아웃 디자인과 리소그라피 공정에 대한 심층적인 이해를 위해서는 공정 흐름을 학습하고 숙지하는 것이 매우 중요하다.

1.3 제조 가능성 검사 및 설계-제조 협업 최적화

IC 생산은 설계와 제조로 나뉜다. 설계 회사에서 회로 설계를 완료하고 완성된 레이아웃을 파운드리에 보내면, 파운드리는 레이아웃에 따라 마스크를 준비하고 칩 제조를 완료한다. 마스크는 다른 독립 마스크 회사에서 준비하여 파운드리로 보내 테이프 아웃을 할 수도 있다. 설계와 제조 간의 가장 중요한 상호 작용은 레이아웃이다. 설계 회사의 관점에서 레이아웃은 설계 회로와 정확하게 일치해야 설계에 필요한 기능을 구현할 수 있으며 스크라이브 및 에칭이 기판에 충실하게 전송된다.

초기 대규모 기술 노드에서는 설계자와 제조업체 간의 커뮤니케이션 문제를 너무 많이 고려할 필요가 없으며 두 사람의 작업은 상대적으로 독립적 일 수 있다. 250nm 이상의 기술 노드 시대에는 레이아웃을 수정하지 않고 후속 공정을 위해 마스크 공장으로 직접 전송할 수 있다. 180nm 기술 노드부터는 노광 시 회절 및 간섭 효과를 무시할 수 없으며, 레이아웃에 근접 보정(OPC)을 도입해야 한다. 65nm 기술 노드 이하에서는 다양한 해상도 향상 기술을 사용하더라도 일부 레이아웃은 여전히 노출할 수 없으며, 집적 회로 제조업체는 레이아웃 설계를 제한하고 요구하는 규칙, 즉 제조 가능성을 위한 설계(DFM)를 설정해야 한다. 설계된 레이아웃은 마스크 공장(파운드리)으로 보내지기 전에 제조 가능성 검사를 통과해야 한다. 여러 제조 공정 중 리소그라피는 그래픽을 생산할 수 있는 유일한 공정이다. 소위 제조 가능성 검사는 주로 리소그라피 공정의 타당성 및 공정 창 검사를 말한다.

1.3.1 제조 가능성 검사(DFM)

DFM은 주로 엄격한 설계 규칙 검사(설계 규칙 수정, DRC)에 의존한다. 파운드리는 설계 회사에 리소그라피 공정에 적합하지 않은 다양한 그래픽이 포함된 비교적 완전한 설계 규칙 라이브러리(디자인 규칙 라이브러리)를 제공한다. 소프트웨어는 설계 레이아웃을 세분화하여 이 데이터베이스의 그래픽과 비교하여 제조에 적합하지 않은 부품을 찾아 플래그를 지정한다.

고급 노드에서는 레이아웃의 복잡성, 특히 2차원(2D) 그래픽이 크게 개선되었다. 이러한 이유로 전통적인 DRC를 기반으로 EDA 회사는 많은 추가 기능을 개발했다.

(1) 패턴 매칭은 DRC플러스라고도 한다. 소프트웨어는 레이아웃에서 2D 그래픽을 찾아 DRC에 따라 제조 가능성을 확인한다. 2D 그래픽의 핫스팟을 찾을 수 있지만 규칙이있는 2D 그래픽 만 확인할 수 있다는 단점이 있다.

(2) 레이아웃이 마스크 공장(테이프아웃)으로 전송되기 전에 레이아웃의 공정 변경에 대한 민감도, 즉 공정 변경을 계산하는 데 도움이 되는 확인 도구(검증 도구)다. 대역폭(PV-band). 계산에 사용되는 모델은 OPC에서 제공한다.

(3) 규칙에 따라 레이아웃을 평가하고 특정 규칙 위반 비율과 레이아웃의 분포를 계산하는 제조 분석 및 채점(MAS)이다.

(4) 공정 수율을 개선하는 도구(수율 향상 제품군, YES). 이 소프트웨어는 중복 비아(리던던트 비아) 추가, 정사각형 비아를 긴 모양의 비아 바로 변경, 금속층 그래프 면적 증가 등 관련 규칙에 따라 레이아웃에 공정 및 장치 신뢰성에 도움이 되는 일부 그래픽을 추가한다.

1.3.2 설계 및 제조 기술의 협업 최적화(DTCO)

기술 노드가 더욱 축소됨에 따라 설계와 프로세스는 더욱 복잡해진다. 제조 가능성을 위한 설계를 기반으로 집적 회로 제조는 새로운 기술 개념, 즉 설계 및 기술 최적화(DTCO)를 제안한다[7]. DFM 사고의 발전과 진화로서 DTCO는 설계와 제조의 모든 측면을 종합적으로 고려하고 설계자와 파운드리 간의 양방향 커뮤니케이션을위한 다리를 구축하여 집적 회로 제조의 공정 수율을 개선하는 데 큰 의미가 있다.

DFM은 성숙한 설계 규칙, 즉 의존하는 공정 기술의 기본 연구 및 개발이 완료된 것을 기반으로 하는 반면, DTCO는 주로 초기 연구 및 개발에 사용되며 수율 학습 단계까지 확장된다. 또한 DFM의 규칙은 파운드리의 공정 엔지니어가 설계 엔지니어에게 제공한다. 단방향 커뮤니케이션인 반면 DTCO는 양방향 정보 교환을 제공한다.

그림 1-16은 멘토에서 제공하는 포토리소그라피 공정의 실현 가능성을 확인하기 위한 DTCO 프로세스다. 먼저 다양한 디자인 그래픽에 대한 리소그라피 공정의 난이도를 평가하고 가능한 한 완전한 핫스팟 라이브러리를 생성한다. 이 불량점 라이브러리는 향후 레이아웃을 확인하는 데 사용되며, 그래픽 매칭 소프트웨어는 레이아웃의 각 부분을 확인하여 불량점 라이브러리의 그래픽과 비교한다.

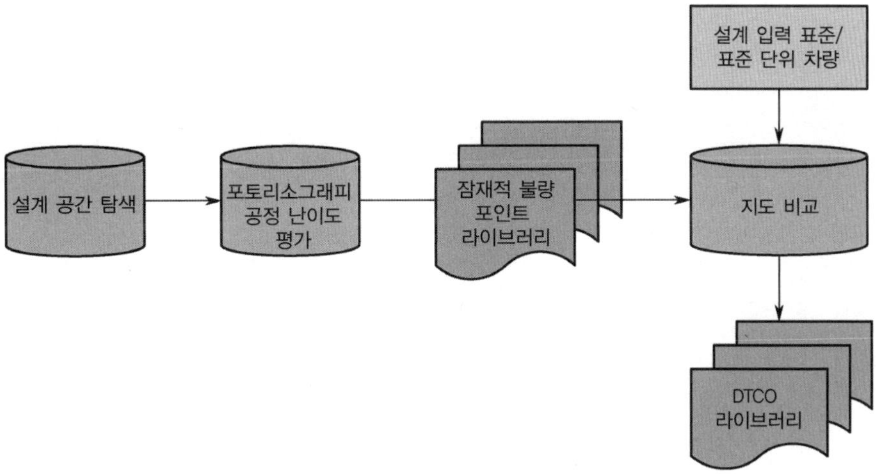

그림 1-16 포토리소그라피 공정의 실현 가능성을 보장하기 위한 DTCO 흐름

제조 가능성이 낮은 부품을 비교하여 찾아낸다. 이 과정에서 '디자인 공간 탐색'은 특수 그래픽 생성 소프트웨어(레이아웃 스키마 생성기, LSG)를 사용하여 기본 설계 규칙(그라운드 설계 규칙)을 기반으로 다양한 그래픽(클립)을 생성하는 것을 말한다. 이 소프트웨어는 몬테카를로 알고리즘을 사용하여 빌딩 블록과 같은 다양한 그래픽을 생성하며 그래픽의 너비는 기본 설계 규칙에 따라 결정된다. 이 과정에서 '리

소그라피 공정 난이도 평가'는 리소그라피 시뮬레이션 소프트웨어로, LSG가 생성한 그래픽에 대해 리소그라피 시뮬레이션 계산을 수행하여 제조 가능성을 판단한다.

이 장의 참조 사항

[1] Rabeye, Chandkasan 외. 디지털 집적 회로: 회로, 시스템 및 설계 [M]. 2nd Edition. Beijing: Electronic Industry Press, 2010.

[2] West. CMOS VLSI 설계 [M]. Beijing: Electronic Industry Press, 2012.

[3] 첸 춘장, 아이 샤, 왕 구오숑. 디지털 집적 회로의 물리적 설계 (국가 집적 회로 공학 석사 교과서 시리즈) [M]. Beijing: Science Press, 2008.

[4] Han Yan. 집적 회로 설계 및 제조에서 EDA 도구의 실무 과정 [M]. Hangzhou: Zhejiang University Press, 2007.

[5] XIAO H. 반도체 제조 기술 소개 [M]. 2nd ed. Bellingham: SPIE Press, 2012.

[6] 웨이 야이. VLSI를 위한 고급 리소그라피의 이론과 응용 [M]. Beijing: Science Press, 2016.

[7] LIEBMANN L, CHUA,GUTWINP. EUV 없이 7nm로 확장하는 어려운 복잡성: DTCO를 극한으로 밀어붙이기[C]. Proc SPIE, 2015, 9427, 942702.

CHAPTER 2

집적 회로 물리적 설계

집적 회로의 물리적 설계는 성능, 전력 소비 및 면적을 고려 지표로 삼아 회로 넷리스트 파일과 제약 조건 파일을 제조에 사용할 수 있는 레이아웃 파일로 변환하는 프로세스이다. 초기에는 칩의 물리적 설계를 수동 사용자 정의로 완료 할 수 있었지만 칩의 트랜지스터 규모가 점점 커짐에 따라 특히 디지털 회로의 물리적 설계는 표준 셀의 계층 적 설계를 기반으로하여 전자 설계 자동화 (전자 설계 자동화, EDA) 소프트웨어가 좋은 환경을 제공한다. EDA 소프트웨어의 도움으로 엔지니어는 각 표준 장치, 특히 중요하지 않은 타이밍 경로의 배치에 집중할 필요가 없으며 엔지니어는 칩의 전체 레이아웃에 더 많은주의를 기울이고 전력 네트워크를 계획 할 수 있으며 EDA 소프트웨어에 효과적인 제약 조건을 제공 한 후 소프트웨어가 자동으로 배치 및 라우팅하도록 안내하고 주요 타이밍 경로를 분석하고 맞춤형 솔루션을 제공하여 칩의 물리적 설계가 더 빨리 수렴하고 전체 설계 프로세스의주기를 단축하여 칩의 설계 비용을 절감 할 수 있다. 물리적 설계에서 가장 우려되는 세 가지 매개 변수는 PPA라고하는 성능, 전력 및 영역이다.

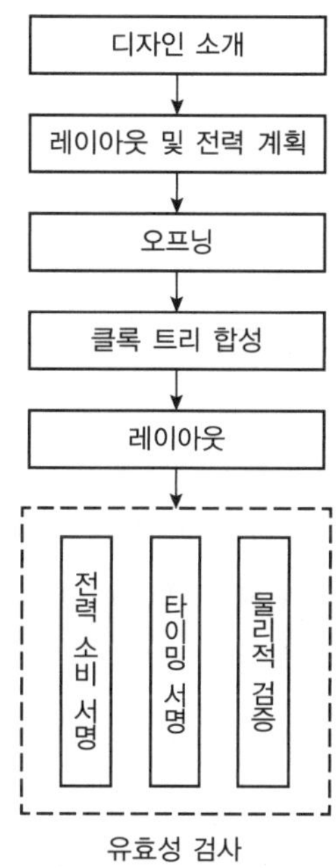

그림 2-1 디지털 회로 물리 설계 프로세스

일반적인 물리적 설계 EDA 소프트웨어에는 물리적 설계 툴, 타이밍 사인오프 툴, 전력 소비 사인오프 툴, 물리적 검증 사인오프 툴 등이 있다. 표 2-1을 참조.

표 2-1 일반적인 물리 설계 EDA 소프트웨어

물리적 설계 도구	이노버스 구현 시스템, IC 컴파일러 II, 엠피리언 클록익스플로러
타이밍 서명 도구	템퍼스 타이밍 사인오프 솔루션, PrimeTime
전원 종료 도구	Voltus IC 전력 무결성 솔루션
물리적 확인 서명 도구	캘리브레이션, IC 검증기

2.1 디자인 인

설계 가져 오기 (디자인 인) 단계에는 주로 프런트 엔드 넷리스트 파일, 타이밍 제약 파일, 전력 소비 제약 파일 및 해당 PDK 파일을 물리적 설계 소프트웨어로 가져와 예비 프로젝트 파일을 설정하고, 물리적 정보를 기다릴 때 모듈의 타이밍을 설계의 프런트 엔드에서 얻은 타이밍 결과와 비교하는 것이 포함된다.

2.1.1 프로세스 디자인 키트의 구성 요소

프로세스 설계 키트(프로세스 설계 키트, PDK) 파일에는 프로세스 파일, 설계 규칙 파일, 집적 회로 시뮬레이션 프로그램(집적 회로 강조 시뮬레이션 프로그램, SPICE) 모델 및 넷리스트, 표준 셀 라이브러리 및 타이밍 라이브러리가 포함된다.

기술 파일은 Fab에서 설계 회사에 제공하는 파일로, 각 레이어의 레이어 레이블, 마스크 이름, 그래픽 식별 정보, 그래픽 주기 (피치), 최소 선 너비 (최소 너비), 최소 여백 (최소 공간), 최소 면적, 두께, 다양한 스루 홀의 정의 및보다 복잡한 그래픽에 대한 설계 규칙 (라인 간 간격, 엔드 투 엔드 간격, 그래픽 밀도) 등 공정 관련 정보가 기록되어 있다. 디자인 규칙 파일은 레이아웃의 각 레이어에 대한 규칙을 상세하고 완벽하게 정의하여 레이아웃, 배치 및 배선을 안내하고 물리적 검증에서 디자인 규칙을 확인하여 사인 오프 완료를 보장하는 데 사용된다.

SPICE 모델은 Foundry에서 제공하는 시뮬레이션 모델 파일로, 트랜지스터의 모델 방정식과 해당 파라미터를 정의한다. 더 나은 부품 모델은 부품의 전기적 특성을 정확하게 반영할 뿐만 아니라 컴퓨터의 수치 해법에도 적합해야 한다. SPICE 넷리스트는 각 표준 유닛 내부의 토폴로지 구조와 부품 파라미터를 정의하며 부품 설명 문장, 모델 설명 문장, 전원 공급 장치 문장 등으로 구성된다.

표준 셀 라이브러리에는 표준 셀 그래픽 디자인 시스템(그래픽 디자인 시스템, GDS) 형식, 라이브러리 교환 형식(라이브러리 교환 형식, LEF), 타이밍 라이브러리(타이밍 라이브러리)가 포함된다. GDS 파일은 레이어 번호(레이어 번호)와 데이터 번호(데이터 번호)를 포함하여 각 레이어의 그래픽을 정의하는 표준 셀의 레이아웃이다. LEF 파일은 표준 셀의 크기와 각 포트의 정보를 포함하여 표준 셀 레이아웃을 단순화한 것이다. 표준 셀 크기는 물리적 설계 단계 전반에 걸쳐 표준 셀 위치의 배치 및 최적화에 사용된다. 전력 네트워크 연결 및 라우팅에 필요한 각 포트, 금속 레이어, 포트의 크기 및 위치에 대한 정보. LEF 파일은 블랙박스와 같아서 내부 디바이스 레이어는 보이지 않지만 서명 전 각 단계에 필요한 정보가 포함되어 있어 소프트웨어의 효율성을 높이는 데 도움이 된다. 타이밍 라이브러리에는 각 표준 장치의 설정 시간, 홀드 시간, 전력 소비량 등의 정보가 포함되어 있으며 전체 물리적 설계 과정에서 타이밍 시뮬레이션 및 전력 소비 시뮬레이션에 사용된다.

2.1.2 표준 단위

표준 셀은 일반적으로 조합 셀과 순차 셀로 나뉜다. 조합 회로라고도하는 조합 장치는 언제든지 출력 신호가 신호가 적용되기 전의 회로 상태와 관련이 없으며 현재 순간의 입력 신호에만 의존한다는 특징이 있다. 일반적인 조합 표준 장치에는 인버터, 버퍼, NAND 게이트, NOR 게이트 등이 있다.

인버터는 결합된 장치에서 가장 기본적인 장치다. NMOS(n-채널 MOS)와 PMOS(p-채널 MOS)로 구성된다. NMOS와 PMOS는 모두 금속 산화물 반도체 전계 효과 트랜지스터(금속 산화물 반도체 전계 효과 트랜지스터, MOSFET이다. 서로 다른 입력 신호 레벨에 따라 PMOS와 NMOS는 각각 해당 레벨에서 켜지고 꺼진다. 예를 들어 입력이 높으면 NMOS의 소스 및 드레인이 켜지고 PMOS의 소스 및 드레인이 꺼지고 출력이 낮은 레벨로 내려가고, 반대로 입력이 낮으면 NMOS의 소스 및 드레인이 꺼지고 PMOS의 소스 및 드레인이 꺼진다. 드레인이 켜지고 출력이 높은 레벨로 끌어 올려지고 마지막으로 반전 역할을 한다. 인버터 회로도는 그림 2-2에 나와 있다. 인버터의 레이아웃은 그림 2-3에 나와 있다. CMOS(상보형 MOS)로 구성된 표준 셀의 경우 PMOS가 위에 있고 NMOS가 아래에 있다. 전력선의 폭은 일반적으로 신호선의 폭보다 커서 전력 네트워크의 안정성을 보장한다.

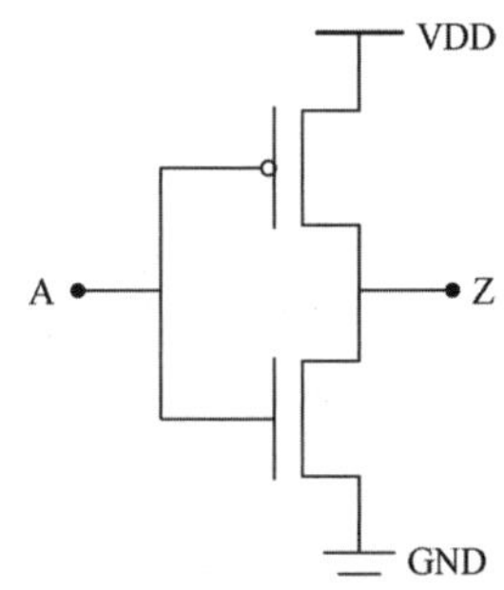

그림 2-2 인버터 회로도

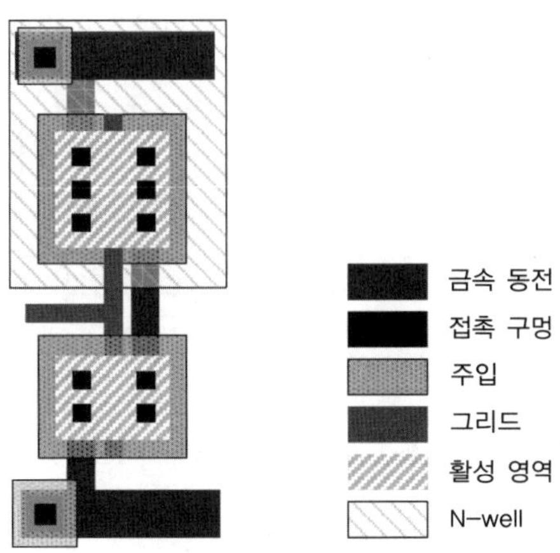

그림 2-3 인버터 레이아웃

NAND 게이트는 두 개의 NMOS와 두 개의 PMOS로 구성되며, 두 개의 NMOS는 직렬로 연결되고 두 개의 PMOS는 병렬로 연결된다. 회로도는 그림 2-4에 나와 있다. AND 게이트는 NAND 게이트와 인버터의 직렬 연결로 구성되며 회로도는 그림 2-4(a)에 나와 있다. 마찬가지로 NOR 게이트는 두 개의 NMOS와 두 개의 PMOS로 구성되며, 두 개의 NMOS는 병렬로 연결되고 두 개의 PMOS는 직렬로 연결되며 회로도는 그림에 나와 있다. OR 게이트는 NOR 게이트와 인버터가 직렬로 구성되며 회로도는 그림 2-4(b)와 같다.

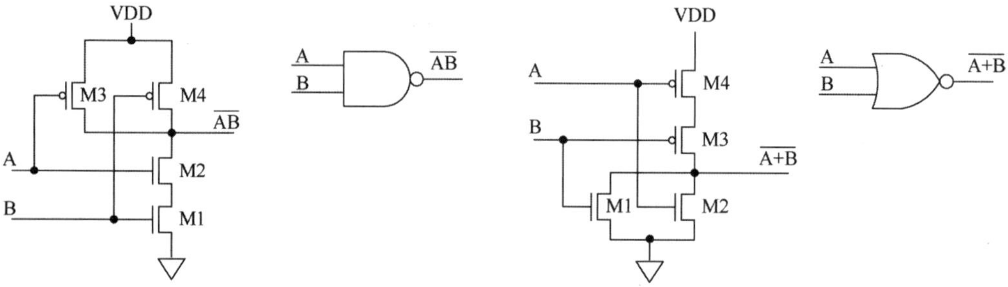

(a) NAND 게이트 (b) NOR 게이트

그림 2-4 NAND 게이트, NOR 게이트

순차 회로라고도 하는 시퀀셜 유닛은 임의의 시점의 출력 신호가 현재 시점의 입력 신호와 관련이 있을 뿐만 아니라 신호가 적용되기 전 회로의 상태에 따라 달라지는 것이 특징이다. 순차 단위에는 래치, 레지스터 등이 포함된다. 래치는 레벨에 민감한 회로다. 래치 신호가 없으면 신호가 버퍼를 통과하는 것처럼 출력의 신호가 입력 신호에 따라 변경된다. 이때 래치는 투명 모드에 있으며 래치 신호가 입력되면 데이터가 잠기고 입력 신호는 영향을 미치지 않으며 래치는 홀드 모드에 있다 [1]. 래치의 레벨 트리거와 달리 레지스터는 에지 트리거, 즉 클록이 플립될 때만 입력이 샘플링되며 포지티브 에지 트리거 레지스터와 네거티브 에지 트리거 레지스터로 나눌 수 있다. 래치와 레지스터의 차이점은 그림 2-5에 나와 있다. 래치는 클럭 신호 입력 단자 Clk가 1일 때 입력 단자 D의 변화에 따라 래치의 출력 단자 Q가 변화하고, 레지스터는 클럭 신호 입력 단자 Clk가 상승 에지에 의해 트리거될 때만 D의 신호를 수집하는 것을 볼 수 있다.

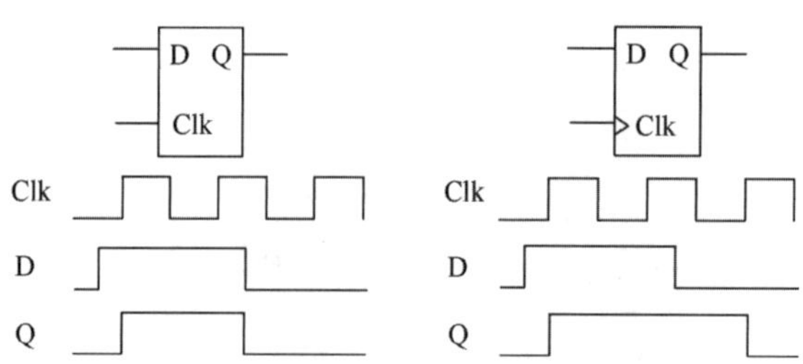

그림 2-5 래치와 레지스터의 차이점

2.1.3 디자인 인 프로세스

그림 2-6은 디자인 임포트 프로세스를 보여준다. 입력 파일에는 넷리스트 파일, 표준 설계 제약 조건(표준 설계 제약 조건, SDC) 파일 및 PDK 파일이 포함된다. 넷리스트 파일은 채택된 프로세스 파일과 표준 셀 라이브러리에 따라 설계의 프런트 엔드에서 제공한 RTL(Register Transfer Level) 파일을 합성하여 얻었다. 표준 제약 조건 파일에는 클럭 신호의 정의, 입력 및 출력 신호의 지연, 입력 신호의 전이 시간, 출력 신호의 부하 및 클럭의 유용한 스큐 정의가 포함한다.

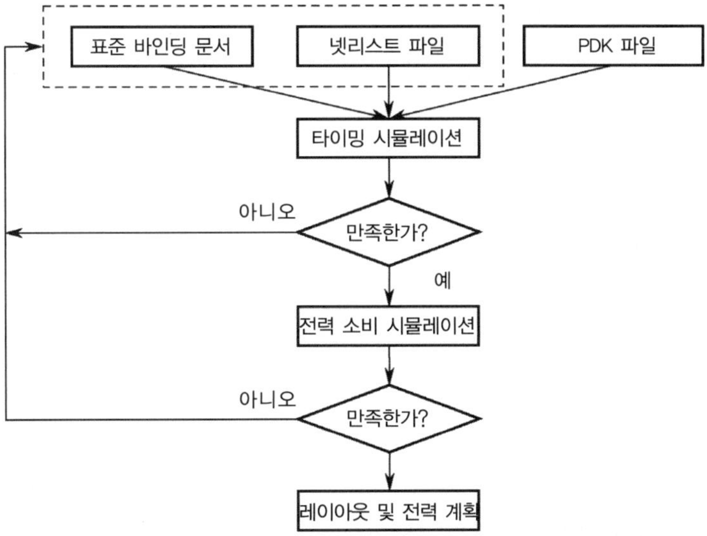

그림 2-6 디자인 인 프로세스

2.1.4 표준 장치 유형 선택 및 IP 목록

초기 표준 단위 유형을 설정하여 각 유형의 비율을 보장하여 전체 모듈의 전력 소비와 타이밍의 균형을 맞출 수 있도록 한다. 일반적인 분류 기준은 채널 도핑 유형, 채널 길이 및 구동 기능이다. 40nm 공정 라이브러리를 예로 들어 채널 도핑 유형은 초저 임계 전압 트랜지스터(초저 전압 트랜지스터, ULVT), 저 임계 전압 트랜지스터(저 전압 트랜지스터, LVT), 표준 임계 전압 트랜지스터(표준 전압 트랜지스터, SVT), 고전압 트랜지스터(고전압 트랜지스터, HVT) 및 초고 임계 전압 트랜지스터(초고압 트랜지스터, UHVT)로 나눌 수 있다; 채널 길이는 40nm, 45nm, 50nm를 포함하며, 드라이브 용량은 1배, 2배, 4배, 8배, 16배로 나뉜다(이 중 2배는 드라이브 용량의 2배를 의미함). 일반적으로 임계 전압이 증가하면 전력 소비가 감소하고 속도가 느려지며, 채널 길이가 증가하면 속도가 느려진다. 그림 2-7은 다양한 유형의 유닛의 성능 및 전력 소비 분포를 보여준다. SVT50(표준 전압을 사용하는 채널 길이가 50nm인 표준 셀)이 HVT40보다 전력 소비가 적고 속도가 빠르다는 것을 알 수 있다.

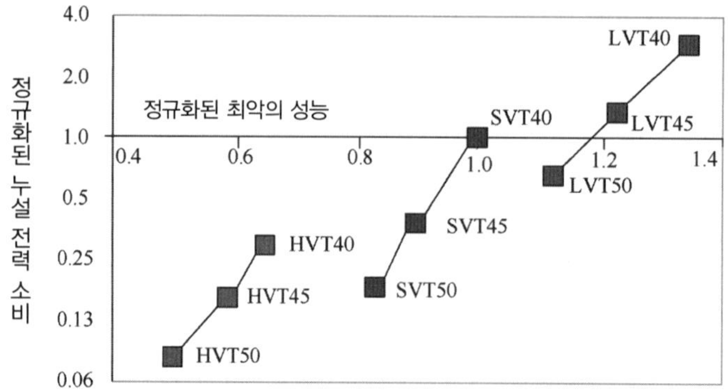

그림 2-7 다양한 유형의 장치에 대한 성능 소비 전력 분포

설계 분야에서 자주 듣는 단어가 IP 코어인데, IP는 지적 재산권(지적 재산)의 영문 약자다. IP 코어는 전문 회사에서 개발한 특정 기능을 가진 회로 모듈의 한 부분을 말한다. 설계자는 IP 코어를 기반으로 ASIC 시스템을 설계하여 설계에 필요한 시간을 단축할 수 있다. 설계에 사용되는 IP를 포괄적으로 파악하기 위해 일반적으로 사용되는 IP 유형 및 포트 수와 같은 정보를 나열하는 IP 목록이 설정된다. 동시에 물리적 설계에서 IP 포트가 선택한 금속 층에 따라 각 IP에 대해 LEF를 추출하여 후속 전력 네트워크의 연결 및 권선에 편리하다.

2.2 레이아웃 및 전원 계획

레이아웃 및 전원 공급 계획 단계에서 칩 크기 계획, 전원 공급 네트워크 계획 및 설계, 최상위 모듈의 위치 분배는 주로 전체 칩 사양에 정의 된 칩 크기와 패키지의 해당 범프 위치에 따라 수행되어 전원 공급 네트워크의 안정성을 보장하기 위해 혼잡도 및 권선 혼잡 (혼잡)의 정도가 요구 사항을 충족한다.

2.2.1 칩 면적 계획

물리적 설계의 세 가지 중요한 지표는 성능, 전력 소비, 면적이다. 칩의 면적은 비용과 직접적인 관련이 있으며, 칩 면적이 작을수록 웨이퍼에서 더 많은 칩을 절단할 수 있으므로 칩 비용을 효과적으로 절감할 수 있다. 동시에 칩의 면적은 물리적 설계의 컨버전스와도 관련이 있다. 칩 면적이 너무 작 으면 권선이 너무 혼잡 해져 타이밍 수렴이 어려워진다. 칩 면적은 사용되는 금속 층의 수와 관련이 있다. 일반적으로 금속 층의 수를 늘리면 칩 면적을 줄일 수 있다. 금속 층의 수를 늘리는 것은 칩 표면에 수직인 방향을 따라 상호 연결의 치수를 개발하는 것과 같다. 칩 면적은 칩의 포트 수와 관련이 있다. 포트가 너무 많으면 칩 면적은 포트에 의해 제한되고, 그렇지 않으면 표준 단위 수와 권선의 혼잡 정도에 의해 제한한다. 따라서 칩 면적을 계획할 때는 이 네 가지 요소를 절충해야 한다.

2.2.2 전력 네트워크 설계

전원 네트워크의 설계는 먼저 사용되는 금속 연결 레이어의 수를 고려해야 한다. 전원 공급 네트워크의 계획은 금속 레이어에 따라 다르다. 예를 들어 1P7M5X1Z에는 6개의 X 금속 레이어와 1개의 Z 금속 레이어를 포함하여 7개의 금속 배선 레이어가 있다. 여기서 X와 Y는 금속의 두께가 다르며 설계 규칙의 너비도 다르다. 이때 사용되는 전력 네트워크는 일반적으로 첫 번째 레이어와 세 번째 레이어에 의해 형성된 하단 전력 네트워크, 여섯 번째 레이어와 일곱 번째 레이어에 의해 형성된 상위 전력 네트워크, 적층 금속 레이어와 중간 레이어에 의해 형성된 비아 레이어다. 레이어 비아 레이어는 하위 레벨 전력망과 상위 레벨 전력망을 연결한다. 예를 들어, 1P9M5X2Y1Z에는 X 금속 6층, Y 금속 2층, Z 금속 1층을 포함하여 9층의 금속 배선이 있다. 해당 전력 네트워크는 종종 첫 번째 및 세 번째 레이어에 의해 형성된 하단 전력 네트워크, 여섯 번째 레이어에 의해 형성된 중간 수준 전력 상호 연결, 여덟 번째 레이어 및 아홉 번째 레이어에 의해 형성된 상위 수준 전력 네트워크, 그리고 중간 레이어의 금속 레이어를 통해 형성된다. 비아 층과 함께 형성된 적층 비아 층은 하단 전원 공급 네트워크와 상위 전원 공급 네트워크를 연결한다.

전력 네트워크는 전압 강하를 충족하면서 권선 리소스를 적게 차지해야 한다. 우선, 범프에서 표준 셀의 전원 포트에 연결된 각 금속 및 비아 층은 각각의 전압 강하 요구 사항을 충족해야하며 전류는 위에서 아래로 균일하게 흐른다. 둘째, IP 모듈과 표준 셀의 전력 소비량이 다르며 전력망의 밀도는 IP 모듈과 표준 셀의 분포에 따라 결정되어야 한다. 마지막으로 전력 네트워크는 가능한 한 밀도가 높지 않다. 면적이 고정된 칩의 경우 라우팅 리소스가 확실하므로 전원 네트워크와 신호 라우팅을 합리적으로 할당해야 한다. 전원 네트워크의 표시기는 주로 전압 강하 및 접지 바운스이며, 일반적으로 전원 공급 장치 전압의 5 %를 초과 할 수 없으므로 작업 및 종료시 IP를 포함하여 연결된 각 표준 장치의 전압 안정성을 보장한다. 전원 네트워크는 그림 2-8에 표시되어 있으며 오른쪽 슬래시 영역은 두 번째 레이어 금속 연결, 왼쪽 슬래시 영역은 세 번째 레이어 금속 연결, 왼쪽 슬래시 영역의 사각형은 두 번째 레이어 스루 홀이다. 함께 전원 네트워크를 형성한다. 점선 영역은 표준 장치 내부의 첫 번째 금속 연결 레이어이며 표준 장치의 신호 라인이다.

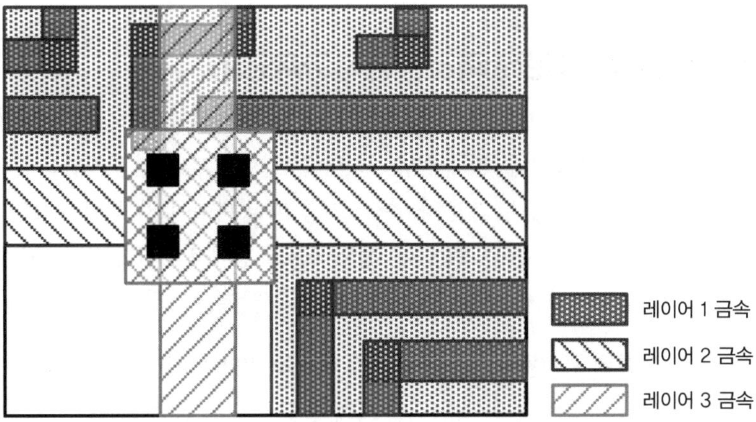

그림 2-8 전원 네트워크

2.2.3 SRAM, IP, 포트 배포

레이아웃 단계의 주요 작업 중 하나는 SRAM, IP 및 포트 배치를 완료하는 것이다. SRAM과 IP의 크기는 표준 장치보다 훨씬 크기 때문에 모듈 수준에서 더 복잡한 기능을 가진 단일 모듈이며 데이터 흐름의 일반적인 방향을 결정한다. 따라서 이러한 모듈은 도구에 전달하여 완료하는 것이 아니라 레이아웃 단계에서 위치 배치 및 해당 전원 공급망 연결을 완료하도록 수동으로 사용자 정의한다. 위치를 배치할 때 각 하위 모듈의 대략적인 위치 분포가 참조되어 후속 권선의 혼잡을 방지한다. 포트 분포는 전체 연결의 부드러움을 보장하기 위해 최상층 범프 (범프)의 위치 및 하위 모듈의 위치 분포와 결합되어야 한다. 레이아웃 단계에서 범프의 회로 네트워크와 이러한 범프와 해당 포트 간의 신호 연결은 시스템 수준에서 주어진 범프 위치 분포에 따라 설계된다. 이러한 신호 연결은 대부분 최상층 금속으로 완성된다. 그림 2-9는 SRAM, IP 및 포트 위치가 배치된 후 칩의 개략도를 보여준다.

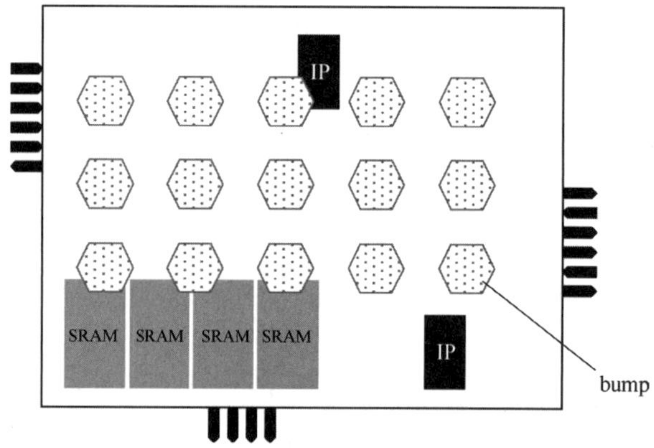

그림 2-9 SRAM, IP 및 포트 위치가 배치된 후 칩의 개략도

최상위 설계인 경우 각 모듈의 위치를 고려해야 하며, 인접한 모듈 사이에 권선 채널과 특정 표준 유닛을 배치할 위치를 확보해야 한다. 특정 표준 셀은 서로 다른 전압 도메인을 연결하기위한 저전력 셀, 타이밍 요구 사항을 충족하기위한 버퍼 셀 등이다.

2.2.4 저전력 소비 설계 및 일반 전력 소비 형식 가져오기

일반적인 전력 절감 기술에는 다중 임계 전압 기술(다중 Vt), 클록 스위칭 기술(클록 게이팅) 등이 있다. 고급 전력 감소 기술에는 다중 전압 기술(다중 전압), 지역 전원 차단 기술(전원 차단), 동적 전압 주파수 변조 기술(동적 전압 주파수 스케일링), 기판 바이어스 기술(바디 바이어스) 등이 포함된다. [2]. 다양한 저전력 소비 기술의 비교는 그림 2-10에 나와 있다. 성능 지표 측면에서 저전력 소비 기술은 전력 소비를 줄이면서도 타이밍과 면적에도 영향을 미치며, 이는 서로 균형을 맞추는 과정임을 알 수 있다.

저전력 제약 파일은 주로 회로에 사용되는 다양한 전압 신호와 전압 도메인 및 사용되는 다양한 저전력 유닛을 정의한다. 동시에 이 파일은 상시 개방 전압 도메인 및 턴오프 전압 도메인과 같은 각 전압 도메인의 턴오프 상태를 정의한다. 전압 도메인의 정의에 따라 전압 도메인의 지역 분할과 해당 저전력 장치의 배치가 레이아웃 단계에서 완료되어 완전한 전력 네트워크를 형성한다. 일반적인 저전력 제약 파일에는 Cadence의 CPF(공통 전력 형식) 파일과 Synopsys의 UPF(통합 전력 형식) 파일이 있다.

저전력 기술	누설 전력 소비	동적 전력 소비	연대기	면적	물리적 설계에 대한 시사점	로직 설계에 대한 시사점	유효성 검사에 미치는 영향
다중 임계 전압 기술	6X	0%	2%	−2%~2%	저	최고	최고
클록 스위칭 기술	0X	20%	0%	2%	저	저	최고
다중 전압 기술	2X	40%~50%	0%	〈10%	중	중	저
영역 전원 차단 기술	10X~50X	약 0%	4%~8%	5%~15%	중고	고	고
동적 전압 변조 기술	2X~3X	40%~70%	0%	〈10%	고	고	고
무라바야시 바이어스 기술	4X	약 0%	3%	2%	고	고	고

그림 2-10 다양한 저전력 소비 기술 비교

일반적인 저전력 장치에는 전원 차단 장치, 절연 장치, 상시 온 장치, 레벨 변환 장치 및 기억 가능한 레지스터가 포함된다. 파워 게이팅 셀에는 그림 2-11과 같이 제어 신호용 입력 포트 NSI와 출력 포트 NSO, 전원 공급 전압 포트 TVDD, 출력 전압 포트 VDD가 포함된다. VDD 포트가 TVDD 포트에 연결되는지 여부는 제어 신호의 레벨 변화에 의해 제어되고 특정 영역의 전원 공급 상황이 제어된다.

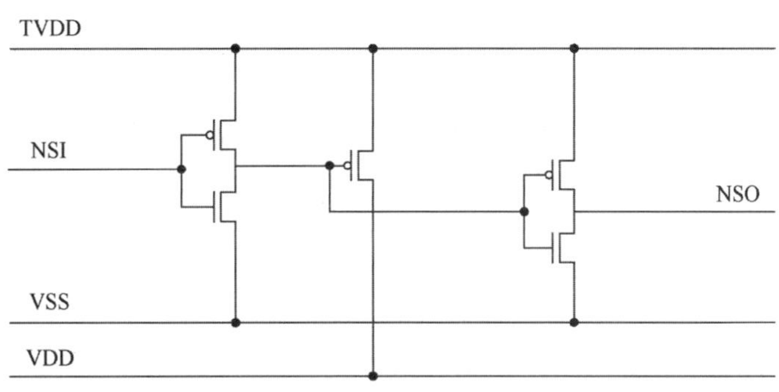

그림 2-11 전원 차단 장치

절연 셀은 서로 다른 전압 도메인 간의 신호 경로의 스위치 상태를 제어하는 데 사용된다. 상시 작동 셀(상시 작동 셀)은 꺼질 수 있는 전압 도메인의 개방 상태에서 상시 작동 전원 공급 장치 네트워크에 연결할 수 있으며 현재 전압 도메인의 스위칭 상태의 영향을 받지 않는다.

레벨 시프터 셀은 입력 신호 INL과 출력 신호 OUTH, 두 개의 관련 전압 도메인의 전압 포트 VDDH 및 VDDL, 접지 포트 VSS를 포함한다. 이 장치는 고전압 도메인에서 저전압 도메인으로의 레벨 변환 장치와 저전압 도메인에서 고전압 도메인으로의 레벨 변환 장치를 포함하여 서로 다른 전압 도메인의 신호 공급 전압을 변환하는 데 사용된다. 회로도는 그림 2-12에 나와 있다. 전류 전압 도메인이 꺼지면 기억 레지스터(상태 유지 전력 게이트 레지스터)가 사용되며, 이 레지스터의 메모리 출력은 지속적으로 저장할 수 있다. 전류 전압 도메인이 다시 켜지면 레지스터를 더 짧은 시간에 복원할 수 있으므로 시스템 시작 시간을 단축할 수 있다.

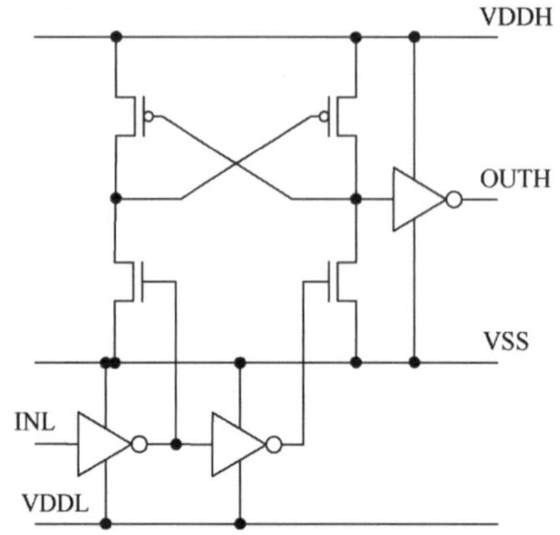

그림 2-12 저전압 도메인에서 고전압 도메인으로의 레벨 변환 장치 회로도

2.3 레이아웃

배치 단계에서는 주로 레이아웃 및 전원 공급 장치 계획을 기반으로 모듈 제약 계획을 수행하고, 유용한 클럭 편차를 설정하고, 래치 배치 영역을 공식화하고, 수정할 수 없는 셀(셀을 만지지 않음)과 사용할 수없는 셀(셀을 사용하지 않음)을 공식화 한 다음 레이아웃을 수행한다. 레이아웃 후 타이밍 분석을 수행하고 표준 셀의 패턴 밀도를 고려한다.

2.3.1 모듈 제약 조건 유형

일반적인 모듈 제약 조건은 모듈의 배치를 제어하는 제약 조건을 정의한다. 유형에는 모듈 안내 제약 조건(가이드), 모듈 영역 제약 조건(영역), 모듈 펜스 제약 조건(펜스)의 세 가지 유형이 있다. 가이드는 소프트 제약 조건인 관련 모듈의 배치를 안내한다. 관련 모듈의 표준 단위는 가능한 한 지정된 영역에 배치하거나 연결 관계에 따라 영역 외부에 배치해야 한다. 동시에 다른 모듈의 표준 단위도이 영역에 배치할 수 있다. 그림 2-13(a)와 같이 영역에서. 영역은 강력한 제약 조건이다. 관련 모듈의 표준 단위는 지정된 영역에 배치해야 하며, 그림 2-13(b)와 같이 다른 모듈의 표준 단위도 이 영역에 배치할 수 있다. 펜스는 엄격한 제약 조건이다. 그림 2-13(c)와 같이 관련 모듈의 표준 단위는 지정된 영역에 배치해야 하며, 다른 모듈의 표준 단위는 이 영역에 배치할 수 없다.

그림 2-13 가이드, 영역 및 펜스의 차이점

2.3.2 혼잡

혼잡도는 라우팅 전에 예상 연결의 긴밀도와 달성 가능성을 나타낸다. 혼잡도가 크면 권선 단계에서 권선을 완료하지 못하거나 가장 밀집된 연결을 형성할 수 없게 되어 회선 간의 결합 커패시턴스가 증가하여 연결 지연이 증가하여 타이밍 위반이 발생할 수 있다.

일부 저전력 소비 장치의 두 번째 전원 포트는 일반적으로 상시 켜져 있는 버퍼의 두 번째 전원 포트와 같이 와인딩 단계에서 완성된다. 이는 이러한 셀이 연결된 표준 셀의 위치에 따라 달라지므로 레이아웃 단계에서 결정해야 하기 때문이다. 여기에 연결된 두 번째 전원 공급 장치는 권선 단계에서 권선 채널에 따라 가장 가까운 전원 공급 장치 네트워크와 연결된다.

1. 혼잡의 증상

혼잡은 일반적으로 그림 2-14와 같이 물리적 설계 시 혼잡 표시로 특징지어진다. 실제 배선에서는 수평 또는 수직 방향을 사용하는 경우가 많으므로 방향에 따라 혼잡을 수평 혼잡과 수직 혼잡으로 구분하고 각각 H와 V로 표시한다. 그 중 혼잡 정도는 다른 색상으로 표시된다. 각 단위 영역에는 10개의 글로벌 단위가 포함된다. 그림 2-14의 상단 단위 영역의 수직 혼잡도는 레벨 1 혼잡, 즉이 영역에서 배선 할 수 있는 선로 수는 50 개이지만 실제로는 51 개의 권선이 여기를 통과해야하므로 혼잡을 형성한다. 하부 단위 영역은 수직 혼잡이 더 심하며 요구 사항을 충족하려면 추가로 2 개의 트랙이 필요하다. 전체 영역을 여러 단위 영역으로 나누고 각 단위 영역의 혼잡도를 계산 한 다음 마지막으로 전체 영역의 혼잡 분포를 형성하면 그림 2-15와 같이 지역 혼잡도를보다 직관적으로 반영 할 수 있다.

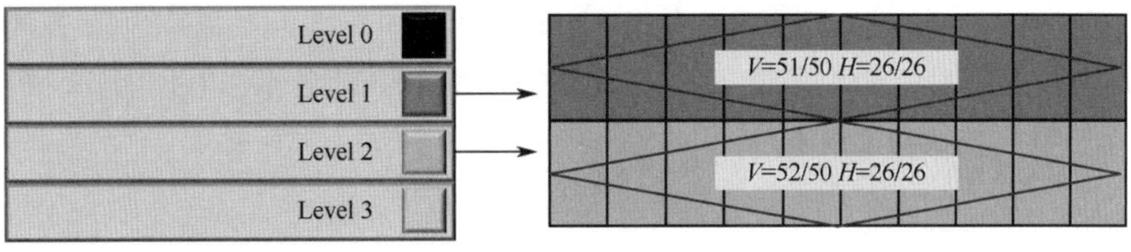

그림 2-14 혼잡 표시

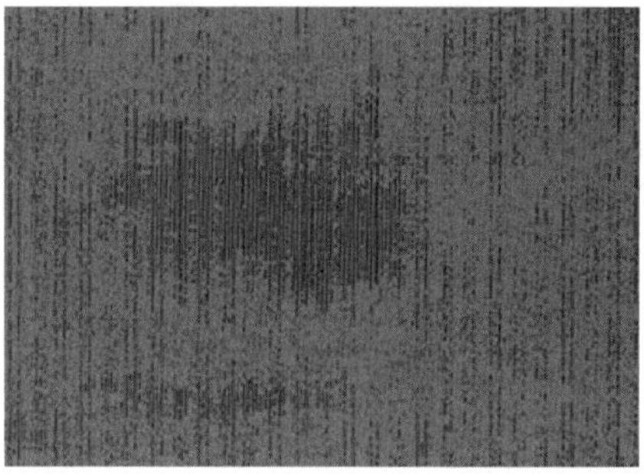

그림 2-15 도메인 내 혼잡도

2. 혼잡 솔루션

혼잡의 발생은 레이아웃 및 배치와 직접적인 관련이 있다. 따라서 레이아웃 및 전력 계획 단계에서 혼잡을 고려해야 한다. 핀의 위치에 따라 전체 칩 또는 모듈의 데이터 흐름 방향이 결정되기 때문에 핀 위치를 지정할 때 혼잡도 계산이 도입된다. 핀을 잘못 배치하면 특정 영역에서 입력 및 출력 신호가 크게 겹쳐 심각한 혼잡을 초래하는 경우가 많다. 레이아웃 단계에서 혼잡을 해결하는 방법은이 영역과 인접 영역의 표준 셀 밀도를 제어하여이 영역을 통과하는 라우팅 수를 줄이는 것이다. 또한 타이밍 제약 조건을 충족하기 쉬운 라우팅의 경우 가이드 버퍼를 추가하여 이러한 라우팅의 방향을 제어하고 심각한 혼잡이 있는 채널을 피할 수 있다.

2.3.3 패턴 밀도

표준 셀의 패턴 밀도는 라우팅의 혼잡 정도와 직접적인 관련이 있다. 표준 셀 패턴 밀도가 높으면 라우팅 정체가 발생하여 타이밍을 맞추기가 어려워지는 경우가 많다. 패턴 밀도가 낮으면 칩의 활용도가 낮아져 칩 비용이 증가한다. 동시에 그래픽 밀도는 사용되는 표준 셀 라이브러리의 포트 밀도와 관련이 있다. 포트 밀도가 높을수록 그래픽 밀도가 낮아야 하며 포트 액세스를 위한 충분한 공간이 확보되어야 한다. 따라서 라우팅 혼잡과 사용률 간의 절충이 필요하며 업계에서 일반적으로 사용되는 패턴 밀도는 60~80%이다. 표준 셀의 패턴 밀도를 계산하는 공식은 다음과 같다.

$$\text{표준 셀 그래픽 밀도} = \frac{\text{표준 단위의 총 면적}}{\text{칩 내부 면적} - \text{하드코어 영역} - \text{무효(halo) 영역}} \tag{2-1}$$

그림 2-16에서 표준 셀의 총 면적은 표준 셀 모듈 5개 면적의 합이고, 칩 내부 면적은 포트를 제외한 내부 직사각형의 면적, 하드 코어 면적은 SRAM과 IP 면적의 합, 캐비티 면적은 그림에서 오른쪽 경사 직사각형의 면적의 합을 합한 값이다.

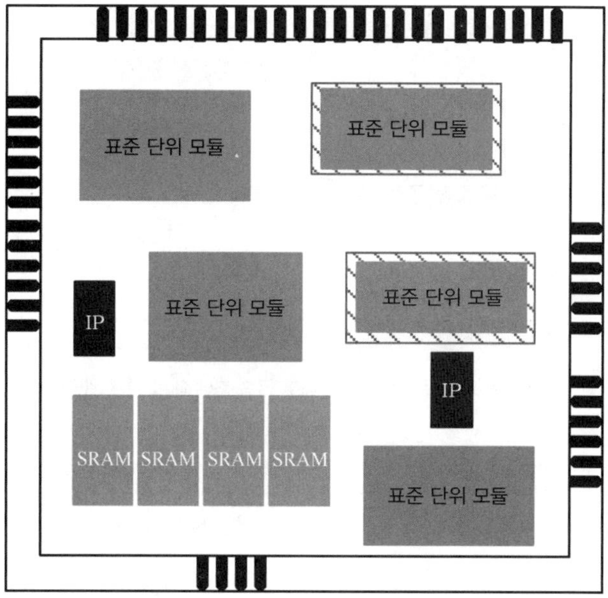

그림 2-16 표준 셀 분포 및 그래픽 밀도 계산

2.3.4 라이브러리 상호 교환 형식 최적화

레이아웃 단계에서는 데이터 흐름 방향, 타이밍 제약, 모듈의 물리적 위치 제약, 전력 소비 제약에 따라 표준 셀을 배치한다. 일반적으로 표준 유닛이 출시된 후에는 표준 유닛 내부에서 설계 규칙 위반이 발생하지 않는다. 그러나 소프트웨어가 자동 레이아웃을 완료 한 후 표준 셀 간의 설계 위반 가능성은 주로 두 가지 측면에서 발생한다. 한편으로는 파운드리에서 출시 한 표준 셀이 표준 셀의 조합을 완전히 고려하지 않고 다른 한편으로는 회로의 물리적 설계 표준 유닛의 라이브러리 교환 형식 (라이브러리 교환 형식, LEF)을 수정해야하는 경우 . 두 개의 표준 유닛을 서로 인접하여 배치하면 그림 2-17의 첫 번째 금속 레이어와 같이 두 표준 유닛 내부의 레이어에서 설계 위반이 발생한다.

이러한 종류의 위반에 대한 해결책은 그림 2-18과 같이 해당 표준 단위의 한쪽에 가장 작은 패딩 단위를 추가하여 설계에 나타나는 이러한 유형의 모든 표준 단위가 효과적으로 격리되어 설계 위반을 방지하는 것이다.

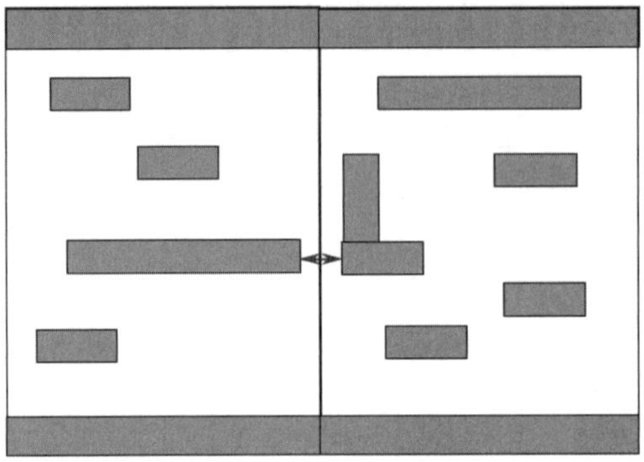

그림 2-17 표준 셀 사이의 내부 금속 층에 대한 설계 위반

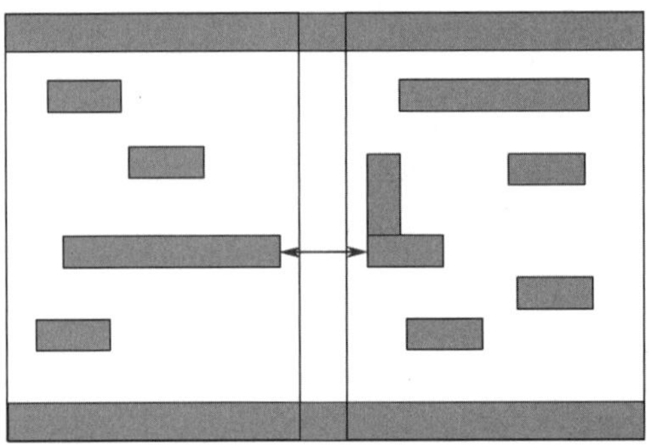

그림 2-18 패딩 유닛을 추가한 후 설계 위반을 효과적으로 방지할 수 있습니다.

2.3.5 래치의 위치 분포

일반적으로 SRAM과 관련된 데이터 경로에는 데이터 래칭을 위한 래치(래치)가 포함된다. 기본값이 제약되지 않은 경우, 그림 2-19(a)와 같이 래치는 일반적으로 툴에 의해 자동으로 배치된다. 이 경우 배치가 더 많은 혼잡을 유발할 수 있으며, 이는 나중에 와인딩하는 데 도움이 되지 않아 타이밍 문제가 발생할 수 있다. 위반. 이때 수동 개입이 필요하다. 일반적으로 스크립트를 작성하여 SRAM과 래치가 연결된 포트의 위치에 따라 그림 2-19 (b)와 같이 해당 포트 근처에서 래치를 흡수하여 데이터 경로를 보장한다. 물리적 연결에서 상호 교차하지 않으므로 혼잡이 줄어든다.

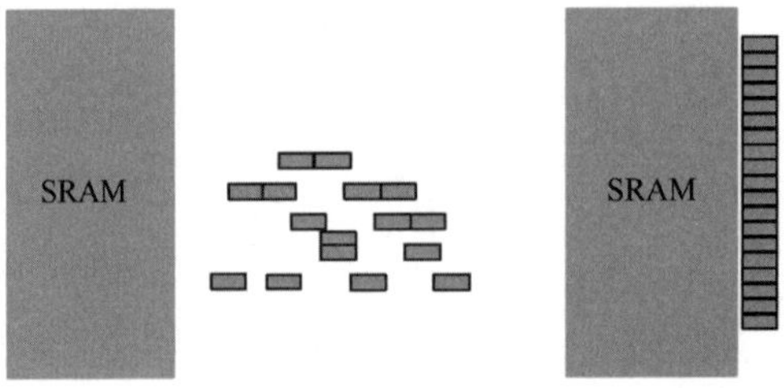

(a) 도구 배치별 (b) 스크립트로 배치

그림 2-19 SRAM 관련 래치

또 다른 해결책은 해당 와이어의 무게를 늘리는 것이다. 무게가 무거운 연결의 경우 연결에 연결된 표준 장치 사이의 거리가 레이아웃에서 고려되어 장치 사이의 거리 또는 장치와 포트 사이의 거리를 단축하는 목적을 달성 할 수 있다.

2.3.6 유용한 클럭 스큐 사용

클록 트리 지연(레이턴시)은 클록 신호 입력에서 레지스터, SRAM 및 IP의 클록 신호 입력까지 걸리는 시간을 나타낸다. 레이아웃 단계에서 클록 트리는 일반적으로 그림 2-20과 같이 모든 클록 트리가 동일한 지연을 갖는 이상적인 상황으로 간주되며, 이는 실제 클록 트리의 예상 지연이다. 그러나 내부 클럭 신호의 배선은 일반적으로 SRAM에서 완료되며 SRAM의 클럭 신호 입력단에서 내부 장치의 클럭 신호 수신단까지 이미 고정된 지연이 있다. 즉, 최상위 클럭 신호 입력에서 SRAM 내부 장치 클럭 신호 수신기까지의 지연이 최상위 클럭 신호 입력에서 레지스터 클럭 신호 수신기까지의 지연보다 크다. 결과적으로 레지스터에서 SRAM으로의 데이터 경로 지연은 클럭 주기와 클럭 스큐의 합계(이때 양수)보다 작고, SRAM에서 레지스터로의 데이터 경로 지연은 클럭 주기와 클럭 스큐의 합계(이때 음수)보다 커서 설정 시간 위반을 유발한다. 이 문제를 해결하려면 SRAM 내부 클록 트리의 지연을 제공해야 하는데, 이것이 바로 유용한 클록 스큐이다. 이상적인 상황에서는 클럭 신호가 먼저 SRAM의 클럭 신호 입력단에 도착한 다음 내부 클럭 트리를 따라 내부 클럭 신호 수신단에 도달한다. 클록 신호가 SRAM의 내부 수신단에 도달하면 클록 신호가 모든 레지스터의 신호 수신단에 동시에 도착하므로 레지스터에서 SRAM으로, SRAM에서 레지스터로의 데이터 경로가 동시에 타이밍 요구 사항을 충족한다.

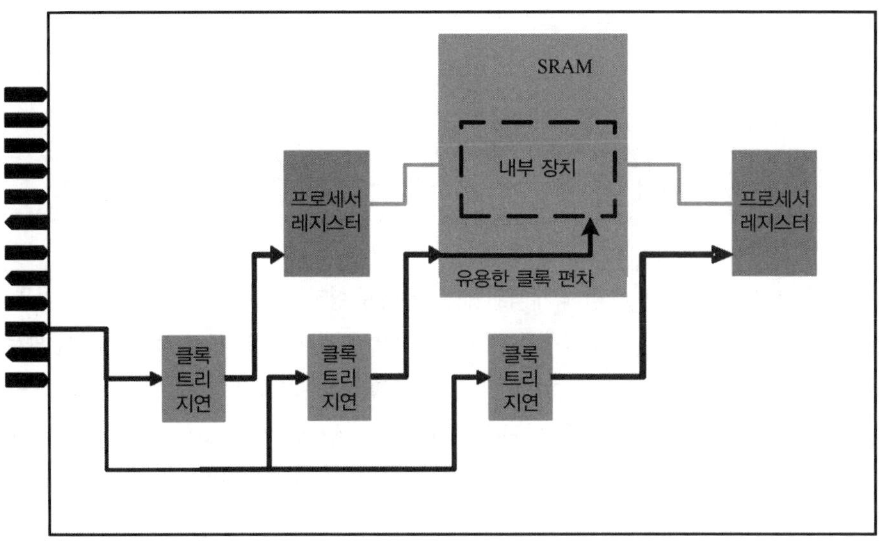

그림 2-20 SRAM의 유용한 클럭 스큐

마찬가지로 일반 레지스터에도 유용한 클럭 스큐가 존재한다. 이 상황은 레지스터의 내부 클록 트리 지연(일반 레지스터 내부의 클록 신호 권선이 매우 짧고 모든 레지스터의 내부 클록 신호 지연은 동일하다고 볼 수 있음)이 아니라 모듈마다 위치가 다르기 때문에 발생하는 것이다. 이들 사이의 데이터 경로의 길이가 일치하지 않는다. 그림 2-21에서 볼 수 있듯이 레지스터 1과 레지스터 2의 모듈이 멀리 떨어져 있기 때문에 데이터 신호의 상승 및 하강 시간을 제어하기 위해 더 많은 버퍼를 추가해야하므로 레지스터 1의 Q 단자에서 레지스터 2 D 단자까지

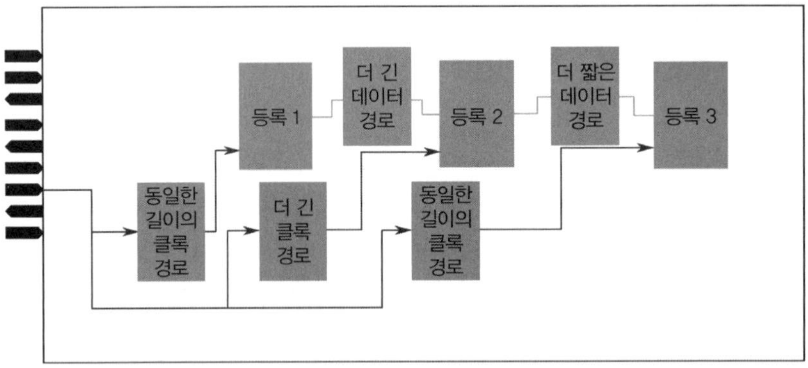

그림 2-21 일반 레지스터에서 유용한 클럭 스큐

데이터 경로 지연 시간이 한 신호 주기보다 크다. 동시에 레지스터 2와 레지스터 3의 물리적 위치가 상대적으로 가깝기 때문에 더 적은 버퍼가 필요하므로 레지스터 2의 Q 단자에서 레지스터 3의 D 단자까지의 데이터 경로 지연 시간 (지연)이 한 신호주기 미만이다. 이때, 레지스터 2의 클럭 신호 지연을 길게 하여 레지스터 1의 Q 단자에서 레지스터 2의 D 단자로의 데이터 경로와 레지스터 2의 Q 단자에서 레지스터 3의 D 단자로의 데이터 경로가 동시에 타이밍 요구 사항을 충족하도록 할 수 있다. 여기서, 레지스터 2의 클럭 신호의 긴 지연은 유용한 클럭 스큐다.

2.4 클럭 트리 합성

클럭 트리 합성 단계에서는 클럭 트리에 채택된 표준 유닛 유형과 구동 기능, 예상 클럭 편차를 먼저 결정해야 한다. 키 클럭 트리 전원 공급 장치를 지정된 위치[3]에 배치한다. 클럭 트리 합성이 완료되면 클럭 트리를 글로벌 클럭 스큐(글로벌 스큐)에 맞게 최적화한 다음 클럭 트리를 로컬 클럭 스큐(로컬 스큐)에 맞게 최적화하고 마지막으로 클럭 스큐에 대한 분석을 제공한다. 클럭 트리가 생성된 후 타이밍을 분석하고 최적화한다. 이때의 타이밍 최적화를 포스트 클럭 트리 클럭 최적화라고 할 수 있다.

2.4.1 CTS 사양 소개

CTS 사양에는 클럭의 정의와 권선 유형의 정의가 포함되어 있으며, 메인 트리와 리프 엔드에 대해 서로 다른 권선 규칙을 채택하고 있으며, 그 중 비전통적인 설계 규칙이 사용될 것이다. 또한 클럭 그룹, 제외

핀, 스루 핀, 리프 핀 등이 설정된다. 동시에 클럭 트리의 최소 및 최대 길이, 클럭 스큐의 최대 값, 클럭 트리의 팬아웃 설정 및 전환 시간이 지정된다.

2.4.2 클럭 트리 레벨

클럭 트리는 클럭 입력, 버퍼 및 레지스터로 구성된다. 클록 트리 스테이지 수는 클록 입력 포트에서 가장 긴 클록 경로에서 레지스터의 클록 입력 핀까지 버퍼의 수를 나타낸다. 일반적인 클록 트리 스테이지는 그림 2-22에 나와 있다.

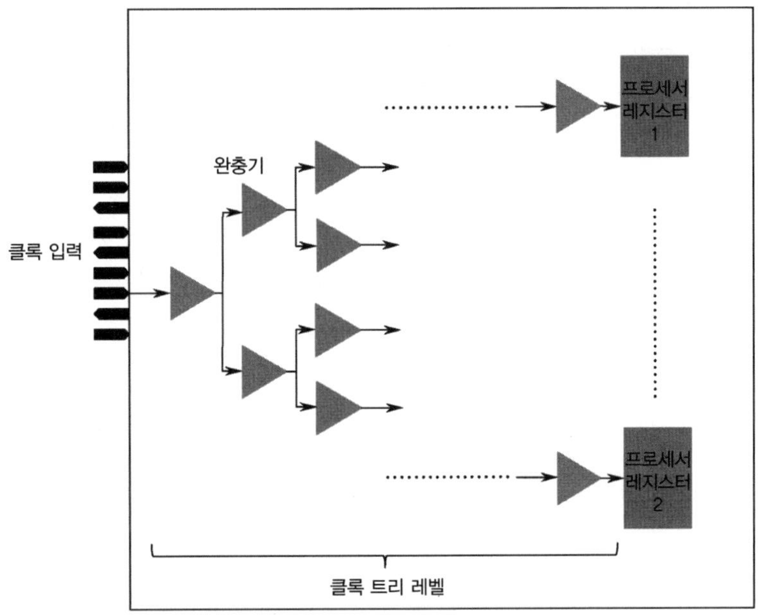

그림 2-22 클록 트리 레벨

2.4.3 클럭 트리 유닛 선택 및 분배 제어

클럭 트리 합성에 사용되는 버퍼 또는 인버터는 일반 버퍼 또는 인버터와 다르다. 이러한 유형의 버퍼 또는 인버터는 일반 버퍼 또는 인버터를 기반으로 디커플링 기능을 추가하여 고속 클록 신호 전송을 보장하고 커플링 커패시턴스와 연결 지연을 줄인다.

일반적인 클럭 트리 유닛의 구동 능력은 1X, 2X, 4X, 8X 및 16X로 나뉜다. 일반적으로 충분한 구동 능력을 확보하고 클럭 트리 스테이지 수를 줄이기 위해 메인 클럭 트리에는 더 큰 구동 능력을 가진 유닛을 사용하고, 리프 엔드(리프)에는 더 작은 구동 능력을 가진 유닛을 사용하여 전체 클럭 트리의 지연 균형을 유지한다.

2.4.4 클록 트리 생성 및 최적화

클록 트리의 생성 및 최적화는 클록 트리 합성, 글로벌 클록 스큐 최적화 및 로컬 클록 스큐 최적화의 세 단계로 나뉜다. 그림 2-23은 최적화 후 생성된 클록 트리 보고서를 보여준다. 이 중 스큐는 두 타이밍 경로의 지연 편차를, 글로벌 스큐는 동일한 클럭 트리의 모든 클럭 경로에서 가장 큰 스큐를, 로컬 스큐는 논리적 관계가 있는 동일한 클럭 트리에서 가장 큰 스큐를, 그룹 스큐는 서로 다른 클럭 트리의 모든 클럭 경로에서 가장 큰 스큐를 의미한다.

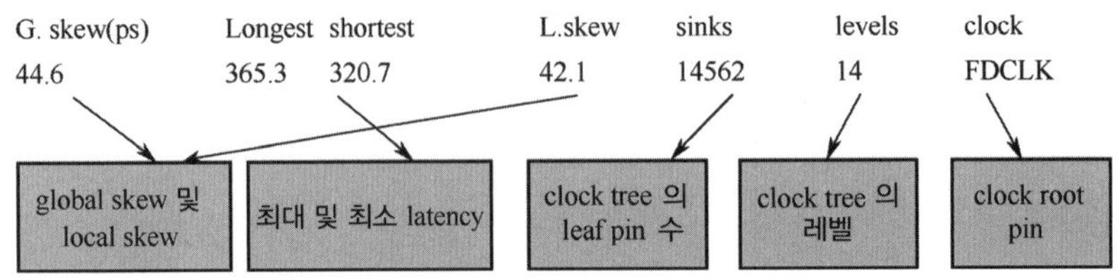

그림 2-23 최적화 후 생성된 클록 트리 보고서

새롭게 떠오르는 클럭 트리 타이밍 협업 최적화(클럭 동시 최적화, CCopt) 기술은 클럭 트리 합성을 기반으로 하면서 타이밍 요구 사항을 고려하는 것, 즉 원래 CTS 위에 타이밍 제약 조건을 도입하여 클럭 스큐를 효과적으로 사용하여 글로벌 타이밍을 최적화하고 타이밍 수렴을 가속화할 수 있도록 한다.

2.5 배선

배선 단계에서는 주로 배선, 타이밍 최적화 및 물리적 검증을 완료한다. 구체적인 흐름도는 그림 2-24에 나와 있다. 먼저 기본값이 아닌 설계 규칙을 설정하고 특정 신호 라인에 해당하는 설계 규칙을 지정한다. 라우팅 후 타이밍 최적화를 수행한다. 타이밍 요구 사항을 충족하지 않는 경로의 경우 원인을 분석하고 수정한다. 타이밍 최적화 단계는 두 단계로 나뉜다. 먼저 누화 문제를 고려하지 않고 타이밍을 최적화하고, 타이밍이 요구 사항을 충족한 후 신호 간 누화를 고려하여 타이밍을 두 번 최적화한다. 타이밍이 요구 사항을 충족하면 충전 장치를 추가 한 다음 예비 물리적 검증을 수행한다.

2.5.1 색다른 디자인 규칙

일반적으로 신호선의 각 금속 층의 폭은 충분한 라우팅 리소스를 보장하기 위해 기본 최소 폭을 채택한다. 그러나 경우에 따라 연결 지연이 너무 큰 경우 저항을 줄여 지연을 줄여야 하며 이러한 유형의 연결에 대해 비 전통적인 설계 규칙 (비 기본 설계 규칙, NDR)을 채택해야 한다. 또는 전선 사이의 커플링 커패시턴스가 너무 큰 경우 라인 간 간격을 늘려 커플링 커패시턴스를 줄여야 하며 이와 유사한 비 전통적인 설계 규칙도 필요하다.

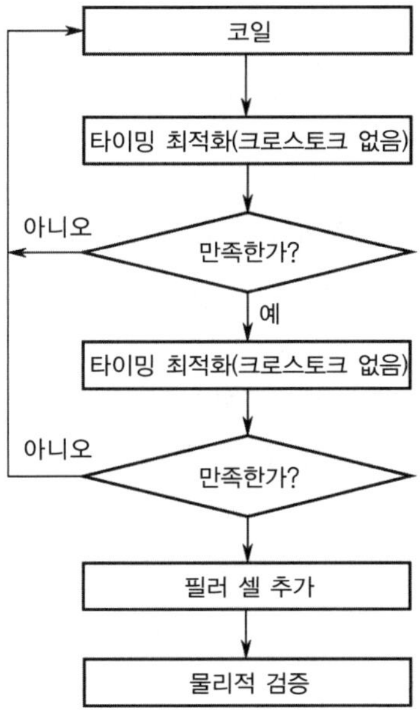

그림 2-24 배선 흐름도

2.5.2 쉴드

타이밍 위반의 많은 경우, 타이밍 위반은 신호 간 누화로 인한 신호 전송 지연으로 인해 발생한다. 누화 문제를 효과적으로 해결하기 위해 일반적으로 그림 2-25와 같이 키 신호 권선의 양쪽에 차폐를 추가한다. 차폐 선의 폭은 일반적으로 각 금속 층의 최소 선폭이다. 차폐선 및 중요 신호 트레이스의 간격은 설계 규칙에 따라 결정된다. 차폐선은 일반적으로 접지 신호에 연결된다. 권선하기 전에 차폐해야 하는 주요 신호와 차폐의 기본 속성을 미리 설정하고, 권선할 때 주요 신호의 권선 방향에 따라 차폐 와이어를 위해 양쪽에 권선 자원을 예약하고 차폐 와이어와 가장 가까운 전원 공급 장치를 연결 네트워크가 연결된다.

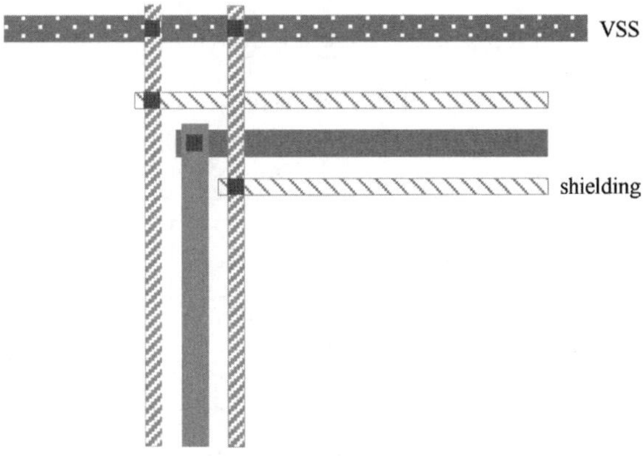

그림 2-25 차폐선 추가

2.5.3 안테나 효과

1. 안테나 효과의 정의

딥 서브미크론 집적 회로 처리 기술에서 에칭은 패턴 전송의 핵심 단계 중 하나이다. 일반적으로 사용되는 에칭 기술은 반응성 이온 에칭과 같은 플라즈마 기술을 기반으로 하는 이온 에칭 공정이다. 에칭 공정 중에 자유 전하가 생성되고, 전기를 전도하는 데 사용되는 층(금속 또는 폴리실리콘)이 에칭되면 자유 전도체 표면이 자유 전하를 모은다. 일반적으로 축적되는 전하의 양은 플라즈마 빔에 노출된 도체의 면적에 정비례한다. 전하가 축적된 도체를 소자의 게이트에 직접 연결하면 폴리실리콘 게이트 아래의 얇은 산화물 층이 F-N 터널링 전류의 방전 전하를 형성한다. 축적된 전하가 일정량을 초과하면 이 F-N 전류가 손상된다. 게이트 산화물 층으로 인해 장치 및 전체 칩의 신뢰성이 심각하게 저하되고 수명이 크게 단축된다.

2. 안테나 효과에 대한 해결책

(1) 점퍼. 점퍼는 안테나 효과로 금속 레이어를 차단하고 비아 홀을 통해 상부 및 하부 레이어에 연결한 다음 현재 레이어에 연결한다. 일반적으로 두 가지 방법이 있다: 그림 2-26에 표시된 것처럼 "점프 업"과 "점프 다운"이다. 이 방법은 금속 배선이 위치한 금속 층을 변경하여 안테나 효과를 해결하지만 동시에 스루 홀의 저항이 매우 크기 때문에 스루 홀을 증가시켜 칩의 타이밍과 누화에 직접적인 영향을 미치므로이 방법을 사용할 때는 엄격하게 라우팅 레벨 변화와 비아 수를 제어해야 한다. 레이아웃 설계에서 안테나 효과는 저수준 금속에 나타나며 일반적으로 점프 업하여 제거 할 수 있다. 그러나 안테나 효과가 가장 높은 레이어에서 발생하는 경우 일반적으로 역방향 바이어스 다이오드가 사용된다.

(a) 안테나 효과 만들기

(b) 하향 점퍼

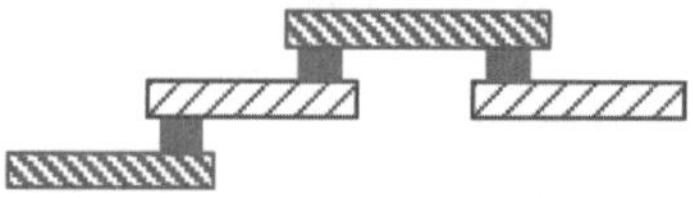

(c) 업워드 점퍼

그림 2-26 점퍼

(2) 역 바이어스 다이오드를 추가한다. 게이트에 직접 연결된 안테나 효과 금속층에 역 바이어스 다이오드를 연결하여 전하 방전 루프를 형성하면 축적 된 전하가 게이트 산화물 층에 위협이되지 않

아 안테나 효과를 제거 할 수 있다. 금속 층의 위치에 충분한 공간이 있으면 다이오드를 직접 추가 할 수 있다. 배선이 막히거나 금속층이 금지 구역에 위치한 경우 금속 라인을 관통 구멍을 통해 근처에 충분한 공간이있는 장소로 연장하고 다이오드를 삽입해야한다.

(3) **버퍼를 삽입한다.** 긴 트레이스의 안테나 효과의 경우 버퍼를 삽입하여 긴 와이어를 차단하여 안테나 효과를 제거할 수 있다.

실제 설계에서는 성능, 면적 및 기타 요인에 의해 요구되는 타협점을 고려하여 안테나 효과를 제거하기 위해 이 세 가지 방법을 조합하여 사용하는 경우가 많다.

2.6 사인오프

물리적 설계의 마지막 단계인 사인오프 단계에서는 주로 타이밍, 전력 소비, 물리적 검증 등 전체 모듈의 사인오프를 완료하며, 모두 사양의 요구 사항을 충족할 수 있다. 타이밍, 설계 규칙 및 전기적 신뢰성을 위반하는 부품의 경우 특정 상황에 따라 자동 또는 수동 수리를 수행해야 한다. 일반적으로 기존 레이아웃 및 라우팅의 경우 위반 사항이 극히 일부만 발생하는 경우 전체 칩에 미치는 영향을 최소화하기 위해 위반 장치 또는 연결에 대해 작은 범위의 수정만 수행하며, 이 또한 엔지니어링 변경 주문이 된다. (엔지니어링 변경 주문, ECO). 이 단계의 모든 수정 사항은 요구 사항이 충족될 때까지 재승인을 받아야 한다. 레이아웃이 최종적으로 파운드리에 전달되면 파운드리는 레이아웃의 각 레이어의 논리적 관계에 따라 해당 제조 가능한 레이어를 생성하고, 물리 설계 엔지니어는 ejobview를 통해 이를 확인하여 최종 제출 버전이 맞는지 확인한다.

2.6.1 정적 타이밍 분석

현재 타이밍 분석은 주로 정적 타이밍 분석(정적 타이밍 분석)을 목표로 한다[4]. 이 섹션에서는 주로 설정 시간 및 홀드 시간, 타이밍 경로, 누화, 타이밍 분석 모드 및 유형, 타이밍 클로저에 대해 소개한다.

1. 설정 시간 및 대기 시간

레지스터에는 설정 시간, 홀드 시간, 전파 지연이라는 세 가지 중요한 타이밍 파라미터가 있다. 클록 에지가 도착하기 전에 동기 입력 신호는 신호가 손실되지 않도록 일정 시간 동안 안정적으로 유지되어야 한다. 이 기간을 설정 시간(t_{setup})이라고 한다. 클럭 에지가 도착한 후에도 동기 입력 신호는 신호가 손실되지 않도록 일정 시간 동안 안정적으로 유지되어야 한다. 이 기간을 홀드 시간(홀드)이라고 한다[5]. 전파 지연 $t_{c\text{-}q}$는 클록 단자에서 레지스터의 Q 단자까지의 지연이다. 레지스터의 설정 및 홀드 시간은 그림 2-27에 나와 있다.

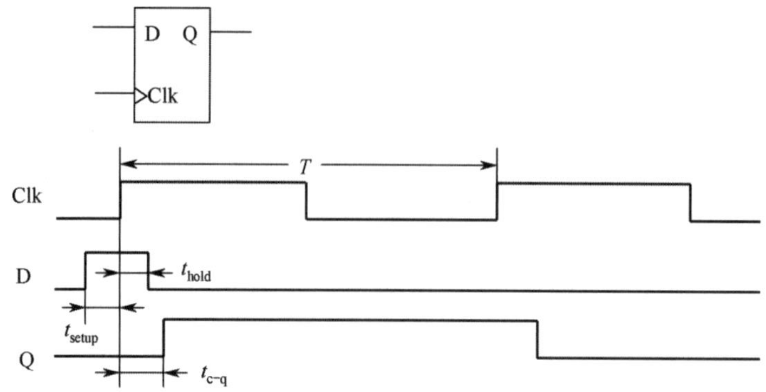

그림 2-27 레지스터 설정 및 유지 시간

2. 타이밍 경로

타이밍 경로(타이밍 경로)는 시작점(시작점), 와이어 지연, 셀 지연 및 끝점(끝점)으로 구성된다. 시작점은 클럭 에지에 의해 데이터가 로드되는 시점이고, 종료점은 조합 로직을 통해 다른 타임 에지에 의해 데이터가 로드되는 시점이다. 이 중 클럭 끝에서 시작점까지의 경로를 전송 클럭 경로, 클럭 끝에서 끝점까지의 경로를 캡쳐 클럭 경로, 시작점에서 끝점까지의 경로를 데이터 경로라고 한다.

신호 도착 순서에 따라 타이밍 경로는 가장 빠른 경로와 가장 느린 경로로 나눌 수 있다. 가장 빠른 경로(초기 경로)는 신호 전파 지연을 계산할 때 가장 빠른 프로세스 매개 변수를 호출하는 경로를 말한다. 신호의 분류에 따라 가장 빠른 클럭 경로와 가장 빠른 데이터 경로로 나눌 수 있다. 가장 느린 경로(늦은 경로)는 신호 전파 지연 계산에서 가장 느린 프로세스 파라미터를 호출하는 경로를 말하며 가장 느린 클록 경로와 가장 느린 데이터 경로로 나뉜다.

일반적인 타이밍 경로는 그림 2-28에 표시되어 있으며, 여기에는 4개의 타이밍 경로가 포함되어 있다: 경로 1은 입력 포트에서 레지스터까지의 타이밍 경로, 경로 2는 레지스터에서 레지스터까지의 타이밍 경로, 경로 3은 레지스터에서 출력 포트까지의 타이밍 경로, 경로 4는 입력 포트에서 출력 포트까지의 타이밍 경로이다. 다른 신호 유형에 따라 타이밍 경로는 데이터 경로와 클럭 경로로 나눌 수 있다. 위에서 언급 한 경로 1에서 경로 4까지의 네 가지 경로는 데이터 경로이고 통과하는 해당 클럭 트리 경로는 클럭 경로이다. 예를 들어, Path 1의 데이터 경로는 A → D이고, 클럭 경로는 포트 A와 관련된 클럭 경로와 Clk → Regl/Clk의 클럭 경로다.

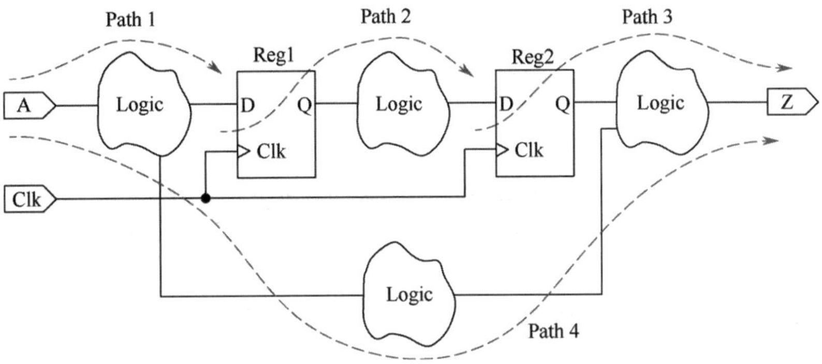

그림 2-28 일반적인 타이밍 경로

슬랙은 타이밍 마진으로, 타이밍 경로가 제약 조건 인덱스를 충족하는지 여부를 나타낸다. 즉, 슬랙이 0보다 크거나 같으면 설계가 요구 사항을 충족하고 그렇지 않으면 요구 사항을 충족하지 못한다. 설정 시간에 대한 타이밍 보고서는 그림 2-29에 나와 있다.

clock SYS_2x_Clk (rise edge)	4.00	4.00
clock networl delay (propagated)	0.47	4.47
clock uncertainty	-0.10	4.37
I_RISC_CORE/I_ALU/Zro_Flag_reg/Clk (secrq)	0.00	4.37 r
library setup time	-0.37	4.00
data required time		4.00
----------		
data required time		4.00
data arrival time		-3.99
----------		
slack (MET)		0.01

그림 2-29 빌드 시간 타이밍 보고서

3. 누화

크로스토크(누화)는 두 개의 신호 라인이 평행하고 서로 가까이 있어 두 라인 사이에 커플링 커패시턴스가 발생하고 노이즈가 발생하는 현상을 말한다. 서로 다른 외부 조건에서 발생하는 크로스토크 노이즈에는 글리치와 크로스토크 노이즈로 인한 지연 변동이라는 두 가지 주요 징후가 있다.

피해 회선이 정적인 경우 공격자 회선의 신호 변화로 인해 발생하는 누화 노이즈가 피해 회선의 임계 전압보다 크면 그림 2-30과 같이 피해 회선의 논리 상태를 변경하여 기능 오류가 발생할 수 있다.

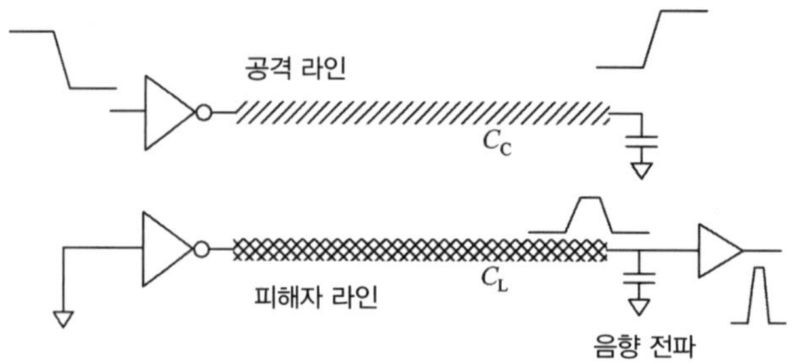

그림 2-30 누화 잡음으로 인한 신호 결함

공격자 회선과 피해자 회선의 신호가 동시에 변경되면 결합 커패시턴스의 존재로 인해 그림 2-31과 같이 누화 노이즈로 인해 피해자 회선의 지연이 변경된다. 공격 회선과 피해 회선에는 다양한 신호 변경 조합이 있으므로 이 지연 변화는 두 회선 모두의 신호 변경 방향과 관련이 있다. 변경 방향이 반대인 경우 지연이 증가하여 플립플롭 또는 래치 설정 시간 위반이 발생할 수 있고, 반대로 지연이 감소하여 플립플롭 또는 래치 홀드 시간 위반이 발생할 수 있다.

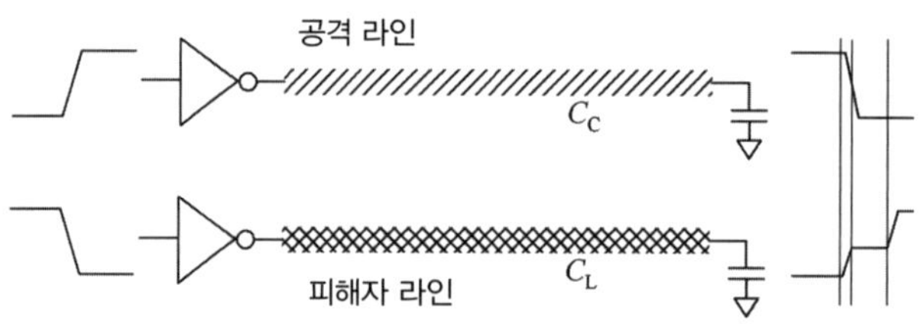

그림 2-31 누화로 인한 신호 지연 변화

크로스토크에 대한 해결책은 다음과 같다:

(1) 신호선 사이의 거리를 늘린다;
(2) 전선을 점프하거나 버퍼를 삽입하여 커플링 길이를 최대한 짧게 만든다;
(3) 차폐선을 추가한다;
(4) 관련 신호 라인의 임피던스를 줄인다.

4. 타이밍 분석 모드 및 유형

타이밍 분석 모드에는 단일 모드, 최악-최적 코너 모드(BC-WC 모드), 온칩 변동 모드(OCV 모드)가 있다. 단일 분석 모드는 하나의 공정 전압 온도(PVT) 모드에서만 타이밍을 고려한다. 최악-최적 분석 모드는 최악의 PVT 모드에서 설정 시간을 고려하고 최상의 PVT 모드에서 홀드 시간을 고려한다. 전체 칩 변경 분석 모드는 칩 제조 공정의 공정 편차로 인한 타이밍 경로의 불일치를 고려한다. 정착 시간을 계산할 때 송신 클록 경로와 데이터 경로 모두 최악의 PVT 모드의 지연을 사용하고 캡처 클록 경로는 최상의 PVT 모드의 지연을 사용한다. 반대로 홀드 시간을 계산할 때는 전송 클록 경로와 데이터 경로 모두 최상의 PVT 모드의 지연을 사용하고 캡처 클록 경로는 최악의 PVT 모드의 지연을 사용한다.

타이밍 분석은 그래프 기반 분석(GBA)과 경로 기반 분석(경로 기반 분석, PBA)의 두 가지 유형으로 나뉜다. 정적 타이밍 분석에서는 런타임과 정확도 사이에 트레이드오프가 있다. 그래픽 분석에 기반한 타이밍 분석은 최악의 입력 전환 시간(입력 전환)을 선택하여 표준 단위의 지연을 계산하므로 실행 시간이 상대적으로 짧지 만 계산 결과의 정확도는 실제 상황보다 떨어진다. 일반적으로 클록 트리의 셀은 모두 단일 입력 표준 셀이기 때문에 클록 트리는 GBA의 영향을 받지 않는다. 경로 기반 타이밍 분석은 실제 경로를 통과하는 입력 포트의 전환 시간을 기반으로 표준 셀의 지연을 계산하므로 정확도가 높다.

그림 2-32에서 왼쪽 그림은 3입력 AND 게이트에 대한 지연 조회 테이블을 보여준다. 입력 단자의 입력 전환과 출력 단자 Z의 출력 부하에 따라 테이블을 조회하여 해당 지연을 얻을 수 있다. 오른쪽 그림은 AND 게이트의 각 입력 단자의 입력 전환과 출력 단자의 출력 부하를 보여준다. 이를 예로 들어 PBA와 GBA에서 지연 계산의 차이를 계산을 하면 GBA에서 A 단자의 입력 전환은 세 입력 단자 중 가장 나쁜 값, 즉 C 단자의 50ps를 채택하고 Z 단자의 출력 부하는 0.2pF이며 테이블 조회에 따르면 A-Z 지연은 60ps이다. 마찬가지로 B-Z 및 C-Z의 지연은 모두 60ps이다. PBA에서 지연은 실제 경로에 따라 계산된다. 즉, 테이블 룩업에 따라 A 단자의 입력 전환은 20ps, 출력 단자의 출력 부하는 0.2pF, A에서 Z까지의 지연은 30ps이다. 마찬가지로 B-Z의 지연은 50ps이고 C-Z의 지연은 60ps이다. PBA의 계산 결과가 더 정확하다는 것을 알 수 있다. GBA는 A-Z의 지연 계산이 정확하지 않고 B-Z의 지연 계산이 정확하지 않다.

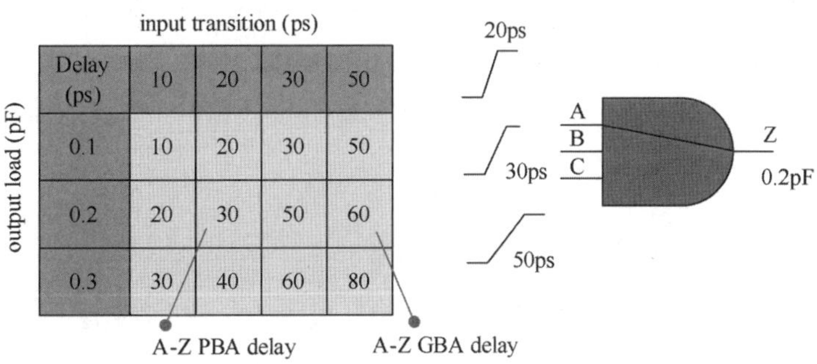

그림 2-32 PBA와 GBA의 차이점 예시

표준 단위의 실제 경로 지연을 고려하기 때문에 PBA는 계산 시간이 많이 소모되므로 계산 시간과 정확도를 고려하여 먼저 GBA를 사용하여 모든 타이밍 경로를 계산하고 여유가 양수이고 큰 타이밍 경로를 통과하고 여유가 양수이고 작거나 음수 인 타이밍 경로에 대해 PBA 계산을 수행하고 후속 타이밍 수리를 수행하면 정확도를 보장하면서 타이밍 수렴 시간을 단축하는 데 도움이 된다.

5. 타이밍 마감

타이밍 마감이란 모든 타이밍 경로가 타이밍 제약 조건 파일의 요구 사항을 충족하는 것을 의미한다. 사인 오프 단계에서 타이밍 클로징을 달성하기 위해 일반적으로 물리적 설계에서 각 단계의 타이밍에 예산을 책정하고 각 단계에 대한 설정 시간 여유(마진)를 지정한다. 예를 들어, 디자인 인 단계에서는 레이아웃, 클럭 스큐, 실제 라우팅 지연, 누화 및 클럭 불확실성의 영향을 고려해야하며, 레이아웃 단계에서는 클럭 스큐, 실제 라우팅 지연, 누화 및 클럭 불확실성을 고려해야 한다. 권선 단계에서는 실제 권선 지연, 누화 및 클럭 불확실성의 영향을 점진적으로 고려할 필요가 있다. 이러한 요소의 영향을 추정하고 합산하여 클럭의 불확실성으로 설정한다. 실제 PPA에 관련된 설정 시간 마진은 표 2-2에 나와 있다.

표 2-2 설정 시간 여유

단계	설정 시간 마진/ns	최악의 마이너스 마진/ns		
		등록	SRAM	커널
레이아웃	0.225			
클럭 트리 합성	0.175	-0.198		
클럭 트리 포스트 합성 최적화	0.175	-0.073	-0.058	-0.107
와인딩	0.15	-0.117	-0.069	-0.127
와인딩 후 최적화	0.12	-0.141	-0.053	-0.11

타이밍 마감 과정에서 타이밍 제약 조건을 충족할 수 없는 상황을 타이밍 위반이라고 한다. 이를 위해서는 엔지니어가 타이밍 보고서에 따라 분석하고 주로 클럭 스큐(스큐), 연결 지연(net_delay) 및 신호 무결성(신호 무결성, SI)을 포함한 다양한 요인이 슬랙에 미치는 영향을 분석해야 한다. 그런 다음 유용한 클럭 편차를 채택하고 레이아웃 및 라우팅을 최적화하고 차폐 및 기타 방법을 추가하여 타이밍이 점차 수렴된다. 그중 타이밍 보고서 요약에는 그림 2-33에 표시된 것처럼 각 타이밍 경로 그룹의 최악의 음의 슬랙, 총 음의 슬랙, 위반 타이밍 경로 수, 최대 커패시턴스, 최대 변환 시간, 최대 팬아웃 및 최대 라인 길이 위반이 포함된다.

일반적인 타이밍 위반에 대한 수정 사항은 다음과 같다:

(1) SI가 없는 경우 위반 경로를 먼저 복구한 다음 SI가 있는 경우 위반 경로를 복구;
(2) 사용할 수 없는 표준 단위를 설정한 다음 위반 사항을 보다 정확하게 수정;
(3) 보류 위반을 수정하기 위해 지연 단위를 추가;
(4) 표준 셀의 임계 전압 유형과 채널 길이 유형을 교체;
(5) 타이밍 차용: 타이밍 차용(타이밍 차용) 방법은 타이밍 경로에 래치가 있는 이전 경로와 후속 경로에 사용;
(6) 유용한 시계 편차;
(7) NDR 와인딩;
(8) 하위 그룹 최적화.

설립 시간	모든 유형	등록하려면 등록하기	레지스터에 입력	출력에 등록	입력-출력
최악의 마이너스 마진/ns	−0.271	0.04	−0.271	−0.047	N/A
전체 마이너스 마진/ns	−26.310	0.000	−25.549	−0.232	N/A
위반 타이밍 경로 수	159	0	123	13	N/A
총 경로 수	1.31e+05	1.16e+05	8029	2750	N/A

규칙 위반	실제 가치		집계
	회선 수(포트)	최악의 위반자 값	회선 수(포트)
최대 커패시턴스/pF	2(2)	−0.015	252(252)
최대 전환 시간/ns	121(225)	−0.477	134(260)
최대 팬아웃	8(8)	−13	956(956)
최대 라인 길이/μm	120(120)	−348	120(120)

밀도 : 51.63%
와인딩 오버플로 : 0.02% (수평 방향)　와(과) 0.40% (수직 방향)

그림 2-33 타이밍 보고서 요약

2.6.2 전력 소비

이 섹션에서는 주로 전력 소비의 구성과 전력 소비 사인오프의 주요 기준인 전력 소비의 구성, 전압 강하 및 접지 바운스, 전자 마이그레이션 효과에 대해 소개한다.

1. 전력 소비 구성

CMOS 회로의 전력 손실은 다음과 같다.

$$\begin{aligned} P &= P_{\text{switching}} + P_{\text{short-circuit}} + P_{\text{leakage}} \\ &= \alpha f C_{\text{L}} V_{\text{DD}}^2 + I_{\text{mean}} V_{\text{DD}} + I_{\text{leakage}} V_{\text{DD}} \end{aligned} \tag{2-2}$$

공식에서 P는 회로의 전력 소비, $P_{\text{switching}}$은 스위칭 전력 소비, $P_{\text{short-circuit}}$은 단락 전력 소비 또는 내부 전력 소비, P_{leakage}는 정적 전력 소비 또는 누설 전류 전력 소비이다. 이 중 스위칭 전력 소비는 로직 게이트의 스위칭 과정에서 부하 커패시터를 충전 및 방전하여 발생하는 전력 소비를 말한다. 단락 전력 소비는 상승 및 하강 에지가 제한된 입력 전압에 의해 CMOS 논리 게이트가 구동될 때 스위칭 프로세스 중에 PMOS와 NMOS가 단시간에 동시에 켜져 전원 공급 장치와 접지 사이에 DC를 형성하는 것을 의미한다. 채널에서 생성되는 전력 소비. 정적 전력은 회로가 대기 또는 비활성 상태일 때 누설 전류에 의해 소비되는 전력이다.

표 2-3 전력 소비 분포

단위 유형	전력 소비 유형				백분율
	내부 전력 소비량/mW	스위칭 전력 소비/mW	정적 전력/mW	총 전력 소비량/mW	
순차 논리 유닛	27.71	6.14	3.07	36.92	29.02%
매크로 모듈	24.54	2.37	1.63	28.54	22.43%
포트	0.00	0.30	0.00	0.30	0.24%
조합 논리 단위	17.80	27.20	0.23	45.23	35.55%
시계 장치(결합된 부분)	0.85	14.94	0.01	15.80	12.42%
시계 장치(타이밍 부분)	0.34	0.10	0.00	0.44	0.34%
합계	71.24	51.05	4.94	127.23	100.00%

2. 전압 강하 및 접지 바운스

실제 회로의 전선에는 저항이 있기 때문에 전류가 전선을 통과할 때 전압 강하 현상이 발생한다. 전원 신호의 경우 전압 강하(IR 강하)이고, 접지 신호의 경우 접지 바운스다. 전압 강하와 접지 바운스가 존재하면 전원 네트워크에 연결된 장치에서 얻은 전원 신호가 표준 전원 신호에서 벗어나 표준 장치의 타이밍에 직접적인 영향을 미치고 타이밍 위반을 유발한다. 일반적으로 전압 강하와 그라운드 바운스는 설계 시 공급 전압의 1.5%를 초과하지 않아야 한다.

3. 전자 마이그레이션 효과

전기 이동 효과는 금속 와이어의 전자가 큰 전류의 작용으로 전자 이동을 겪는 현상을 말하며, 이로 인해 회로의 개방 회로가 발생할 수 있다. 전자 이동 효과는 주로 전력선 및 클록 라인과 같이 전류 밀도가 높고 주파수가 많이 변하는 연결에서 발생한다. 칩의 정상적인 수명 동안 전력 네트워크의 고전류는 전기 이동 효과를 유발하여 전력 네트워크의 금속 와이어의 성능을 저하시키고 최종적으로 칩의 신뢰성에 영향을 미친다. 전자 이동 효과를 피하는 주요 방법은 금속 선폭을 늘리는 것이다.

2.6.3 물리적 검증

물리적 검증 단계에는 주로 설계 규칙 확인, 레이아웃 회로 일관성 확인, 전기적 신뢰성 확인이 포함된다.

1. 디자인 규칙 확인

이 파트에서는 주로 디자인 규칙의 기본 내용과 일반적인 디자인 규칙 위반 사례 및 복구 방법을 소개한다.

설계 규칙은 파운드리에서 설계 회사에 제공하는 기술 문서로, 물리적 설계의 레이아웃이 충족해야 하는 규칙을 정의한다. 설계 규칙을 충족하는 것은 제조 가능성을 위한 전제 조건이자 수율 보장을 위한 필수 조건이다. 설계 규칙의 공식화는 주로 제조 수준, 특히 리소그라피 기계의 해상도 및 정렬 정확도, 그래픽 선폭 및 가장자리 거칠기의 공정 제어 수준과 같은 리소그라피 기술 수준에 따라 달라진다. 레이아웃 레이어에서 허용되는 최소 선 너비와 주기를 기본 규칙이라고도 하며, 이는 이 기술 노드의 상징적인 매개변수 중 하나이다. 디자인 규칙에는 일반적으로 다음 항목이 포함된다.

(1) **일반 레이아웃 정보.** 마스크의 기본 정보, 각 레이어의 레이어 번호 및 데이터 번호, 금속 레이어의 명명 규칙, 장치의 회로도 및 진실 테이블 및 기타 일반 정보를 포함한다.

(2) 일반적인 권장 규칙은 그림 2-34에 나와 있다. 이 섹션에서는 각 레이어에 대한 기본 규칙을 정의한다. 금속 레이어의 경우 최소 선폭, 최대 선폭, 최소 면적, 최소 길이, 다양한 투영 길이에서 허용되는 패턴 간격, 비아 레이어의 래핑에 대한 크기 규정 등이 포함된다. 스루홀 레이어의 경우 정사각형 구멍과 직사각형 구멍의 크기, 구멍 사이의 거리, 구멍의 위치 제약과 같은 정보가 포함된다.

(3) **디바이스 효과에 대한 설계 규칙.** 웰 근접 효과(웰 근접 효과), LOD(OD 영역의 길이) 효과, OSE(OD 공간 효과) 및 MBE(금속 경계 효과)가 포함된다.

(4) **그래픽 채우기를 위한 디자인 규칙.** 채우기가 필요한 레이어와 채우기 단위, 온칩 오버레이 오류 표시 및 IP 밀도에 대한 규칙을 포함하여 각 레이어를 채우기 위한 규칙을 정의한다.

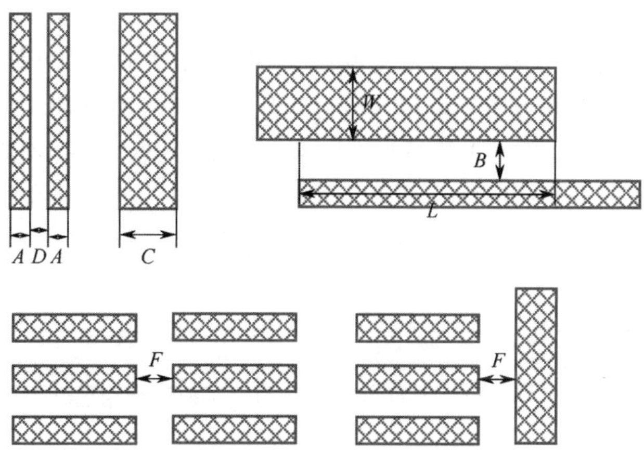

그림 2-34 일반 권장 규칙

(5) **제조 가능성을 위한 설계 규칙.** 수율을 향상시키기 위해서는 권장 설계 규칙 및 DFM 솔루션을 포함하여 해당 제조 가능성 설계(DFM) 규칙을 설정해야 한다.

(6) **신뢰성 설계 규칙.** 프론트엔드 프로세스 및 백엔드 프로세스와 관련된 신뢰성 규칙 및 해당 모델, 전자 마이그레이션, 장애 메커니즘 및 기준 등을 포함한다.

(7) **아날로그 회로 레이아웃 설계 규칙.** MOS 트랜지스터, 바이폴라 트랜지스터, 커패시터와 같은 디바이스에 대한 지침과 권장 규칙을 정의한다.

(8) **래치업 및 정전기 방전에 대한 설계 규칙.**

일반적인 설계 규칙 위반에는 그림 2-35에 표시된 것처럼 간격 위반 및 밀도 위반이 포함된다. 설계 규칙 위반에 대한 수리 방법은 일반적으로 공구 자동 수리 및 수동 개입 수리다. 간격 위반에 대한 해결책은 일반적으로 잘못된 연결을 하나씩 변환하는 것이며 이로 인해 발생하는 문제는 변곡점이 나타나는 것이다. 밀도 위반에 대한 해결책은 필러 셀을 추가하여 밀도를 높이거나 라우팅을 라우팅하여 밀도를 낮추는 것이다.

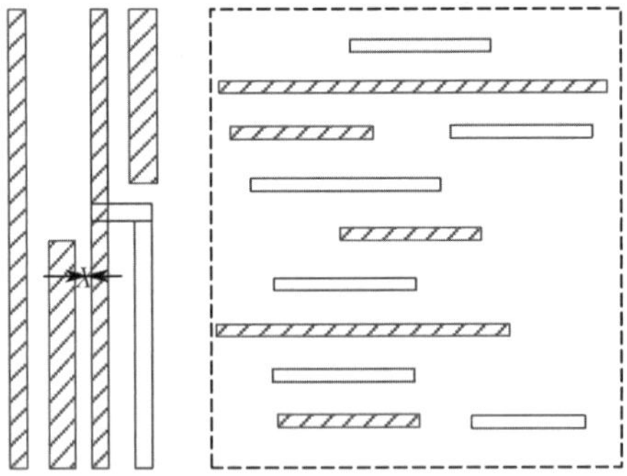

(a) 간격 위반 (b) 밀도 위반

그림 2-35 설계 규칙 위반

2. 레이아웃 회로 일관성 확인

설계 규칙 확인 외에도 레이아웃과 회로도가 일치하는지 여부, 즉 LVS (레이아웃 대 회로도)를 확인해야 한다. 먼저 최종 레이아웃에 따라 회로도를 추출한 다음 넷리스트 파일과 비교한다. 비교 결과는 사용된 요소의 수와 권선의 이름뿐만 아니라 불일치 여부에 대한 구체적인 정보를 제공한다. 불일치하는 경우 이유를 찾아서 LVS를 통과할 때까지 디버깅한 다음 사인오프해야 한다. 연결 및 단위 수가 일치하지 않는 경우 회로도에 플로팅 포트가 있거나 회로도에 빈 모듈이 있는 등의 이유가 있다.

3. 전기적 신뢰성 점검

전기적 신뢰성 검사에는 주로 전기 규칙 검사(전기 규칙 검사, ERC)와 정전기 방전(정전기 방전, ESD) 검사가 포함된다.

전기 규칙은 레이아웃 설계 과정에서 전기적 연결에 문제가 없는지 확인하고, ERC를 통해 기존 오류를 찾아내 설계자가 레이아웃을 수정할 수 있도록 하는 것이다. 일반적으로 ERC는 LVS의 연결 관계 추출 단계에서 수행된다. 전기 규칙 검사 대상에는 주로 노드 단선, 단락, 부동 접점, 특정 영역의 무접점 등이 포함된다.

ESD 검사는 주로 입력/출력 포트, 전력선, 트랜지스터 또는 ESD 보호 회로의 트랜지스터의 연결 검사를 목표로 한다. ESD 고장의 근본 원인은 큰 과도 전류로 인한 열 파괴, 큰 과부하 전압으로 인한 게이트 산화물 층의 유전체 파괴 등이다. 이러한 요인들은 칩 고장 또는 회로 기능의 노화 가속화로 직접 이어질 수 있다. ESD 모델에는 인체 모델(인체 모델, HBM), 기계 모델(기계 모델, MM), 디바이스 충전 모델(충전 디바이스 모델, CDM), 전기장 유도 모델(전계 유도 모델, FIM) 등이 있다[5].

이 장의 참조 사항

[1] 라베이 J M, 찬드라카산 A, 니콜릭 B. 디지털 집적 회로: 회로, 시스템 및 설계 [M]. Zhou Runde 외 번역 베이징: Electronic Industry Press, 2004.

[2] Keating M, Flynn D, Aitken R 외. 저전력 방법론 매뉴얼: 시스템온칩 설계를 위한[M]. NewYork:SpringerUS,2007.

[3] Kahng A B, Lienig J, Markov I L, 외. VLSI 물리적 설계: 그래프 파티셔닝에서 타이밍 클로저까지 [M]. Berlin: Springer Netherlands, 2011.

[4] Bhasker J, Chadha R. 나노미터 설계를 위한 정적 타이밍 분석[D]. NewYork:SpringerUS,2011.

[5] 첸 춘장, 아이 샤, 왕 구오숑. 디지털 집적 회로의 물리적 설계 [M]. Beijing: Science Press, 2008.

CHAPTER 3

리소그라피 모델

포토리소그라피 공정은 수학 방정식의 도움으로 광학 및 화학 모델로 설명할 수 있다. 마스크에 조사된 빛은 회절되고 해당 레벨의 회절광은 투사 렌즈에 의해 수집되어 포토레지스트 표면에 수렴되며, 이 이미징 프로세스는 광학 프로세스이며 포토레지스트에 투사된 이미지는 광화학 반응을 자극하고 베이킹은 화학 프로세스인 현상액에서 국소 용해성 포토레지스트로 이어진다. 컴퓨터를 사용하여 이러한 광학 및 화학 공정을 시뮬레이션하고 에뮬레이션하여 이론적으로 리소그라피 및 공정 윈도우의 해상도를 높이고 공정 매개변수의 최적화를 유도하는 방법을 탐색할 수 있다.

컴퓨터 시뮬레이션의 정확도는 리소그라피의 수학적 모델의 정확도에 따라 달라진다. 이 모델은 광학 이미징 이론, 광화학 이론, 열 확산 이론 및 용해 동역학을 기반으로 한다. 또한 수정해야 할 많은 매개 변수가 모델에 도입된다. 리소그라피 엔지니어는 전용 테스트 패턴 노출을 사용하여 웨이퍼의 선폭 데이터를 수집하여 모델의 파라미터를 수정함으로써 계산된 결과가 실험과 최대한 일치하도록 한다. 리소그라피 모델은 모든 리소그라피 시뮬레이션의 핵심이며, 소스 마스크 최적화(SMO), 광학 근접 보정(OPC) 및 보조 그래픽 보정은 모두 리소그라피 모델을 기반으로 한다.

3.1 기본 광학 이미징 이론

3.1.1 고전적인 회절 이론

회절 현상은 자연에서 흔히 볼 수 있는 현상이며 빛의 파장이 짧기 때문에 빛이 작은 구멍이나 슬릿을 통과할 때만 선명하게 관찰된다. 빛의 파동은 벡터파이지만, 다음 조건이 만족될 때 조리개를 통과하는 빛의 회절 현상을 스칼라 이론을 사용하여 분석할 수 있다:

(1) 회절 조리개가 파장보다 훨씬 크다;
(2) 회절장의 관찰 표면이 회절 조리개에서 멀리 떨어져 있다.

1678년 후이겐스는 파면의 각 점을 구형 아파의 파원으로 취급하여 다음 순간에 파면의 모양을 형성하는 아파 개념을 도입했다. 1818년 프레넬은 공간 광필드가 서브파 간섭의 결과여야 한다고 주장함으로써 후이겐스의 원리를 보완했다. 진공 상태에서 전파되는 단색 광파의 경우, 후이겐스-프레넬 수학적 표현 [1]은 다음과 같다.

$$U(P) = C\iint_{\Lambda} U(P_0)K(\theta)\frac{e^{jkr}}{r}ds \tag{3-1}$$

Λ는 광파의 파면이고, $U(P_0)$는 파면상의 임의의 지점 P_0에서 복소 진폭이고, $U(P)$는 광필드(light field)에서 임의 관측 지점 P의 복소 진폭이며, r는 P에서부터 P_0까지의 거리이고, θ는 $\overline{P_0P}$와 점 P_0를 통과하는 n에 대해 법선인 메타파 표면 사이의 각도이며, 여기서 기울기 계수 $K(\theta)$는 각도 θ에 대한 P에 대한 서브웨이브 소스 P_0의 작용을 나타내기 위해 사용되며, C는 상수이다.

회절 이론이 다루는 문제는 광학계의 어떤 지점 P에서 복소 진폭을 광학계의 다른 지점에서의 복소 진폭으로 표현할 수 있는지 여부입니다. 분명히 이것은 경계값을 기반으로 변동 방정식을 푸는 문제이다.

$U(P)$를 계산하는 데 사용되는 그린의 정리는 다음과 같다.

$U(P)$공간 위치 좌표의 두 임의의 복소수 함수인 $G(P)$와 공간 위치 좌표의 두 임의의 복소수 함수인 S는 공간에서 체적 V를 둘러싸는 닫힌 곡면이다. $U(P)$와 $G(P)$가 S 안팎에서 단일값 연속이고 단일값 연속 일차 및 이차 부분 도함수를 갖는 경우, 다음 식이 성립한다.

$$\iiint_{V}(G\cdot\nabla^2U - U\cdot\nabla^2G)dV = \iint_{S}\left(U\cdot\frac{\partial G}{\partial n} - G\cdot\frac{\partial U}{\partial n}\right)dS \tag{3-2}$$

$\partial/\partial n$은 바깥쪽 법선 방향을 따라 임의의 점의 부분 도함수이다.

1882년 키르히호프는 그린의 정리를 사용하여 파동 방정식(wave equation)을 풀고 헬름홀츠 방정식의 특성을 결합하여 헬름홀츠와 키르히호프 적분 정리를 얻었다.

$$U(P) = \frac{1}{4\pi}\iint_{S}\left[\frac{\partial U}{\partial n}\cdot\frac{e^{jkr}}{r} - U\cdot\frac{\partial}{\partial n}\left(\frac{e^{jkr}}{r}\right)\right]dS \tag{3-3}$$

r은 임의의 점 P_0을 가리키는 P의 벡터 $\boldsymbol{r}$의 길이를 나타낸다. 위 정리에서 중요한 것은 임의의 점 P에서 회절장의 복소 진폭 분포 $U(P)$는 그 점을 둘러싸고 있는 임의의 닫힌 표면 S의 점에서의 섭동의 경계값 U와 $\partial U/\partial n$을 사용하여 계산할 수 있다는 것이다.

무한히 큰 불투명 스크린에서 조리개의 회절 문제의 경우 헬름홀츠-키르히호프 적분 정리를 사용하여 조리개 뒤의 임의 지점 P에서의 복소 진폭 분포를 계산할 수 있다.

그림 3-1과 같이, 광파가 스크린과 조리개를 왼쪽에서 비춘다고 가정하고 조리개 뒤의 한 지점 P에서의

광필드를 계산해야 한다. 닫힌 표면은 두 부분, 즉 스크린 바로 뒤에 있는 평면 S_1과 관측점 P를 중심으로 반지름 R을 갖는 구 S_2로 구성되며, 적분 정리에 따르면 다음과 같다.

$$U(P)=\frac{1}{4\pi}\iint_{S_1+S_2}\left(G\cdot\frac{\partial U}{\partial n}-U\cdot\frac{\partial G}{\partial n}\right)\mathrm{d}S \tag{3-4}$$

여기서, G는 구면파를 나타낸다, $G=\mathrm{e}^{jkr}/r$

키르히호프 경계 조건에서:

(1) 조리개 Σ에서 필드 분포 U와 그 부분 도함수 $\partial U/\partial n$은 스크린이 없는 경우와 동일하다.

(2) 화면의 기하학적으로 음영 처리된 영역에 S_1가 있는 부분의 필드 분포 U와 그 부분 도함수 $\partial U/\partial n$은 화면의 기하학적으로 음영 처리된 영역에서 상수 0이다.

임의의 지점 P에서 광필드(light field)의 필드 분포는 다음과 같다.

$$U(P)=\frac{A}{\mathrm{j}\lambda}\iint_{\Sigma}\frac{\mathrm{e}^{\mathrm{j}kr'}}{r'}\cdot\left[\frac{\cos(\boldsymbol{n},\boldsymbol{r})-\cos(\boldsymbol{n},\boldsymbol{r}')}{2}\right]\cdot\frac{\mathrm{e}^{\mathrm{j}kr}}{r}\mathrm{d}S \tag{3-5}$$

방정식 (3−5)를 프레넬−키르히호프 회절 공식이라고 하며 다음과 같이 다시 작성할 수 있다.

$$U(P)=\frac{1}{\mathrm{j}\lambda}\iint_{\Sigma}U(P_0)\cdot K(\theta)\cdot\frac{\mathrm{e}^{\mathrm{j}kr}}{r}\mathrm{d}S \tag{3-6}$$

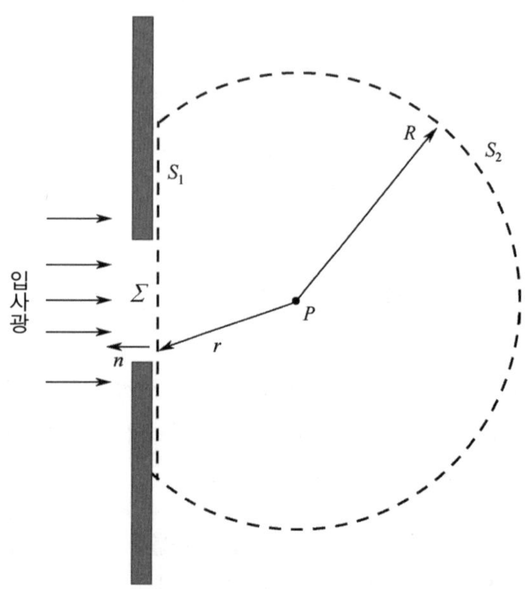

그림 3−1 무한히 큰 불투명 스크린의 유한 조리개에서의 회절 다이어그램

여기서는 조리개를 비추는 단일 구면파의 경우에만 설명하지만, 회절 방정식은 임의의 단색 광파 조명의 더 일반적인 경우에 적용되다. 파동 방정식의 선형성 덕분에 위의 원리를 개별 구면파에 개별적으로 적용한 다음, 구면파가 지점 P에서 생성하는 기여도에 겹쳐서 적용할 수 있다.

평면 스크린에 대해 Kirchhoff가 가정한 경계 조건에 따르면 조리개 외부의 음영 영역에서 $U(P_0)=0$ 이므로 방정식 (3–6)의 적분 한계는 무한대로 확장할 수 있다. 따라서

$$U(P)=\frac{1}{\mathrm{j}\lambda}\iint_{-\infty}^{\infty}U(P_0)\cdot K(\theta)\cdot\frac{\mathrm{e}^{\mathrm{j}kr}}{r}\mathrm{d}S \tag{3-7}$$

우측 항에서 임펄스 함수를 다음과 같이 정의하면,

$$h(P,P_0)=\frac{1}{\mathrm{j}\lambda}\cdot K(\theta)\cdot\frac{\mathrm{e}^{\mathrm{j}kr}}{r} \tag{3-8}$$

식 (3–7)은 다음과 같이 된다.

$$U(P)=\iint_{-\infty}^{\infty}U(P_0)\cdot h(P,P_0)\mathrm{d}S \tag{3-9}$$

조리개가 x_0y_0 평면에 있고 관측점이 xy평면에 있는 경우, 방정식 (3–9)는 다시 다음과 같이 표현할 수 있다.

$$U(x,y)=\iint_{-\infty}^{\infty}U(x_0,y_0)\cdot h(x,y;x_0,y_0)\ \mathrm{d}x_0\mathrm{d}y_0 \tag{3-10}$$

식 (3–10)에서 다음과 같은 추론을 도출할 수 있다. 광파의 전파 현상은 선형 시스템으로 간주할 수 있으며, 시스템의 임펄스 응답 $h(x, y; x_0, y_0)$은 점 (x_0, y_0)에 위치한 서브 파장에서 방출된 구형파가 관측 평면에서 생성한 복소 진폭 분포와 정확히 일치한다는 것이다.

조건 (1), 점 광원 P'가 충분히 멀리 떨어져 있고 개구면의 각 지점에서 입사광의 입사각이 크지 않을 때 임펄스 응답은 공간적으로 불변하는 함수 형태를 가지며, 조건 (2), 관측면과 개구 사이의 거리 z가 개구보다 훨씬 크고 관측면이 개구면의 각 지점에 대해 크지 않은 텐서각의 범위로만 간주되는 경우, 임펄스 응답은 공간적으로 불변합니다. 즉, 결과 구형파의 형태는 조리개 평면에서 서브파 소스의 위치에 관계없이 동일합니다. 이러한 방식으로 방정식 (3–10)은 다음과 같이 다시 작성할 수 있다.

$$U(x,y)=\iint_{-\infty}^{\infty}U(x_0,y_0)\cdot h(x-x_0,y-y_0)\ \mathrm{d}x_0\mathrm{d}y_0 \tag{3-11}$$

식 (3–11)은 조리개 평면의 투과된 광필드 $U(x_0, y_0)$와 관측 평면의 광필드 $U(x, y)$ 사이에 컨볼루션 적분으로 설명되는 관계가 있음을 보여준다. 따라서 회절된 조리개 뒤의 광파의 전파를 기울기 계수의 변화를 무시한 선형 불변 시스템으로 취급할 수 있으며, 시스템의 공간 영역의 특성은 공간 불변 임펄스 응답에 의해 고유하게 결정된다. 이 임펄스 응답은 관측 평면에서 개구면에 위치한 서브파 소스에 의해

방출되는 구형 서브파의 복소 진폭 분포이다. $U(x_0, y_0)$는 서로 다른 위치의 서브파 소스에 의해 구형파에 할당된 가중치 계수로 볼 수 있다. 모든 구형 서브파의 일관된 중첩은 관측 평면에서 광학 필드 분포를 제공한다.

실제 회절 현상은 두 가지 유형으로 나눌 수 있다: 프레넬 회절과 프라운호퍼 회절이다. 이 두 가지 유형의 회절 패턴을 얻기 위해 일반적으로 회절 이론에 의해 주어진 결과에 대한 근사치가 만들어지며, 프레넬 회절과 프론 및 페이 회절에 사용되는 근사치 방법은 서로 다르다.

이전 이론에서와 마찬가지로 관측 평면에서 복소 진폭의 분포는 다음과 같다.

$$U(x, y) = \iint_{-\infty}^{\infty} U(x_0, y_0) \cdot h(x - x_0, y - y_0)\, \mathrm{d}x_0 \mathrm{d}y_0 \tag{3-12}$$

여기서 임펄스 함수는 다음과 같이 된다.

$$h(x - x_0, y - y_0) = \frac{\mathrm{e}^{\mathrm{j}kr}}{\mathrm{j}\lambda r} \tag{3-13}$$

일반적으로 관측면과 조리개가 위치한 면 사이의 거리 z가 조리개 Σ와 관측 영역의 최대 크기, 즉 저녁축 근사치보다 훨씬 크다고 가정하여 식 (3−13)을 사용한다. 이 경우 방정식 (3−13)의 분모의 r은 z로 근사화할 수 있지만, 큰 위상 오차를 피하려면 큰 값의 k로 인해 복소 지수의 b를 더 정확하게 근사화해야 한다.

z가 특정 배율보다 큰 경우, r의 근식을 계산할 때 확장 내 이차항은 무시할 수 있다. 즉, 프레넬 근사법이 사용된다.

$$r = \sqrt{z^2 + (x - x_0)^2 + (y - y_0)^2} \approx z\left[1 + \frac{1}{2}\left(\frac{x - x_0}{z}\right)^2 + \frac{1}{2}\left(\frac{y - y_0}{z}\right)^2\right] \tag{3-14}$$

따라서 충동 반응은 다음과 같다,

$$h(x - x_0, y - y_0) = \frac{1}{\mathrm{j}\lambda r}\exp(\mathrm{j}kz)\exp\left\{\mathrm{j}\frac{k}{2z}\left[(x - x_0)^2 + (y - y_0)^2\right]\right\} \tag{3-15}$$

프레넬 근사법의 물리적 본질은 구의 후이겐스 아파를 이차 표면으로 대체하는 것임을 알 수 있다. 프레넬 근사치를 평면의 복소 진폭 분포에 대입하면 프레넬 회절 공식을 구할 수 있다,

$$U(x, y) = \frac{\mathrm{e}^{\mathrm{j}kz}}{\mathrm{j}\lambda r}\iint_{-\infty}^{\infty} U(x_0, y_0) \cdot \exp\left\{\mathrm{j}\frac{k}{2z}\left[(x - x_0)^2 + (y - y_0)^2\right]\right\}\mathrm{d}x_0 \mathrm{d}y_0 \tag{3-16}$$

회절 조리개에서 관측면의 거리 z를 더 늘려 프레넬 근사치뿐만 아니라 다음과 같은 조건도 만족하는 경우

$$z >> \frac{k}{2}(x_0^2 + y_0^2)_{\max} \tag{3-17}$$

그런 다음 관측 평면이 위치한 영역을 프라운호퍼 영역이라고 할 수 있다. 간단하게 하기 위해 프라운호퍼의 조건은 다음과 같이 지정할 수 있다.

$$z >> \frac{d^2}{\lambda} \tag{3-18}$$

이렇게 하면 r에 대한 방정식에서 $\dfrac{(x_0^2 + y_0^2)}{2z}$ 항을 더 무시할 수 있으므로 다음과 같이 된다.

$$r \approx z + \frac{x^2 + y^2}{2z} - \frac{xx_0 + yy_0}{z} \tag{3-19}$$

이 근사치는 퍼롱 및 페이 근사치이다. 방정식 (3−19)를 임펄스 응답 식에 대입하면 평면의 복소 진폭 분포는 다음과 같다.

$$\begin{aligned} U(x,y) &= \frac{\mathrm{e}^{\mathrm{j}kz}}{\mathrm{j}\lambda r} \cdot \mathrm{e}^{\frac{\mathrm{j}k(x^2+y^2)}{2z}} \iint_{-\infty}^{\infty} U(x_0, y_0) \cdot \exp\left[-\mathrm{j}2\pi\left(x_0 \cdot \frac{x}{\lambda z} + y_0 \cdot \frac{y}{\lambda z}\right)\right] \mathrm{d}x_0 \mathrm{d}y_0 \\ &= \frac{\mathrm{e}^{\mathrm{j}kz}}{\mathrm{j}\lambda r} \cdot \mathrm{e}^{\frac{\mathrm{j}k(x^2+y^2)}{2z}} \cdot F\left\{U(x_0, y_0)\right\}_{f_x = \frac{x}{\lambda z}, f_y = \frac{y}{\lambda z}} \end{aligned} \tag{3-20}$$

방정식 (3−20)은 관측 평면의 필드 분포가 조리개 평면의 투과광 필드 분포의 푸리에 변환에 비례한다는 것을 보여준다.

3.1.2 아베의 이미징 이론

일반적인 이미징 시스템의 경우 여러 개의 렌즈 또는 거울로 구성될 수 있으며 최종 시스템에서 이미지를 제공한다.

일반적인 이미징 시스템의 개략도는 그림 3−2에 나와 있다. 그림에서 볼 수 있듯이 모든 이미징 시스템은 세 부분으로 나눌 수 있다. 첫 번째 부분은 물체 평면에서 들어오는 동공, 두 번째 부분은 들어오는 동공에서 나가는 동공, 세 번째 부분은 나가는 동공에서 이미지 평면으로 나뉜다. 들어오는 동공과 나가는 동공은 각각 물체 공간과 이미지 공간에서 시스템 조리개 다이어프램의 기하학적 이미지이다. 첫 번째와 세 번째 부분 내의 광파의 전파는 프레넬 회절 또는 프론 및 페이 회절에 따라 처리할 수 있으며, 두 번째 부분은 내부 구조의 세부 사항을 고려하지 않고 블랙박스로 간주할 수 있다. 시스템의 임펄스 응답을 결정하기 위해서는 점 광원에서 방출되는 구형파에 대한 블랙박스의 응답을 얻어야 한다. 일반적으로 실제 광학 시스템은 수차가 있으므로 블랙박스는 다음과 같이 특성화할 수 있다: 점 광원에서 발산되는 구면파가 동공에 투사되고 동공에서 수렴하는 구면파는 수차의 존재로 인해 렌즈 세트에 의해 변형되며 수렴 지점은 이상적인 이미지 포인트와 다를 수 있다.

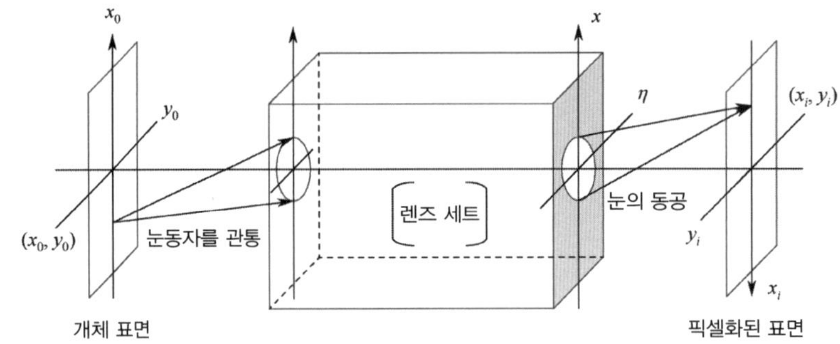

그림 3-2 일반 이미징 시스템 회로도

애비는 현미경 이미징에 대한 연구를 바탕으로 1873년 회절 이미징 이론을 제안했다. 그는 이미징 과정에 두 가지 회절 과정이 포함되어 있다고 믿었다. 이 두 가지 회절 과정은 두 가지 푸리에 변환 과정이기도 하다. 물체 표면에서 후면 초점 표면까지, 물체 회절 광파는 후면 초점 표면에서 각 스펙트럼 성분의 다양한 주파수, 즉 평면파 성분의 다양한 전파 방향으로 분해되어 푸리에 변환 과정인 물체 스펙트럼을 얻는다. 후방 초점면에서 이미지 평면으로 각도 스펙트럼 성분이 역 푸리에 변환 프로세스인 물체이미지로 합성된다.

광학 시스템이 제한된 동공의 한계를 고려하지 않고 물체의 모든 스펙트럼 성분이 이미징에 관여하는 경우 결과 이미지는 물체에 매우 근접해야 한다. 그러나 실제로는 대물 동공 크기의 제한으로 인해 물체의 주파수 구성 요소 중 일부만 이미징에 관여한다. 일부 고주파 성분이 손실되어 왜곡, 즉 이미지의 선명도나 해상도에 영향을 미치는 왜곡이 발생한다. 고주파 성분의 에너지가 약하거나 대물 동공이 충분히 크면 손실된 고주파 성분의 영향이 작아지고 이미지가 물체에 더 가까워진다. 따라서 광학 시스템은 물체의 고주파 성분을 걸러내고 특정 범위의 저주파 성분만 시스템을 통과하도록 허용하는 저역 통과 필터와 유사하게 작동하며, 이것이 광학 시스템이 완전한 디테일을 전달할 수 없는 근본적인 이유이다. 아베는 회절 효과가 유한한 들어오는 동공에 의해 발생한다고 믿었고, 1896년 레이리는 회절 효과가 유한한 나가는 동공에서 비롯된다고 제안했다. 한 빛의 동공은 다른 빛의 동공의 기하학적 이미지에 지나지 않으므로 이 두 가지 견해는 동일하다. 회절 효과는 이미징 광파 한계에 대한 진입 동공(또는 출구 동공)의 유한한 크기에서 기인할 수 있다.

3.2 리소그라피 광학 이미징 이론

프로젝션 리소그라피 시스템은 일반적으로 현재의 초대형 집적 회로 제조에서 마스크 플레이트의 회로 구조 패턴을 실리콘 웨이퍼 상면의 포토레지스트에 복제하는 데 사용된다. 프로젝션 리소그라피 시스템의 광학 이미징 프로세스는 다음과 같이 정성적으로 설명할 수 있다: 조명 소스의 광파가 조명 시스템을 통과하여 특정 조명 모드 (기존 조명 또는 축외 조명) 및 특정 에너지로 마스크 플레이트를 균일하게 조명하고 조명 광파가 마스크 플레이트의 그래픽 및 구조물을 통과 할 때 회절하고 마스크 플레이트의 그래픽 정보를 가진 회절광의 일부가 프로젝션 대물 렌즈에 의해 수신되어 실리콘 웨이퍼 상면의 포토 레지스트에 간섭하여 마스크 그래픽의 이미지를 형성한다 [2]. 간섭이 발생하여 마스크 패턴의 이미지가 형성된다 [2].

3.2.1 포토리소그라피 시스템의 광학적 특성

1. 부분 코히어런트 이미징을 통한 부분 코히어런트 조명

프로젝션 광학 리소그라피 시스템에서 마스크 플레이트의 균일한 조명은 콜러 조명 시스템 [3]을 사용하여 이루어진다. 리소그라피 시스템에 사용되는 콜러 조명 구조의 개략도는 그림 3-3에 나와 있다.

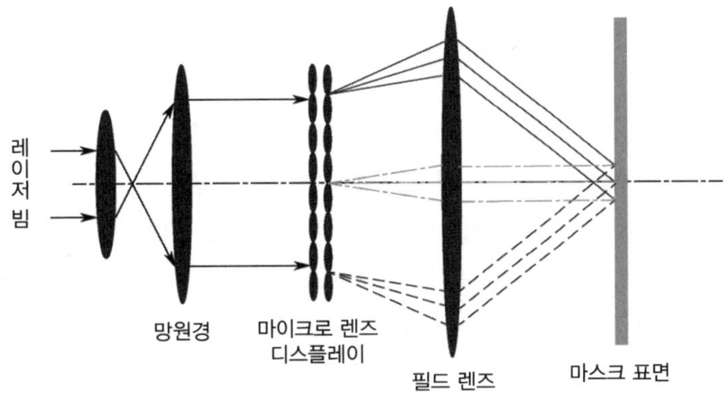

그림 3-3 콜러 조명 구조의 개략도

광원의 광파는 망원경 시스템을 통과하여 마이크로렌즈 어레이의 후면 그룹에 광원 분포를 형성한다. 조명 광원은 필드 미러에 의해 무한대에서 조명 시스템 출구 동공에 이미징되고, 조명 시스템 출구 동공은 투사 대물 입력 동공과 일치한다. 그림 3-4에서 볼 수 있듯이 마스크 평면은 여러 각도에서 평행 광선에 의해 조명되며, 이때 각 평행 광선의 강도가 서로 다르더라도 마스크 평면의 각 지점에서 수신되는 에너지는 동일하다. 각 평행 광선은 광원의 다른 광원 지점에서 나오기 때문에 서로 일관성이 없다. 마스 플레이트가 하나가 아닌 다른 각도에서 평행광에 의해 조명되는 경우 이러한 유형의 조명을 부분 코히어런트 조명이라고 할 수 있다[4]. 부분 코히어런트 조명의 입사각 분포를 설명하는 방법에는 여러 가지가 있으며, 가장 일반적으로 사용되는 매개변수 중 하나는 부분 코히어런스 계수이다. 여기서 부분 일관성 계수는 고전 광학 이론의 일관성 계수와 다르다는 점에 유의하는 것이 중요하다. 고전 광학 이론에서 일관성 계수는 두 광선 사이의 일관성과 직접적으로 관련이 있는 반면, 리소그라피 분야에서 부분 일관성 계수는 마스크 플레이트의 상부 표면에서 수신되는 입사각의 각도 분포 범위만을 특성화한다. 부분 일관성 계수는 마스크에 입사하는 평면파 벡터의 사인과 투사 대물렌즈 대물 측의 수치 조리개(NA)에 대한 광축의 최대 각도의 비율로 정의된다.

$$\sigma = \frac{n\sin(\theta_m)}{n\sin(\theta)} = \frac{\text{유효 광원 반경}}{\text{투사 대물렌즈의 동공 반경}} \tag{3-21}$$

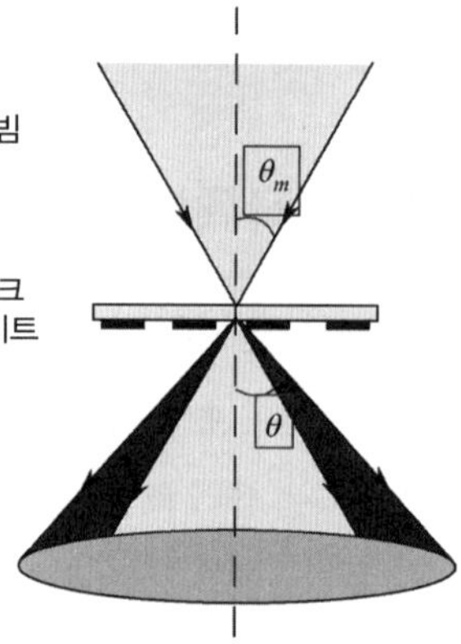

그림 3-4 광원의 부분 일관성 계수 개략도 [5]

마스크 상면에 입사된 빛의 각도 분포가 −90°~90° 범위에 있는 경우, 즉 입사된 빛이 마스크 상면의 공간을 채우는 경우 이 조명 방법을 비코히어런트 조명이라고 한다. 부분 일관성 계수의 정의에서 부분 일관성 계수가 1보다 크면 1보다 큰 입사광은 투사 대물렌즈에 의해 수신되지 않으므로 리소그라피 시스템에서 부분 일관성 계수가 1보다 큰 경우를 비 일관성 조명이라고 한다. 현재 첨단 기술 노드에서 프로젝션 리소그라피에 일반적으로 사용되는 부분 코히어런트 조명의 유형은 그림 3-5에 나와 있다.

그림 3-5 관련 조명 유형의 일부

부분적으로 일관된 광원에 의한 마스크의 균일한 조명은 마스크 표면에 다른 각도로 입사하는 일련의 비 일관된 평면파로 간주될 수 있으므로 광원의 모양은 광원 점의 비 일관된 모음으로 간주될 수 있다는 것이 Kohler 조명의 원리로 알려져 있다.

위에서 볼 때 리소그라피 시스템에 사용되는 확장 광원은 발광 표면의 각 지점에서 광도가 일관되지 않고 균일하다는 것을 알 수 있다. 준단색광을 광원으로 사용하여 관찰 화면(마스크 표면)과 조사된 두 지점 사이의 복잡한 일관성을 반 시에트-체르니케 정리에 따라 계산할 수 있다.

확장된 광원의 한 지점에서 보기 화면(마스크 표면)의 두 지점으로의 조명은 그림 3-6에 나와 있다.

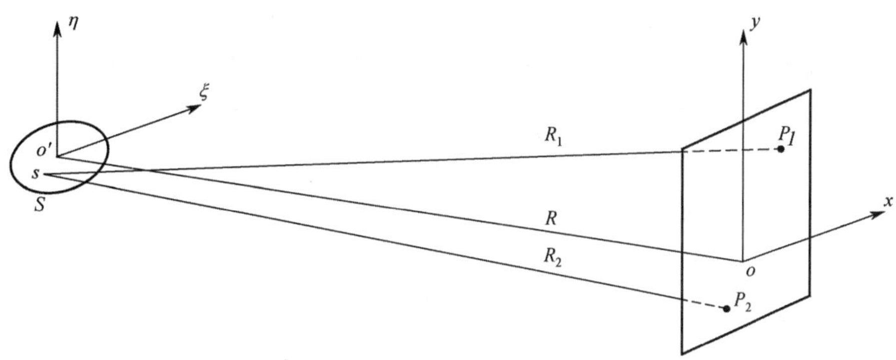

그림 3-6 확장 광원의 한 지점에서 뷰잉 화면(마스크 표면)의 두 지점을 비추는 조명

확장된 광원 표면에서 광원 점의 좌표와 점의 좌표가 각각 P_1 및 P_2이라고 가정하면 그림 3-6의 기하학적 관계는 다음을 나타낸다.

확장된 광원 표면의 광원 점 s의 좌표가 (ξ, n)이고 점 P_1와 P_2의 좌표가 각각 (x_1, y_1)와 (x_2, y_2)라고 가정하면, 그림 3-6의 기하학적 관계에서 다음을 알 수 있다.

$$R_1^2 = (x_1 - \xi)^2 + (y_1 - \eta)^2 + R^2 \tag{3-22}$$

x_1/R, y_1/R 및 ξ/R, η/R의 기본 조건만 유지되면 다음과 같이 된다.

$$R_1 \approx R + \frac{(x_1 - \xi)^2 + (y_1 - \eta)^2}{2R} \tag{3-23}$$

마찬가지로, 광점에서 관측점까지의 거리에 대해 동일한 근사치를 취하면 P_2 및 R_2을 구할 수 있다.

$$R_1 - R_2 \approx \frac{(x_1^2 + y_1^2) - (x_2^2 + y_2^2)}{2R} - \frac{(x_1 - x_2)\xi + (y_1 - y_2)\eta}{R} \tag{3-24}$$

따라서 두 조사 지점 P_1와 P_2 사이의 복합 코히어런스 J_{12}는 다음과 같이 표현할 수 있다.

$$j_{12} = \frac{\mathrm{e}^{\mathrm{j}\varphi} \iint_S I(\xi,\eta)\mathrm{e}^{-\mathrm{j}k(p\xi+q\eta)}\mathrm{d}\xi\mathrm{d}\eta}{\iint_S I(\xi,\eta)\mathrm{d}\xi\mathrm{d}\eta} \tag{3-25}$$

여기서

$$p = \frac{x_1 - x_2}{R}, \quad q = \frac{y_1 - y_2}{R}$$

$$\varphi = k\frac{(x_1^2 + y_1^2) - (x_2^2 + y_2^2)}{2R}$$

복소 코히어런스의 정의에 따르면 복소 코히어런스의 계수가 1이면 완전 코히어런스를 의미하고, 복소 코히어런스의 계수가 0이면 완전 비코히어런스를 의미하며, 복소 코히어런스의 계수가 0과 1 사이이면 부분적으로 코히어런스를 의미한다. 방정식 (3–25)에서 광원 P_1와 P_2 사이의 간격이 광원으로부터의 거리보다 훨씬 작으면 일관성은 광원 강도 함수의 정규화된 푸리에 변환의 절대값과 같다.

광원의 모양이 반지름 r의 균일한 원인 경우, 방정식 (3–25)의 적분은 다음과 같다.

$$j_{12} = \left(\frac{2J_1(\vartheta)}{\vartheta}\right)e^{j\varphi} \tag{3-26}$$

공식에서

$$\vartheta = \frac{2\pi}{\lambda}\frac{a}{R}\sqrt{(x_1 - x_2)^2 - (y_1 - y_2)^2} \tag{3-27}$$

방정식 (3–26)에서 J_1은 동위 원소 ϑ가 0인 1차, 1차 유형 베셀 함수이며, ϑ가 대략 3.83(1.22π)일 때 $|2J_1(\vartheta)/\vartheta|$은 1의 값을 갖다. P_1과 P_2 사이의 거리가 점차 증가함에 따라 일관성의 정도가 점차 감소하여 완전히 일관성이 없을 때까지 이 때 P_1과 P_2 사이의 거리 값에 따라 ϑ를 계산할 수 있음을 알 수 있다.

함수 $|2J_1(\vartheta)/\vartheta|$의 값은 P_1과 P_2 사이의 거리가 $0.16R\lambda/a$인 경우 ϑ가 0일 때 1에서 ϑ가 1일 때 0.88로 계속 감소한다. 최대 허용 편차를 12%(이상적인 값인 1과의 차이)로 가정하면 다음과 같은 결과를 얻을 수 있다: 반경 a의 준단색, 균질, 비일관성 또는 원형 광원은 직경 $0.16R\lambda/a$의 거리 R에서 조사된 표면에서 거의 완벽하게 일관된 원형 조명 영역을 생성한다.

공식 (3–26)과 공식 (3–27)에서 볼 수 있듯이 리소그라피 공정에서 광원의 반경이 0 (a=0)이고 마스크 표면의 두 점 사이의 일관성이 1이면 조명 방법을 일관성 조명이라고 하고, 광원의 반경이 무한대 (a=∞)이고 마스크 표면의 두 점 사이의 일관성이 0이면 조명 방법을 비 일관성 조명이라고 하며 광원의 반경이 0과 무한대 사이 인 경우 조명 방법을 비 일관성 조명이라고한다. 광원의 반경이 0에서 무한대 사이이고 마스크 표면의 두 점 사이의 일관성이 0에서 1 사이일 때 조명 방법을 부분 일관성 조명이라고 한다. 방정식 (3–21)에서 리소그라피 시스템에서 광원의 부분 일관성 계수 σ는 비례 값으로, 1과 같으면 비 일관성 조명으로 간주할 수 있고 0과 1이면 부분 일관성 조명으로 간주 할 수 있음을 알 수 있다.

부분 코히어런트 조명은 위에서 복합 코히어런스의 관점에서 소개했으며, 부분 코히어런트 영상의 특징과 관련 이론은 아래에 소개한다.

그림 3–7에 표시된 이미징 시스템을 고려하고 상호 강도 개념과 그 전파 특성을 사용하여 부분적으로 일관된 이미징 프로세스를 설명한다. 단색 조명 조건에서 그림 3–7의 물체 점은 기하학적 광학 이상 영상 점과 동일한 좌표 값을 갖는다고 가정하고, 물체 평면에서 두 점 사이의 상호 강도 $J_o(x_o, y_o; x_o', y_o')$는 다음과 같다. 여기서 $h(x_o, y_o; x_i, y_i)$는 시스템의 응답 함수이다. 상호 강도의 전파 속성에 따르면 이

미지 평면에서 두 점 사이의 상호 강도는 다음과 같다.

$$J_i(x_i, y_i; x_i', y_i') = \iiint_{-\infty}^{\infty}\int J_o(x_o, y_o; x_o', y_o') \\ h(x_o, y_o; x_i, y_i)\cdot h^*(x_o', y_o'; x_i', y_i')\mathrm{d}x_o \mathrm{d}y_o \mathrm{d}x_o' \mathrm{d}y_o' \tag{3-28}$$

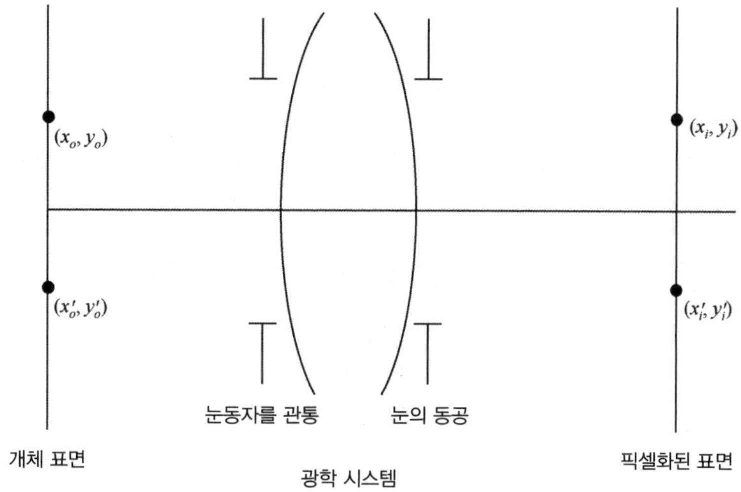

그림 3–7 이미징 시스템

전체 오브젝트 평면의 경우, 여러 개의 아이소할로 영역으로 나눌 수 있으며, 아이소할로 영역 내에서는 $h(x_i - x_o, y_i - y_i)$를 사용하여 근사치 $h(x_o, y_o; x_i, y_i)$를 구한 다음

$$J_i(x_i, y_i; x_i', y_i') = \iiint_{-\infty}^{\infty}\int J_o(x_o, y_o; x_o', y_o') \\ h(x_i - x_o, y_i - y_o)\cdot h^*(x_i' - x_o', y_i' - y_o')\mathrm{d}x_o \mathrm{d}y_o \mathrm{d}x_o' \mathrm{d}y_o' \tag{3-29}$$

이것은 4차원 컨볼루션 적분으로, 이미징 시스템의 이미지 평면의 상호 강도는 물체 평면의 상호 강도와 일관성 전파에 대한 공간 영역에서 시스템의 응답 함수의 컨볼루션과 동일하다. 이미지 평면의 두 점을 하나로 결합하면 이미지 평면 광도 분포는 다음과 같이 얻을 수 있다.

$$I_i(x_i, y_i) = \iiint_{-\infty}^{\infty}\int J_o(x_o, y_o; x_o', y_o') \\ h(x_i - x_o, y_i - y_o)\cdot h^*(x_i' - x_o', y_i' - y_o')\mathrm{d}x_o \mathrm{d}y_o \mathrm{d}x_o' \mathrm{d}y_o' \tag{3-30}$$

물체 평면(마스크 표면)에서 물체의 입사광 투과율이 t이고 조명광의 상호강도가 J_s인 경우 물체 평면의 상호 강도는 다음과 같이 변경된다.

$$J_o(x_o, y_o; x_o', y_o') = t(x_o, y_o)\cdot t^*(x_o', y_o')\cdot J_S(x_o, y_o; x_o', y_o') \tag{3-31}$$

따라서 이미지 평면의 한 지점에서의 광도 분포는 다음과 같다.

$$I_i(x_i,y_i)=\iiint_{-\infty}^{\infty}\int t(x_o,y_o)\cdot t^*(x_o',y_o')\cdot J_S(x_o,y_o;x_o',y_o') \\ h(x_i-x_o,y_i-y_o)\cdot h^*(x_i'-x_o',y_i'-y_o')\mathrm{d}x_o\mathrm{d}y_o\mathrm{d}x_o'\mathrm{d}y_o' \tag{3-32}$$

상호 강도와 시스템 응답 함수의 푸리에 변환은 각각 준 단색 조명을 위한 이미징 시스템의 부분 일관성 전달 함수 Υ_p를 얻을 수 있으며, 이는 전달 특정의 주파수 영역에서 상호 강도에 대한 시스템을 설명하며, 관계의 일관성 전달 함수를 갖는 부분 일관성 전달 함수는 다음과 같다.

$$\Upsilon_P(f_x,f_y;f_x',f_y')=H_c(f_x,f_y)\cdot H_c^*(-f_x',-f_y') \tag{3-33}$$

$H_c(f_x, f_y)$는 일관된 조명 아래에서 이미징 시스템의 전달 함수이며, 푸리에 변환 쌍에 의한 시스템의 응답 함수와 관련이 있다.

마찬가지로 비코히어런트 조명에서 이미징 시스템의 비코히어런트 전달 함수는 다음과 같이 표현할 수 있다.

$$\Upsilon_N(f_x,f_y)=\frac{H_c(f_x,f_y)\bigstar H_c(f_x,f_y)}{\iint_{\infty}|H_c(x_i,y_i)|^2\,\mathrm{d}x_i\mathrm{d}y_i} \tag{3-34}$$

★는 자동 상관 관계 연산을 나타내며, $\Upsilon_N(f_x, f_y)$는 시스템의 광학 전달 함수라고도 한다. 위의 방정식은 동일한 시스템에서 광학 전달 함수가 코히어런트 전달 함수의 정규화된 자동 상관 관계 함수와 같다는 것을 나타낸다. 광학 전달 함수 $\Upsilon_N(f_x, f_y)$의 모달 값은 종종 변조 전달 함수(modulated transfer function, MTF MTF)라고 한다. 이미징 시스템의 컷오프 주파수를 수평 좌표로 사용하여 세 가지 코히어런트 모드에 대한 MTF 곡선이 그림 3-8에 나와 있다.

그림 3-8에서 f_c은 이미징 시스템의 컷오프 주파수이며, 수치 조리개가 NA인 리소그라피 이미징 시스템의 경우 f_c=NA/λ로 표현할 수 있다. f_c=NA/λ 파장이 193 nm이고 수치 조리개가 1.35인 침지 리소그라피 시스템의 경우, 컷오프 주파수에서의 등가 격자 주기는 약 143 nm이고 2배 컷오프 주파수 위치에서의 등가 격자 주기는 약 71.5 nm이다.

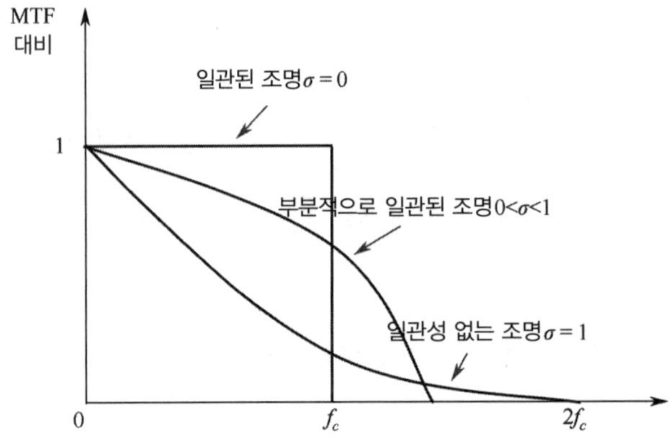

그림 3-8 세 가지 코히어런시 모드의 MTF 곡선

2. 얇은 마스크 근사치 및 3D 마스크 효과

마스크 플레이트는 리소그라피 이미징 시스템에서 "사물"이며 마스크 플레이트의 패턴 분포는 실리콘 웨이퍼의 "이미지" 분포를 직접 결정한다. 마스크 구조는 주로 기판, 그래픽 레이어 및 보호 필름으로 구성되며 기판은 주로 베어링 역할을하고 그래픽 레이어는 마스크 플레이트의 핵심 부분으로 다양한 방향의 광 투과 및 광 차단 영역으로 구성되며 보호 필름은 입자 및 기타 오염원에 의한 마스크 플레이트의 오염을 차단하는 데 사용된다. 프로젝션 리소그피 시스템에서 일반적으로 사용되는 마스크에는 바이너리 마스크와 위상 시프트 마스크의 두 가지 유형이 있다. 바이너리 마스크의 회로 패턴은 완전히 불투명한 부분과 반투명 부분으로 구성되며, 위상 시프트 마스크는 바이너리 마스크의 다른 위치에 다른 유형의 위상 시프트 레이어를 만들거나 추가한 마스크이다. 몇 가지 일반적인 마스크 구조가 그림 3-9에 나와 있다.

마스크의 투과율 및 차단 영역의 폭이 조명 광의 파장보다 훨씬 큰 경우, 얇은 마스크 근사치, 즉 마스크의 그래픽 영역(그림 3-9의 크롬 층 또는 위상 편이 층)의 두께를 0으로 근사화할 수 있다고 가정하여 마스크의 회절 근거리 분포를 분석할 수 있다. 이때 마스크의 근거리 분포는 마스크 구조의 투과율 기능과 입사 전기장의 곱으로 나타낼 수 있다.

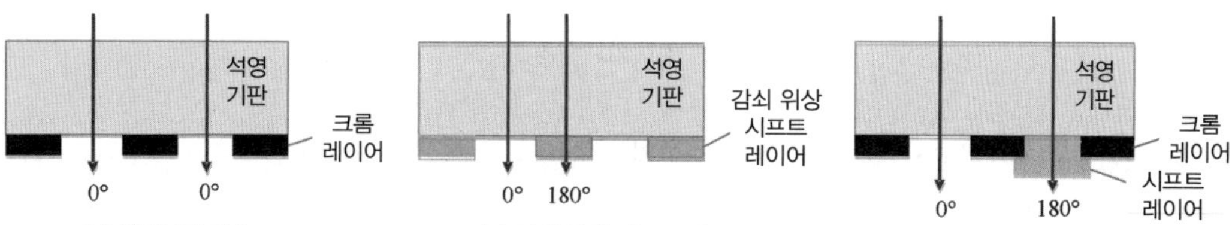

그림 3-9 몇 가지 일반적인 마스크 구조

마스크의 투과율 함수는 다음과 같다. $O(x, y)$로 설정하면 마스크 회절 근거리 분포는 다음과 같다.

$$\boldsymbol{E}_{\text{near-field}} = \boldsymbol{M}(x,y)\cdot\boldsymbol{E}_i = \begin{bmatrix} O(x,y) & 0 \\ 0 & O(x,y) \end{bmatrix}\cdot\boldsymbol{E}_i \tag{3-35}$$

얇은 마스크 근사치 하에서 단위 진폭 평면파 조명 아래 그림 3-9에 표시된 여러 마스크 구조의 회절 근거리장 분포가 그림 3-10에 나와 있다.

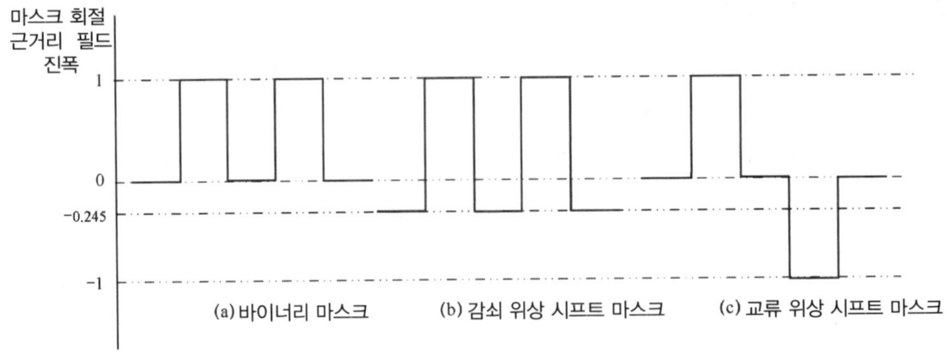

그림 3-10 회절 근거리 필드 분포

얇은 마스크 근사치에서 마스크의 회절 근거리 장은 일련의 게이트 함수로 구성되며, 이때 게이트 함수의 푸리에 변환에 따라 퍼롱 및 페이 회절 원거리 장의 분포를 구할 수 있음을 알 수 있다. 마스크의 송 및 차단 영역의 주기가 p이고 차단 영역의 너비가 d이며 이진 마스크의 스펙트럼 분포가 다음과 같다고 가정한다.

$$F_{\mathrm{BM}} = \frac{(p-d)}{p}\mathrm{sinc}[f(p-d)]\sum_{n=-\infty}^{+\infty}\delta\left(f-\frac{n}{p}\right) \qquad n\in \tag{3-36}$$

여기서 f는 동공 좌표이고 n은 회절 수준이다. 그리고 가변 위상 편이 마스크의 스펙트럼 분포는 다음과 같다.

$$F_{\mathrm{Alt}} = \frac{(p-d)}{p}\mathrm{sinc}[f(p-d)]\sin(\pi fp)\sum_{n=-\infty}^{+\infty}\delta\left(f-\frac{n}{2p}\right) \qquad n\in \tag{3-37}$$

기술 노드가 45nm 이하인 프로젝션 광학 리소그라피 시스템의 경우, 마스크의 회로 패턴의 특성 크기는 얇은 마스크 근사치가 더 이상 적용되지 않고 마스크의 회절 근거리장 분포가 투과 영역의 경계, 마스크 재료 및 두께와 같은 매개변수의 영향을 받는 조명 파장의 크기 또는 파장보다 훨씬 작다. 리소그라피 결과를 정확하게 계산하려면 맥스웰 방정식을 엄격하게 풀어서 마스크 회절 근거리장 분포를 구해야 한다. 맥스웰 방정식을 엄격하게 풀기 위해 일반적으로 사용되는 방법은 시간 영역의 유한 분해(finite decomposition of time domain, FDTD), 엄밀한 결합 파동 분석(rigorous coupled wave analysis, RCWA), 유한 요소법(finite element method, FEM) 및 도파관(wave guide, WG) 등이다. 이러한 방법의 특성상 이러한 방법으로 계산된 마스크 회절의 근거리 분포는 수치이며, 근거리 분포는 입사각과 마스크에 비추는 광파의 편광 유형에 따라 달라진다는 점에 유의해야 한다. 이 시점에서 마스크 회절 근거리 분포는 다음과 같이 표현할 수 있다.

$$\boldsymbol{E}_{\text{near-field}} = \boldsymbol{M}(x,y)\cdot\boldsymbol{E}_i = \begin{bmatrix} m_{XX}(x,y) & m_{XY}(x,y) \\ m_{YX}(x,y) & m_{YY}(x,y) \end{bmatrix}\cdot\boldsymbol{E}_i \tag{3-38}$$

키르히호프 근사법과 RCWA 방법을 사용하여 얻은 마스크의 회절 근거리장 분포는 그림 3-11에 나와 있으며, 두 가지 방법으로 계산된 회절 근거리장의 진폭과 위상에 큰 변화가 있으며, 이는 45nm 이하 기술 노드의 마스크 구조의 경우 엄격한 전자기장 시뮬레이션 방법[6] 으로만 마스크의 회절장 분포를 정확하게 분석할 수 있음을 나타낸다.

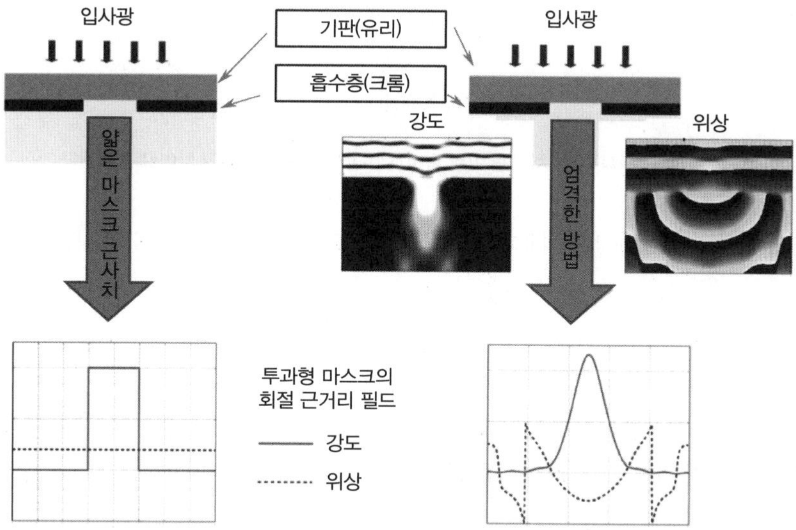

그림 3-11 키르히호프 근사법 및 RCWA 방법을 사용하여 얻은 마스크 회절의 근거리장 분포 [6]

3. 포토리소그라피 프로젝션 대물 렌즈의 파면 수차 및 이미지 평면 디포커스

프로젝션 리소그라피 시스템에서 프로젝션 대물렌즈의 역할은 한정된 수의 마스크 회절 레벨을 수신하고 이러한 회절 레벨에 해당하는 평면 광이 이미지 표면 (실리콘 웨이퍼)을 간섭하여 마스크 플레이트에 회로 패턴의 이미지를 형성하고이 광학 이미지를 포토 레지스트, 현상, 에칭 및 기타 공정과 결합하여 회로 패턴의 재현을 실현하는 것이다. 따라서 프로젝션 대물렌즈는 프젝션 리소그라피 시스템의 핵심 구성 요소이며, 이미징 품질이 리소그라피 이미징의 성능을 직접 결정한다. 이상적인 프로젝션 대물렌즈는 회절 제한 이미징 시스템으로, 물체 평면의 한 지점에서 나오는 빛이 저역 통과 필터링 후 이미지 평면의 한 지점으로 완전히 수렴된다. 투사 대물렌즈의 설계 및 제조 과정에서 위상 또는 전파 방향의 변화로 인해 이미지 표면에서 수렴하는 빛의 파면이 이상적인 파면 분포에서 벗어나게 하는 다양한 요인이 존재하며, 이 실제 파면과 이상적인 파면의 차이를 그림 3-12와 같이 파면 이미지 차라고 한다.

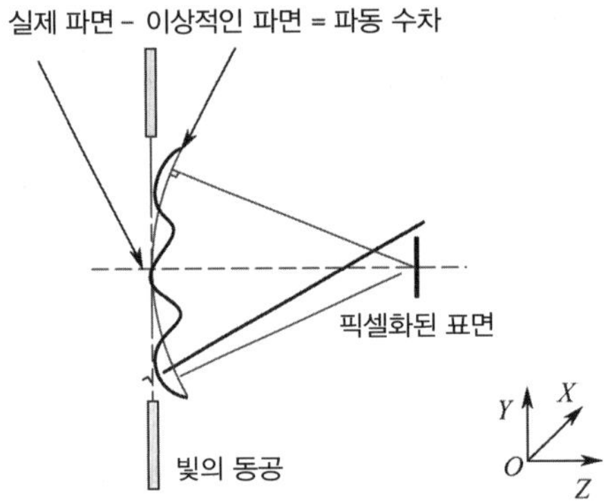

그림 3-12 파면 차이는 실제 파면과 이상적인 파면 사이의 차이로 정의된다.

파동 이미지 수차는 단위 원에서 직교하는 제르니케 다항식으로 특징 지을 수 있다.

$$W(r,\theta)=\sum_{n=1}^{N} z_n \cdot R_n(r,\theta) \tag{3-39}$$

$R_n(r,\ \theta)$는 체르니케 다항식이고(Zernike polynomials), z_n은 Zernike 계수이다. 일반적인 파동 이미지 차이 분포와 첫 번째 37항 (첫 번째 및 37번째 항의 값은 0)의 체르니케 계수는 그림 3-13에 나와 있다.

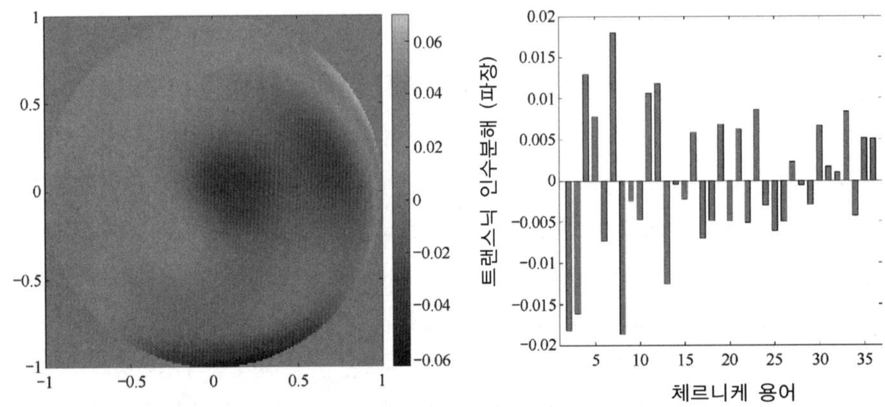

그림 3-13 일반적인 파동 수차 분포 및 체르니케 계수

체르니케 다항식의 항은 물리적 의미가 분명하기 때문에 구면 수차의 경우 Z9와 같이 다양한 기하학적 수차를 파면 수차에 쉽게 분리할 수 있다. 체르니케 다항식은 각 항의 다른 번호 매기기 방법에 따라 표준 체르니케 다항식과 줄무늬 체르니케 다항식으로 나눌 수 있다[7]. 대부분의 이미징 광학 시스템에서 저차 수차가 주요 부분을 차지하고 고차 수차가 훨씬 작기 때문에 줄무늬 체르니케 다항식은 각 항목의 제어 주파수에 따라 작은 것부터 큰 것까지 정확하게 배열되어 수차 분석 및 광학검사 분야에서 수차를 특성화하는 데 자주 사용된다. 첫 번째 36줄 체르니케 다항식의 파면 분포는 그림 3-14에 나와 있다.

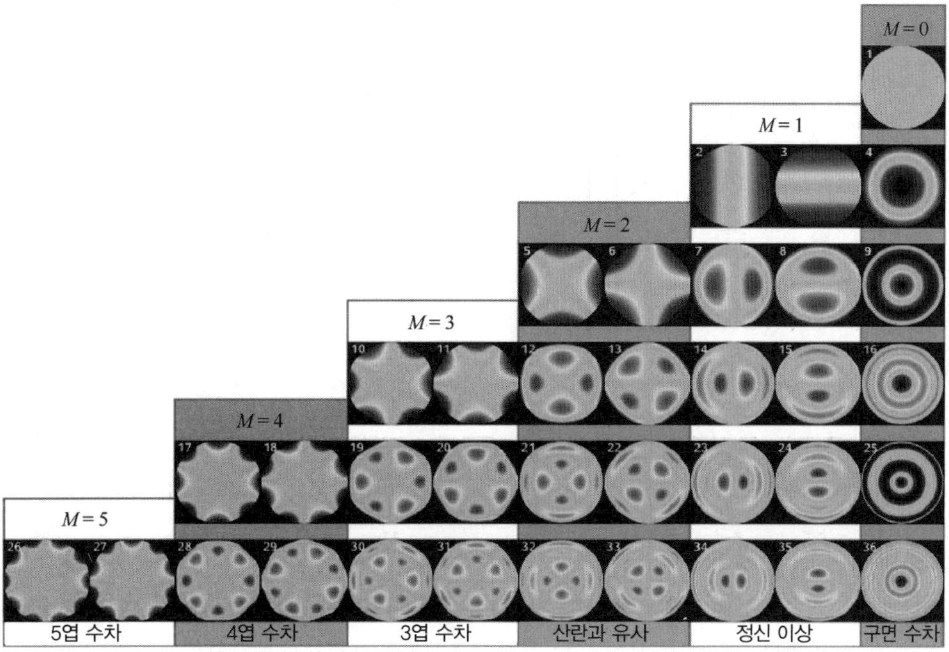

그림 3-14 첫 번째 36항 줄무늬 젤레닉 다항식의 파면 분포

이 단일 수차는 M이 0이고 짝수일 때는 아이돌 수차, M이 홀수일 때는 홀수 수차라는 것을 알 수 있다.

프로젝션 리소그라피 시스템에서 리소그라피 노출에 가장 적합한 초점면 위치를 결정하기 위해서는 작업물 테이블을 이동하여 이미징 위치가 이상적인 초점면 위치에서 벗어나도록 해야 하며, 이러한 상황을 아웃오브포커스라고 한다. 리소그라피 이미징 이론에서 초점이 맞지 않는 편차가 리소그라피 공간 이미지에 미치는 영향은 일반적으로 수차라고 설명한다. 그림 3-15와 같이 구면파가 실리콘 웨이퍼의 한 점에 수렴할 때 실리콘 웨이퍼가 이상적인 이미지 포인트가 있는 평면과 동일 평면일 때 아웃 포커스 양은 0이고, 그리고 웨이퍼와 이상적인 이미지 포인트가 위치한 평면 사이에 δ의 위치 차이가 있을 때, 이 때 웨이퍼에 있는 한 점의 이상적인 파면 분포는 그림 3-15(b)의 점선으로 표시된다. 이때 디포커스 양은 δ이며, 그림 3-15(b)와 같이 이상적인 파면과 실제 파면의 차이는 OPD로 표현할 수 있다.

OPD는 디포커스의 양과 파면에서의 수렴 빔의 위치에 영향을 받으며, δ가 l_i보다 훨씬 작을 때 OPD는 다음과 같이 표현할 수 있다.

$$\mathrm{OPD} = n\delta(1 - \cos\theta) \tag{3-40}$$

여기서, n은 대물렌즈와 실리콘 웨이퍼 사이의 매질의 굴절률이다. 리소그라피 이미징에 대한 아웃 포커스 양의 영향을 고려하면 아웃 포커스 양으로 인한 동공 표면의 각도에 따른 빛의 위상 변화는 다음과 같이 표현할 수 있다.

$$P_{\mathrm{defocus}}(f_x, f_y) = P_{\mathrm{ideal}}(f_x, f_y)\mathrm{e}^{\mathrm{j}2\pi\mathrm{OPD}/\lambda} \tag{3-41}$$

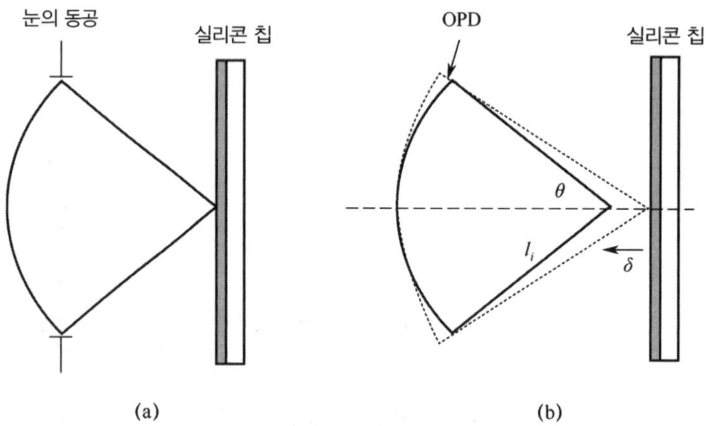

그림 3-15 체르니케 다항식의 파면 분포

4. 편광 이미징 및 편광 수차

리소그라피 프로젝션 대물렌즈의 이미지 측의 수치 조리개가 증가함에 따라 이미지 평면서 간섭 광선 사이의 각도도 점점 더 커진다. 예를 들어 1.35 침지 리소그라피 프로젝션 대물렌즈의 수치 조리개의 경우 이미지 평면에서 간섭 광선 사이의 최대 각도는 거의 140°가 될 수 있다. 이때 두 광선의 간섭을 검사할 때 파동 벡터 외에도 광파의 전기장 방향도 고려해야 하는데, 이는 광각 간섭의 경우 광파 전기장의 TM 성분의 간섭이 이미징 결과에 부정적인 영향을 미치기 때문이다.

그림 3-16에 표시된 바와 같이, TE 편광과 TM 편광의 간섭에 해당하는 광량과 콘트라스트는 다음과 같이 두 빔 간섭의 특성에 따라 얻을 수 있다:

TE 편광의 경우:

$$I_{\mathrm{TE}} = I_{\mathrm{I}} + I_{\mathrm{II}} + 2\sqrt{I_{\mathrm{I}} I_{\mathrm{II}}} \cos\left(\frac{4\pi x}{\lambda} \sin\theta \right) \tag{3-42}$$

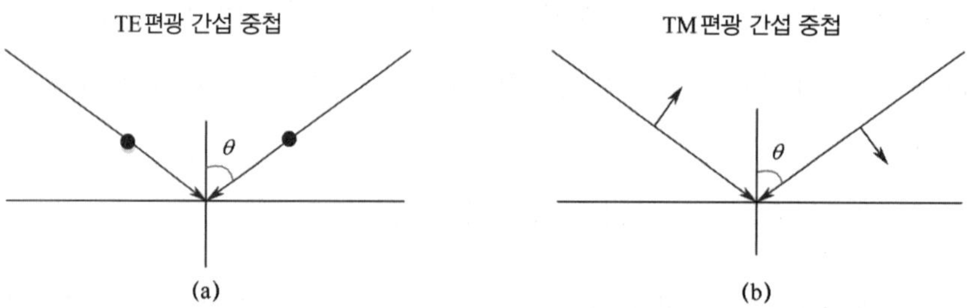

그림 3-16 TE 편광과 TM 편광의 간섭

TE 편광의 경우:

$$\text{Contrast}_{\text{TE}} = \frac{I_{\max} - I_{\min}}{I_{\max} + I_{\min}} = \frac{2\sqrt{I_{\text{I}} I_{\text{II}}}}{I_{\text{I}} + I_{\text{II}}} \tag{3-43}$$

TM 편광의 경우:

$$I_{\text{TM}} = I_{\text{I}} + I_{\text{II}} + 2\sqrt{I_{\text{I}} I_{\text{II}}} \cos 2\theta \cdot \cos\left(\frac{4\pi x}{\lambda}\sin\theta\right) \tag{3-44}$$

TM 편광의 경우:

$$\text{Contrast}_{\text{TM}} = \frac{2\sqrt{I_{\text{I}} I_{\text{II}}}}{I_{\text{I}} + I_{\text{II}}} \cos 2\theta \tag{3-45}$$

위의 네 가지 방정식을 통해 TE 편광 간섭의 대비는 이중 빔 간섭의 각도 변화에 관계없이 항상 일정하지만 TM 편광 간섭의 대비는 각도의 변화에 따라 변하는 것을 알 수 있으며, $\theta=\pi/4$일 때 TM 편광 간섭의 대비는 0이다. 입사 편광 전기장의 진동 방향이 마스크의 패턴 방향과 일치하면 더 나은 이미징 결과를 얻을 수 있음을 보여준다. 프로젝션 광학 리소그라피 시스템에서 일반적으로 사용되는 편광 조명 방법은 X−편광, Y편광, TM편광 및 TE편광이며, 유효 광원 표면에서 이러한 네 가지 유형의 편광의 진동 방향과 전기장의 존스 벡터 특성은 그림 3−17에 나와 있다.

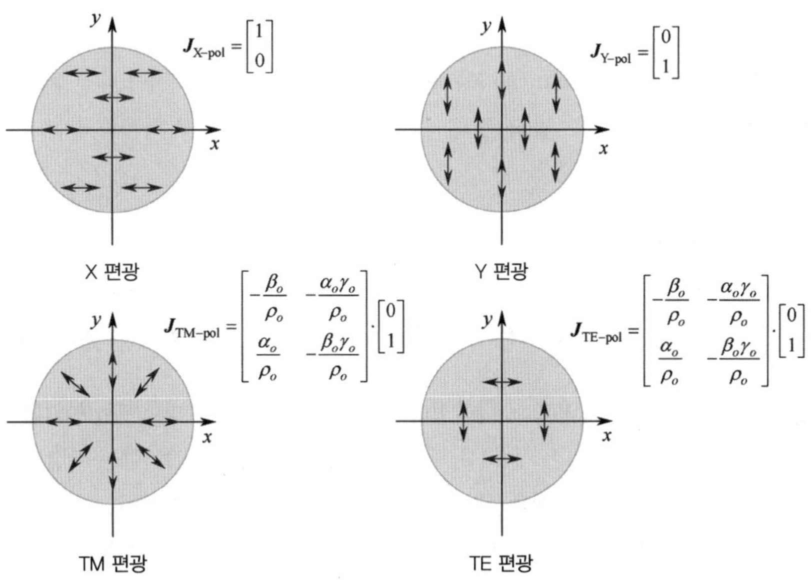

그림 3−17 유효 광원 표면과 전기장에서 네 가지 편광의 진동 방향에 대한 존스 벡터 특성화

편광 조명은 높은 수치 조리개를 가진 프로젝션 리소그라피 시스템에서 해상도 향상을 위해 자주 사용되는 기술이며, ASML은 NA0.93 이상의 모든 리소그라피 기계에 편광 조명용 모듈을 제공한다.

그러나 높은 수치 조리개를 가진 투사 대물렌즈에서는 광학 요소 표면에 입사하는 빛의 입사각이 커서 프레넬 계수에서 알 수 있듯이 빛의 편광 상태가 변한다. 또한 광학 필름 및 재료의 고유 복굴절 및 응력 복굴절과 같은 요인도 입사광의 편광 상태를 변시킨다. 이 시점에서 파면 수차는 더 이상 프로젝션 대물렌즈의 성능을 설명하기에 충분하지 않으며 편광 수차라는 개념을 도입해야 한다. 편광 수차는 빛이 광학 시스템을 다른 방향으로 통과할 때 빛의 진폭, 위상, 편광 및 위상 지연의 변화로, 기하 광학에서 파동 수차를 확장한 개념이다. 현재 편광 수차를 특성화하는 방법에는 빛의 존스 동공, 빛의 물리적 동공, 빛의 버블렐리 동공 등 여러 가지가 있다[8].

(1) 존스 광동공

벡터 이미징에서는 투사 대물렌즈의 들어오는 동공과 나가는 동공 모두에서 전기장 분포를 존스 벡터의 형태로 표현할 수 있으므로 존스 행렬을 사용하여 입사광 진폭, 위상 및 편광 상태에 대한 투사 대물렌즈의 효과를 나타낼 수 있다.

$$\begin{pmatrix} E_x^{\text{out}} \\ E_y^{\text{out}} \end{pmatrix} = \begin{pmatrix} J_{xx} & J_{xy} \\ J_{yx} & J_{yy} \end{pmatrix} \cdot \begin{pmatrix} E_x^{\text{in}} \\ E_y^{\text{in}} \end{pmatrix} \tag{3-46}$$

투사 대물 동공 내의 각 점에는 투사 대물이 입사광에 미치는 영향을 나타내는 2차원 복소 행렬이 있으며, 이러한 2차원 행렬의 집합을 존스 동공이라고 한다.

(2) 물리적 동공

존스 동공에 포함된 정보를 물리적 의미에 따라 분해하면 존스 동공의 각 지점에 대한 존스 행렬은 스칼라 아포다이제이션, 수차, 상대 강도 감쇠, 상대 위상 지연(지연)의 곱으로 다음과 같은 형태로 표현할 수 있다:

$$\begin{aligned} \boldsymbol{J}(f,g) &= A_{\text{p}}(f,g) \cdot \mathrm{e}^{\mathrm{j}W(f,g)} \\ &\begin{pmatrix} 1+d\cos 2\theta & d\sin 2\theta \\ d\sin 2\theta & 1-d\cos 2\theta \end{pmatrix} \cdot \begin{pmatrix} \cos\phi - \mathrm{j}\sin\phi\cos 2\theta & -\mathrm{j}\sin\phi\sin 2\theta \\ -\mathrm{j}\sin\phi\sin 2\theta & \cos\phi - \mathrm{j}\sin\phi\cos 2\theta \end{pmatrix} \end{aligned} \tag{3-47}$$

여기서 (f, g)는 동공 좌표를 나타내고, 스칼라 변화(A_{p})는 두 고유 벡터 방향에서 동일한 감쇠를 갖는 빛의 세기를, 파면 이미지 차이(W)는 두 고유 벡터 방향에서 동일한 파면을 갖는 파면 변형을 설명한다. 상대 강도 감쇠는 두 고유 벡터 방향의 빛 강도 변화의 차이이며, d는 감쇠량과 고유 편광 방향(빠른 축 각도 θ로 표현)의 두 가지 양으로 설명된다. 상대 위상 지연 ϕ는 두 고유 벡터의 전파 위상 간의 차이이며 지연량과 고유 편파 방향(빠른 축 각도 θ로 표현됨)의 두 가지 양으로 설명된다. 스칼라 분산과 상대 강도 감쇠는 투사 대물렌즈가 투과광 진폭에 미치는 영향을 설명하고, 파형 이미지 차이와 상대 위상 지연은 투사 대물렌즈가 투과광 위상에 미치는 영향을 설명한다는 것을 알 수 있다.

(3) 버블리 동공

존스 광동공에서 버블 분해를 수행하면 존스 행렬을 단위 행렬과 버블 행렬의 조합으로 표현할 수 있다.

$$\boldsymbol{J} = p_0\delta_0 + p_1\delta_1 + p_2\delta_2 + p_3\delta_3 = \begin{pmatrix} p_0 + p_1 & p_2 - \mathrm{j}p_3 \\ p_2 + \mathrm{j}p_3 & p_0 - p_1 \end{pmatrix} \tag{3-48}$$

$$\delta_0 = \begin{bmatrix} 1 & 0 \\ 0 & 1 \end{bmatrix},\ \delta_1 = \begin{bmatrix} 1 & 0 \\ 0 & -1 \end{bmatrix},\ \delta_2 = \begin{bmatrix} 0 & 1 \\ 1 & 0 \end{bmatrix},\ \delta_3 = \begin{bmatrix} 0 & -\mathrm{j} \\ \mathrm{j} & 0 \end{bmatrix} \tag{3-49}$$

$$p_0 = \frac{J_{xx} + J_{yy}}{2}, p_1 = \frac{J_{xx} - J_{yy}}{2}, p_2 = \frac{J_{xy} + J_{yx}}{2}, p_3 = \frac{J_{xy} - J_{yx}}{-2\mathrm{j}} \tag{3-50}$$

단위 행렬은 존스 행렬의 비편광 부분과 버블렐리 행렬의 고유 벡터를 나타내며 각각 X/Y 방향 선 편광, 45°/135° 방향 선 편광 및 좌/우 원형 편광이다.

5. 공정 라미네이션용 광학 투과 매트릭스

포토리소그라피 이미징에서 마스크 플레이트를 통한 빛의 회절과 투사 대물 시스템의 수렴 후 간섭 이미징의 수신 표면은 다른 광학 시스템이나 광학 수신기가 아니라 광화학 물질 인 포토레지스트이다. 포토레지스트에서 이미징의 대비를 개선하고 우수한 전사 에칭 효과를 얻기 위해 실제 리소그라피 공정에서는 여러 가지 재료로 형성된 다층 필름 구조를 사용하며, 이를 통칭하여 공정 스택이라고 한다. 일반적인 공정 스택에는 그림 3-18과 같이 반사 방지 필름의 상단 레이어, 포토레지스트, 이중 반사 방지 필름의 하단 레이어 및 기판이 포함된다.

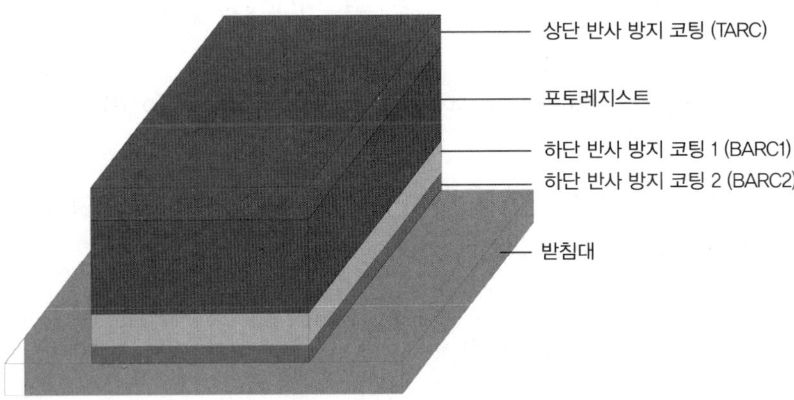

그림 3-18 공정 라미네이션 다이어그램

고급 노드의 공정 스택에서 대부분의 필름 층은 약 100nm 두께이다. 빛이 필름 층을 통과하면 인터페이스에서 반사 및 투과되며, 이러한 반사 및 투과된 광파는 결국 포토레지스트의 광도 분포에 영향을 미친다. 따라서 포토레지스트의 광도 분포의 실제 상황을 정확하게 반영하기 위해서는 이미징 시뮬레이션에서 이러한 필름 층의 영향을 조사해야 한다.

공정 스택은 그림 3-19와 같이 등방성 다층 구조로 간주할 수 있으며, 투과 매트릭스 방법을 사용하여 공정 스택에서 빛의 전파를 시뮬레이션할 수 있다.

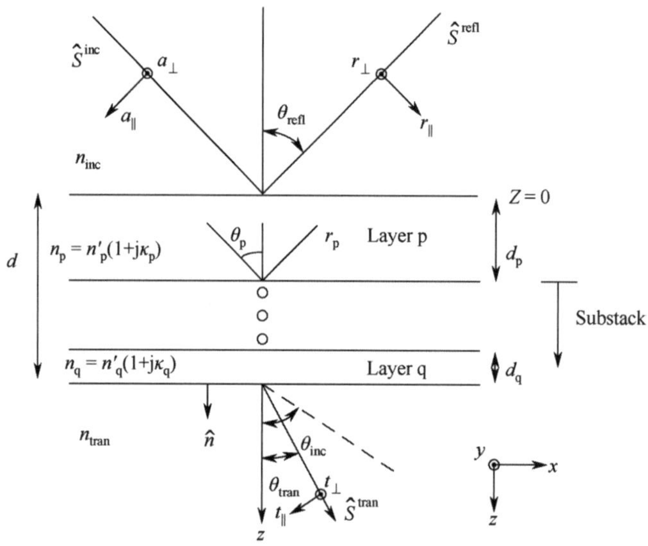

그림 3-19 다층 멤브레인 구조의 개략도

등방성 단층 막 구조의 경우, 이 막 층에서 z축 각도 θ를 갖는 TE 편광이 전파될 때 이 막 층의 특성 행렬은 다음과 같이 표현할 수 있다.

$$\boldsymbol{U}_{\mathrm{TE}}(z)=\begin{bmatrix} \cos(k_0\cdot n_r\cdot z\cdot\cos\theta) & \dfrac{\mathrm{j}}{\cos\theta}\sqrt{\dfrac{\mu_m}{\varepsilon_e}}\sin(k_0\cdot n_r\cdot z\cdot\cos\theta) \\ \mathrm{j}\cos\theta\sqrt{\dfrac{\varepsilon_e}{\mu_m}}\sin(k_0\cdot n_r\cdot z\cdot\cos\theta) & \cos(k_0\cdot n_r\cdot z\cdot\cos\theta) \end{bmatrix} \tag{3-51}$$

n_r와 z는 각각 이 단층 필름 구조의 굴절률과 두께를 나타낸다. 마찬가지로 입사 편광이 TM인 경우 이 멤브레인 층의 특성 매트릭스는 다음과 같다.

$$\boldsymbol{U}_{\mathrm{TM}}(z)=\begin{bmatrix} \cos(k_0\cdot n_r\cdot z\cdot\cos\theta) & \dfrac{-\mathrm{j}}{\cos\theta}\sqrt{\dfrac{\varepsilon_e}{\mu_m}}\sin(k_0\cdot n_r\cdot z\cdot\cos\theta) \\ -\mathrm{j}\cos\theta\sqrt{\dfrac{\mu_m}{\varepsilon_e}}\sin(k_0\cdot n_r\cdot z\cdot\cos\theta) & \cos(k_0\cdot n_r\cdot z\cdot\cos\theta) \end{bmatrix} \tag{3-52}$$

TE 편광 및 TM 편광의 경우 위의 방정식을 사용하여 해당 필름 레이어 고유 행렬을 구할 수 있다.

$$\boldsymbol{U}_{\text{total}}(d)=\begin{bmatrix}u_{11} & u_{12}\\ u_{21} & u_{22}\end{bmatrix}=\prod_{t=1}^{q}\boldsymbol{U}_t(d_t)$$
$$=\boldsymbol{U}_1(d_1)\cdot\boldsymbol{U}_2(d_2)\cdot\boldsymbol{U}_3(d_3)\cdots\boldsymbol{U}_q(d_q) \quad (3\text{-}53)$$

3.2.2 포토리소그라피 이미징 이론

투사 대물렌즈의 NA가 0.6 미만인 경우, 스칼라 이미징 이론을 사용하여 투사 광학 리소그라피 시스템의 이미징 프로세스를 정확하게 설명할 수 있다.스칼라 모델에서 프로젝션 광학 리소그라피 시스템의 각 부분은 스칼라 함수로 표현할 수 있다.

(1) 광원은 스칼라 강도 함수로 표현된다;
(2) 마스크에 대한 조명 시스템의 균일한 조명 효과는 서로 다른 방향에서 동일한 강도의 평면파가 비일관적으로 중첩된 것으로 표현된다;
(3) 조명 광파에 대한 마스크의 회절 과정은 키르히호프 근사치를 따르며, 마스크의 회절 근거리 분포는 마스크 구조의 2차원 진폭 투과율 함수로 표현할 수 있다;
(4) 투사 대물의 일관된 전달 함수는 방사 측정 보정 계수와 파동 이미지 차이를 포함하는 스칼라 함수로 표현된다;
(5) 정재파는 포토레지스트에서 광파의 간섭 효과를 나타내는 데 사용된다.

스칼라 이미징 이론은 모델이 간단하고 계산이 쉽다는 장점이 있으며, 투사 대물렌즈의 NA가 0.6 미만인 투사 광학 리소그라피 분야에서 정확한 결과를 얻을 수 있다. 그러나 NA가 0.6보다 크면 스칼라 이론에서 사용되는 저녁 축 근사치가 더 이상 유효하지 않으며 스칼라 이미징 이론에서 무시 된 광파의 벡터 특성이 리소그라피 성능에 큰 영향을 미치므로 광파의 벡터 특성을 고려하여 스칼라 이미징 이론을 개선할 필요가 있다. 스칼라 이론과 비교하여 벡터 이미징 이론은 편광 입사량을 사용하고, 투사 대물 렌즈의 이미지 측 전기장 분포의 벡터 특성을 고려하고, 박막 간섭 이론을 사용하여 포토레지스트에서 광파의 간섭 이미징을 분석한다[9,10,11]. 아래에서는 아베 이미징의 프로세스에 따라 벡터 이미징 이론의 프로세스를 분석한다.

프로젝션 광학 리소그라피 시스템의 특성에 따라 침지 리소그라피 시스템에 사용되는 프로젝션 대물렌즈는 수십 개의 광학 요소(투과 및 반사 포함)로 구성된다. 물리 광학의 관점에서 렌즈 대물렌즈 내부의 특정 구조를 고려하지 않고 광동공 표면과 관련 기능 만 사용하여 마스크의 회절장 분포에 대한 프로젝션 대물렌즈의 영향을 나타내며 리소그라피 시스템의 이미징 원리는 그림 3-20에 나와 있다.

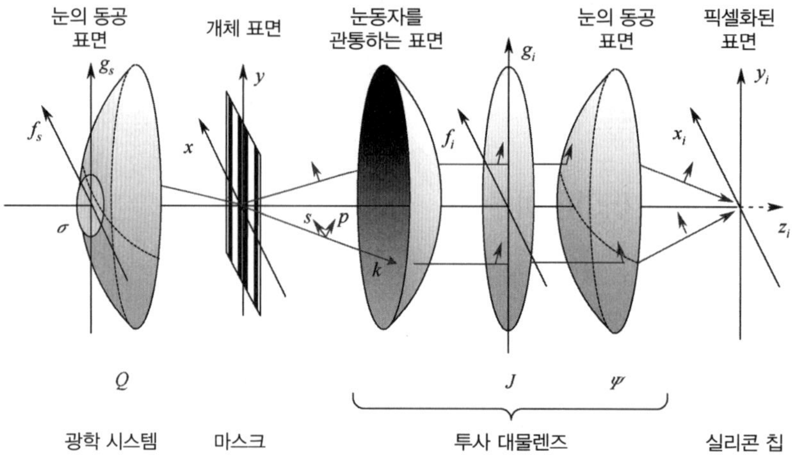

그림 3-20 포토리소그라피 시스템의 이미징 원리 [3]

그림 3-20에서 왼쪽에서 오른쪽으로 세 개의 구체는 조명 시스템의 동공 출구 표면, 투사 대물렌즈의 동공 입구 표면 및 투사 대물렌즈의 동공 출구 표면을 나타내며, 조명 시스템의 동공 출구 표면의 반지름 원은 유효 광원을 나타낸다. 조명 방식이 변경되면 유효 광원의 모양도 변경된다. 부분 코히어런트 조명의 원리에 따라 유효 광원의 각 점과 마스크에 조사된 평행 광파 벡터는 일대일 대응이다. 그림 3-20의 물체 및 이미지 평면은 모두 공간 영역의 분포를 나타내고, 동공 평면은 주수 영역의 분포를 나타낸다는 점에 유의해야 한다.

전역 좌표계와 로컬 좌표계도 그림 3-20에 정의되어 있으며, 두 좌표계 간의 변환 관계는 다음과 같다.

$$\begin{pmatrix} E_x \\ E_y \\ E_z \end{pmatrix} = \begin{pmatrix} -\dfrac{\beta}{\sqrt{\alpha^2+\beta^2}} & -\dfrac{\alpha\gamma}{\sqrt{\alpha^2+\beta^2}} \\ \dfrac{\alpha}{\sqrt{\alpha^2+\beta^2}} & -\dfrac{\beta\gamma}{\sqrt{\alpha^2+\beta^2}} \\ 0 & \sqrt{\alpha^2+\beta^2} \end{pmatrix} \cdot \begin{pmatrix} E_s \\ E_p \end{pmatrix} \tag{3-54}$$

광원 표면의 좌표를 다음과 같이 정의한다. (f_s, g_s)로 정의하고, 물체 표면의 좌표는 (x, y)로, 이미지 표면의 좌표를 (x_i, y_i)로 정의하고, 투사 대물렌즈의 진입 동공 표면과 출구 동공 표면의 광학 동공 좌표를 각각 (f, g)와 (f_i, g_i)로 정의하고 둘 사이의 관계를 $f/f_i = g/g_i = -T$로 정의합니다. 여기서 T는 투사 대물렌즈의 배율이며 일반적인 값은 1/4입니다. 마스크에 균일하게 비춰지는 유효 광원의 한 지점에서 방출되는 평면파의 방향 코사인을 다음과 같이 정의한다. (f_s, g_s)로 정의하고, 마스크에서 투사 대물렌즈의 동공 입력 표면으로 전파되는 빛의 방향을 $(\alpha_s, \beta_s, \gamma_s)$. 투사 대물렌즈의 동공 쪽에서 이미지 평면으로 전파되는 빛의 방향의 코사인은 다음의 코사인이다. $(\alpha_i, \beta_i, \gamma_i)$. 투사 대물렌즈의 동공 출구 전후의 스펙트럼 분포, 즉 동공 출구 앞의 전기장 $\boldsymbol{E}_{\text{ex-pupil}}^{\text{before}}(\alpha_i, \beta_i)$과 동공 출구 뒤의 전기장 $\boldsymbol{E}_{\text{ex-pupil}}^{\text{after}}(\alpha_i, \beta_i, \gamma_i)$이 서로 다른 스펙트럼 분포를 갖도록 한다.

광원 (f_s, g_s)의 한 지점에서 광원에서 방출되어 마스크에 입사되는 평면파는 다음과 같다.

$$E_i(x, y, z) = \sqrt{Q(f_s, g_s)}\exp[\mathrm{j}(2\pi(\frac{\alpha_s}{\lambda}x + \frac{\beta_s}{\lambda}y + \frac{\gamma_s}{\lambda}z) - \omega t + \varphi_0)] \tag{3-55}$$

여기서 $Q(f_s, g_s)$는 소스 지점 (f_s, g_s)에서 방출되는 평면파의 세기이다. 평면파의 초기 위상이 0이라고 가정하면, 시간 항을 무시한 평면파의 파동 함수는 다음과 같다.

$$E_i(x, y, z) = \sqrt{Q(x_s, y_s)}\exp[\mathrm{j}2\pi(\frac{\alpha_s}{\lambda}x + \frac{\beta_s}{\lambda}y + \frac{\gamma_s}{\lambda}z)] \tag{3-56}$$

입사 편광이 Y 편광인 경우 전기장의 정규화된 진폭은 다음과 같이 표현할 수 있다.

$$\boldsymbol{E}_{i-Y} = \begin{pmatrix} E_x \\ E_y \end{pmatrix} = \begin{pmatrix} 0 \\ 1 \end{pmatrix} \tag{3-57}$$

이전 이론에 따르면 마스크 회절의 근거리 필드 분포는 다음과 같다.

$$\boldsymbol{E}_{\text{near-field}} = \boldsymbol{M}(x, y) \cdot \boldsymbol{E}_i \tag{3-58}$$

회절 이미징 이론에 따르면 마스크의 패턴 분포에 의한 입사 광파의 회절은 마스크의 여러 서브파 소스에서 방출된 구면파가 투사 대물렌즈의 동공 표면으로 계속 전파되는 과정으로 간주할 수 있다. 이머젼 리소그라피 시스템에서, 투사 대물렌즈는 일반적으로 이중 텔레센트릭 형태를 채택하는데, 즉 투사 대물렌즈의 동공입면과 동공출면은 이론적으로 무한 위치에 있으며, 물체 표면에서 투사 대물렌즈의 동공입면까지의 거리와 이미지 표면에서 투사 대물렌즈의 동공출면까지의 거리는 조명광의 파장보다 훨씬 크며 투사 대물렌즈의 조리개도 파장보다 훨씬 크다. 따라서 마스크 표면에서 투사 대물렌즈의 동공 표면으로, 그리고 투사 대물렌즈의 동공 표면에서 이미지 표면으로 광파가 전파되는 것은 드바이(Debye) 근사, 즉 물체 표면에서 동공 표면으로, 동공 표면에서 이미지 표면으로 구면파가 전파되는 것은 평면파의 일련의 중첩으로 근사화될 수 있다. 후이겐스–프레넬 원리에 따르면 마스크의 회절 원거리 필드–투사 대물렌즈의 동공 표면에 대한 전기장 분포는 다음과 같이 표현할 수 있다.

$$\boldsymbol{E}_{\text{en-pupil}}(\alpha,\beta,\gamma)=\iint h(\alpha,\beta)\cdot\boldsymbol{E}_{\text{near-field}}(x,y)\mathrm{d}x\mathrm{d}y \tag{3-59}$$

여기서 $h(\alpha, \beta)$는 투영 대상의 임펄스 응답 함수이다. 물체 평면이 $z=0$ 평면에 있다고 가정하면 투영 대상의 임펄스 응답 함수는 다음과 같이 작성할 수 있다.

$$h(\alpha,\beta)\approx\frac{\gamma}{\mathrm{j}\lambda}\cdot\frac{\mathrm{e}^{\mathrm{j}2\pi r}}{r}\mathrm{e}^{-\mathrm{j}k(\alpha x_1+\beta y_1)} \tag{3-60}$$

따라서 투사 대물렌즈 동공 표면의 전기장은 다음과 같이 표현할 수 있다.

$$\boldsymbol{E}_{\text{en-pupil}}(\alpha,\beta,\gamma)=\frac{\gamma}{\mathrm{j}\lambda}\cdot\frac{\mathrm{e}^{\mathrm{j}2\pi r}}{r}F\{\boldsymbol{E}_{\text{near-field}}(x,y)\}\cdot H(\alpha,\beta) \tag{3-61}$$

여기서 $F\{\cdot\}$는 푸리에 변환을 나타낸다. $H[\alpha, \beta]$는 투사 대물렌즈의 동공 함수로, 투사 대물렌즈 조리개 내의 마스크 회절 수준만 투사 대물렌즈에 의해 수신될 수 있고 다음과 같이 표현된다.

$$H(\alpha,\beta)=\begin{cases}1, & \sqrt{\alpha^2+\beta^2}\leqslant \mathrm{NA}\\ 0, & \text{기타}\end{cases} \tag{3-62}$$

이상적인 이중 텔레센트릭 투사 대물의 경우 투사 대물의 들어오는 동공 표면과 나가는 동공 표면 사이에는 단순한 배율 관계만 있으며, 나가는 동공 표면과 들어오는 동공 표면의 전기장 사이의 매핑 관계는 에너지 절약 및 사인 조건을 충족해야 한다.

$$\left|\boldsymbol{E}_{\text{en-pupil}}(\alpha,\beta,\gamma)\right|^2\mathrm{d}S=\left|\boldsymbol{E}_{\text{ex-pupil}}^{\text{before}}(\alpha_i,\beta_i,\gamma_i)\right|^2\mathrm{d}S' \tag{3-63}$$

그림 3-21에서 $\mathrm{d}S = r^2\mathrm{d}\Omega = r^2\mathrm{d}\alpha\mathrm{d}\beta/\gamma$이고 $\mathrm{d}S' = r'^2\mathrm{d}\Omega' = r'^2\mathrm{d}\alpha_i\mathrm{d}\beta_i/\gamma_i$임을 알 수 있다. 그리고 사인 조건에서 $\alpha/n\alpha_i=\beta/n\beta_i = -T$를 볼 수 있는데, 여기서 n은 투사 대물렌즈의 이미지 측 마지막 광학 표면과 이미지 평면 사이의 충진 매체의 굴절률이다. 따라서, 우리는

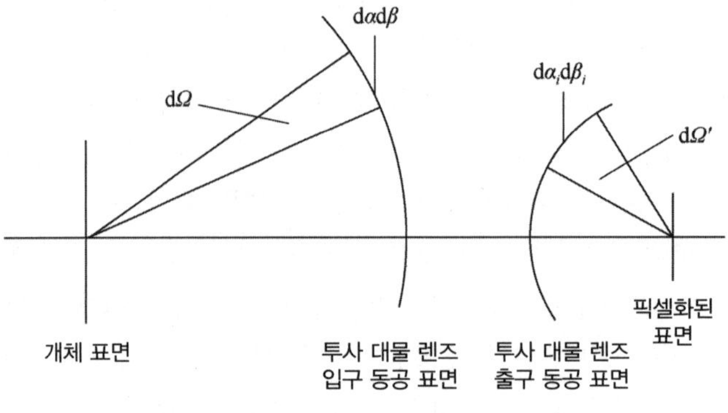

그림 3-21 입구 동공과 출구 동공 사이의 매핑

$$\boldsymbol{E}_{\text{ex-pupil}}^{\text{before}}(\alpha_i,\beta_i,\gamma_i)=\frac{nr}{r'}\sqrt{\frac{\gamma_i}{\gamma}}\cdot\boldsymbol{E}_{\text{en-pupil}}(\alpha,\beta,\gamma)\cdot T \tag{3-64}$$

방정식 (3−61)을 위의 방정식에 대입하면 다음과 같다.

$$\boldsymbol{E}_{\text{ex-pupil}}^{\text{before}}(\alpha_i,\beta_i,\gamma_i)=\frac{nT\sqrt{\gamma_i\gamma}}{\mathrm{j}\lambda r'}\mathrm{e}^{\mathrm{j}kr}\cdot F\{\boldsymbol{E}_{\text{near-field}}(x,y)\}\cdot H(\alpha,\beta,\gamma) \tag{3-65}$$

벡터 모델에서 이미지 평면의 전계 분포에는 세 가지 전계 구성 요소가 포함되어 있으며 로컬 좌표계로 표현된 전계 분포를 전역 좌표계로 변환해야 한다. 또한 광파는 투사 대물렌즈의 동공입면과 동공출면 사이에서 광축에 평행하게 전파되고, 투사 대물렌즈의 동공입면과 동공출면 사이의 전파 방향은 광축에 비스듬히 있기 때문에 이러한 파동 벡터의 회전은 입사면(자오선면)에서 파동 벡터의 변화에 따라 광파 전기장의 p(TM) 성분의 진동 방향이 회전하게 한다. 따라서 투영 대물렌즈의 동공 출구 평면에서 전기장의 이 두 가지 변화는 변환 행렬에서 다음과 같이 표현할 수 있다.

$$\boldsymbol{E}_{\text{ex-pupil}}^{\text{after}}(\alpha_i,\beta_i,\gamma_i)=\boldsymbol{\Psi}_{\text{ex-pupil}}(\alpha_i,\beta_i,\gamma_i)\cdot\boldsymbol{E}_{\text{ex-pupil}}^{\text{before}}(\alpha_i,\beta_i,\gamma_i) \tag{3-66}$$

$$\begin{aligned}\boldsymbol{\Psi}_{\text{ex-pupil}}(\alpha_i,\beta_i,\gamma_i)&=\begin{pmatrix}\dfrac{\beta_i^2+\alpha_i^2\gamma_i}{1-\gamma_i^2} & -\dfrac{\alpha_i\beta_i}{1+\gamma_i}\\ -\dfrac{\alpha_i\beta_i}{1+\gamma_i} & \dfrac{\alpha_i^2+\beta_i^2\gamma_i}{1-\gamma_i^2}\\ -\alpha_i & -\beta_i\end{pmatrix}\\ &=\begin{pmatrix}1-\dfrac{f_i^2}{n(n+\sqrt{n^2-f_i^2-g_i^2})} & -\dfrac{f_ig_i}{n(n+\sqrt{n^2-f_i^2-g_i^2})}\\ -\dfrac{f_ig_i}{n(n+\sqrt{n^2-f_i^2-g_i^2})} & 1-\dfrac{g_i^2}{n(n+\sqrt{n^2-f_i^2-g_i^2})}\\ -\dfrac{f_i}{n} & -\dfrac{g_i}{n}\end{pmatrix}\end{aligned} \tag{3-67}$$

여기서 방정식의 왼쪽에 있는 전기장에는 세 가지 구성 요소가 있으며, 이는 각각 전역 좌표에서 이미지 평면 전기장의 세 가지 구성 요소의 공간 스펙트럼 분포를 나타낸다.

투사 대상의 이미지 제곱 매체가 프로세스 스택인 경우, 투사 대상의 이미지 제곱의 변환 행렬은 전송 행렬 방법을 사용하여 설정할 수 있다[11].

$$\boldsymbol{\Psi}_{\text{stack}}(\alpha_i,\beta_i,\gamma_i)=\begin{pmatrix}\psi_{S_{xx}} & \psi_{S_{yx}}\\ \psi_{S_{yx}} & \psi_{S_{yy}}\\ \psi_{S_{zx}} & \psi_{S_{zy}}\end{pmatrix} = \begin{pmatrix}\kappa_\perp\cdot\upsilon_{x\perp x}+\kappa_\|^{xy}\upsilon_{x\|x} & \kappa_\perp\cdot\upsilon_{y\perp x}+\kappa_\|^{xy}\upsilon_{y\|x}\\ \kappa_\perp\cdot\upsilon_{x\perp y}+\kappa_\|^{xy}\upsilon_{x\|y} & \kappa_\perp\cdot\upsilon_{y\perp y}+\kappa_\|^{xy}\upsilon_{y\|y}\\ \kappa_\|^{z}\upsilon_{x\|z} & \kappa_\|^{z}\upsilon_{y\|z}\end{pmatrix} \tag{3-68}$$

공식에서

$$\begin{aligned}\upsilon_{x\perp x}&=\frac{\beta_i^2}{1-\gamma_i^2}, & \upsilon_{y\perp x}&=-\frac{\alpha_i\beta_i}{1-\gamma_i^2}\\ \upsilon_{x\perp y}&=-\frac{\alpha_i\beta_i}{1-\gamma_i^2}, & \upsilon_{y\perp y}&=\frac{\alpha_i^2}{1-\gamma_i^2}\\ \upsilon_{x\perp z}&=0, & \upsilon_{y\perp z}&=0\end{aligned} \tag{3-69}$$

$$\begin{aligned}\upsilon_{x\|x}&=\frac{\alpha_i^2\gamma_i}{1-\gamma_i^2}, & \upsilon_{y\|x}&=-\frac{\alpha_i\beta_i\gamma_i}{1-\gamma_i^2}\\ \upsilon_{x\|y}&=-\frac{\alpha_i\beta_i\gamma_i}{1-\gamma_i^2}, & \upsilon_{y\|y}&=\frac{\beta_i^2\gamma_i}{1-\gamma_i^2}\\ \upsilon_{x\|z}&=-\alpha_i, & \upsilon_{y\|z}&=-\beta_i\end{aligned} \tag{3-70}$$

$$\kappa_\perp=\frac{\tau_\perp^{\text{stack}}}{\tau_\perp^{\text{substack}}}\left[\mathrm{e}^{\mathrm{j}k_z^p(d_p-z)}+\rho_\perp^{\text{substack}}\mathrm{e}^{-\mathrm{j}k_z^p(d_p-z)}\right] \tag{3-71}$$

$$\kappa_\|^{xy}=\frac{\tau_\|^{\text{stack}}}{\tau_\|^{\text{substack}}}\left[\mathrm{e}^{\mathrm{j}k_z^p(d_p-z)}-\rho_\|^{\text{substack}}\mathrm{e}^{-\mathrm{j}k_z^p(d_p-z)}\right] \tag{3-72}$$

$$\kappa_\|^{z}=\frac{\tau_\|^{\text{stack}}}{\tau_\|^{\text{substack}}}\left[\mathrm{e}^{\mathrm{j}k_z^p(d_p-z)}+\rho_\|^{\text{substack}}\mathrm{e}^{-\mathrm{j}k_z^p(d_p-z)}\right] \tag{3-73}$$

$$\rho_\perp=\frac{\vartheta_{\text{inc}}(u_{11}^{\text{TE}}-\vartheta_{\text{tran}}u_{12}^{\text{TE}})+(u_{21}^{\text{TE}}-\vartheta_{\text{tran}}u_{22}^{\text{TE}})}{\vartheta_{\text{inc}}(u_{11}^{\text{TE}}-\vartheta_{\text{tran}}u_{12}^{\text{TE}})-(u_{21}^{\text{TE}}-\vartheta_{\text{tran}}u_{22}^{\text{TE}})} \tag{3-74}$$

$$\tau_\perp=\frac{2\vartheta_{\text{inc}}}{\vartheta_{\text{inc}}(u_{11}^{\text{TE}}-\vartheta_{\text{tran}}u_{12}^{\text{TE}})-(u_{21}^{\text{TE}}-\vartheta_{\text{tran}}u_{22}^{\text{TE}})} \tag{3-75}$$

$$\rho_\|=\frac{\vartheta_{\text{inc}}(u_{11}^{\text{TM}}-\vartheta_{\text{tran}}u_{12}^{\text{TM}})+(u_{21}^{\text{TM}}-\vartheta_{\text{tran}}u_{22}^{\text{TM}})}{\vartheta_{\text{inc}}(u_{11}^{\text{TM}}-\vartheta_{\text{tran}}u_{12}^{\text{TM}})-(u_{21}^{\text{TM}}-\vartheta_{\text{tran}}u_{22}^{\text{TM}})} \tag{3-76}$$

$$\tau_\|=\frac{-2\eta_{\text{tran}}\cos\theta_{\text{inc}}}{\vartheta_{\text{inc}}(u_{11}^{\text{TM}}-\vartheta_{\text{tran}}u_{12}^{\text{TM}})-(u_{21}^{\text{TM}}-\vartheta_{\text{tran}}u_{22}^{\text{TM}})} \tag{3-77}$$

방정식 (3-71)에서 d_p는 포토레지스트의 두께로, '스택'은 포토레지스트가 포함된 모든 공정 스택을 의미하며, '서브스택'은 포토레지스트 아래 공정 스택을 의미한다.

식 (3−67) 또는 식 (3−68)을 식 (3−66)에 대입하면, 식 (3−67)을 예로 들어 투사 대물렌즈 동공 표면 뒤의 전기장 분포를 구할 수 있다:

$$\boldsymbol{E}_{\text{ex-pupil}}^{\text{after}}(\alpha_i,\beta_i,\gamma_i)=\frac{nT\sqrt{\gamma_i\gamma}}{\mathrm{j}\lambda r'}\mathrm{e}^{\mathrm{j}kr}\cdot\boldsymbol{\Psi}_{\text{ex-pupil}}(\alpha_i,\beta_i,\gamma_i)$$
$$A(\alpha_i,\beta_i)\cdot F\{\boldsymbol{E}_{\text{near-field}}(x,y)\}\cdot H(\alpha,\beta) \tag{3-78}$$

여기서 $A(\alpha_i, \beta_i)$는 투사 대물렌즈의 수차 함수이며, 투사 대물렌즈에 파면 수차만 있는 경우 $W(\alpha_i, \beta_i)$인 경우

$$A(\alpha_i,\beta_i)=\mathrm{e}^{-\mathrm{j}k'W(\alpha_i,\beta_i)} \tag{3-79}$$

투사 대물렌즈에 편광 수차가 있으면

$$A(\alpha_i,\beta_i)=\boldsymbol{J}(\alpha_i,\beta_i)=\begin{pmatrix}J_{xx} & J_{xy}\\ J_{yx} & J_{yy}\end{pmatrix} \tag{3-80}$$

여기서 $J(\alpha_i, \beta_i)$는 편광 수차를 나타낸다.

점 광원 (f_s, g_s)의 조명 하에서 리소그라피 시스템의 이미지 평면에서의 전기장 분포는 방정식 (3−66)과 유사한 유도 과정을 통해 구할 수 있다. 즉, 다음과 같다.

$$\begin{aligned}\boldsymbol{E}_{\text{image}}(x_i,y_i,z_i)&=\mathrm{j}\frac{nT\mathrm{e}^{-\mathrm{j}k'r'}}{r'\lambda}\iint_{S'}\boldsymbol{E}_{\text{ex-pupil}}^{\text{after}}(\alpha_i,\beta_i,\gamma_i)\cdot\mathrm{Def}(\alpha_i,\beta_i,\gamma_i)\mathrm{e}^{\mathrm{j}2\pi(f_ix_i+g_iy_i)}\mathrm{d}S'\\&=\mathrm{j}\frac{nT\mathrm{e}^{-\mathrm{j}k'r'}r'}{\lambda}\iint\boldsymbol{E}_{\text{ex-pupil}}^{\text{after}}(\alpha_i,\beta_i,\gamma_i)\cdot\mathrm{Def}(\alpha_i,\beta_i,\gamma_i)\mathrm{e}^{\mathrm{j}2\pi(f_ix_i+g_iy_i)}\frac{\mathrm{d}\alpha_i\mathrm{d}\beta_i}{\gamma_i}\\&=\mathrm{j}\frac{nT}{\lambda^2}\iint\sqrt{\frac{\gamma}{\gamma_i}}\boldsymbol{\Psi}_{\text{ex-pupil}}(\alpha_i,\beta_i,\gamma_i)\cdot A(\alpha_i,\beta_i)\cdot\mathrm{Def}(\alpha_i,\beta_i,\gamma_i)\cdot\\&\qquad F\{\boldsymbol{E}_{\text{near-field}}(x,y)\}\cdot H(\alpha,\beta)\mathrm{e}^{\mathrm{j}2\pi(f_ix_i+g_iy_i)}\cdot\mathrm{d}\alpha_i\mathrm{d}\beta_i\end{aligned} \tag{3-81}$$

여기서 $\mathrm{Def}(\alpha_i, \beta_i, \gamma_i) = \exp[\mathrm{j}k'\delta_i(1-\sqrt{1-\alpha_i^2-\beta_i^2})]$는 투사 대물렌즈의 이미지 평면의 아웃포커스 양으로 인한 위상 변화이다. 방정식 (3−81)의 왼쪽 끝은 3×1 벡터로, 각각 이미지 평면 전기장의 x, y 및 z 성분을 나타낸다.

방정식 (3−66)에서 방정식 (3−81)을 사용하여 전역 좌표계에서 투사 대물의 이미지 평면 전기장의 구성 요소를 얻을 수 있다. 따라서 점 a광원의 조명 아래에서 이미지 평면의 전기장 강도 분포는 다음과 같다.

$$I_{\text{coh}}^{a}=\left|\boldsymbol{E}_{\text{image}}(x_i,y_i,z_i)\right|^2=\left|E_x^{\text{wafer}}\right|^2+\left|E_y^{\text{wafer}}\right|^2+\left|E_z^{\text{wafer}}\right|^2 \tag{3-82}$$

점 광원 a이 부분 편광을 방출하는 경우 편광 광학 이론에 따라 부분 편광의 전기장은 두 개의 이상적인 편광의 전기장을 중첩하는 형태로 분해 될 수 있다. 각각의 이상적인 선형 편광에 대해 위의 프로세스에 따라 프로젝션 광학 리소그라피 시스템의 이미지 평면의 전기장 강도 분포를 계산하고 마지막으로 두 개의 이상적인 편광의 전기장 강도 분포를 더하여 점 광원의 조명 아래에서 이미지 평면의 전기장 강도 분포를 얻을 수 있다.

프로젝션 광학 리소그라피 시스템은 일반적으로 부분적으로 일관된 조명을 사용하며 유효 광원은 일련의 비 일관된 점 광원으로 분해 될 수 있다. 아베의 광원 통합 원리에 따라 이미지 표면 전계 강도 분포는 각 점 광원에 대해 개별적으로 계산되며, 마지막으로 부분적으로 일관된 조명 하에서 이미지 표면 전계 강도 분포는 얻은 전계 강도 분포를 합산하여 얻을 수 있다.

$$I_{\text{total}}(x_i, y_i, z_i) = \iint Q(f_s, g_s) I_{\text{coh}}^{a}(x_i, y_i, z_i) \mathrm{d}x_s \mathrm{d}y_s \tag{3-83}$$

마스크 회절의 키르히호프 근사법 하에서 마스크 패턴은 평면파의 다른 방향에 대해 마스크 스펙트럼의 진폭과 위상이 동일하다. 즉, 마스크 회절 스펙트럼은 병진 불변이다. 따라서 이미징 모델에서 마스크 함수와 광학 시스템 함수가 독립적일 수 있으며, 광학 시스템을 나타내는 함수를 투과 교차 계수(TCC)라고 한다.

$$\begin{aligned} I_{\text{total}}(x_i, y_i, z_i) = \iint\iint \mathrm{TCC}(f_1, g_1, f_2, g_2) \cdot \mathrm{e}^{\mathrm{j}2\pi[(f_1-f_2)x_i+(g_1-g_2)y_i]} \\ M(f_1, g_1) \cdot M^{*}(f_2, f_2) \mathrm{d}f_1 \mathrm{d}g_1 \mathrm{d}f_2 \mathrm{d}g_2 \end{aligned} \tag{3-84}$$

$$\mathrm{TCC}(f_1, g_1, f_2, g_2; f_s, g_s) = \iint Q(f_s, g_s) L(f_1, g_1; f_s, g_s) L^{*}(f_2, g_2; f_s, g_s) \mathrm{d}f_s \mathrm{d}g_s \tag{3-85}$$

$$L(f_1, g_1; f_s, g_s) = \boldsymbol{\Psi}_{\text{ex-pupil}} \cdot \mathrm{RC} \cdot A \cdot \mathrm{Def} \cdot H \tag{3-86}$$

3.3 포토레지스트 모델

포토레지스트는 포토리소그라피의 캐리어 매체이며, 그 역할은 광화학 반응 원리를 사용하여 포토리소그라피 시스템에서 회절 및 여과된 빛 정보를 화학 에너지로 변환한 다음 마스크 플레이트 이미지의 재현을 완료하는 것이다. 현재 집적 회로 생산에 사용되는 포토레지스트는 일반적으로 폴리머 백본, 광산 발생기(PAG) 또는 광활성 화합물(PAC), 용매 및 현상 보호 그룹 및 에칭 보호 그룹과 같은 기타 보조 구성 요소로 구성된다. 포토레지스트는 포토리소그라피 공정에 사용된다. 리소그라피 공정에서 포토레지스트의 주요 공정은 다음 단계로 나눌 수 있다.

(1) 코팅 및 레벨링 – 포토레지스트가 실리콘 웨이퍼에 고르게 코팅되며, 이때 포토레지스트는 균일한 필름이 된다.

(2) **노출** – 포토레지스트는 대물렌즈로부터 빛 정보를 수신하고, 포토레지스트에서 이러한 빛에 의해 생성된 간섭 프린지의 강도 분포는 특정 양자 효율에 따라 빛 정보를 흡수하는 PAG 또는 PAC를 활성화한다.

(3) **베이킹** – 포토레지스트에서 확산-보호 촉매 반응의 완료를 가속화한다.

(4) **현상** – 현상액을 사용하여 화학 반응을 거친 포토레지스트를 헹구어 예상되는 형태를 얻는다.

리소그라피 시뮬레이션 과정에서 일반적으로 위의 포토레지스트 공정을 설명하는 두 가지 모델이 있는데, 하나는 단순화된 모델인 포토레지스트 임계값 모델이고 다른 하나는 엄격한 모델인 포토레지스트 물리적 모델이다.

3.3.1 포토레지스트 임계값 모델

노광기에서 포토레지스트를 베이킹하는 동안 특정 온도에서 광산의 확산이 발생한다. 이 확산은 포토레지스트의 탈보호 반응을 촉매하여 포토레지스트 프로파일의 모양을 가파르고 직선으로 만들 수 있다. 확산 효과는 무작위적이므로 확산으로 인한 공간 이미지 콘트라스트의 감소는 가우시안 확산으로 나타낼 수 있다 [12].

$$I_D(x_i', y_i', z_i') = \iiint_{\infty} \left(\frac{1}{a\sqrt{2\pi}} \right)^3 e^{-\frac{(x_i'-x_i)^2}{2a^2} - \frac{(y_i'-y_i)^2}{2a^2} - \frac{(z_i'-z_i)^2}{2a^2}} \cdot I_{\text{total}}(x_i, y_i, z_i) \mathrm{d}x_i \mathrm{d}y_i \mathrm{d}z_i \tag{3-87}$$

여기서, a는 확산 길이이며, $I_D(x_i', y_i', z_i')$는 확산 후의 광도 분포를 나타내며, 이 값은 양성 포토레지스트의 확산 후 광산 농도 분포와도 동일하다.

일반 포토레지스트의 현상 콘트라스트가 높기 때문에 임계값 모델을 사용하여 포토리소그라피 시뮬레이션에서 현상 과정을 근사화할 수 있으며, 가장 간단한 임계값 모델은 2진법 모델이다.

$$Z = \begin{cases} 0, & I_D(x_i', y_i', z_i') \geqslant \text{tr} \\ 1, & I_D(x_i', y_i', z_i') < \text{tr} \end{cases} \tag{3-88}$$

여기서, tr은 임계값을 나타내며 Z은 현상 후 포토레지스트 분포를 나타낸다. 식 (3–88)은 불연속적인 단계 분포를 나타내며, 포지티브 포토레지스트 현상 공정에서 0은 포토레지스트가 없음을 의미하고 1은 포토레지스트가 있음을 의미한다.

광학 근접 효과 보정에서 광원 마스크 조인트 최적화 및 기타 경우에는 부분 미분이 필요하며 방정식 (3–88)을 사용할 수 없으며 시그모이드 함수를 사용하여 포토 레지스트 개발의 임계 값 모델을 설정해야 하며 일반적인 시그모이드 함수는 다음과 같이 정의된다.

$$\text{sig}(P) = \frac{1}{1 + e^{-a_r(P-\text{tr})}} \tag{3-89}$$

여기서, tr은 임계값을 나타내고, 입력 함수 P는 본 백서의 시나리오에서 확산 후 광도 분포 $I_D(x_i', y_i', z_i')$를 나타내고, a_r은 시그모이드 함수의 가파름을 나타내며, 임계값이 0.5일 때 가파름이 다른 일차원 시그모이드 함수의 분포는 그림 3-22에 나와 있다.

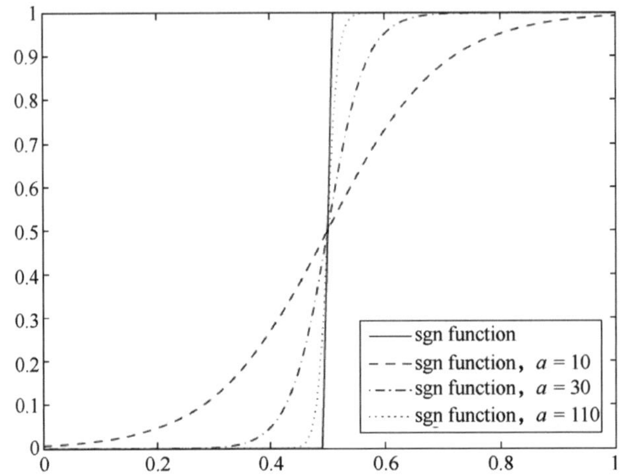

그림 3-22 다양한 경사도에서 1차원 시그모이드 함수의 분포

3.3.2 포토레지스트 물리적 모델

포토레지스트 임계값 모델은 모델이 간단하고 계산 효율이 높다는 장점이 있지만 포토레지스트 선택 및 공정 조건 최적화와 같이 포토레지스트 현상 후 형상에 대한 정확한 시뮬레이션이 필요한 상황에는 적용하기 어렵다. 위의 시나리오에서는 포토레지스트가 반드시 리소그라피 공정에 적합한 것은 아니며, 정확한 현상 후 포토레지스트 형상을 얻기 위해서는 물리적 모델이 필요하다.

예를 들어 화학적으로 증폭된 포토 레지스트의 경우 노출 시 입사 광필드에 의해 화학 반응이 여기되고 광 생성 산 생성기가 분해되어 광산 (삼 불화 아세트산) 및 기타 생성물을 생성하며 광 생성 산 생성기의 반응 속도와 광산의 농도는 국부적 인 광 강도 분포 및 노출 기간과 밀접한 관련이 있다. 포토 레지스트에서 광 생성 제의 농도가 라고 가정하면 노출 과정이 계속됨에 따라 광 생성 제가 분해되고 농도가 감소하며 이 과정은 [13]으로 설명할 수 있다.

$$\frac{\mathrm{d[PAG]}}{\mathrm{d}t} = -C_1 \cdot I \cdot \mathrm{[PAG]} \tag{3-90}$$

C_1은 노출 상수이고, I는 포토레지스트의 광도 분포를 나타내며, t는 노출 시간이다. 방정식 (3-90)에 설명된 방정식의 해는 다음과 같다.

$$\mathrm{[PAG]} = \mathrm{[PAG]}_0 \cdot \mathrm{e}^{-C_1 \cdot I \cdot t} \tag{3-91}$$

여기서 $\mathrm{[PAG]}_0$는 노출 전 포토레지스트 내 포토레지스트의 농도이다. 포토레지스트는 일정한 흡수 계수를 가지고 있기 때문에 노광 광량은 포토레지스트 내 공간적 위치의 함수이다. 식 (3-91)에서 볼 수 있듯이 광 생성 제의 농도는 노출 시간의 함수이며 노출 시간이 길어지면 노출 영역의 광 생성 제 농도가 감소하고 포토 레지스트의 광자 흡수 능력이 감소한다. 감광산은 감광산 생성제의 분해에서 직접 나오기 때문에 감광산의 농도 분포는 다음과 같이 표현할 수 있다.

$$[\mathrm{H}]=[\mathrm{PAG}]_0-[\mathrm{PAG}]=[\mathrm{PAG}]_0\cdot(1-\mathrm{e}^{-C_1\cdot I\cdot t}) \tag{3-92}$$

여기서 [H]와 [PAG]는 모두 이미지 공간 좌표 $(x,\ y_i,\ z_i)$와 노출 시간 t의 함수이다. 식 (3-92)를 사용하여 리소그라피 광학 강도 분포는 포토레지스트 농도 분포로 변환되며, 최종 포토레지스트 패턴은 포토레지스트의 3차원 분포로부터 도출되므로 노광 후 포토레지스트 농도 분포는 잠상 3D 이미지라고도 한다.

광화학 반응을 더욱 촉매하고 포토레지스트 내부의 정재파를 줄이며 광축을 따라 포토레지스트 분포의 균일성을 향상시키기 위해 포토레지스트는 일반적으로 노광 후 베이크(PEB) 공정을 거쳐야 하는데, 이를 일반적으로 포스트 베이크라고 한다. 노광 후 베이크 공정에서 광산 분자는 포토레지스트에서 확산되어 폴리머의 보호기 위치에 도달하고, 이 위치에서 분해되어 보호 제거 반응을 촉발하고 다른 산 분자를 방출한다. 탈보호 반응 후 폴리머는 현상액에 용해되며 산 분자 함량이 높을수록 폴리머의 보호기가 더 많이 분해된다. [M]이 포토레지스트의 보호기의 농도를 나타낸다고 가정하면 다음과 같다.

$$\frac{\mathrm{d}[\mathrm{M}]}{\mathrm{d}t}=-C_2\cdot[\mathrm{M}]\cdot[\mathrm{H}] \tag{3-93}$$

여기서, C_2는 탈보호 반응 계수이다. 위의 방정식을 풀고 포토레지스트의 탈보호 반응의 특성에 따라 포토레지스트의 탈보호기 농도는 다음과 같이 표현할 수 있다.

$$[\mathrm{P}]=[\mathrm{M}]_0-[\mathrm{M}]=[\mathrm{M}]_0\cdot(1-\mathrm{e}^{-C_2\cdot[\mathrm{H}]\cdot t_{\mathrm{PEB}}}) \tag{3-94}$$

여기서 $[\mathrm{M}]_0$는 노출 전 포토레지스트의 비보호기 농도이다. 보호 해제 반응 계수 C_2는 실제로 주어진 산 농도 분포에 대한 보호 해제 반응의 확률을 나타낸다. 탈보호 반응은 온도에 따라 활성화되는 반응이므로 온도에 따라 달라지는 양이다.

일반적으로 비보호 영역은 보호 영역보다 수산기가 더 많으므로 수용액에서 용해도가 더 높으며 보호기의 농도는 현상 속도와 음의 상관 관계를 갖는다. 포토레지스트를 현상하는 동안 포토레지스트의 특정 위치에서의 현상 속도는 해당 위치의 보호기의 농도와 관련이 있다. 이 관계는 처음에는 Dill이 일반적으로 제안한 경험적 공식으로 설명되었다.

$$r(x,y,z)=\begin{cases} 0.006\cdot\exp(F_1+F_2[\mathrm{M}]+F_3[\mathrm{M}]^2), & [\mathrm{M}]>-0.5\dfrac{F_2}{F_3} \\ 0.006\cdot\exp\left(F_1+\dfrac{F_2}{F_3}(F_2-1)\right), & \text{기타(그외)} \end{cases} \tag{3-95}$$

포토레지스트 현상 공정에서 보호 그룹의 농도와 현상 속도 사이의 관계를 수학적으로 표현하는 비교적 성숙한 두 가지 모델이 있는데, 맥 모델과 노치 모델이다.

맥 모델의 기본 방정식은 다음과 같이 표현할 수 있다.

$$r = r_{\max} \frac{(a+1)\cdot(1-[\mathrm{M}])^n}{a+(1-[\mathrm{M}])^n} + r_{\min} \tag{3-96}$$

여기서, r은 현상 속도를 나타낸다; [M]는 식 (3-93)에서 보호기의 농도, $r_{\max}$ 및 $r_{\min}$은 각각 포토레지스트가 완전히 노출되었을 때와 노출되지 않았을 때의 현상 속도를 나타내고, n은 현상액에 포토레지스트 분자를 용해시키는 데 필요한 탈보호 반응의 수를 나타낸다.

마찬가지로 노치 모델의 기본 방정식은 다음과 같이 표현할 수 있다.

$$r = r_{\max}\cdot(1-[\mathrm{M}])^n\cdot\frac{(a_n+1)\cdot(1-[\mathrm{M}])^{\mathrm{n\_notch}}}{a_n+(1-[\mathrm{M}])^{\mathrm{n\_notch}}} + r_{\min} \tag{3-97}$$

$$a_n = \frac{\mathrm{n\_notch}+1}{\mathrm{n\_notch}-1}\cdot(1-[\mathrm{M}]_{\mathrm{TH\_notch}})^{\mathrm{n\_notch}} \tag{3-98}$$

여기서 [M], $r_{\max}$ 및 $r_{\min}$은 식 (3-96)에서와 동일한 의미를 나타낸다; $[\mathrm{M}]_{\mathrm{TH_notch}}$는 보호 그룹 농도 분포 방향에 따른 노치 위치의 농도 분포를 나타내고, 는 노치의 강도를 나타낸다.

3.4 리소그라피 광학 이미징의 평가 지표

앞서 리소그라피 시스템의 각 하위 단위의 이미징 특성과 리소그라피 이미징의 이론 및 모델에 대해 설명했지만 실제 리소그라피 이미징에서는 이미징 품질을 평가하는 방법에 대한 문제가 종종 관련된다. 이 섹션에서는 임계 크기, 임계 크기 균일성, 대비 및 이미지 로그 기울기, 마스크 오류 개선 계수, 초점 심도, 노출 허용 오차, 프로세스 창 및 프로세스 변동 대역과 같이 리소그라피 이미징의 품질을 평가하는 데 일반적으로 사용되는 몇 가지 메트릭을 소개한다.

3.4.1 중요한 차원과 그 균일성

섹션 3.3에서 주어진 리소그라피 공간 이미지가 포토레지스트에 들어가 적절한 노출 선량에서 일정한 폭의 패턴을 형성한다는 것을 알고 있다. 이 폭을 평가하는 가장 직접적인 방법은 공간 이미지의 그래프 폭을 사용하는 것이다. 이상적인 포지티브 포토레지스트를 검사하면 노출 선량 임계값을 초과하는 부분에 해당하는 포토레지스트는 현상액에 의해 제거된다.

피처 크기는 그림 3-23에 표시된 것처럼 특정 노출 강도 임계값에서 얻은 포토레지스트 홈 또는 선의 폭으로 정의할 수 있다. 마찬가지로 포토리소그라피 공간 이미지가 상대 강도로 주어지면 포토리소그라피 공간 이미지의 특징 크기는 특정 상대 강도 임계값에서 얻은 패턴의 폭으로 정의할 수 있다.

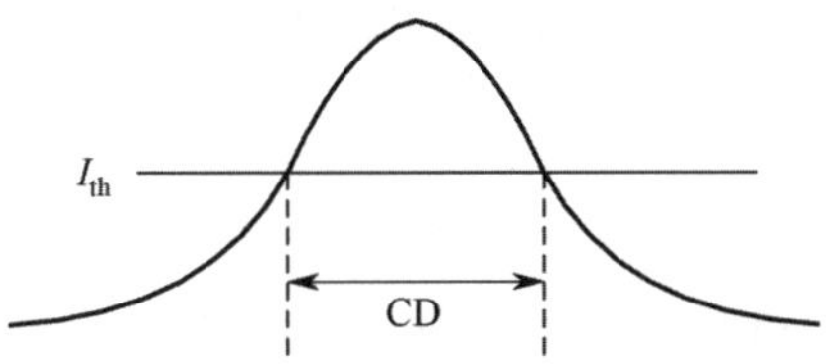

그림 3-23 포토리소그라피 결과의 피처 크기 개략도

듀티 사이클이 1:1인 고밀도 라인 패턴의 경우, 리소그라피 시스템에서 해결할 수 있는 가장 작은 피처 크기를 해상력이라고도 한다.

$$\mathrm{CD}_m = k_1 \frac{\lambda}{\mathrm{NA}} \tag{3-99}$$

여기서 k_1는 리소그라피 공정 계수이다. 위의 방정식을 통해 리소그라피의 해상도를 개선하는 방법에는 노출 파장 감소, 프로젝션 시스템의 수치 조리개 증가, 리소그라피 공정 계수 감소의 세 가지가 있음을 알 수 있다.

임계 치수의 정의는 위에 나와 있으며, 이는 리소그라피의 1차원적 특징을 특징짓는 반면 실제 리소그라피 그래픽은 2차원 그픽 또는 유한 길이의 1차원 선이다(균일성).

3.4.2 콘트라스트 비율 및 이미지 로그 기울기

이미징 분야에서 가장 고전적인 특성화 메트릭 중 하나는 명암비이다. 그림 3-24와 같이 투과 영역과 비투과 영역의 너비가 동일한 선 그래프를 살펴보아라.

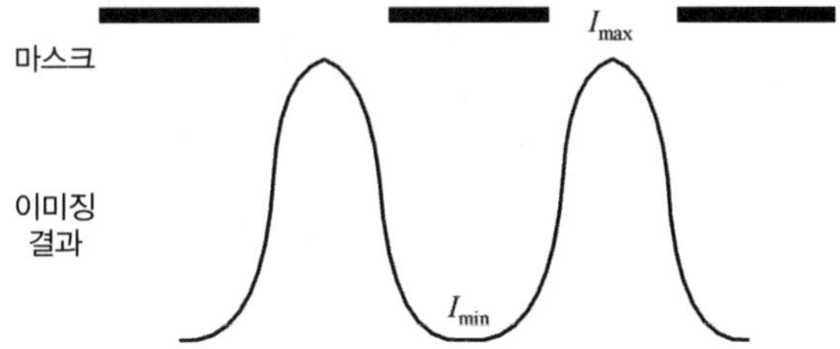

그림 3-24 동일한 너비 선 그래픽

동일한 폭의 선 그래프 형성 이미지의 대비는 이미징 결과의 최대값과 최소값에 의해 결정된다.

$$\text{Image Contrast} = \frac{I_{\text{max}} - I_{\text{min}}}{I_{\text{max}} + I_{\text{min}}} \tag{3-100}$$

리소그라피 이미징의 목표는 실리콘 웨이퍼에 마스크 버전의 선명한 이미지를 표시하는 것이므로 이미징의 최소값이 작을수록 대비가 커진다. 최소값이 0이면 대비는 1이 된다.

리소그라피 이미징에서 포토레지스트 그래픽 선폭의 제어가 리소그라피 성능에 더 많은 영향을 미치는 경우, 리소그라피 결과에 영향을 미치는 지표는 이상적인 선폭의 가장자리에서 이미징 강도 분포의 기울기이다. 좌표에 대한 리소그피 이미징의 강도 분포의 기울기는 좌표 범위에 대한 리소그라피 이미징의 추세를 특징짓는다. 편의상 이 값은 일반적으로 강도 분포 값의 계수로 정규화해야 한다.

$$\text{ILS} = \frac{1}{I} \cdot \frac{\mathrm{d}I}{\mathrm{d}x} = \frac{\mathrm{d}\ln(I)}{\mathrm{d}x} \tag{3-101}$$

일반적인 이미지 로그 기울기는 일반적으로 그림 3-25와 같이 마스크 그래픽의 이상적인 이미징 경계에 있는 값으로 간주된다.

포토레지스트 패턴에서 에지 위치(선폭)의 변화는 일반적으로 이상적인 선폭의 비율로 표현되므로 이상적인 이미징 위치에서 이미지의 로그 기울기도 이상적인 선폭을 곱하여 정규화할 수 있다(즉, 정규화된 이미지 로그 기울기는 다음과 같다).

$$\text{NILS} = w\frac{\mathrm{d}(\ln(I))}{\mathrm{d}x} \tag{3-102}$$

여기서 w는 이상적인 선 너비를 나타내며, NIL은 리소그라피 공간 이미지의 품질을 평가하는 가장 좋은 지수이다.

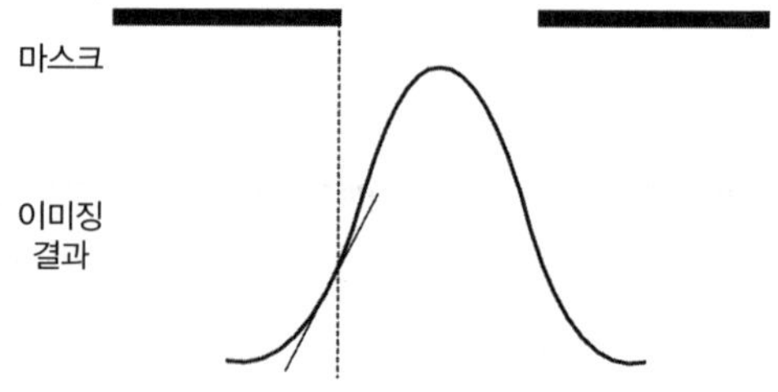

그림 3-25 로그 경사도의 개략도

3.4.3 마스크 오류 개선 계수

위에서 언급했듯이 포토리소그라피 이미징의 목표는 마스크 플레이트의 이미지를 실리콘 웨이퍼 표면의 포토레지스트에 가능한 한 왜곡을 최소화하여 복제하는 것이다. 따라서 마스크 플레이트의 그래픽 변화는 포토레지스트의 이미징 품질에 영향을 미칠 가능성이 높다. 리소그라피가 지속적으로 발전함에 따라 마스크 패턴의 작은 오차가 포토레지스트의 이미징 품질에 큰 영향을 미칠 수 있는 리소그라피 시스템의 최소 크기가 점차 감소하고 있다. 연구에 따르면 실리콘 웨이퍼에서 포토레지스트 패턴 특성 크기 변화를 일으키는 요인의 대부분은 마스크 패턴의 특성 크기 오차에서 비롯되는 것으로 나타났다.

포토레지스트의 그래픽 피처 크기 오류에 대한 마스크의 피처 크기 오류의 영향 정도를 정량화하려면 마스크 오류 향상 계수(MEEF)라는 매개 변수를 정의해야 한다. Wilhelm Maurer의 논문에 따르면 MEEF는 포토레지스트의 피처 크기 변화율과 마스크 피처 크기 변화율의 비율로 정의된다[4].

$$\text{MEEF} = \frac{\partial(\text{CD}_{\text{resist}})}{\partial(\text{CD}_{\text{mask}})} \tag{3-103}$$

여기서 CD_{mask} 및 $\text{CD}_{\text{resist}}$는 모두 포토리소그라피 시스템의 이미지 제곱 치수의 양이다. 마스크 패턴 CD를 사용한 포토레지스트 노광 결과의 CD 값의 추세와 이 추세에서 얻은 MEEF 값의 분포는 그림 3-26과 그림 3-27에 나와 있다 [4].

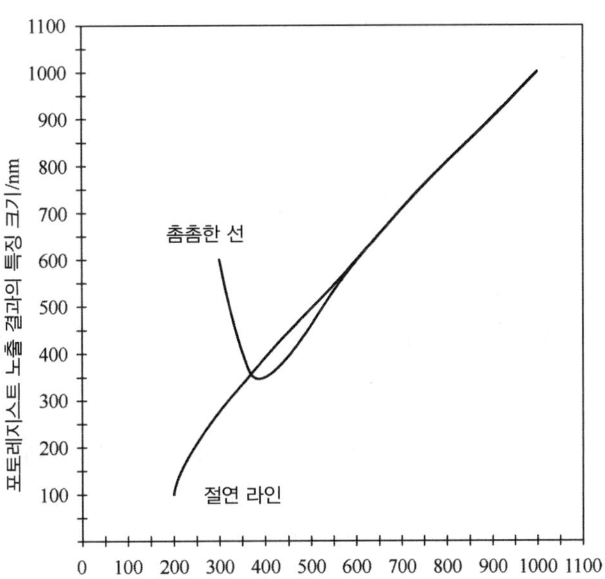

그림 3-26 마스크 폭에 따른 포토리소그라피 결과의 CD 값 추이

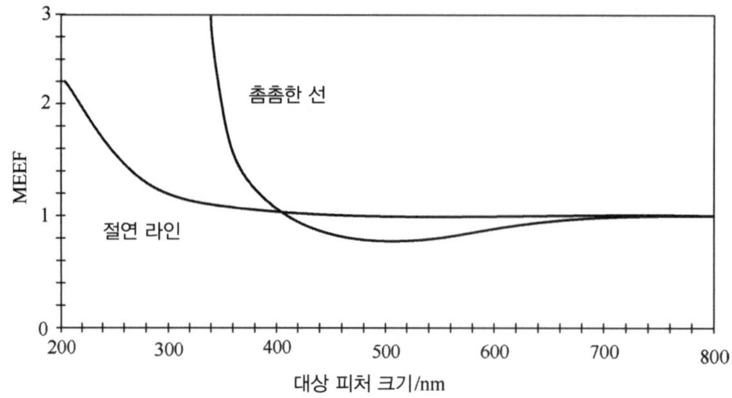

그림 3-27 이 추세에 따라 얻은 MEEF 값의 분포

그림 3-27에서 볼 수 있듯이, CD가 300nm인 절연 라인의 경우 MEEF 값은 1.4이며, 이는 마스크 피처 크기에서 10nm 오차가 발생하면 포토레지스트 패턴의 피처 크기에서 14nm 오차가 발생한다는 것을 나타낸다.

3.4.4 초점 깊이 및 프로세스 창

프로젝션 광학 리소그라피 시스템에서 주어진 피처 크기에 대한 라인 품질을 보장할 수 있는 이미징 위치의 최적 초점면 위치에서 벗어나는 범위를 초점 심로 정의한다. 리소그라피 공정에서 초점 심도가 클수록 리소그라피된 패턴의노출이 더 유리해진다. 초점 심도와 노출 파장 및 투사 대물렌즈의 수치 조리개 사이의 관계는 다음과 같다.

$$\mathrm{DOF} = k_2 \frac{\lambda}{\mathrm{NA}^2} \tag{3-104}$$

여기서 k_2는 초점 심도 처리 계수이다. 초점면의 위치가 변하면 노출되는 선의 품질도 변하므로 노출되는 선의 품질이 가장 좋은 위치가 존재해야 하며, 이 위치를 최적 초점면이라고 하고, 최적 초점면 값에서 실제 영상 표면의 편차를 아웃 포커스 양이라고 한다.

포토리소그라피 공정의 목적은 마스크 플레이트의 그래픽을 특정 두께의 포토레지스트에 복사하는 것이다. 가파르고 직선적인 측면을 가진 선을 얻으려면 포토레지스트 두께 범위에서 이미징 강도가 가능한 한 일정해야 하며, 이를 위해서는 프로젝션 리소그라피의 초점 심도가 포토레지스트 두께보다 커야 한다.

리소그라피 해상도 공식과 연결하여 초점 심도 표현을 다음과 같이 다시 작성할 수 있다.

$$\mathrm{DOF} = \frac{k_2}{k_1^2} \frac{(\mathrm{CD})^2}{\lambda} \tag{3-105}$$

리소그라피 공정 계수와 노출 파장을 줄임으로써 초점 심도를 확장할 수 있음을 알 수 있다. 노출 파장은 리소그라피 시스템에 의해 제한되지만, 초점 심도를 높이는 실현 가능한 방법은 일반적으로 축외 조명, 위상 편이 마스크 및 광학 근접 효과 보정과 같은 해상도 향상 기술을 사용하여 k_1을 줄이는 것이다.

위는 이상적인 노출 상황에서의 초점 심도와 초점 심도를 확장하는 방법에 대한 표현이며, 노출 선량 문제는 다루지 않는다. 실제 리소그라피 공정에서 최적의 노출 선량은 패턴마다 다르며, 최적의 초점면 위치는 수차, 마스크 3D 효과 등으로 인해 특정 변화에 영향을 받기 쉽다. 최적의 노출 선량과 최적의 초점면 위치를 정확하게 얻기 위해서는 동일한 마스크 패턴을 다양한 노출 선량과 다양한 아웃포커스 상황에서 노출해야 하며, 그 결과 포토레지스트 피처 크기는 그림 3-28과 같이 점선 기둥 다이어그램 형태의 푸아송 곡선으로 표현된다.

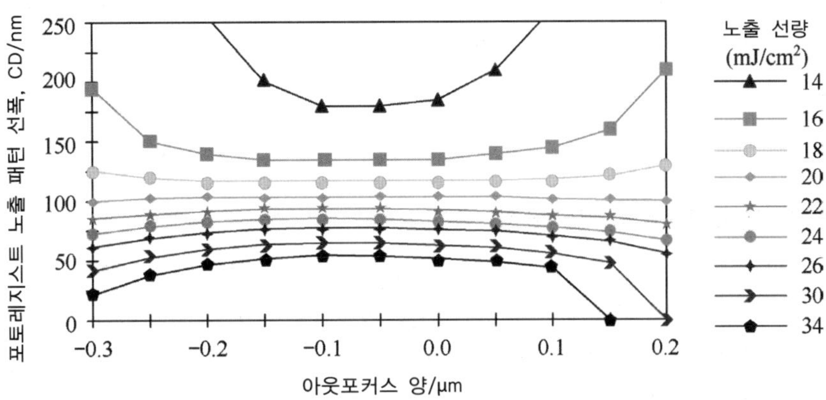

그림 3-28 포토리소그라피 이미징을 위한 푸아송 곡선의 개략도

리소그라피 노출 패턴의 특성 크기는 노출 선량과 디포커싱의 양에 따라 크게 달라진다. 실제 리소그라피 공정에서 집적 회로 칩의 전기적 특성은 리소그라피 노출 패턴의 특성 크기에 일정한 오차를 허용하며, 이 허용 오차 범위는 일반적으로 ±10% CD이다. 이 표준에 따라 그림 3-28에 적격 지점을 표시하고 이를 연결하여 그림 3-29에 표시된 공정 창을 얻는다.

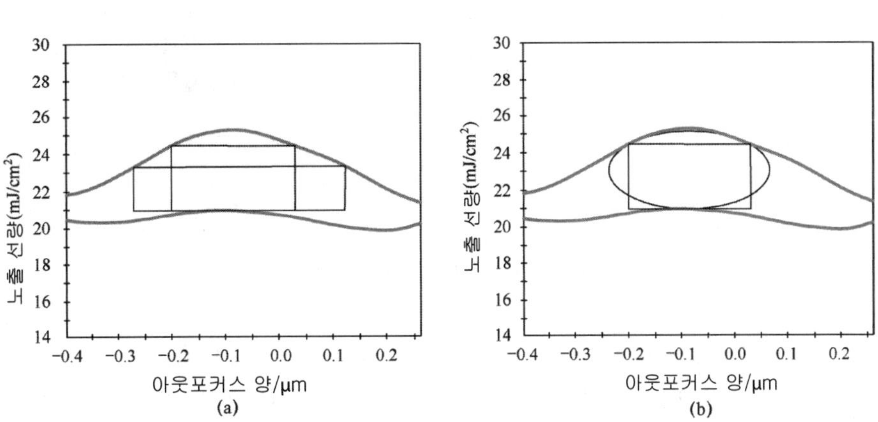

그림 3-29 프로세스 창 다이어그램

그림에 표시된 곡선이 허용할 수 있는 최대 직사각형 또는 타원형 엔로프 부분을 프로세스 창이라고 한다. 직사각형 프로세스 창의 경우 그림 3-29(a)와 같이 동일한 영역의 창을 여러 개 쉽게 만들 수 있다. 두 개의 직사각형 창은 주어진 노출 선량 변화 범위 내에서 얻을 수 있는 최대 초점 깊이(직사각형의 높이를 고정하여 최대 직사각형 너비를 얻음)와 주어진 초점 깊이 범위 내에서 얻을 수 있는 노출 선량 변화 범위(직사각형의 폭을 고정하여 최대 직사각형 높이를 얻음)로 해석할 수 있다. 이러한모호성을 피하기 위해 일반적으로 리소그라피 공정에서 타원형 공정 창을 사용하여 그림 3-29(b)와 같이 닫힌 영역에서 최대 면적을 가진 타원만 얻을 수 있는 경우 공정 변화의 범위를 제공한다. 그림 3-29에 표시된 직사각형 또는 타원은 두 개의 곡선으로 구성된 닫힌 영역 내에 그려져 있으며, 각각 CD(1+10%) 및 CD(1-10%) 조건을 만족하는 서로 다른 초점면 위치에서의 피폭 선량을 나타낸다는 점에 유의해야 한다. 실제 리소그라피 공정에서 프로세스 윈도우의 일반적인 측정값은 노출 선량의 5% 변화 시 초점 심도 값(즉, 고정 타원의 Y축 길이와 측정 타원의 X축 길이)이며, 이 값이 클수록 프로세스 윈도우가 크다는 것을 나타낸다.

3.4.5 프로세스 변동 대역(PV 대역)

실제 리소그라피 공정에서는 노출 선량 및 투사 대물 초점면 위치와 같은 공정 조건이 사전 설정된 위치에서 벗어날 수 있다. 이러한 공정 변화에 대한 패턴의 포토리소그라피 성능의 반응성을 특성화하기 위해 포토리소그라피 분야에서는 특정 공정 변화 범위 내에서 마스크 패턴이 리소그라피에 노출될 때 포토레지스트의 가장 바깥쪽 노출 프로파일과 가장 안쪽 노출 프로파일 사이의 차이로 공정 변화 대역(PV-Band)의 개념을 정의한다. 포토레지스트에서 가장 바깥쪽 노출 프로파일과 가장 안쪽 노출 프로파일 간의 차이다.

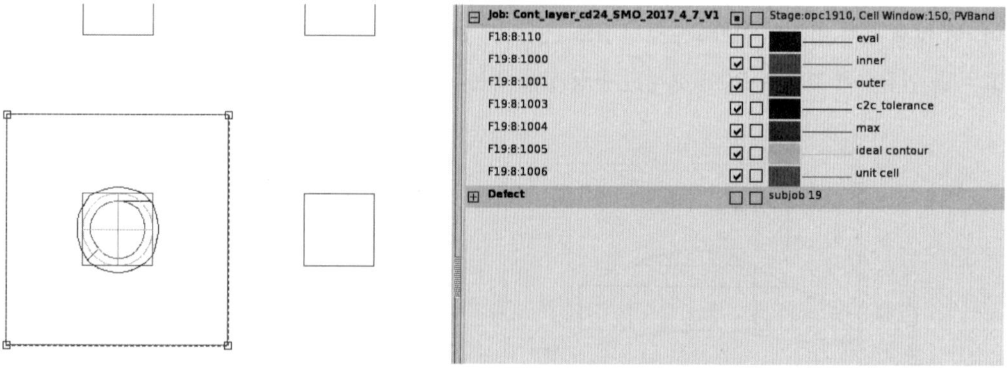

그림 3-30 일반적인 프로세스 변동 대역

일반적인 공정 변화 대역은 그림 3-30에 나와 있으며, 접촉 구멍 구조에 대해 세 가지 노출 프로파일이 제공되며, 가장 안쪽 원은 리소그라피 노출 중 서로 다른 공정 조건에서 얻은 최소 프로파일을 나타내고, 중간 원은 리소그라피 노출 중 서로 다른 공정 조건에서 얻은 최상의 프로파일을 나타내고, 가장 바깥쪽 원은 리소그라피 노출 중 서로 다른 공정 조건에서 얻은 최대 프로파일과 최대 프로파일과 최소 프로파일 사이의 차이를 나타낸다. 일반적으로 특정 패턴의 PV-Band가 클수록 패턴이 공정 변화에 더 민감하고 덜 내성을 갖는다.

이 장의 참조 사항

[1] 나이 쾅 루. 푸리에 광학 [M]. Beijing: Machinery Industry Press, 2006.

[2] 유 구오빈. 100나노미터 마이크로 미세 패턴 투영 광학 리소그라피의 편광 이미징 원리 및 방법[D]. Beijing: 중국 과학원 광전자 기술 연구소, 2006.

[3] L.S. Dong. 벡터 리소그라피 이미징 이론 및 해상도 향상 기술[D]. Beijing: 베이징 공과대학교, 2014.

[4] Mack C A. 광학 리소그라피의 기본 원리: 세 제조의 과학 [M]. Chichester: John Wiley & Sons, Ltd. 2007.

[5] 야오 H-M, 후 S, 인 T-W. 광학 프로젝션 노출 와이너 처리 기술 [M]. Beijing: 베이징과기대 출판부, 2006.

[6] 에르드만 A, 에반쉬츠키 P. 낮은 k1 및 초고 수치 조리개 영역에서의 엄격한 전자기장 마스크 모델링 및 관련 리소그라피 효과 [J]. 마이크로/나노리스의 J.. MEMS MOEMS, 2007, 6(3): 031002.

[7] 쉬 시안루. 높은 수치 조리개 프로젝션 리소그라피 대물렌즈의 화질 보정 전략 및 편광 수차에 대한 연구 [D]. Beijing: 중국과학원 창춘 광학 및 정밀 역학 및 물리학 연구소, 2017.

[8] 맥킨타이어 G, 케 J, 레빈슨 H J 등. 초수치 조리개 프로젝션 인쇄에서의 편광 수차: 다양한 표현의 비교 [J]. J. Microlith. Microfab. Microsyst. 2006, 5(3): 033001.

[9] Flagello D G. 균질 박막에서의 높은 수치 조리개 이미징 [D]. 애리조나: 애리조나 대학교,1993.

[10] 소차 R. 광학 리소그라피 및 검사에서 부분적으로 일관된 빛의 전파 효과 [D]. California: 캘리포니아 대학교 버클리 캠퍼스, 1997.

[11] Wong A K. 프로젝션 마이크로리소그라피의 광학 이미징 [M]. 벨링햄, 워싱턴: SPIE Press. 2005.

[12] Qiang Wu 외. 회절 한계에 가까운 리소그라피 공정 [M]. Beijing: 칭화대학교 출판부, 2020.

[13] Wei, Y. I.. 초대형 집적 회로를 위한 고급 리소그라피 이론 및 응용 [M]. Beijing: Science Press, 2016.

CHAPTER 4

해상도 향상 기술

광학 이미징 분야에서 해상도는 인접한 두 물체 점의 이미지를 분리하는 능력을 측정하는 척도이다. 기하 광학 이론에 따르면 수차가 없는 광학 시스템은 각 물체 지점에서 선명한 점 이미지를 생성해야 한다. 그러나 회절 현상으로 인해 실제 이미징 결과는 항상 유한한 크기의 점이다. 두 개의 점(회절 패턴, 에어리 스폿이라고도 함)이 겹치는 경우, 두 개의 중심 강도 최대값의 위치가 가까울수록 두 물체 점 을 구별하기가 더 어려워진다. 두 물체 반점 의 근접성을 정량화하기 위해 Riley는 다음과 같은 간단한 기준을 제안했다.

$$R_{\mathrm{r}} = 0.61\frac{\lambda}{\mathrm{NA}} \tag{4-1}$$

레이리 기준은 방정식 (4−1)에서와 같이 두 에어리 스팟 중 하나의 주 최대값 위치가 다른 에어리 스팟의 첫 번째 영점 위치와 일치할 때 두 에어리 스팟이 해상도 한계에 있다고 말한다(여기서 (λ)은 조명 파장, NA는 이미징 시스템의 수치 조리개값).

1916년 스패로우는 해결 가능한 한계를 광학 시스템의 변조 전달 함수(MTF, 자세한 정의는 3장 참조)가 0이 되는 위치로 정의하고 스패로우 기준을 제안했다.

$$R_{\mathrm{s}} = 0.5\frac{\lambda}{\mathrm{NA}} \tag{4-2}$$

레이리 기준은 종종 이미징 품질을 판단하는 데 사용되며 리소그라피 이미징을 판단하는 데는 사용되지 않는다는 점에 유의해야 한다. 포토리소그라피 이미징과 기존 이미징의 주요 차이점은 포토리소그라피 시스템은 포토레지스트에 이미징된다는 점이다. 포토레지스트는 고대비 이미징 매체이며 광학 간섭 결과가 제대로 조정되지 않더라도 포토레지스트에서 고대비 이미징 결과를 얻을 수 있다. 따라서 특정 노출 조건에서는 광학 해상도가 레일리 기준의 해상도 한계 이하에 도달하더라도 포토레지스트에서 더 나은 결과를 얻을 수 있다. 스패로우 기준은 MTF가 0이라는 기준을 기반으로 하기 때문에 해상도가 스패로우 기준 이하인 경우 변조 시스템이 0인 포토레지스트에서는 선명하고 구별 가능한 이미지를 얻을 수 없다.

포토리소그라피 이미징의 해상도는 다음 공식으로 계산할 수 있다.

$$R_{\text{litho}} = k_1 \frac{\lambda}{\text{NA}} \tag{4-3}$$

여기서 R_{litho}은 리소그라피 시스템의 해결 가능한 그래픽 주기이고, k_1은 공정 계수이며, 이론상 최소값은 0.5이다. R_{litho} 값이 작을수록 해상도가 높다는 것을 나타낸다. 방정식 (4-3)에서 해상도를 개선하는 방법에는 크게 세 가지가 있음을 알 수 있다(감소 R_{litho}):

(1) 노출 파장을 줄인다;
(2) 노출 시스템의 수치 조리개를 확장한다;
(3) 프로세스 계수 k_1를 줄인다.

실제로 리소그라피 노광 파장은 G-라인(435 nm), I-라인(365 nm), KrF(248 nm), ArF(193 nm) 심자외선 파장의 개발을 거쳐 현재는 파장 13.5 nm의 극자외선 리소그라피가 산업 생산에 투입되고 있다. 마찬가지로 리소그라피 대물렌즈 의 수치 조리개도 0.4에서 0.93으로 개발 과정을 거쳤다. ArF 리소그라피의 수치 조리개 를 더욱 개선하기 위해 산업화된 리소그라피는 웨이퍼와 투사 대물렌즈 의 마지막 렌즈 사이에 직접 탈이온수를 채워 수치 조리개 를 1.35로 증가시켰다. 현재 수중 ArF 리소그라피는 첨단 반도체 생산의 주류 장비이다. 극자외선 노광 시스템의 경우 반사식 투사 대물렌즈 시스템의 특성으로 인해 최신 노광 장비에서 수치 조리개 가 0.33에 도달할 수 있다. 노광 시스템의 파장 감소 및 수치 조리개 증가에 대한 과거 데이터는 표 4-1에 나와 있다[1].

표 4-1 리소그라피 시스템의 파장 감소 및 수치 조리개 증가에 대한 과거 데이터

연도	해상도/nm(hp)	파장/nm	수치 조리개
1986	1200	436	0.39
1988	800	436/365	0.44
1991	500	365	0.50
1994	350	365/248	0.56
1997	250	248	0.62
1999	180	248	0.67
2001	130	248	0.70
2003	90	248	0.75/0.85
2005	65	248/193	0.93
2007	45	193	1.20
2009	38	193	1.35
2010	27	13.5	0.25
2012	22	13.5	0.33
2013	16	13.5	0.33

파장을 줄이고 수치 조리개 를 늘리면 리소그라피 해상도를 크게 향상시킬 수 있지만, 이 두 가지 방법은 레이저, 재료, 처리 능력 등에 의해 제약을 받는다. 또한 조명 조건 설정, 마스크 디자인, 포토레지스트 공정 등과 같은 리소그라피 공정 파라미터를 최적화하여 리소그라피 해상도를 개선할 수도 있다. 해상도에 대한 이러한 공정 파라미터의 변화는 공정 계수 k_1에 반영된다. 공정 계수 k_1를 줄이는 기술을 해상도 향상 기술(RET)이라고 한다.

광학 이론에서 광선에는 그림 4-1과 같이 진폭, 위상, 편광 상태(전기장의 진동 방향) 및 전파 방향과 같은 정보가 포함되어 있다고 알려져 있다.

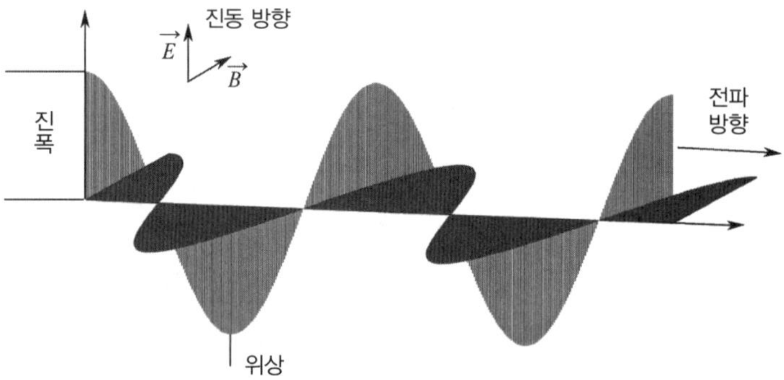

그림 4-1 광선에 포함된 정보 [2]

노광 해상도 향상은 광파의 전파 방향을 바꾸는 축외조명(OAI) 기술, 광파의 진폭과 위상을 바꾸는 위상변환 마스크(PSM) 기술, 광파의 진폭을 바꾸는 광학 근접 보정(OPC) 기술, 광파의 진폭을 바꾸는 소스 마스크 최적화(SMO) 기술 등 빛의 4가지 정보를 변경하고 제어하여 기존 조건보다 더 미세한 그래픽 구조를 포토레지스트 위에 얻는 기술이다. [3] 광학 근접 보정(OPC) 기술은 광파의 진폭을 변경할 수 있으며, 소스 마스크 최적화(SMO)는 광파의 전파 방향을 변경할 뿐만 아니라 광파의 진폭과 위상도 변경할 수 있다.

4.1 기존의 해상도 향상 기술

4.1.1 비등축 조명 노광

1873년 아베는 기울어진 입사광으로 측정할 물체를 비추면 현미경 이미징의 해상도를 두 배로 높일 수 있다는 사실을 발견했다. 이 기울어진 조명 방식은 리소그라피에도 적용 가능하며 1990년대에 리소그라피 분야에 처음 도입되었다. 이 틸트는 조명 포인트가 광축에 있는 "축 조명 "과 구별하기 위해 축외 조명이라고도 한다. 축외 조명 의 원리는 조명 광이 마스크에 입사하는 각도를 변경하여 프로젝션 시스템의 컷오프 주파수에 해당하는 패턴의 크기를 확장함으로써 리소그라피 시스템의 해상도를 높이는 것이다.

정보 광학 이론에 따르면 빛이 물체를 통과할 때 회절 스펙트럼의 고주파 부분에는 물체에 대한 더 자세한 정보가 포함되며 입사각의 움직임에 따라 회절 스펙트럼의 분포가 평평하게 이동하는 것으로 알려져 있다. 격자 형태의 물체의 경우 회절 스펙트럼의 분포는 왼쪽에서 오른쪽으로 대칭적으로 분포하는 레벨 0 회절 스펙트럼을 중심으로 이루어진다. 프로젝션 리소그라피 시스템에서는 대물렌즈 시스템의 저역통과 필터링 효과로 인해 마스크의 회절 스펙트럼 중 일부만 대물렌즈에 의해 수신되어 이미지 평면에서 간섭을 받을 수 있다. 축 방향 점 광원 조명의 경우, 격자 형태의 마스크 패턴의 주기가 그림 4-2와 같이 레벨 1 회절광이 투사 대물렌즈의 조리개 가장자리에 정확히 위치하도록 할 때 격자 패턴의 반주기는 리소그라피 시스템의 최대 분해능이다. 격자의 반주기가 이 값보다 작으면 레벨 1 회절광은 투사 대물렌즈의 조리개 바깥으로 떨어지고 레벨 0 광만 투사 대물렌즈를 통과하여 이미지 평면의 이미지를 간섭할 수 없게 된다.

축 방향 포인트 소스 조명 에서 프로젝션 시스템의 컷오프 주파수(λ)는 다음과 같다. 따라서 이 경우 리소그라피 이미징의 이론적 해상도 한계는 다음과 같다.

$$R_{\text{on}} = \frac{p_{\min}^{1}}{2} = \frac{\lambda}{2\text{NA}} \tag{4-4}$$

여기서 $p_{\min}^{1}$은 축 방향 점 광원으로 조명을 비출 때 리소그라피 시스템에서 해결할 수 있는 이론적 최소 주기를 나타낸다. 축외 점 광원 조명의 경우, 마스크 플레이트에 입사된 빛이 법선에 대해 각을 이루기 때문에 격자형 마스 크 패턴의 회절 스펙트럼도 이때 변환된다. 이때 그림 4-2와 같이 주기 $p_{\min}^{1}$가 1인 동일한 격자 선의 경우 레벨 1 회절광이 동공의 중앙으로 이동하는 것을 볼 수 있다. 레벨 2 회절광이 투사 대물 조리개 가장자리에 정확히 위치하도록 격자 주기가 변경되면 격자 패턴의 반주기는 리소그라피 시스템의 축외 점 광원 조명에서 가장 높은 해상도 $p_{\min}^{1}/2$이다.

$$R_{\text{off}} = \frac{p_{\min}^{2}}{2} = \frac{\lambda}{4\text{NA}} \tag{4-5}$$

축외 점 광원 조명을 사용하면 공정 계수 k_1의 이론적 극값이 0.5에서 0.25로 감소하고 리소그라피 이미징의 이론적 해상도가 2배 향상되는 것을 볼 수 있다.

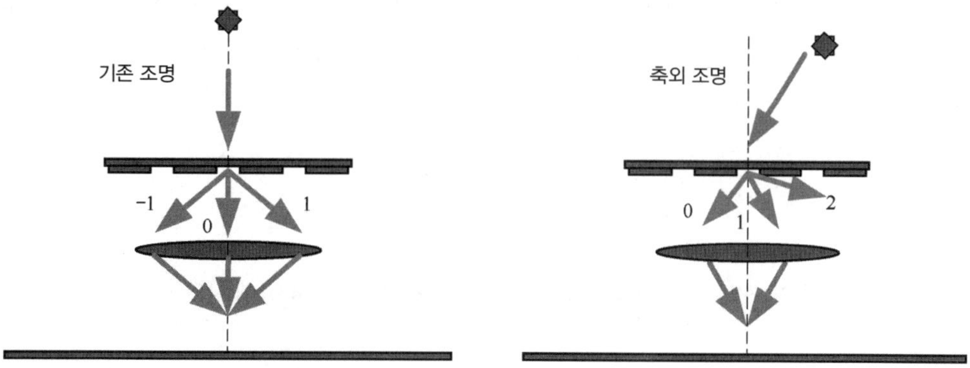

그림 4-2 기존 조명과 오프축 조명의 비교 다이어그램

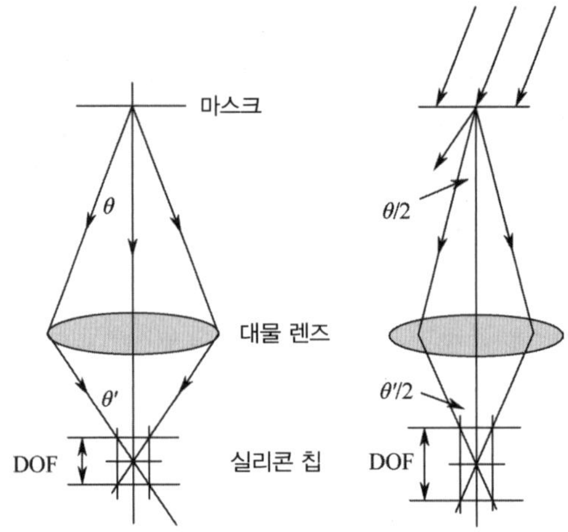

그림 4-3 초점 심도 개선을 위한 오프축 조명 회로도

축 방향 포인트 소스를 사용하는 축외 조명 기술의 또 다른 장점은 초점 심도를 크게 개선하고 프로세스 창을 확대할 수 있다는 것이다. 주기적 격자 패턴을 예로 들면, 기존 조명 조건에서는 간섭계 이미징에 세 개의 빔이 관여하며, 초점이 맞지 않는 위치에서는 세 개의 빔이 이미지 평면에 도달하는 빛의 거리가 다르기 때문에 이들 사이에 위상차가 존재한다. 이 위상차가 90°에 도달하면 빔 사이에 간섭이 발생하지 않고 이미지 평면에 그래픽이 없다. 위상차가 존재하기 때문에 초점이 매우 제한된다. 동일한 그림에서 2빔 이미징을 사용하는 축외 조명과 각도의 광축이 점광원 조명의 축보다 작은 두 개의 빔을 사용하면 아웃포커스로 인한 위상차를 줄여 초점 심도를 효과적으로 개선할 수 있다. 두 빔이 실리콘 웨이퍼에 주 광학축과 대칭 각도로 입사하면 이미지 평면의 위치에 관계없이 위상차가 0이 되며, 이 경우 이론적으로 무한한 초점 심도를 얻을 수 있다. 그러나 실제 시스템에서는 이미지 필드의 공간 주파수가 지속적으로 분포되어 있기 때문에 이미징 빔 사이에 항상 위상차가 존재하며, 축외 조명 기술을 사용하면 위상차를 적절히 줄일 수 있을 뿐 위상차의 영향을 완전히 피할 수는 없으므로 그림 4-3과 같이 초점 심도가 무한대가 될 수 없다.

축외 조명이 리소그라피 해상도 및 초점 심도에 미치는 영향을 보다 명확하게 설명하기 위해 위의 분석은 점광원 일관 조명 에 대한 것이다. 실제 리소그라피 공정에서는 부분 코히어런트 광원을 사용하여 리소그라피 장비 내부의 마스크 플레이트를 비춘다. 3장에서 설명한 것처럼 부분 코히어런트 조명의 유형을 결정하는 변수를 부분 코히어런스 계수(σ)라고 하며, 이는 조명 빔과 광축 사이의 최대 각도의 사인과 투사 대물렌즈의 대물 제곱 NA의 비율로 정의된다.

$$\sigma = \frac{n\sin(\theta_m)}{n\sin(\theta)} = \frac{\text{유효 광원 반경}}{\text{투사 대물렌즈의 동공 반경}} \tag{4-6}$$

포토리소그라피에서 일반적으로 사용되는 부분 일관 조명 방식은 그림 4-4에 나와 있다.

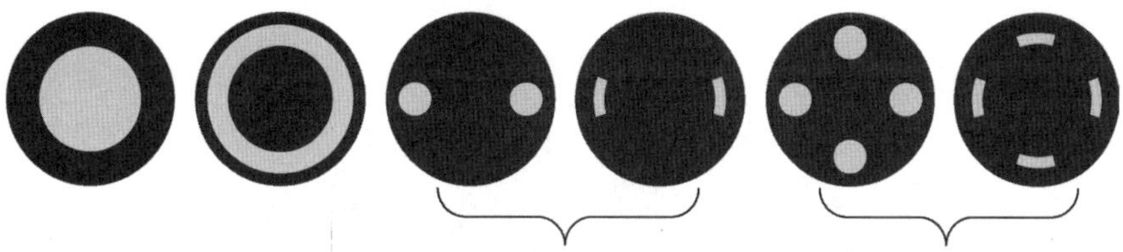

그림 4-4 포토리소그라피에서 일반적으로 사용되는 부분 코히어런트 조명 방법

기존 조명을 제외한 몇 가지 다른 조명 방법을 오프-축 조명이라고 하며, 기존 조명에는 온-축 포인트 광원과 오프-축 조명이 포함된다. 부분 코히어런스 계수(σ)가 이론적 해상도 한계인 일반적인 기존 조명은 다음과 같다.

$$R_{\mathrm{tr}} = \frac{\lambda}{2\mathrm{NA}(1+\sigma)} \tag{4-7}$$

광학 동공 평면에서 회절 스펙트럼 분포는 그림 4-5에 나와 있다.

그림 4-5에서 중심점이 원점에 있는 큰 원은 투사 대물렌즈의 수신 조리개를 나타내며, 반경은 투사 대물렌즈의 컷오프 주파수를 나타낸다. 그림 4-5에서 볼 수 있듯이 레벨 1 및 -1 회절 스펙트럼의 음영 부분만 투사 대물렌즈를 통과하여 레벨 0 회절 스펙트럼의 해당 부분을 간섭할 수 있으며, 나머지 스펙트럼은 투사 시스템의 수신 조리개 외부에 있다. 나머지 회절 스펙트럼은 프로젝션 시스템의 수신 조리개 외부에 있으며 음영 처리된 부분을 제외한 0레벨 회절 스펙트럼의 일부는 이미지 평면에 DC 성분만 생성하여 이미지의 대비를 감소시킬 수 있다. 그림자 이외의 광원 부분을 제거하면 영상 콘트라스트가 크게 향상될 것으로 예상할 수 있다.

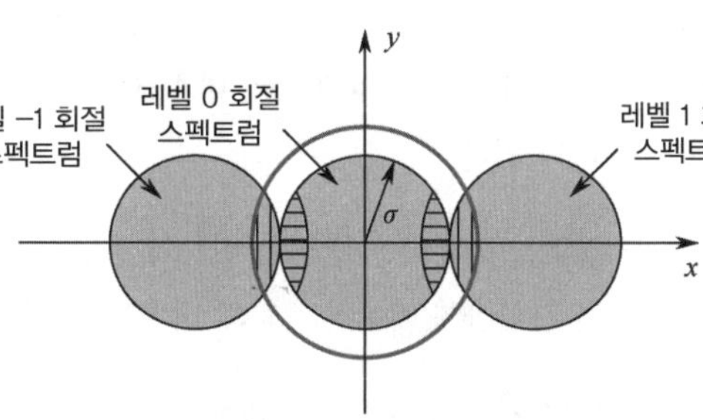

그림 4-5 기존 조명 조건에서 1차원 격자 구조의 회절 스펙트럼 분포

그림 4-6은 축외 조명에서 일반적인 링 조명 조건에서 1D 격자 구조의 회절 스펙트럼 분포를 보여준다. 부분 코히어런스 계수 σ가 0.1인 기존 조명과 비교했을 때 링 조명의 이론적 해상도는 여전히 다음과 같다.

$$R_{\mathrm{Annu}} = \frac{\lambda}{2\mathrm{NA}(1+\sigma)} \tag{4-8}$$

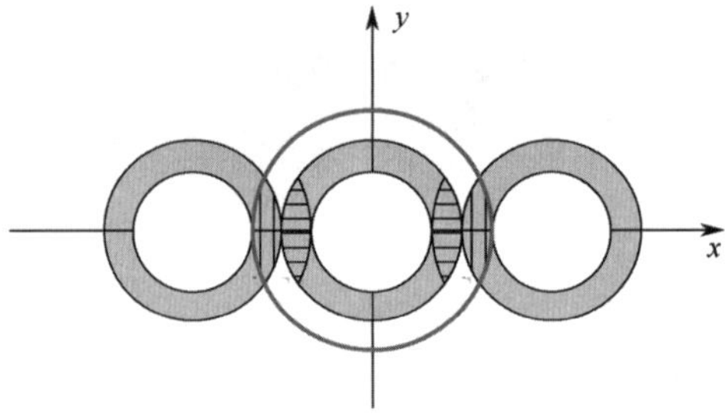

그림 4-6 링 조명 조건에서 1차원 격자 구조의 회절 스펙트럼 분포

위의 분석을 통해 기존 조명과 축외 조명의 부분 코히어런스 계수 σ가 동일한 경우 이론적 해상도 한계는 동일하지만 축외 조명이 이미징 결과의 DC 성분을 더 많이 제거하기 때문에 이미징 결과의 콘트라스트가 더 높다는 것을 알 수 있다.

실제 리소그라피 공정에서 기존 조명의 경우 부분 코히어런스 계수는 일반적으로 0.5 미만인 반면, 축외 조명의 경우 부분 코히어런스 계수는 일반적으로 0.5보다 크다. 따라서 이러한 전제 하에 축외 조명은 리소그라피 이미징의 해상도와 초점 심도를 개선할 수 있다.

4.1.2위상 편이 (시프트) 마스크

기존 마스크는 투과 영역과 차단 영역으로 구성되며, 투과 영역은 동일한 두께를 가지며 빛은 투과 영역을 통과한 후 동일한 위상을 갖는다. 이 마스크의 투과율은 0과 1에 불과하기 때문에 이 마스크를 바이너리 마스크라고도 한다. 크롬 바이폴라 마스크는 최초이자 가장 많이 사용되는 마스크 유형으로, 365~193nm의 리소그라피 공정에서 널리 사용된다. 최근에는 마스크의 3차원 효과를 줄이기 위해 제안된 불투명 MoSi on glass(OMOG)도 바이너리 마스크이며, OMOG는 32nm 이하의 주요 리소그라피 레이어용 마스크 생산에 널리 사용되고 있다. 바이폴라 마스크의 구조와 실리콘 웨이퍼에서의 전기장 및 강도 분포는 그림 4-7(a)에 나와 있다.

바이폴라 마스크에서 인접한 투과 영역을 통과하는 광선은 위상이 동일하기 때문에 차단 영역에 해당하는 이미지 평면 위치에서 위상 길이가 간섭하여 이미징 결과의 대비가 감소하는 것을 볼 수 있다.

위상 편이 마스크는 빔의 위상을 변화시켜 리소그라피의 해상도를 향상시키는 기술로, 1896년 Riley는 그의 논문에서 위상이 각각 0°와 180°인 광선 사이의 위상 분산 간섭 효과에 대해 주장했으며[4], 이후 위상 편이 기술의 적용은 많은 분야에서 등장했다. 위상 편이 기술이 리소그라피에 처음 적용된 것은 1980년 일본 니콘의 행크 스미스가 위상 편이 마스크의 개념을 제안한 이후 미국의 레벤슨 등이 독자적으로 위상 편이 마스크의 개념을 정립하고 실제 마스크로 만들었을 뿐만 아니라 이 위상 편이 마스크를 이용해 많은 시뮬레이션과 실험을 수행했다[5].

위상 편이 마스크 의 기본 원리는 마스크 구조를 변경하여 인접한 투과 영역을 통과하는 광파가 180°의 위상차를 생성하고 이미지 평면의 특정 영역에서 서로 간섭하여 그림 4-7(b)와 같이 밝은 영역의 어두운 필드의 광도를 줄이고 밝은 영역의 광도를 증가시켜 대비를 높이고 해상도를 향상시킨다는 것이다. 볼 수 있듯이 인접한 광 투과 영역을 통과하는 빛은 180°의 위상차를 갖기 때문에 전기장의 이미지 표면에 있는 인접한 광 투과 영역은 반대 형태의 분포를 가지므로 이미징 대비를 개선하는 데 중요한 역할을 한다.

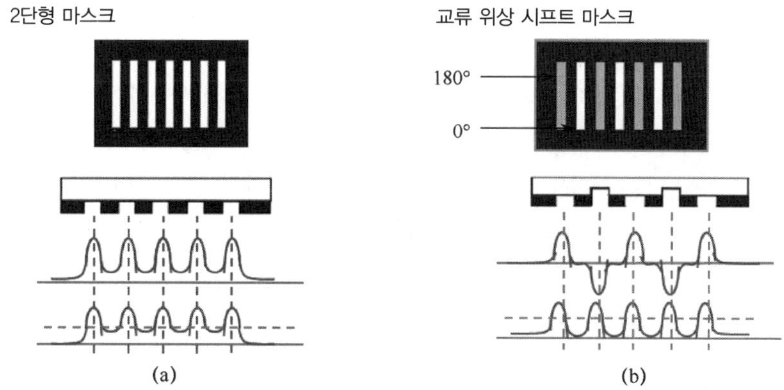

그림 4-7 일반적인 마스크 구조와 회절장 분포

다음은 마스크의 스펙트럼 분포 관점에서 바이폴라 마스크와 위상 편이 마스크를 비교하기 위한 일반적인 교번 위상 편이 마스크의 예다. 마스크의 격자 주기가 p이고 광 차단 영역의 폭이 d이며 마스크의 회절 근거리 분포가 키르히호프 근사치를 따른다고 가정하면, 바이폴라 마스크의 스펙트럼 분포는 다음과 같다.

$$F_{\text{BM}} = \frac{(p-d)}{p} \sin c[f(p-d)] \sum_{n=-\infty}^{+\infty} \delta\left(f - \frac{n}{p}\right) \qquad n \in \mathbb{Z} \tag{4-9}$$

여기서 f는 동공 좌표이고, n은회절 수준이다. 위상 편이 마스크의 스펙트럼 분포는 다음과 같다.

$$F_{\text{Alt}} = \frac{(p-d)}{p} \sin c[f(p-d)] \sin(\pi f p) \sum_{n=-\infty}^{+\infty} \delta\left(f - \frac{n}{2p}\right) \qquad n \in \mathbb{Z} \tag{4-10}$$

위의 두 방정식에 따라 얻은 두 마스크의 스펙트럼 분포는 그림 4-8에 나와 있다.

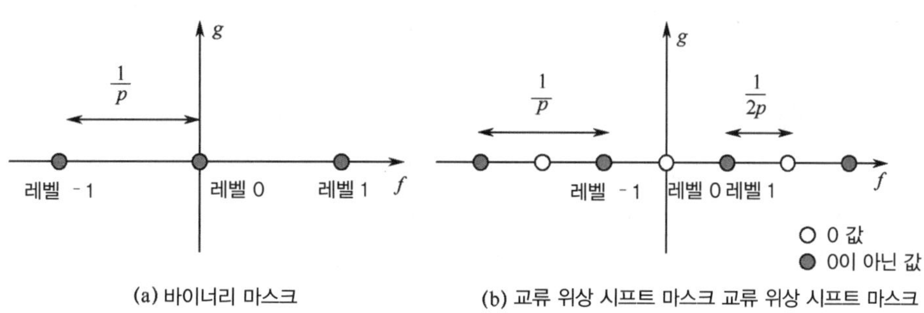

그림 4-8 바이폴라 마스크 및 위상 편이 마스크의 스펙트럼 분포

두 마스크의 스펙트럼 분석에서 기존 마스크의 스펙트럼 간격이 위상 편이 마스크에 비해 2배 확대되고 교번 위상 편이 마스크를 사용하면 동일한 파장 및 투사 시스템 조건에서 격자 패턴의 주기를 더욱 줄일 수있어 이미징의 해상도가 향상됨을 분명히 알 수 있다. 또한 교류 위상 편이 마스크의 레벨 0 및 짝수 레벨 하위 회절 스펙트럼의 값은 0이다. 레벨 0 회절광이 없기 때문에 이미지 평면에 DC 구성 요소가 없으므로 이미징의 대비를 더욱 향상시킬 수 있다.

1D 마스크 패턴의 경우 교번 위상 편이 마스크가 리소그라피 이미징의 해상도와 초점 심도를 개선할 수 있지만, 2D 패턴의 경우 교번 위상 편이 마스크를 보조 마스크와 함께 사용해야 한다. 교번 위상 편이 마스크는 먼저 고해상도 패턴을 노출하는 데 사용된 다음 바이폴라 트림 마스크를 사용하여 더 큰 주기 패턴을 노출하고 원하지 않는 패턴을 제거한다. 트림 마스크의 존재로 인해 교번 위상 편이 마스크의 산업 적용에는 다음과 같은 기술적 문제가 존재한다.

(1)트림 마스크와 교번 위상 편이 마스크의 노출 결과가 정렬되어야 한다.
(2) 광학 근접 효과의 보정에 어려 움이 있으며 두 마스크 플레이트의 단층 리소그라피 패턴 분포를 표준화 및 표준화하기가 어렵다.
(3) 두 마스크 플레이트에 필요한 노출 조건은 일관성이 없으며, 교번 위상 편이 마스크는 코히어런스 계수가 더 작은 기존 조명을 필요로 하고 트리밍 마스크는 축외 조명을 필요로 한다[1].

이러한 교번 위상 편이 마스크의 단점 때문에 이 유형의 마스크는 산업 생산에서 널리 사용되지 않는다. 가장 실용적인 응용 분야는 감쇠 위상 편이 마스크다. 감쇠 위상 편이 마스크는 석영 기판 표면에 부분 투과성 MoSi 소재 층을 증착하여 해당 부분을 통과하는 빛의 강도가 감쇠되고 위상이 180° 편이 되도록 만들어진다.

감쇠 위상 편이 마스크는 248 nm, 193 nm 건식 및 193 nm 침지 리소그라피 공정에서 널리 사용된다. 일반적으로 감쇠 위상 편이 마스크에서 MoSi의 투과율은 4~15%로 제어되는 반면, 대부분의 반도체 제조업체는 6%를 사용한다. 감쇠 위상 편이 마스크의 스펙트럼 분포는 다음과 같다.

$$F_{\text{Att}} = \left\{ \frac{p-d}{p} \operatorname{sin c}[(p-d)\cdot f] - t\frac{d}{p} \operatorname{sin c}(d\cdot f)\cdot \mathrm{e}^{-\mathrm{j}\pi pf} \right\} \cdot \sum_{-\infty}^{\infty} \delta(f - \frac{n}{p}) \quad n \in \mathbb{Z} \tag{4-11}$$

위의 방정식에서 볼 수 있듯이 감쇠 위상 편이 마스크는 바이폴라 마스크에 비해 회절 레벨 하위 스펙트럼 포인트의 위치를 변경하지 않지만 레벨 1 회절 스펙트럼의 강도를 증가시키는 반면 레벨 0 회절 스펙트럼의 강도를 감소시켜 DC 성분을 줄이고 이미징 대비를 개선하는 목적을 달성한다.

전반적으로 교류 위상 편이 마스크는 강력한 위상 편이 마스크이므로 최상의 결과를 얻으려면 일관성 계수가 적은 기존 조명 조건에서 조명을 비춰야 하는 반면, 바이폴라 마스크와 감쇠 위상 편이 마스크는 모두 최대 해상도와 초점 심도를 얻기 위해 축외 조명을 사용해야 한다. 표 4-2에는 다양한 유형의 마스크에 필요한 조명 조건과 달성할 수 있는 최소 프로세스 계수가 요약되어 있다[1].

표 4-2 다양한 유형의 마스크에 필요한 조명 조건과 달성할 수 있는 최소 공정 계수

	Cr 쌍극형	Cr 쌍극형 조명	Att.PSM	Att.PSM 축외 조명	Alt.PSM
마스크 유형	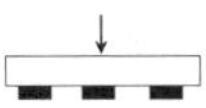		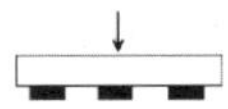		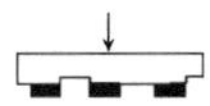
투사 대물 렌즈의 광학 동공에 대한 회절 스펙트럼 분포	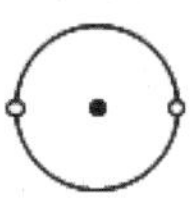	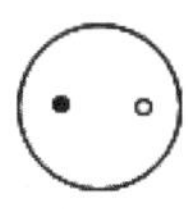	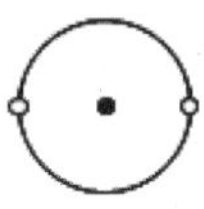	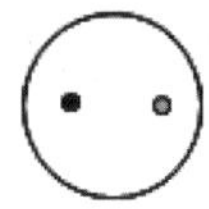	
k_1인자의 극한값	$\frac{1}{2(1+\sigma)}$	0.25	$\frac{1}{2(1+\sigma)}$	0.25	0.25

참고: 표에는 레벨 0 및 ±1 회절광 이미징만 고려된다.

4.2 멀티 그래픽 기술

스패로우 기준(4-2)에 따르면 수치 조리개 NA가 1.35인 193nm 침지 리소그라피의 경우 1차원 주기적 선 구조의 이론적 한계 해상도는 71.5nm이다. 실제 마스크 구조에 다양한 주기 패턴이 존재한다는 점을 고려할 때, 대량 생산 공정에서 단일 리소그라피에 허용되는 최소 기간은 일반적으로 80nm(금속층), 76nm(핀층 또는 게이트층)이며 공정 창을 고려해야 한다. 더 작은 그래픽 제조 공정의 경우, 각 리소그라피 사이클의 최소 크기가 단일 리소그라피의 한계 해상도를 충족하도록 디자인 레이아웃을 여러 레이아웃으로 분할하는 다중 그래픽 이미징 기법이 사용된다. 대량 생산에서 가장 많이 사용되는 다중 그래픽 이미징 기법은 이중 또는 다중 "리소그라피 에칭" 기법과 자체 정렬 이미징 기법("측벽 전사"라고도 함)이다. 또한 컷 또는 블록 기술은 그래픽 이미징의 품질과 오버레이 편차를 고려하는 다중 그래픽 기술의 중요한 부분이다.

참조 [1]에 설명된 대로 두 개의 양극성 조명을 사용한 이중 노출, 첫 번째 그래픽 경화를 위한 이중 노출, 포토레지스트 이중 현상 등과 같은 다른 다중 그래픽 이미징 기법도 특정 레이어의 개발 또는 대량 생산에 사용된다.

다양한 기술 노드와 이들이 사용하는 그래픽 프로세스 기법에 대한 요약 표는 표 4-3에 나와 있다.

표 4-3 다양한 기술 노드 및 이들이 사용하는 그래픽 프로세스 기술 요약 표

프로세스 노드	레이어	구조	최소 기간/nm	방향	그래픽 프로세스
22nm FinFET*	핀핀 유형 레이어	라인	60	단방향	SADP+컷
	첫 번째 금속 층 (M1)	트렌치	90	양쪽 모두	LE
	최소 금속 층	트렌치	80	단방향	LE
20nm 플래너	게이트 레이어	라인	86 또는 90	단방향	LE
	최소 금속 층	트렌치	64	단방향	LELE
16nm FinFET	핀 유형 레이어	라인	48	단방향	SADP+컷
	게이트 레이어	라인	90	단방향	LE
	M1	트렌치	64	양쪽 모두	LELE
	금속 1x	트렌치	64	단방향	LELE
14nm FinFET	핀 유형 레이어	라인	42(인텔) 48(기타)	단방향	SADP+컷
	게이트 레이어	라인	70(인텔) 78/80 (기타)	단방향	SADP(인텔) LE(기타)
	최소 금속 층	트렌치	52(인텔) 64 (기타)	양방향 또는 단방향	SADP+블록(인텔) LELE(기타)
10nm FinFET	핀 유형 레이어	라인	34(인텔) 33(TSMC) 42(삼성)	단방향	SAQP(인텔) SAQP(TSMC) SADP(삼성)
	게이트 레이어	라인	54(인텔) 66(TSMC) 68(삼성)	단방향	SADP+컷 SADP+컷 SADP+컷
10nm FinFET	최소 금속 층	트렌치	36(인텔) 44(TSMC) 48(삼성)	단방향	LELELE(인텔) LELE+Cut (TSMC) LELE+Cut(삼성)
7nm FinFET	핀 유형 레이어	라인	30(TSMC) 27(삼성)	단방향	SAQP+2Cut
	게이트 레이어	라인	57(TSMC) 54(삼성)	단방향	SADP+컷
	최소 금속 층	트렌치	40(TSMC) 36(삼성)	단방향	SADP+ 3 블록 SAQP+ 3 블록

*FinFET : 핀 전계 효과 트랜지스터

4.2.1 이중 및 다중 리소그라피

듀얼 리소그라피(LELE 또는 LE^2) 기술과 멀티 리소그라피(LE^n) 기술은 단일 리소그라피의 한계보다 작은 임계 치수를 달성하기 위한 매우 중요한 리소그라피 기술 중 하나다. 듀얼 리소그라피 기술은 디자인 레이아웃을 두 개의 마스크로 분할하고 리소그라피와 에칭 등의 작업을 연속적으로 수행하여 리소그

라피 패턴을 하드 마스크 레이어에 전송한다. 두 번의 리소그라피와 에칭 공정이 끝나면 타겟 레이어로 한꺼번에 전송된다. 다중 리소그라피 기법은 디자인 패턴을 *n*개의 마스크로 분할하여 리소그라피와 에칭을 개별적으로 수행하며, *n*의 값이 클수록 공정에 대한 요구 사항, 특히 레지스터 정렬의 정확도가 높아진다.

1. 듀얼 리소그라피

리소그라피 에칭 리소그라피 에칭(LELE) 기술은 주로 불규칙하게 배열된 리소그라피 구조가 포함된 공정 구현에 사용되며, 80 nm에서 44 nm 사이의 주기로 핵심 그래픽을 구현할 수 있다. LELE 기술은 직관적인 분할 방법, 낮은 마스크 수 요구 사항 및 상대적으로 느슨한 설계 규칙으로 금속 및 접촉 홀 레이어에 가장 일반적으로 사용되는 공정 기술이다. 또한 LELE 기법은 핀 및 게이트 레이어 공정에서 구조 트리밍 역할을 한다. 설계 레이아웃의 최종 상태 (트렌치 또는 라인)에 따라 LELE 기술은 이중 트렌치 LELE 기술과 이중 라인 LELE 기술로 나뉜다.

이중 그루브 LELE 기법의 흐름도는 그림 4-9(a)에 나와 있으며, 두 개의 하드 마스크를 사용하여 각각 그루브 폭 제어와 라인 에지 품질 향상을 달성한다. 기본 흐름은 다음과 같다: 포토레지스트 코팅 웨이퍼는 첫 번째 리소그라피 패턴을 형성하기 위해 분할되고 OPC 최적화 된 첫 번째 하드 마스크를 사용하여 리소그라피되고, 첫 번째 하드 마스크의 최소 기간이 두 배가되었으므로 리소그라피 후 패턴의 폭도 설계 폭보다 커져 최대 리소그라피 프로세스 창을 달성한다; 그 후, 포토 레지스트 패턴은 에칭 공정을 사용하여 제 1 하드 마스크로 전사되고, 공정은 에칭 공정 또는 에칭 된 패턴의 폭을 제어하기 위해 다른 치수 수축 기술을 사용하여 제어된다; 선폭 균일성 및 에지 거칠기를 예상 범위 내에서 만들기 위해, 상기 에칭 및 치수 수축 공정은 패턴을 제 2 하드 마스크로 전사하기위한 제 2 에칭 공정에 의해 보완되고, 이전 전사 에칭 후 패턴의 폭이 아직 목표 크기에 도달하지 않은 경우, 제 2 전사 에칭은 여전히 폭의 정밀한 제어가 필요하다 이전 전사 에칭 후 패턴의 폭이 목표 크기에 도달하지 않은 경우, 제 2 전사 에칭은 여전히 폭을 정밀하게 제어 할 필요가 있다; 그 후 포토 레지스트 재료를 코팅하고 두 번째 포토 리소그라피 및 에칭 공정을 수행하여 설계된 패턴을 두 번째 하드 마스크 레이어로 전송 한 다음 균일한 에칭을 타겟 레이어로 전송하여 노치 구조를 실현한다.

이중 라인 LELE 기술의 흐름도는 그림 4-9(b)에 나와 있으며, 여전히 두 개의 하드 마스크 필름 레이어를 사용하여 폭 축소 및 가장자리 품질 향상을 달성한다. 기본 프로세스는 다음과 같다: 첫 번째 하드 마스크는 포토 레지스트 코팅 웨이퍼를 리소그라피하여 주기 배가 패턴을 노출시키는 데 사용된다. 첫 번째 하드 마스크는 전사 에칭되고 선폭이 감소한다. 두 번째 포토 레지스트 필름 층을 두 번째로 코팅하고 리소그라피하고 첫 번째 하드 마스크는 전사 에칭되고 선폭이 정밀하게 제어된다. 두 번째 하드 마스크와 대상 레이어를 연속적으로 전사 에칭하여 마침내 목표를 달성한다. 두 번째 하드 마스크와 대상 레이어는 목표 이미지를 얻기 위해 연속적으로 전송 및 에칭된다.

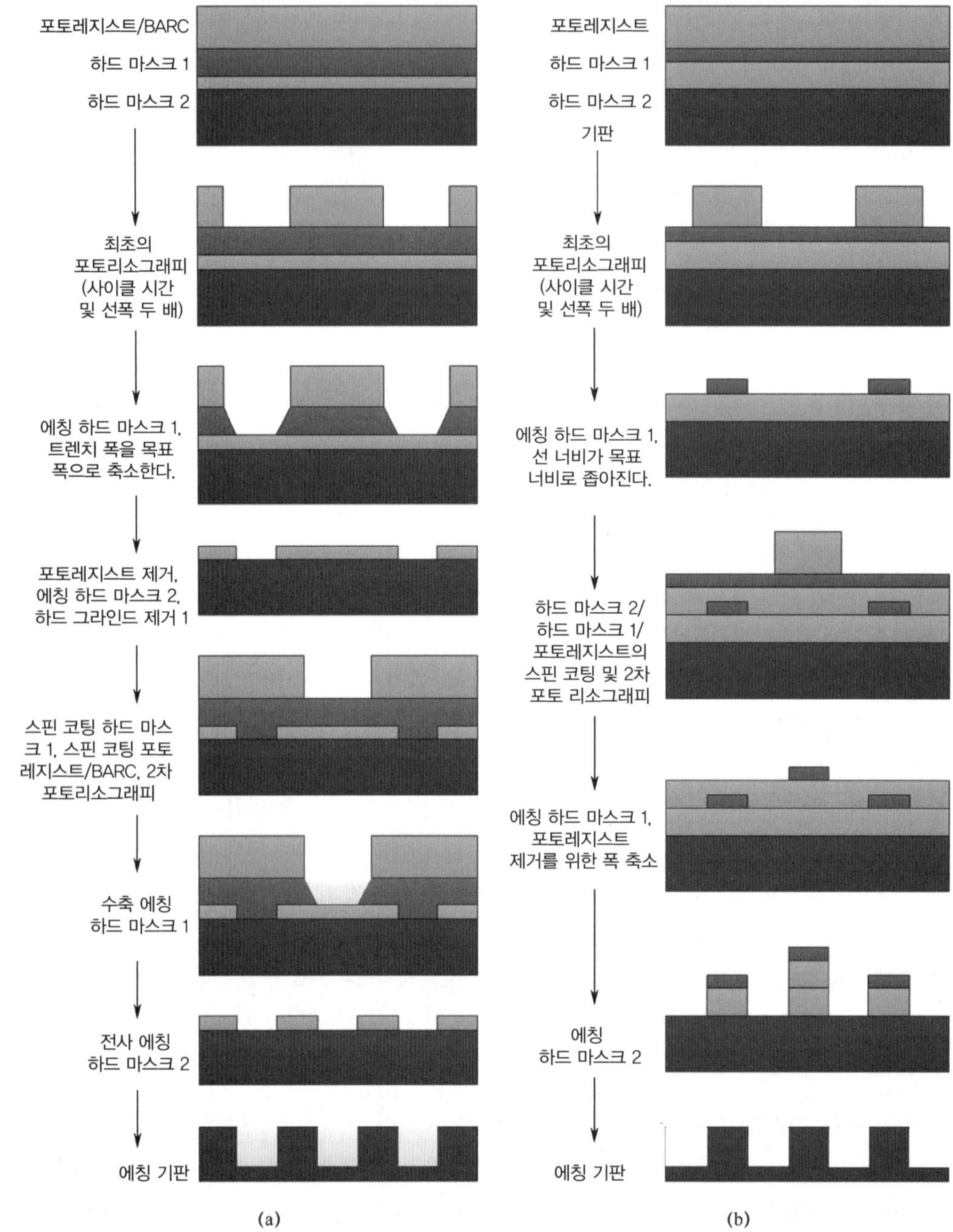

그림 4-9 LELE 기술 프로세스 다이어그램

듀얼 트렌치 LELE 기술은 오늘날 가장 널리 사용되는 기술로, 예를 들어 22 nm 기술 노드의 미드 패스 공정 인터커넥트 홀, 프론트 패스 공정 게이트 층, 미드 패스 공정 인터커넥트 홀 층, 14 nm 기술 노드의 백 패스 공정 첫 번째 금속 층 및 금속 접촉 홀 층에 사용된다. 7나노 기술 노드에서도 측벽 증착 기술과 결합된 듀얼 트렌치 LELE 기술을 통해 게이트와 금속층을 두 번 깎을 수 있으며, 백 채널 공정에서 1.5배(주기 1.5배) 또는 2배 비아, 금속층에 적용하고 있다.

2. 크기 축소 프로세스

LELE 기술의 공정 난이도는 두 레이어 간의 중첩 정확도를 정밀하게 제어하는 것 외에도 정밀한 치수 제어에 대한 더 높은 요구 사항을 부과한다. 에칭 공정은 정확한 폭 제어를 달성하기 위한 일반적인 방법 중 하나이지만, 에칭 마진은 사이클과 폭 패턴에 따라 다르기 때문에 OPC 전에 마스크 크기에 대한 에칭 마진을 보정하기 위해 많은 양의 데이터를 수집해야 한다.

기존의 성숙한 LELE 기술 공정 중 크기 축소를 달성하기 위한 에칭 기반 공정이 여전히 주류 공정이다. 예를 들어, 14nm 기술 노드에서 최소 금속층 기간은 64nm이며, 그래픽 분할 후 금속층 설계 그래픽의 복잡성으로 인해 분할 후 허용되는 최소 그래픽 기간은 80nm이다.

또한 40nm 리소그라피 후 크기를 20nm로 줄이는 등 에칭 마진이 매우 큰 경우 에칭 공정을 사용하면 큰 오차가 발생하므로 다른 공정 기술을 보조적으로 사용해야 한다. 보조 크기 축소 공정은 간단한 공정 단계, 적은 재료 피막 코팅, 정밀한 크기 제어, 낮은 공정 온도 등 여러 조건을 충족해야 한다. 일반적으로 보조 치수 공정은 화학 물질 지원 방식과 플라즈마 지원 방식의 두 가지 범주로 나눌 수 있다. 전자는 특정 베이킹 온도에서 화학 반응을 일으키는 특수 화학 물질을 사용하고, 후자는 화학 기상 증착(CVD) 공정 및 저온 원자층 증착(ALD) 기술과 같은 플라즈마 증착 기술을 사용한다.

화학 물질을 이용한 크기 감소 기술을 개발하는 주된 목적은 리소그라피 공정 직후 포토레지스트의 크기를 제어하여 더 많은 보조 공정과 전사 에칭 필름 코팅의 사용을 줄이고자 하는 것이다. 예를 들어 AZ Electronic Materials에서 개발한 RELACS(화학 수축 공정에 의한 해상도 향상 리소그라피) 기술과 TOK에서 개발한 SAFIER(해상도 향상을 위한 수축 보조 필름) 기술이 이에 해당한다. RELACS (resolution enhancement lithography assisted by a chemical shrink process)의 기본 원리는 리소그라피 및 베이킹 후 포토레지스트에 화학 물질을 스핀 코팅하고 베이킹 온도는 유리 전이 온도 (T_g)보다 낮아야 하지만 포토레지스트가 새로운 물질과 반응할 수 있어야 하며, 고온에서 포토레지스트의 광산이 화학 물질로 확산되어 가교 물질과 반응하여 물에 불용성으로 만들어 컨포멀 성장의 목적을 달성할 수 있다는 점이다. 공정 흐름도는 그림 4-10에 나와 있다. 현재 이러한 기술은 주로 공정 개발이나 재료 개발 기사에서 볼 수 있으며 대량 생산 공정에서는 자주 사용되지 않는다.

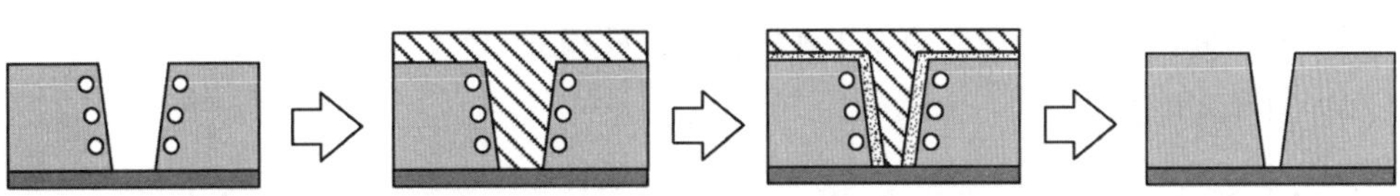

그림 4-10 RELACS 프로세스 흐름의 개략도 [6]

플라즈마 보조 수축 기술은 표면 등각 성장을 목적으로 플라즈마 캐비티에 플라즈마 재료를 증착하고, 성장 사이클 수를 제어하여 목표 크기를 달성하고, 이방성 에칭으로 바닥 및 상단 플라즈마 재료를 제거하여 측벽 재료를 보존하는 과정을 포함한다. 플라즈마 지원 수축 공정은 최종 패턴의 모양을 변경하지 않으며 패턴의 치수 균일성을 향상시킬 수 있다. 저온 원자층 증착은 최첨단 노드 크기 제어 기술의 핵심 기술이자 측벽 전사 기술의 핵심 기술 중 하나다. 이 기술은 저온 원자층 증착을 사용하여 정밀한 컨포멀 성장과 치수 제어를 달성한다. 기본 공정은 플라즈마 보조 수축과 유사하지만 치수 제어가 더 엄격하고 그래픽 품질이 우수하다. 그림 4-11은 세 가지 유형의 트렌치 수축 기술을 비교한 것으로, 실험 연구에 따르면 전사 에칭을 사용한 저온 원자층 증착을 사용하면 최상의 그래픽 품질을 얻을 수 있다.

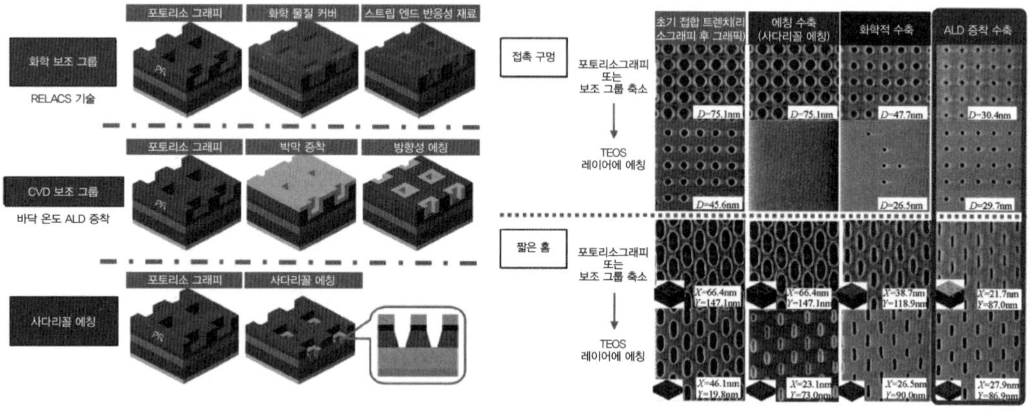

그림 4-11 세 가지 유형의 트렌치 수축 기법 [7]

3. LELE 그래픽 분할

LELE 패턴 분할은 공정 제조 가능성을 위해 전체 디자인 레이아웃을 두 개의 개별 저밀도 패턴 세트로 분할하는 프로세스다. 분할 레이아웃의 최소 기간은 일반적으로 단일 리소그라피 공정 해상도 요구 사항을 충족하기 위해 80nm 이상이어야 한다. 일반적으로 20nm 이하의 고급 노드의 경우 마스크 디자인 레이어의 주기는 80nm 미만이고 48nm 이상이며(패턴이 매우 규칙적인 경우 44nm로 줄일 수 있음) LELE 공정이 일반적으로 사용되며 추가 크롭 마스크를 사용할 필요가 없다. LELE 패턴 분할의 흐름도는 그림 4-12에 나와 있다. 먼저 단일 리소그라피 최소 해상도 제약에 따라 타겟 패턴을 두 개의 마스크로 분할하고(GDS는 일반적으로 차별화된 디스플레이를 위해 두 가지 색상으로 분할되므로 일반적으로 색상 분할이라고도 함) 제조 충돌이 있는지 확인한다. 충돌이 있는 경우 충돌하는 그래픽을 스티칭하거나 그래픽 기능에 따라 디자인 규칙을 직접 수정할지 여부를 선택해야 한다. 그런 다음 충돌하지 않는 두 개의 마스크에 마스크 패턴 최적화, 후속 플레이트 제작 및 리소그라피, 에칭 공정을 거쳐 최종 타겟 패턴을 얻는다(예: OPC).

그림 4-13은 20nm 기술 노드 로직 소자에 대한 LELE 분할의 흐름을 보여준다. 그림 4-13(a)와 같이 리소그라피 해상도보다 작은 선과 피치는 먼저 규칙에 따라 특정 알고리즘에 의해 분리되고, 그림 4-13(b)와 같이 최상의 윤곽 패턴을 얻기 위해 각 분할 디자인 패턴에 대해 광원 최적화 및 광학 근접 효과 보정이 수행되고, 그림 4-13(c)와 같이 최종 목표 그래픽을 얻기 위해 연속적인 리소그라피 및 에칭 공정이 사용된다.

그래픽 분할 알고리즘은 LELE 공정 설계 규칙의 핵심이다. 그래픽 분할에 대한 지침에는 분할 리소그라피의 제조 가능성, 키 그래픽이 스티칭 모드인지 여부, 마스크 그래픽의 밀도 균형, 스티칭 영역에 대한 설계 규칙이 포함된다. 분할 후 독립적인 마스크 그래픽이 모두 리소그라피 제조가 가능한 경우, 즉 분할 전 디자인 구조가 디자인 규칙을 준수하지 않지만 분할 후 그래픽이 디자인 규칙을 준수하는 경우 LELE 분할이 수행된다. 이 원칙에 따라 디자인 레이아웃에서 인접한 그래픽을 판단하고 색상을 지정하는 것이 분할 알고리즘의 첫 번째 단계다. 이 과정에서 인접한 일부 그래픽이 두 개의 마스크 플레이트로 올바르게 분할되지 않는 문제가 종종 발생하며 이를 분할 충돌이라고 한다. 예를 들어, 그림 4-14는 홀수 주기 배열 구조에 대한 분할 충돌의 개략도와 스티칭 기법을 기반으로 한 해결 방법을 보여준다.

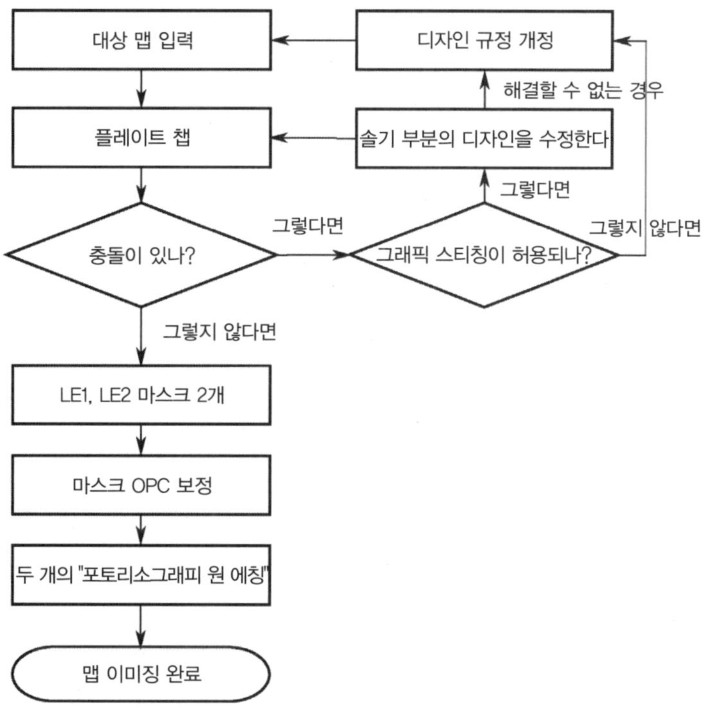

그림 4-12 LELE 그래픽 분할의 흐름도

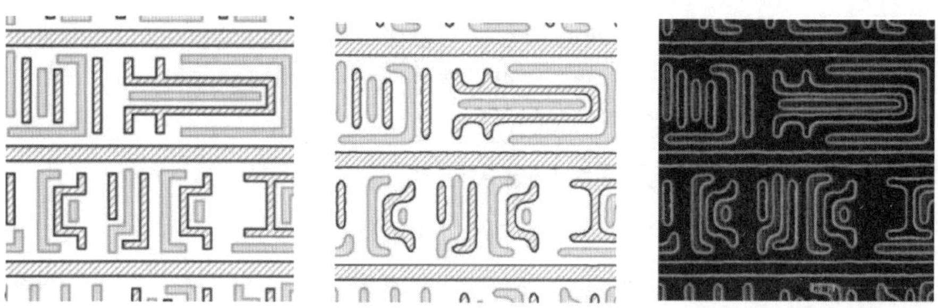

(a) 나누다　(b) OPC에 최적화된 조타실 다이어그램　(c) LELE 처리 후 SEM 이미지

그림 4-13 20nm 기술 노드 로직 디바이스 LELE 분할 흐름 [8]

스티칭 기술은 LELE 분할 충돌을 해결하는 중요한 방법이지만 두 번의 개별 포토 리소그라피 및 에칭 프로세스 후에는 스티칭 영역 그래픽 중첩이 일치하지 않고 선 끝 모양이 왜곡되는 경우가 많으므로 스티칭 영역의 디자인을 최적화하고 공정 중첩 정확도를 엄격하게 제어해야한다. 스티칭 영역의 디자인을 수정하기 위해 따라야 할 규칙은 스티칭 영역의 구조를 양방향으로 확장하여 프로세스가 선 끊김, 브리징 및 정렬 불일치와 같은 결함으로 이어지지 않도록 하는 것이다. 스티칭 영역은 양방향으로 치수를 수정하기 때문에 원래 레이아웃 구조에 어려움을 초래하고 결과적으로 장치의 전기적 특성에 영향을 미치며, 특히 긴 라인 구조는 일반적으로 중간 위치에서 스티치 분할에 권장되지 않기 때문이다.

실제 디자인 레이아웃에서 중요한 그래픽의 경우 분할 규칙에 스티칭 기법으로 사용할 수 있는 구조와 사용할 수 없는 구조가 지정되어 있는 경우가 많다. 스티칭 기법으로 해결할 수 없도록 명확하게 지정된 분할 충돌의 경우 디자인을 뒤집어야만 해결할 수 있으며, 가장 일반적인 수정 방법은 충돌하는 그래픽의 간격을 늘리는 것이다.

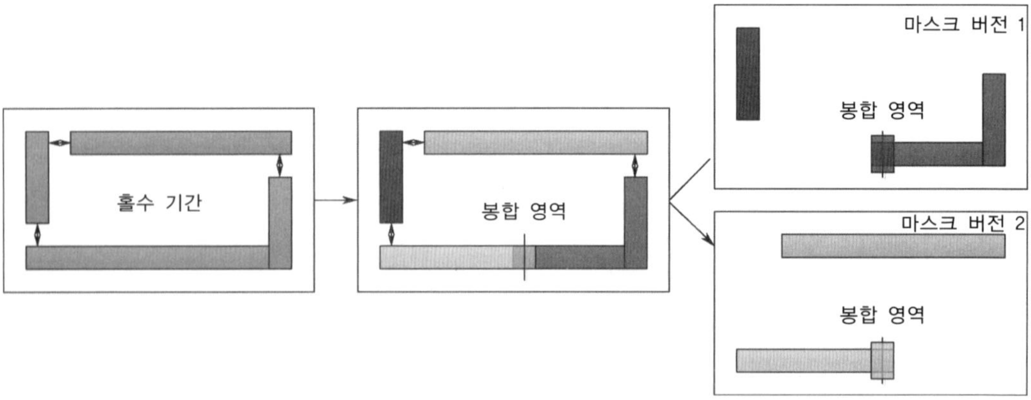

그림 4-14 홀수 기간 배열 구조의 분할 충돌 모식도 및 스티칭 기법 기반 해결 방안

분할 후 마스크 그래픽의 밀도 균형은 리소그라피, 에칭, 화학적 기계적 연마 및 기타 공정에 필요한 종합적인 고려 사항이다. 기본적으로 밀도와 그래픽 유형이 동일한 두 개의 마스크를 사용하면 리소그라피 및 에칭 중 공정 일관성과 에칭 후 그래픽 크기의 일관성을 극대화할 수 있다. 밀도 균형에 기반한 중복 구조의 배치 규칙도 분할 알고리즘에 반영해야 한다. 이러한 밀도 균형 요구 사항으로 인해 LELE 공정을 기반으로 한 금속층 설계 레이아웃은 28nm와 같은 단일 공정의 금속층 설계 레이아웃과 매우 다르며, 특히 분할 후 레이아웃이 더 규칙적이고 밀도가 더 균형 잡히고 선 방향이 더 좋다.

4. 트리플 리소그라피(LELELE 또는 LE3)

트리플 리소그라피(LELELE 또는 LE3)는 이중 리소그라피(LELE) 후 리소그라피 에칭 공정의 추가 단계로, LELE의 해상도 부족 문제를 해결하는 데 사용된다. 세 번째 포토리소그라피 에칭 공정의 주요 목표는 다음과 같다:

(1) 최소 해상도를 더욱 낮추어 최소 주기가 44 nm 미만인 패턴의 이미징을 처리한다;
(2) LELE 프로세스에 의해 형성된 그래픽을 자르고 수정하는 자르기 프로세스의 역할을 하며, 이 시점에서 자르기 기법이라고 하며 4.2.3절에서 강조할 것이다;
(3) 보완적인 LELE 공정, LELE 공정은 리소그라피 및 에칭 공정을 위해 제거된 공정 창을 제한하는 그래픽 또는 그래픽을 리소그라피 할 수 없으며, LELE 기술 분할 개략도는 그림 4-15에 나와 있다.

LELELE 기술은 주로 소규모 기술 노드에서 핵심 레이어의 리소그라피 구현에 사용된다. 7nm 기술 노드에서 다른 코어 레이어와 리소그라피 솔루션 기술에서 로컬 인터커넥트 레이어(로컬 인터커넥트)와 금속 접촉 홀 레이어(1×비아)는 LELELE 기술을 사용하고, 금속 레이어는 그래픽의 정밀한 크롭을 위해 LELELE 블록 마스크를 사용한 후 SAQP 또는 SADP를 사용했다. LELELE 기술의 과제는 크기다. 크기 제어는 세 번의 리소그라피 및 에칭 공정 후 패턴의 폭을 동일하게 유지하는 방법이며, 슬리브 제어는 다른 공정 후 패턴 사이의 거리가 크게 다른지 여부이다. 실제 공정에서는 라인 구조의 트리밍 공정이나 셀프 얼라인먼트 홀 타입 공정(더블 다마스신 공정)에 주로 3중 또는 4중 리소그라피(LE3 또는 LE4)가 사용되며, 허용 레지스터 편차는 최소 라인 또는 갭 폭의 약 절반(또는 최소 사이클의 1/4)이며, 예를 들어 32 nm 최소 사이클에서 사용되는 셀프 얼라인먼트 홀 타입 구조의 최대 허용 레지스터 편차는 8 nm로 노드의 레지스터 편차에 대한 허용 오차보다 훨씬 더 크다. 이는 이 노드의 스크라이빙 편차에 대한 제어 제약을 훨씬 초과한다.

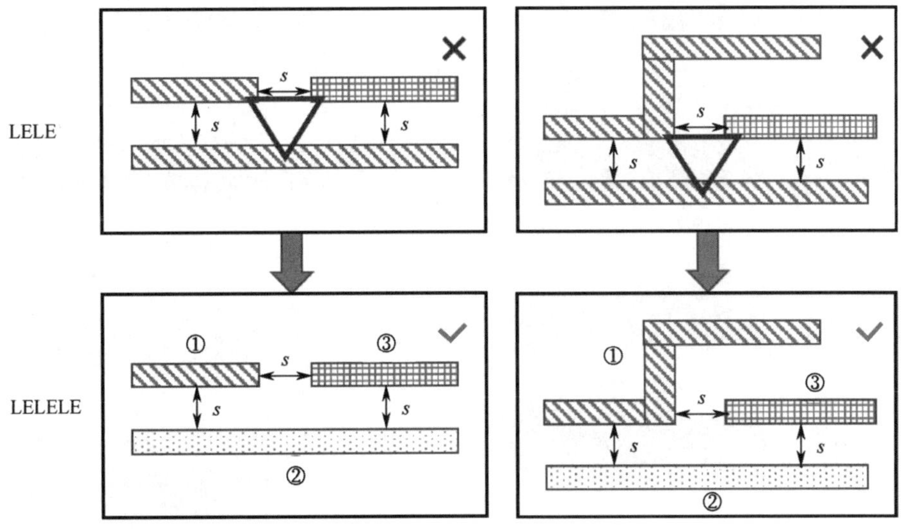

그림 4-15 LELELE 기술 분할의 개략도

4.2.2 자동 정렬 듀얼 및 다중 그래픽 이미징 기술

1. 자동 정렬 듀얼 그래픽 이미징 기술

자체 정렬 이중 패터닝(SADP) 기술은 리소그라피 후 측벽 증착을 사용하여 패턴 밀도를 두 배로 높인 다음, 크롬 리소그라피 및 에칭 공정을 사용하여 패턴을 트리밍하는 과정을 거친다. 자체 정렬 이중 패터닝은 측벽 전사 기술 또는 측벽 증착 기술이라고도 한다.

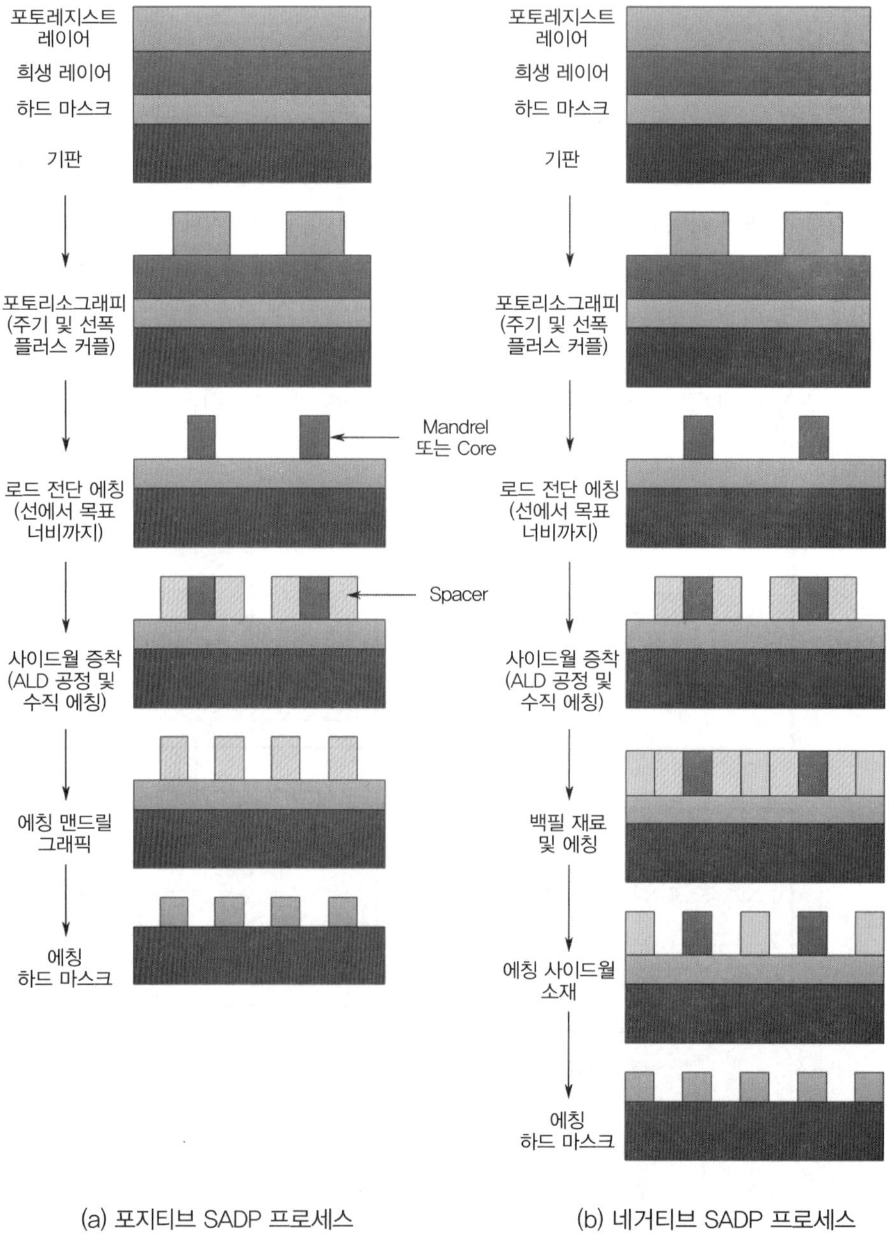

그림 4-16 SADP 프로세스 흐름도

SADP는 공정 방식에 따라 포지티브 SADP 공정과 네거티브 SADP 공정으로 나눌 수 있으며, 그림 4-16은 SADP 공정 흐름의 개략도를 보여준다. 포지티브 SADP 공정 흐름은 설계 레이아웃을 기반으로 마스터 레이아웃(맨드릴 레이아웃이라고도 함)을 생성하고, 리소그래프 및 식각하여 크기를 목표 크기로 줄이고, 측벽 재료를 증착하고 측벽 증착 기술을 사용하여 초과 재료를 수직으로 식각하고, 맨드릴 재료를 식각하고, 하드 마스크 레이어에 식각을 전사하는 순서로 이루어진다. 네거티브 SADP 공정은 사이드월 증착 후 소재 백필 공정을 추가하여 사이드월 소재를 에칭하여 타겟 패턴을 형성한다.

사이드월 공정은 그래프 내 중첩 오차가 낮고 사이드월 조도 및 선폭 균일성이 매우 우수하다는 장점이 있으므로 핀형 및 게이트 레이어와 단방향 금속 상호 연결 라인 패터닝에 가장 적합한 공정으로 FinFET 공정에 사용된다. 예를 들어, 그림 4-17은 메인 레이어 리소그라피와 사이드월 공정, 식각 및 식각 크롭 공정의 후속 식각 및 식각, 보조 그래픽의 리소그라피 및 식각을 모두 통합하는 포지티브 SADP 공정을 사용하여 프론트 패스 공정 핀 구조를 구현하기 위한 공정 흐름을 보여준다. 이 공정에서는 비정질 탄소(α-C)를 코어 레이어로 사용하고, SiN을 사이드월 재료로 사용하며, 에칭된 그래픽의 품질을 지속적으로 향상시키기 위해 매우 복잡한 박막 레이어를 사용한다.

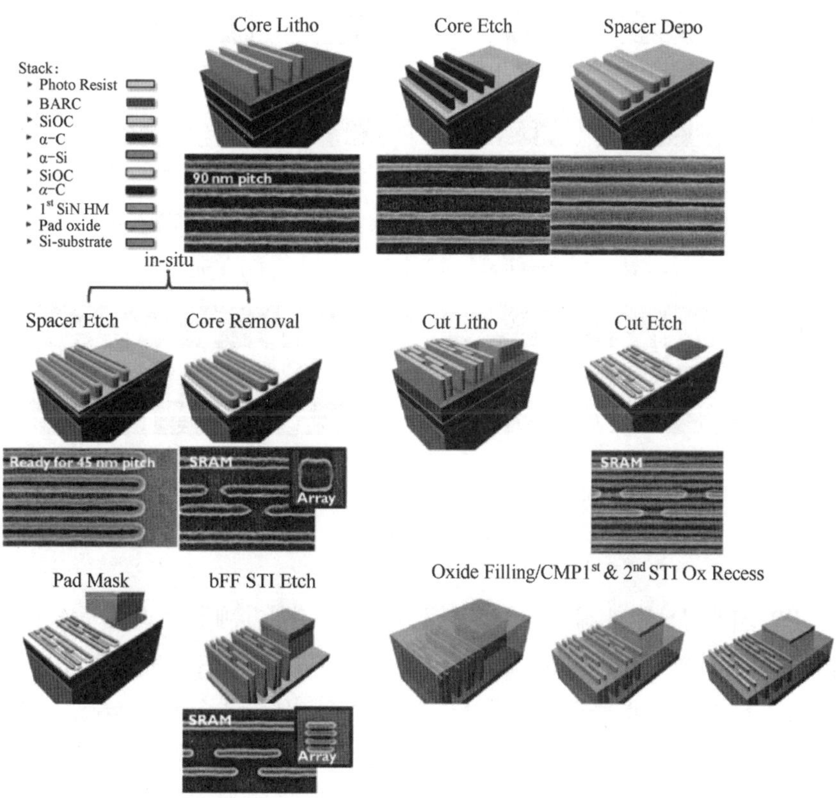

그림 4-17 이전 공정의 핀 구조를 달성하기 위한 포지티브 SADP 공정[9]

SADP의 매우 중요한 응용 분야는 고급 노드 게이트 레이어와 금속 인터커넥트 라인 레이어에 있으며, 먼저 사이드월 공정을 사용하여 균일한 라인 사이클 구조를 얻은 다음, 해당 사이클 라인을 자르거나 트리밍하여 SALELE 또는 SADP+Cut 기술의 축약된 형태의 다중 리소그라피 및 에칭 기술을 사용하여 목표 레이어를 얻는다. SADP를 사용하는 모든 코어 레이어는 사이클 라인 그래픽을 트리밍하기 위해 크롬 마스크를 추가로 사용해야 한다.

2. SADP 분할 기술

SADP는 리소그라피와 측벽 증착을 통해 그래픽 밀도를 두 배로 증가시키므로 첫 번째 리소그라피에서 메인 그래픽 위치가 디자인 그래픽의 일부일 수도 있고 "논리적 비" 뒤의 디자인 그래픽의 일부일 수도 있다. 메인 그래픽(맨드릴 또는 코어)이 타겟 디자인 그래픽의 일부인 경우 이 분할 방법을 포지티브 분할이라고 하며, 메인 그래픽 위치가 "논리적 논" 이후의 디자인 그래픽의 일부인 경우, 즉 사이드월 그래픽이 타겟 그래픽과 동일한 위치에 있는 경우 이 분할 방법을 네거티브 분할이라고 부른다. 포지티브 분할과 네거티브 분할의 간단한 예는 그림 4-18에 나와 있다.

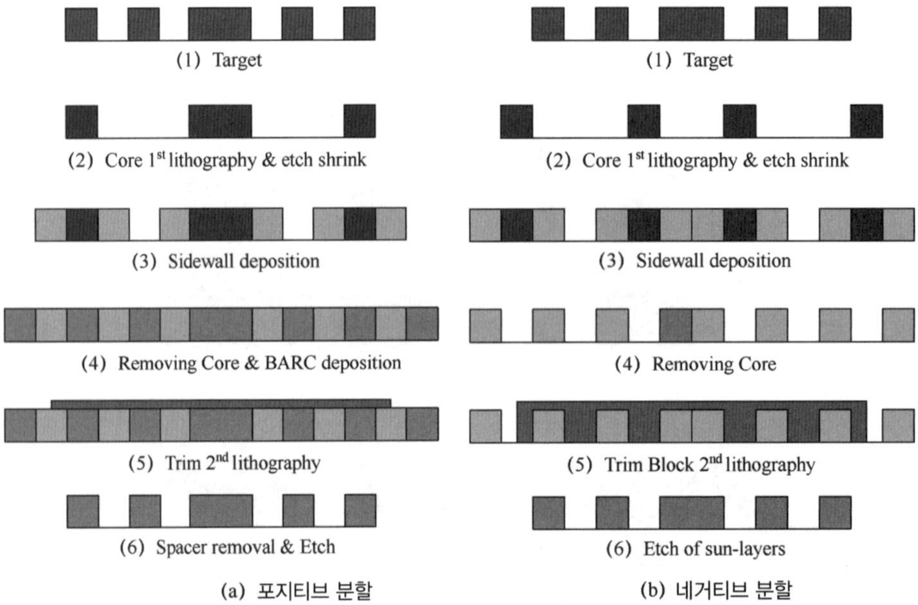

그림 4-18 분할 예시

논리 소자의 전면 채널 공정의 핀 패턴 층은 선폭 균일성 요구 사항이 매우 높고 핀 구조는 측벽 재료를 사용해야하기 때문에 핀 패턴 층에 네거티브 분할을 사용한다. 그림 4-19는 20nm 기술 노드의 후면 채널 공정에 대한 포지티브 SADP 분할 방법에 기반한 구리 인터커넥트 제조 공정 흐름을 보여 주며, 구리 인터커넥트의 한 부분이 첫 번째 SADP 리소그라피 메인 패턴으로 선택되고 리소그라피, 측벽 증착 및 에칭 공정이 이어져 측벽 패턴을 형성한다; 다음 트림/컷/블록 마스크를 사용하여 첫 번째 리소그라피 후 그래픽을 보호하고 트리밍하고 리소그라피 및 에칭 후 트렌치 구조를 형성하고 구리 금속을 도금하여 상호 연결 라인을 형성하며 최종 실현 된 고밀도 금속 라인의 사이클 타임은 56nm이다.

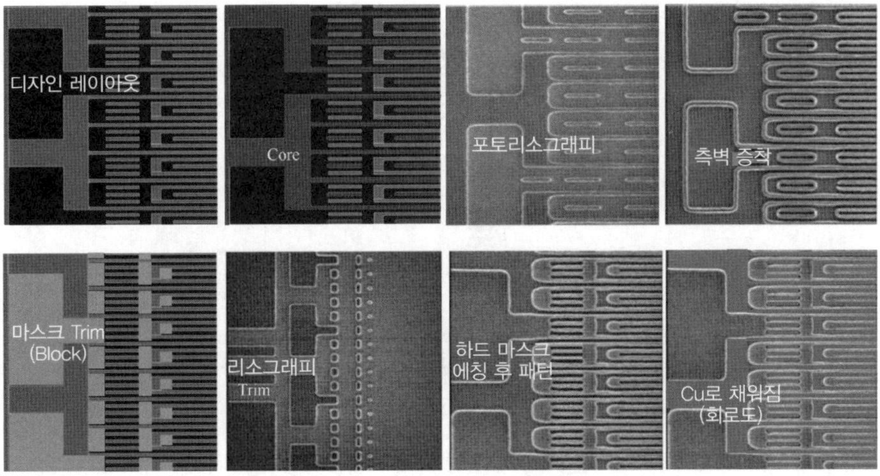

그림 4-19 포지티브 SADP 분할 방식 구현에 기반한 구리 인터커넥트 제조 공정 흐름 [10]

그림 4-20과 같이 전통적인 채색 방법, 친숙한 채색 방법 및 보조 그래픽을 추가하는 채색 방법과 같은 다양한 SADP 분할 방법이 있다. 전통적인 착색 방법은 컷 마스크의 슬리브 조각 정밀도와 컷 후 그래픽 선폭에 대한 공정 정확도 요구 사항이 매우 높아 달성하기 어려운 경우가 많으며, 친숙한 착색 방법은 인접한 구조 사이의 거리를 분석하고 착색 단일 노출을 분할하여 달성 할 수없는 그래픽 조합을 우선시하여 컷 마스크 리소그라피 공정의 난이도를 최소화한다. SADP 친화적인 채색을 달성하기 위해 특정 법칙에 따라 보조 그래픽을 추가하거나 디자인 그래픽의 합리적인 조합을 만들거나 SADP 분할에 적합하지 않은 디자인 규칙을 요약하는 등 여러 논문에서 관련 모델 및 알고리즘을 보고했다.

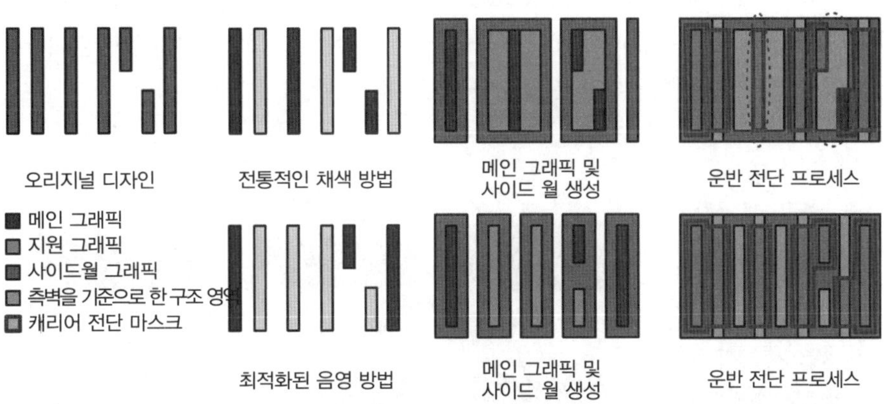

그림 4-20 서로 다른 색 구성표는 자르기 리소그라피 공정에서 서로 다른 어려움을 가져온다 [11].

3. 자동 정렬 멀티 그래픽 이미징 기술

자체 정렬 다중 패터닝 기술에는 자체 정렬 트리플 패터닝(SATP), 자체 정렬 쿼드러플 패터닝(SAQP), 자체 정렬 옥타브 패터닝(SAOP) 등을 통칭하여 자체 정렬 다중 패터닝(SAMP)이라고 한다.

SATP는 SADP와 분할 방법이 다르다. 그림 4-21은 자체 정렬된 트리플 패터닝 이미징을 위한 SATP 공정 흐름을 보여주는데, 첫 번째 사이드월 공정 직후에 두 번째 사이드월 공정이 수행되고 트리밍 공정으로 첫 번째 사이드월 소재를 제거하여 목표 패턴 이미징을 달성하는 방식이다. 분할의 직관성이 떨어지기 때문에 아직 이 기술을 사용한 양산 제품은 없다.

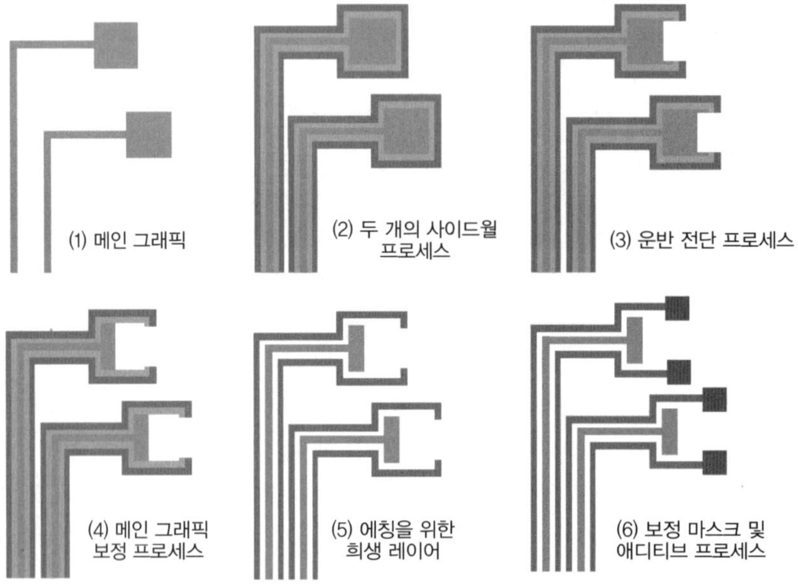

그림 4-21 자동 정렬 트리플 그래픽 이미징 SATP 프로세스 흐름 [12]

SAQP는 두 개의 측벽 증착-식각 공정의 중첩으로, 7nm 기술 노드에서 핀형 레이어 및 일반 금속 상호 연결 선 그래프 레이어와 같은 20~40nm의 하프 사이클을 갖는 조밀한 선 그래프 형성 이미지를 구현할 수 있는 공정이다. SAQP 공정 흐름은 그림 4-22에 나와 있다.

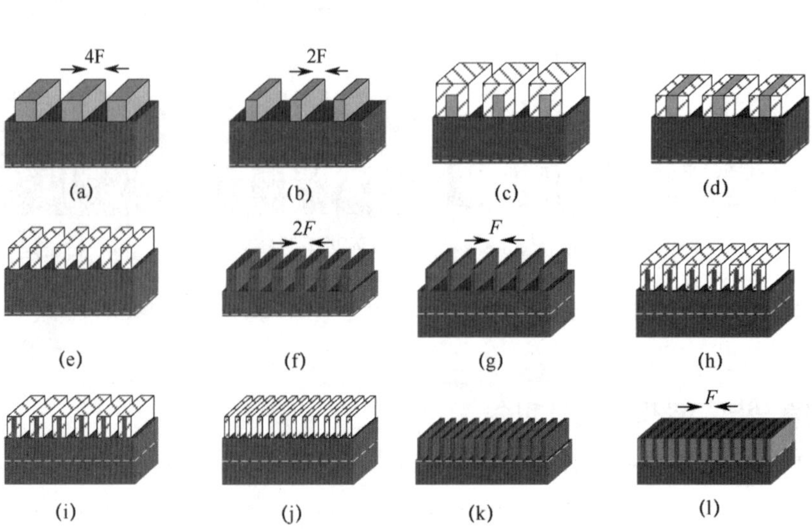

그림 4-22 SAQP 프로세스 흐름 [13]

SAOP는 SAQP 위에 다시 추가된 사이드월 증착 및 식각 공정이다. 그림 4-23은 자체 정렬된 8배 그래픽 이미징 SAOP 공정 흐름을 보여주며, 5.5nm 하프 사이클만으로 규칙적인 라인 구조를 달성하는 것이 실험적으로 검증되었다. 그러나 이 방법은 라인 품질 공정 제어가 매우 어렵고 자르기 공정에 필요한 네스팅 정확도가 매우 높기 때문에 고급 노드 공정을 위한 실험적 개발 단계에 불과하다.

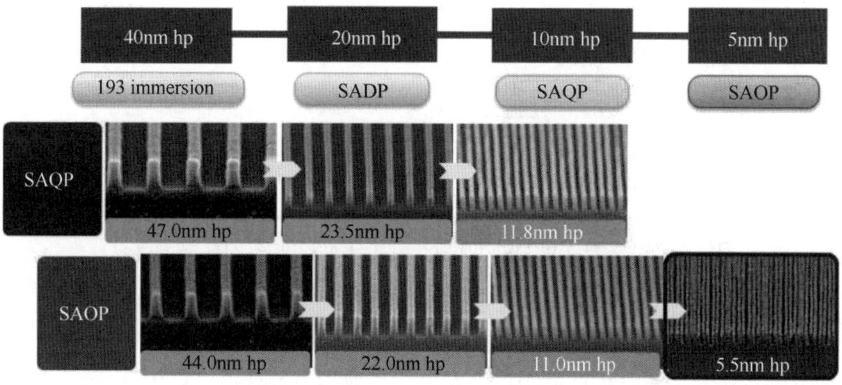

그림 4-23 자동 정렬 8배율 그래픽 이미징 SAOP 프로세스 흐름

그림 4-23 자동 정렬 8배율 그래픽 이미징 SAOP 프로세스 흐름 [14]

4.2.3 절단 기술

앞서 다중 그래픽 기술에 대한 설명에서 자르기 기술(프로세스)에 대해 여러 번 언급했다. 일반적으로 컷 공정은 리소그라피 공정의 해상도를 향상시키지는 않지만, 기본적으로 자체 정렬 다중 그래픽 이미징(SAMP) 또는 다중 리소그라피(LE^n)를 미세하게 처리하여 일반 그래픽을 자르거나 채우는 공정이다. 일반적으로 "컷"과 "BLK(블록)"라는 영어 용어를 통칭하여 커팅 프로세스라고 한다. "Cut" 절단 공정은 일반적으로 일반 선 구조, 특히 핀형 구조 및 게이트 구조를 절단하는 데 사용되며 하나 이상의 절단 마스크를 사용하여 선 구조의 미세 절단을 달성하고 "BLK" 절단 공정은 일반적으로 홈 구조 절단에 사용된다. 금속 구조의 경우 노치 전송 에칭 전에 마스크를 사용하여 노치 구조 트리밍을 달성하기 위해 특정 구조를 덮는 데 사용된다. 그림 4-24는 다양한 코어 레이어에 대한 여러 그래픽 이미징 기법과 경계 값을 보여 주며, 여기서 "Cut" 및 "BLK" 레이블은 모두 자르기 공정과 관련이 있으며 "SALELE" 기법에서도 자르기 공정이 널리 사용되고 있다.

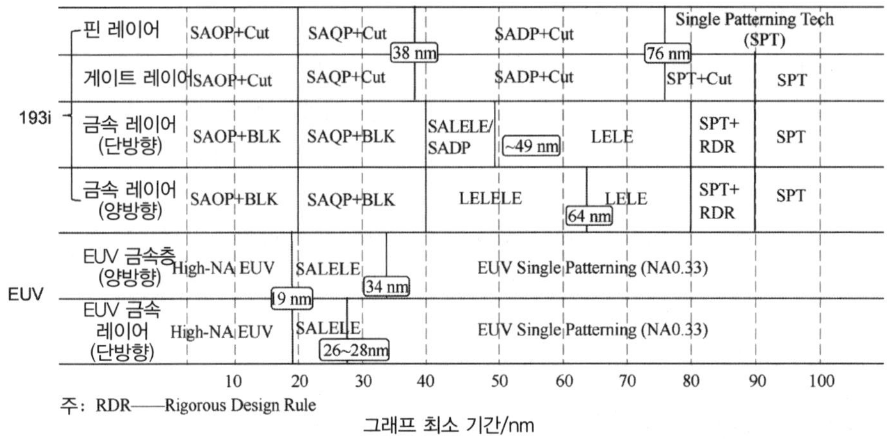

그림 4-24 다양한 코어 레이어에 대한 여러 그래픽 이미징 기법 및 경계 값

1. SADP, SAMP에 대한 조정 규칙

분할 규칙은 커팅 기술이 지원하는 다중 그래픽 분할 기법에 따라 SADP/SAMP 기반과 LELE/LE^n 기반으로 나뉜다.

SADP/SAMP 방향 자르기 기술은 완전한 측벽 전사 프로세스 후 여분의 측벽을 "오버레이" 또는 "제거"하는 것을 말한다. 트리밍은 칩의 전기적 기능을 달성하기 위해 규칙적인 선 구조를 별도의 구조로 분할하는 자체 정렬 멀티 그래픽 이미징에 필요한 기술이다.

일반적으로 잘린 마스크 패턴은 다음 공식으로 계산할 수 있다:

$$\text{크롬 마스크 구조} = \text{코어 구조 또는 측벽 전사 공정 후 측벽 구조} - \text{원래 설계 구조} \tag{4-12}$$

즉, 컷 마스크 구조의 설계 레이아웃(제조 가능성 확인 및 OPC 최적화 없음)은 측벽 이송 공정 후 중복 구조다. 주의해야 할 문제는 SADP 분할 알고리즘(포지티브 분할 알고리즘, 네거티브 분할 알고리즘) 및 공정 방법(포지티브 공정 방법, 네거티브 공정 방법)을 미리 확정하고 컷 마스크 구조에 대한 제조 가능성 및 OPC 최적화를 확인해야한다는 것이다.

- **규칙 1**: 최소 컷 마스크 제약 조건. 크롬 마스크 구조는 가능한 한 단일 리소그라피 제조 가능성 요구 사항을 충족하거나 분할 후 제한된 수의 마스크를 사용해야 한다. 일반적으로 SADP 공정의 경우 하나의 마스크가 크롬 마스크에 사용된다. 하나의 마스크로 그래픽 이미징을 얻을 수 없는 경우 원래 설계 규칙을 확인하고 필요한 경우 수정해야 한다. SAQP 및 더 복잡한 SAOP의 경우, 자르기 마스크 구조는 최소 두 개의 마스크를 사용해야 하며 LELE 또는 LEn 기술을 사용하여 자르기 마스크 구조의 그래픽 리소그라피를 여러 번 수행해야 한다. 트리밍 마스크의 수가 많을수록 공정 제어가 더 엄격해진다. 따라서 7nm 기술 노드에서 193nm 노광 노광을 기반으로 하는 SAQP 기술은 압축된 자르기 마스크의 수를 제약 조건으로 하여 자르기 규칙을 설정하고, 이는 다시 코어 레이어의 설계 규칙을 제약한다.

- **규칙 2**: 공정 제조 가능성 제약. 크롭 마스크 구조는 크롭 레이어의 리소그라피 공정 창, 레이어 간 중첩 오류 위험, 기타 공정 수율 위험 등 공정 제조 가능성이 양호해야 한다. 자르기 마스크 그래픽은 OPC 보정이 필요하며 OPC 보정 후 프로세스 창을 확인해야 한다. 크롭 마스크 패턴의 크기와 위치 편차는 최종 이미징 품질에 매우 큰 영향을 미치므로 공정 편차, 네스팅 오차 등으로 인한 레이어 간 공정 수율 위험도 확인해야 한다. 특정 애플리케이션의 경우 에칭 공정과 같은 다른 공정도 고려해야 한다. 예를 들어, TSMC는 7nm 기술 노드에서 핀형 레이어 SAQP 공정 후 핀형 구조의 사이클을 분할 기준으로 사용하여 단일 핀형 구조용 트림 마스크 1개와 다중 핀형 구조용 트림 마스크 1개(다른 사이클)를 사용하여 별도의 전사 에칭 공정을 통해 최상의 에칭 후 그래픽 품질을 달성한다.
- **규칙 3**: 자르기 프로세스를 기반으로 중복 구조에 대 한 설계 제약 조건. 중복 구조는 ( ) 회로 기능이 없는 구조로, 칩 설계와 제작 모두에 매우 중요하다. 고급 프로세스 노드에서 SADP 또는 SAQP 프로세스를 사용하려면 규칙적인 레이아웃 특성 (1 차원 레이아웃 특성을 엄격하게 따름)을 가진 원래 설계 구조가 필요하지만 일부 레이어의 경우 원래 레이아웃 구조의 길이 특성이 다르므로 방정식 (4-12)를 사용하면 마스크 그래픽을 자르면 규칙 1과 규칙 2를 모두 충족하기 어렵다. 따라서 중복 구조 설계 규칙을 추가하면 SADP, SAQP 및 크롭 마스크 구조의 프로세스 제조 가능성을 개선하는 데 도움이 될 수 있다.

2. LELE, LE^n에 대한 테일러링 규칙

LELE/LE^n 공정은 SADP/SAMP 공정에 비해 설계 유연성이 뛰어나 금속 레이어, 스루홀 레이어 및 단일 크기가 아닌 유연한 구조 레이아웃을 가진 기타 레이어에 널리 사용된다. 절단 규칙은 SAMP와 유사하지만 약간 다르다.

- **규칙 1**: 마스터 마스크의 최소 개수 및 자르기 마스크의 최소 개수 제약 조건. 마스터 마스크는 여러 그래픽 기법을 사용하여 기간을 두 배로 늘리는 마스크를 말하며, 일반적으로 렌 분할을 사용한 후의 코어 레이어 마스크를 의미한다. 마스터 마스크 수 제약 조건은 그래픽 분할 후 코어 레이어를 의미하며, 가능한 최소 수의 마스터 마스크를 사용하여 마스터 마스크 간의 프로세스 편차 및 중첩 편차로 인한 크기 편차와 간격 편차를 줄여 주요 구조 브리징과 같은 전기적 특성에 심각한 영향을 미치는 이미징 결함을 줄인다.
- **규칙 2**: 최대 공정 제조 가능성 제약. LE^n 공정의 경우, 셀프 정렬 기능이 있는 스루홀 레이어를 제외하고 금속 레이어는 일반적으로 LELE 공정 대신 LELE+Cut/BLK 공정을 사용하는 것이 좋다. 그 주된 이유는 컷/블랙 마스크 자체에 스크라이빙 공정의 편차에 대한 영향을 최소화하는 셀프 얼라인먼트 기능이 있기 때문이다. 예를 들어, 일부 LELE 충돌 배선 구조의 경우 LELE를 사용할 수 있지만 LELE+Cut 방법을 사용하면 더 나은 공정 제조 수율을 얻을 수 있다. 그림 4-25는 LELE 대신 LELE+Cut 공정을 사용하는 개략도를 제공하며 절단 기술을 사용하면 세 마스크 간의 스크라이빙 오류와 그로 인한 공정 위험을 크게 줄일 수 있다. 그러나 절단 기술을 사용하면 설계 규칙에 제약이 따르며 중첩 오류의 위험을 고려하여 특정 임계 위치를 피하기 위해 절단 마스크의 위치를 적절하게 조정해야 한다는 점도 유의해야 한다.

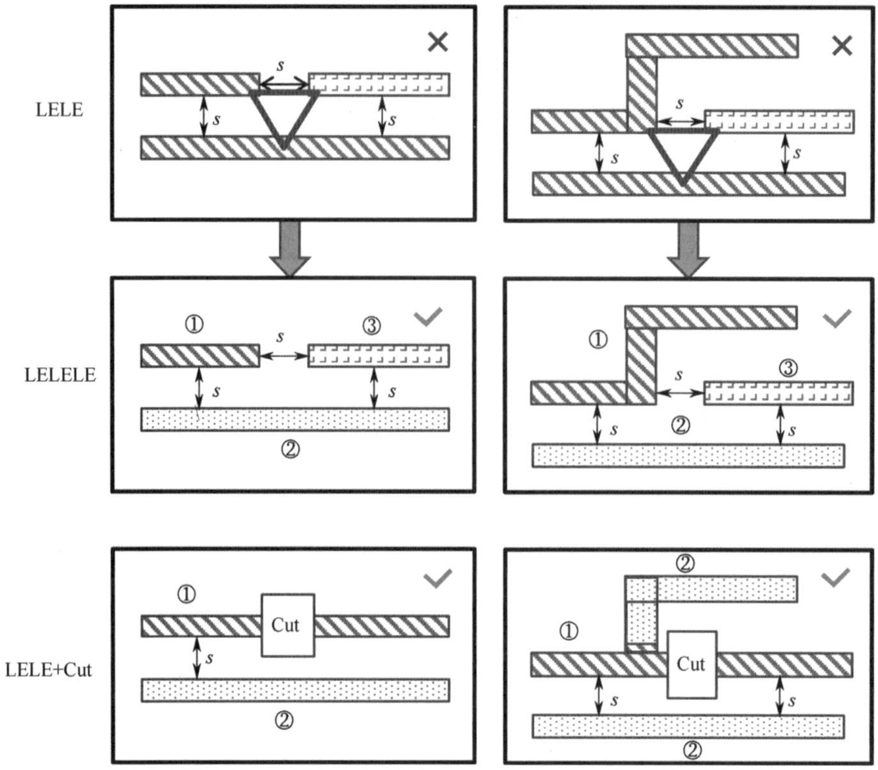

그림 4-25 LELELE을 LELE+Cut 프로세스로 대체하는 개략도

- **규칙 3**: 컷 프로세스에 기반한 중복 구조에 대한 설계 제약 조건. 첫째, 더 나은 공정 제조 가능성(충분히 큰 공정 창)을 얻기 위해 메인 마스크 분할 그래픽에 중복 그래픽을 추가할 것인지, 둘째, 중복 그래픽을 사용할 경우 컷 마스크를 사용하여 메인 그래픽과의 물리적 연결을 끊어 결과적으로 컷 마스크의 제조 가능성 공정 창을 줄여야 하는지, 마지막으로 중복 그래픽이 추가적인 전기적 위험을 초래하는지 등 LELE+컷 공정을 기반으로 중복 구조를 보완하는 것은 매우 까다로운 문제다.

따라서 최첨단 공정 노드에서 IC 칩 설계 회사는 제조 회사와 긴밀히 협력하여 그래픽 분할, 중복 그래픽 사용 및 공정 수율을 지속적으로 반복하고, 사용되는 다양한 공정 방법을 기반으로 마스크 설계 규칙을 개선하고, PDK 파일을 지속적으로 개선해야 한다.

4.3 광학 근접 효과 보정 기술

포토리소그라피 공정에서 마스크의 패턴은 노광 시스템을 통해 좁혀서 포토레지스트에 투사된다. 리소그라피 마스크 투과 영역에서 패턴의 크기가 매우 작으면 마스크를 통과하는 빛의 에너지 대부분이 고주파 영역에 집중된다. 그러나 노광 시스템의 회절 제한으로 인한 저역 통과 필터링 효과로 인해 많은 고주파 성분이 필터링되어 포토레지스트에서 얻은 패턴이 흐려진다. 광학 근접 보정(OPC)은 포토리소그라피 마스크의 투과 영역에서 패턴의 토폴로지를 조정하거나 마스크에 작은 저해상도 보조 패턴을 추가하여 포토레지스트의 이미징 결과를 마스크 패턴에 최대한 가깝게 만드는 기술이다. 광학 근접 효과 보정은 마스크에 의해 투과되는 빛의 진폭을 변경하여 리소그라피 시스템의 이미징 품질 저하를 보정하는 기술이기도하다[15]. 광학 근접 효과 보정 기법의 개략도는 그림 4-26에 나와 있다. 초기 마스크 토폴로지와 노광 시스템을 통한 포토레지스트의 이미징 결과가 그림의 왼쪽에 나와 있다. 초기 마스크의 그래픽 분포는 목표 결과와 일치하지만 광학 간섭 및 회절 효과로 인해 포토레지스트의 이미징 결과가 흐려지고 이미징 결과가 목표 결과와 크게 달라진다. 광학 근접 효과 보정 후 마스크의 그래픽 분포는 그림의 오른쪽에 나와 있다. 마스크 토폴로지의 목표 보정으로 인해 포토레지스트의 이미징 결과가 개선되었으며 이미 목표 결과에 매우 근접한 결과를 얻을 수 있다.

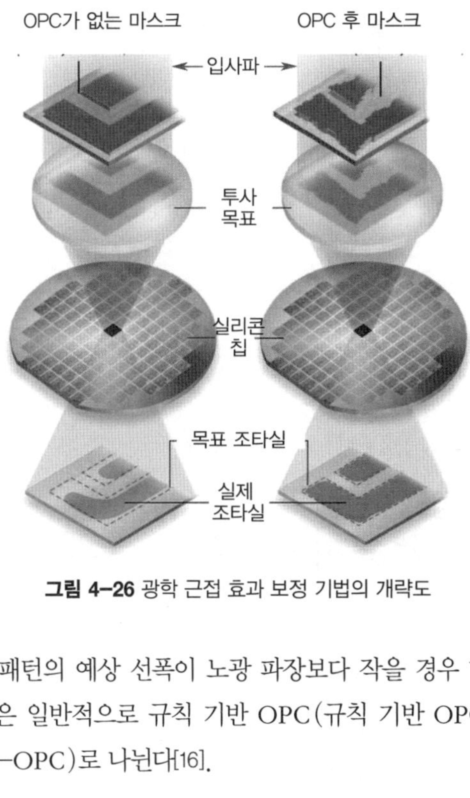

그림 4-26 광학 근접 효과 보정 기법의 개략도

일반적으로 웨이퍼의 노광 패턴의 예상 선폭이 노광 파장보다 작을 경우 마스크 패턴에 대해 OPC를 수행해야 한다. OPC 기법은 일반적으로 규칙 기반 OPC(규칙 기반 OPC, RB-OPC)와 모델 기반 OPC(모델 기반 OPC, MB-OPC)로 나뉜다[16].

4.3.1 RB-OPC 및 MB-OPC

RB-OPC는 그래픽 보정을 위한 규칙 기반 테이블을 미리 생성한 후, 해당 테이블을 조회하여 보정된 마스크 그래픽을 빠르게 얻을 수 있는 것이 특징이다. 지정된 그래픽은 규칙 기반 테이블에서 자신과 선폭, 간격 등의 환경 파라미터에 따라 자신이 속한 카테고리를 조회한 후 카테고리에서 제공하는 보정 방법에 따라 보정을 수행한다. 실제 애플리케이션에서 규칙 기반 OPC는 일반적으로 에지 기반 그래프 보정 방법을 사용한다. 규칙 테이블의 규칙은 우선순위에 따라 정렬되며, 각 규칙에 대해 그래프 검색 엔진은 레이아웃에서 모든 적격 선분을 찾은 다음 규칙에 지정된 양을 사용하여 모든 규칙을 통과하여 그래프 보정을 완료할 때까지 선분을 대체한다. 이 흐름은 그림 4-27에 나와 있다 [17].

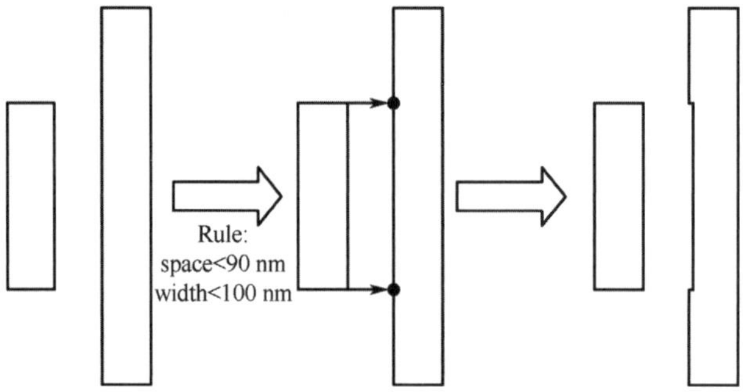

그림 4-27 RB-OPC 기술 프로세스 [17]

RB-OPC의 핵심은 플레이트의 다양한 그래픽에 대한 보정 방법과 양을 지정하는 보정 규칙임을 알 수 있다. 규칙의 형식과 내용은 OPC 데이터 처리의 효율성과 보정의 정확성에 큰 영향을 미친다. 일반적인 1차원 그림의 경우 보정 규칙은 그림 4-28에 나와 있다.

라인 간 거리(space) →

선 너비 (CD) ↓

0	140	150	185	210	260	340
140	-2	2	7	13	18	18
150	-4	0	5	12	17	17
180	-7	-2	4	11	17	16
210	-8	-2	4	11	17	16
260	-7	-2	4	11	17	17
350	-8	-2	3	10	16	15

150nm≤CD〈180nm 및
185nm≤공간〈210nm의 경우,
선은 +11nm의 바이어스
폭을 추가해야 한다

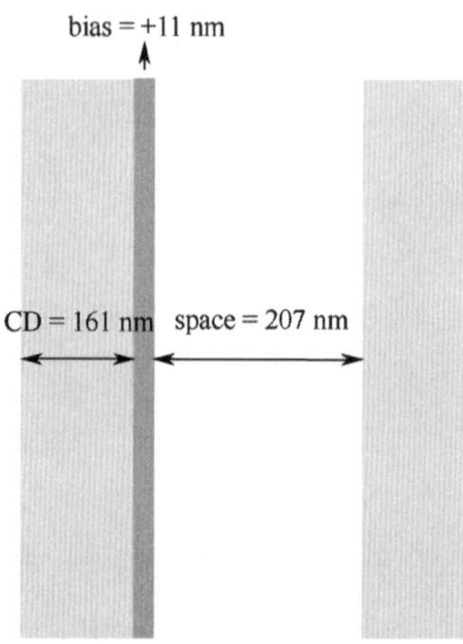

그림 4-28 RB-OPC 수정 규칙 [1]

RB-OPC에는 각 그래픽 기능에 대해 그림 4-28과 같이 보정 규칙 표가 있으며, 이 표의 값에 따라 레이아웃에 맞게 빠르게 보정할 수 있다. 일반적으로 보정 규칙이 상세할수록 보정 정확도가 높아지고 소프트웨어 런타임이 길어진다.

B-OPC는 빠르고 효율적인 OPC 방식이지만, IC 공정 노드의 지속적인 발전으로 그래픽 크기가 줄어들면서 특정 그래픽의 이미징 결과에 영향을 미치는 환경의 범위가 그래픽 크기에 비해 점점 더 커지고 있으며, 동일한 범위 내에 점점 더 많은 그래픽 종류가 포함되고, 환경마다 다른 설계 규칙이 필요해지면

서 설계 규칙 테이블의 복잡성이 폭발적으로 증가했다.

RB-OPC와 달리 MB-OPC는 리소그라피 이미징 모델(광학 모델 및 포토레지스트 모델 포함)을 사용하여 OPC 문제를 모델링하고 이를 수학적 최적화 알고리즘을 결합하여 마스크 구조와 그래픽을 최적화하는 수학적 최적화 문제로 변환한다[15]. 이미징 모델에는 리소그라피 이미징 성능에 영향을 미치는 더 많은 요소가 포함될 수 있으므로 MB-OPC는 더 나은 마스크 그래픽 최적화 전략으로 이어질 수 있다. 에지 시프트 기반 MB-OPC를 예로 들면, 최적화 프로세스는 그래픽 보정의 품질을 측정하기 위한 평가 함수로 에지 배치 오류(EPE)를 활용한다. 그림 4-29에서와 같이 EPE는 디자인 노출 프로파일과 평가 지점의 타겟 사이의 차이로 정의되며, EPE가 작을수록 노출된 패턴이 디자인 패턴에 더 가깝다는 것을 의미한다.

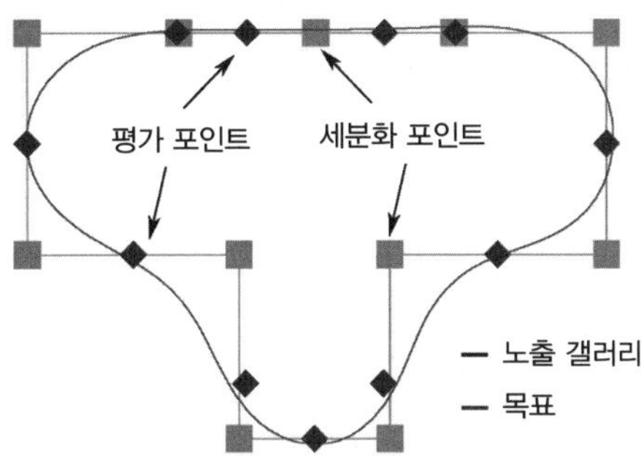

그림 4-29 에지 배치 오류(EPE)의 개략도

$$\text{Cost Function} = \sum_x \left|\text{EPE}_x\right|^2 \tag{4-13}$$

여기서, x는 그래픽 에지를 분할한 후 단일 라인 세그먼트의 평가 포인트 수를 나타낸다. MB-OPC에서 최적화 알고리즘은 먼저 마스크 에지를 여러 라인 세그먼트로 분해하고 각 세그먼트에 평가 지점을 설정한 다음 각 평가 지점에서 리소그라피 이미지 프로파일과 목표 값의 차이, 즉 EPE 값을 계산한다, 각 평가점에 대한 평가함수의 편미분을 기준으로 각 세그먼트의 편차를 계산하여 반복 최적화를 수행하며, 마지막으로 평가함수의 값이 안정된 상태로 수렴하거나 반복 횟수가 미리 설정된 값에 도달하면 최적화를 종료하고 최적의 세그먼트 위치 및 OPC 결과를 출력한다.

4.3.2 저해상도 보조 그래픽 추가

회로 설계에 익숙한 사람이라면 반도체 생산에 사용되는 실제 레이아웃의 그래픽이 다양하다는 것을 알고 있다. 일반적인 첫 번째 금속층을 예로 들면, 레이아웃에는 듀티 사이클이 1:1인 고밀도 라인과 듀티 사이클이 매우 작은 절연 라인이 모두 존재한다. 이론적 분석과 실험 결과 모두 고밀도 라인과 절연 라인은 서로 다른 공정 윈도우를 가지며 동일한 조명 조건에서 두 라인은 공정 윈도우가 겹치지 않을 가능성이 높다는 것을 보여준다. 이 문제를 해결하려면 원래 패턴의 회절 스펙트럼 분포를 파괴하기 위해 반 고밀도 라인과 분리된 라인의 주 패턴 주위에 일부 라인을 추가해야 한다. 이러한 라인이 디바이스 성능에 영향을 미치지 않도록 하려면 이러한 보조 패턴의 크기가 노광 장비의 해상도 한계보다 작아야 하며 노광 결과에 나타나지 않아야 한다. 이러한 이유로 보조 패턴을 서브 해상도 보조 기능(SRAF) 또는 산란 막대(S-Bar)라고도 한다.

SRAF를 추가하는 방법은 OPC와 유사하게 규칙 기반 SRAF 추가 방법(RB-SRAF)과 모델 기반 SRAF 추가 방법(MB-SRAF)으로 나뉜다. RB-SRAF 방식에서는 실험 데이터로부터 보조 그래픽의 크기와 배치를 얻는다. 선택한 그래픽에 대한 노출 실험 및 데이터 수집 후 보조 그래픽 추가 규칙이 설정되고 표에 요약된다. 프로세스가 변경되면 실험 결과에 따라 이 규칙 표를 다시 작성해야 한다.

피처 크기가 감소함에 따라 RB-SRAF의 규칙 테이블은 더 이상 디자인 그래픽의 복잡한 환경의 요구를 충족시킬 수 없으며 점점 더 많은 MB-SRAF가 등장하기 시작했다. MB-SRAF는 모델의 가변 파라미터로 SRAF의 크기와 삽입 위치를 설정하고, 메인 그래픽의 이미징 결과의 이미지 로그 기울기(ILS)를 계산한 다음 메인 이미지의 최대 ILS 값을 얻을 때까지 지속적으로 파라미터를 조정한다.

4.3.3 리버스 리소그라피

광학 근접 효과 보정 기술과 전산 리소그라피가 융합된 리버스 리소그라피는 193nm 파장 리소그라피를 극한 공정 노드까지 밀어붙일 수 있는 것으로 간주되며 최근 수십 년 동안 폭넓게 적용되고 그 중요성이 커지고 있다. RB-OPC 및 MB-OPC와 달리 리버스 리소그라피는 마스크 패턴의 픽셀 수준 보정이므로 픽셀 기반 OPC(PB-OPC)라고도하며 PB-OPC는 먼저 전체 마스크 패턴을 픽셀 화하고 이미징 모델과 최적화 알고리즘을 사용하여 각 픽셀 포인트에서 마스크 패턴의 최적 투과율을 얻는다[18], 이는 원래 설계 레이아웃의 토폴로지 제한에서 기존의 에지 기반 보정 전략보다 유연성과 최적화 자유가 높으므로 리소그라피 시스템의 이미징 해상도 향상에 더 도움이 된다. 이론적 관점에서 PB-OPC의 기본 원리는 다음 방정식[19]으로 설명할 수 있다. 리소그라피 시스템의 공간 이미지 강도 분포의 수치 형태는 다음과 같이 표현할 수 있다.

$$\boldsymbol{I} = \frac{1}{S}\left(\sum_{f}\sum_{g}\sum_{p=x_i,y_i,z_i} I_s \cdot \left\|\boldsymbol{H}_p^{f,g} \otimes \boldsymbol{M}\right\|_2^2\right) \tag{4-14}$$

⊗은 컨볼루션을 나타내고, S는 부분 코히어런트 광원의 래스터화 후 0이 아닌 강도를 가진 광점의 수를 나타내며, $\boldsymbol{M}$은 마스크 회절 스펙트럼을 나타낸다. 부분 코히어런트 광원의 강도 분포가 균일하고 값이 1이라고 가정하면, 즉 $I_s=1$, 이상적인 리소그라피 시스템에서 광학 시스템을 나타내는 함수는 다음과 같다.

$$\boldsymbol{H}_p^{f,g} = C \cdot F^{-1}\{\boldsymbol{\Psi}_{\text{ex-pupil}} \cdot \mathrm{RC} \cdot H \cdot \boldsymbol{E}_i(f,g)\}, p = x_i, y_i, z_i \tag{4-15}$$

C는 변수와 독립적인 상수를 나타낸다. 3장의 광학 이미징 모델에서 단순화된 포토레지스트 모델은 하

드 임계값 모델을 사용하여 근사화할 수 있지만 하드 임계값 모델은 단계 함수라는 점을 분명히 알 수 있다. 최적화를 용이하게 하기 위해 포토레지스트의 노출 결과를 특성화하기 위해 하드 임계값 모델 대신 유도 가능한 시그모이드 함수를 최적화 알고리즘에 사용하는 경우가 많다. 시그모이드 함수를 사용하면 포토레지스트의 이미징 결과를 다음과 같이 표현할 수 있다.

$$\boldsymbol{Z} = \frac{1}{1 + \mathrm{e}^{-a(\boldsymbol{I} - t_r)}} \tag{4-16}$$

a는 시그모이드 함수의 가파른 정도를 나타내며 t_r은 시그모이드 함수에서 사용되는 임계값을 나타낸다.

마스크 패턴 리소그라피 노광 노출의 목표값을 $\boldsymbol{Z}_T$로 표시하면 OPC 알고리즘의 평가 함수는 다음과 같이 표현할 수 있다.

$$F = \left\| \boldsymbol{Z} - \boldsymbol{Z}_T \right\|_2^2 \tag{4-17}$$

수치 PB−OPC 알고리즘에서 위의 표현식에서 I, M, $H_p^{f,g}$은 Z의 $N \times N$ 행렬이며, N은 마스크 그래프의 래스터화 후 데이터 포인트 수다. 마스크 행렬은 벡터로 표현되며, 마스크 그래프의 이진 분포는 파라미터화 방법을 사용하여 연속 분포로 변환된다. 바이너리 마스크의 경우 벡터의 요소는 다음과 같다.

$$m_\xi = f(\omega_\xi) = \frac{1 + \cos \omega_\xi}{2}, \ \xi = 1, \cdots, N^2 \tag{4-18}$$

감쇠 위상 편이 마스크의 경우 벡터의 원소는

$$m_\xi = f(\omega_\xi) = \cos \omega_\xi, \ \xi = 1, \cdots, N^2$$

그런 다음 OPC 최적화 문제는 평가 함수 ω의 값이 최소화되도록 최적의 마스크 그래프 분포 F를 찾는 것으로 변환되며, 이 과정은 다음과 같이 표현할 수 있다.

$$\begin{aligned} \varpi &= \arg\min\{F(\omega)\} \\ &= \arg\min \left\{ \sum_{\xi=1}^{N^2} \left(z_\xi - \frac{1}{1 + \exp[-\frac{a}{S} \sum_f \sum_g \sum_{p=x,y,z} (\sum_{\eta=1}^{N^2} \boldsymbol{H}_{p,\xi\eta}^{f,g} f(\omega_\eta))^2 + a t_r]} \right)^2 \right\} \end{aligned} \tag{4-19}$$

여기에서는 가장 빠른 하강 방법을 예로 들어 OPC 알고리즘의 과정을 설명한다. 마스크 행렬에 대한 평가 함수의 부분 미분은 위의 방정식을 마스크 행렬의 모든 요소로 일반화하는 형태를 취한다.

$$\frac{\partial F}{\partial \overrightarrow{\omega_q}} = 2f'(\overrightarrow{\omega_q}) \cdot \sum_{\xi=1}^{N^2} \left(\vec{z}_\xi - \frac{1}{1+\exp[-\frac{a}{S}\sum_f \sum_g \sum_{p=x,y,z} (\sum_{\eta=1}^{N^2} \boldsymbol{H}_{p,\xi\eta}^{f,g} \overrightarrow{m_\eta})^2 + at_r]} \right) \cdot$$

$$\frac{1}{1+\exp[-\frac{a}{S}\sum_f \sum_g \sum_{p=x,y,z} (\sum_{\eta=1}^{N^2} \boldsymbol{H}_{p,\xi\eta}^{f,g} \overrightarrow{m_\eta})^2 + at_r]} \cdot$$

$$\frac{\exp[-\frac{a}{S}\sum_f \sum_g \sum_{p=x,y,z} (\sum_{\eta=1}^{N^2} \boldsymbol{H}_{p,\xi\eta}^{f,g} \overrightarrow{m_\eta})^2 + at_r]}{1+\exp[-\frac{a}{S}\sum_f \sum_g \sum_{p=x,y,z} (\sum_{\eta=1}^{N^2} \boldsymbol{H}_{p,\xi\eta}^{f,g} \overrightarrow{m_\eta})^2 + at_r]} \cdot \left(-\frac{a}{S}\right) \cdot$$

$$\sum_f \sum_g \sum_{p=x,y,z} \left[\left(\sum_{\eta=1}^{N^2} \boldsymbol{H}_{p,\xi\eta}^{f,g} \overrightarrow{m_\eta} \right) \times \boldsymbol{H}_{p,\xi q}^{f,g} + \left(\sum_{\eta=1}^{N^2} \boldsymbol{H}_{p,\xi\eta}^{f,g} \overrightarrow{m_\eta} \right)^* \times \boldsymbol{H}_{p,\xi q}^{f,g} \right]$$

$$\nabla F(\Omega) = -\frac{4a}{S} f'(\Omega) \odot \sum_f \sum_g \sum_{p=x,y,z} \text{Real} \left[\left((\boldsymbol{H}_p^{f,g})^{*o} \otimes \left\{ \left(\boldsymbol{H}_p^{f,g} \otimes \boldsymbol{M} \right) \odot (\boldsymbol{Z}_T - \boldsymbol{Z}) \odot \boldsymbol{Z} \odot (1-\boldsymbol{Z}) \right\} \right) \right] \tag{4-20}$$

여기서 ⊙는 행렬의 해당 요소의 곱셈을, *는 복소 공식을, o는 행렬이 가로 및 세로 방향으로 180° 회전한 것, 그리고 $f'(\Omega)$는 마스크 행렬의 도함수다. 최적화에서 τ반복의 결과가 다음과 같다고 가정하면 Ω^τ라고 가정하면 $\tau+1$ 반복은 다음과 같이 표현할 수 있다.

$$\Omega^{\tau+1} = \Omega^\tau - t_\Omega \nabla F(\Omega) \tag{4-21}$$

여기서 t_Ω는 스텝 크기다. 그래픽 오차를 대상 그래프 Z_T와 웨이퍼에 노출된 그래프의 해당 행렬 요소 Z 사이의 오일러 거리의 제곱으로 정의한 다음 다음과 같이 정의한다.

$$E_r = \sum_{y_e=1}^{N} \sum_{x_e=1}^{N} \left[Z_T(x_e, y_e) - Z(x_e, y_e) \right]^2 \tag{4-22}$$

$Z_T(x_e, y_e)$는 대상 그래프 Z_T의 각 행렬의 픽셀 값, $Z(x_e, y_e)$는마스크 패턴에 해당하는 실리콘 웨이퍼 상의 노광 패턴 Z에 대한 각 행렬의 픽셀 값, $Z(x_e, y_e)$ 및 $Z_T(x_e, y_e)$의 값은 0 혹은 1. 그래프 오차가 허용 가능한 수준으로 감소하거나 최적화 반복 횟수가 특정 크기보다 크면 가장 빠른 하강 방법의 작동 이 종료된다. 알고리즘이 수렴하는 동안 평가 함수의 진동을 줄이기 위해 마스크 픽셀 값을 업데이트할 때 현재 및 마지막 그라데이션의 결과를 고려하는 공액 그라데이션 방법도 사용할 수 있다.

리버스 리소그라피의 예는 그림 4-30에 나와 있다. 그림 4-30(a)는 원래 설계리버스 리소그라피의 예는 그림 4-30에 나와 있다. 그림 4-30(a)는 원래 설계 레이아웃을, 그림 4-30(b)는 리버스 리소그라피의 보정 결과를 보여준다. PB-OPC 결과의 폴리곤이 에지 제약 조건에서 제거되고 마스크 그래픽의 보정이 더 이상 에지 시프트가 아닌 픽셀 플립핑에 의해 수행되는 것을 알 수 있다. PB-OPC 알고리즘은 마스크 그래픽의 픽셀에서 시작하기 때문에 최적화된 결과는 많은 경우 임의적이며 마스크 제조 가능성 요구 사항을 충족하지 못한다. 따라서 상용 시뮬레이션 툴은 최적화된 결과가 제조 가능성 요구 사항을 충족하는지 확인하기 위해 마스크 제조 규칙에 많은 제한을 두고 PB-OPC를 구현한다.

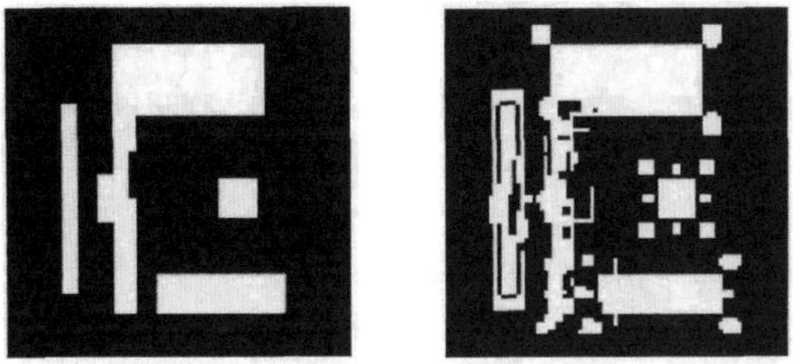

(a) 오리지널 디자인 레이아웃 (b) 리버스 리소그래피에 대한 수정된 결과

그림 4-30 리버스 리소그라피 예시

1890년대부터 연구자들은 다양한 PB-OPC 알고리즘을 제안해 왔다. 비코히어런트 이미징 시스템을 위한 원형 최적화 마스크 방법은 Sherif 등에 의해 제안되었다[20]; Liu와 Zakhor 등은 분기 및 결합 방법을 사용하여 이진 및 위상 편이 마스크를 수정하는 데 사용할 수 있는 PB-OPC 방법을 조사했다[21]. PB-OPC 알고리즘의 계산 집약적이고 비효율적인 최적화 문제를 해결하기 위해 Poonawala와 Milanfar는 2007년에 코히어런트 리소그라피 이미징 시스템의 OPC 최적화에 그라데이션 알고리즘을 처음 적용했다[22]. 이후 Ma와 Arce는 이 그라데이션 알고리즘을 일부 코히어런트 이미징 시스템에 적용하고 이를 PSM 최적화 문제로 확장하여 마스크 3D 효과를 고려한 OPC 최적화 알고리즘을 제안했다[23]. 베이징 공과대학교의 관련 연구팀도 벡터 이미징 이론에 기반한 벡터 OPC 알고리즘을 확립했다[24]. PB-OPC의 최적화 알고리즘에 관심이 있는 독자는 위에 언급된 문헌을 참고할 수 있다.

4.3.4 OPC 기술의 산업화 적용

실제 반도체 생산에서는 전문 상용 소프트웨어를 통해 OPC를 수행한다. 현재 글로벌 3대 주류 EDA 벤더는 ASML의 자회사인 브리온(Rui Chu Technology Co., Ltd.)이 출시한 Tflex, 멘토(Mentor)가 출시한 Calibre, 시놉시스가 출시한 Proteus 등 각 사의 대표적인 OPC 소프트웨어를 보유하고 있다.

반도체 제조에서 산업 지향적 OPC 기술의 흐름은 그림 4-31에 나와 있다[1].

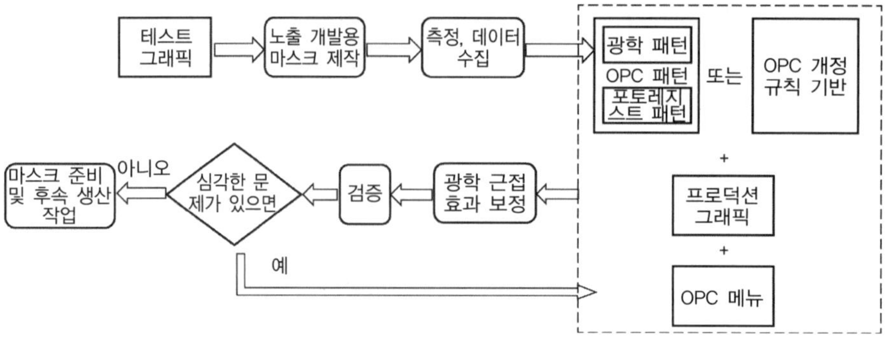

그림 4-31 산업화 지향 OPC 기술 프로세스

산업화 지향 OPC 기술 프로세스는 크게 세 단계로 나뉜다: OPC 보정 규칙 기반 또는 OPC 모델 수립, OPC 메뉴, OPC 검증.

1. OPC 개정 규칙 기반 또는 OPC 모델 구축

OPC 보정 규칙 기반 또는 OPC 모델을 구축하려면 먼저 테스트 패턴을 설계하고, 테스트 마스크를 만들고, 노광 노출을 만들고, 데이터를 수집해야 한다. 테스트 패턴의 유형과 적용 범위는 OPC 모델 또는 OPC 보정 규칙 기반의 정확도를 직접 결정하며, 모델 기반 OPC 기술에 사용되는 기본 테스트 패턴은 표 4-4에 나와 있다. 실제 프로덕션에서 테스트 마스크에는 표 4-4에 표시된 테스트 그래픽 외에도 몇 가지 일반적인 2D 그래픽이 포함되어 있다. 이러한 2D 그래픽 중 일부는 플레이트에서 추출한 핵심 그래픽이고 일부는 OPC 기법에 약한 그래픽이다.

표 4-4 일부 테스트 그래프의 이름 및 측정값 목록

이름	유형	마스크와 포토레지스트 패턴 크기 간의 관계	측정값
독립 회선(절연 회선)	1-D	리니어	선 너비
굵은 선(짙은 선)	1-D	리니어	선 너비
주기적 변경 라인(피치 라인)	1-D	균일성	선 너비
이중 줄(이중 줄)	1-D	리니어	라인 사이의 거리
독립 그루브(역 절연 라인)	1-D	리니어	홈 너비
이중 홈(역 이중 선)	1-D	리니어	홈 사이의 거리
고립된 사각형(섬)	2-D	리니어	사각형의 지름
고립된 구멍(역섬)	2-D	리니어	구멍의 지름
고밀도 사각형(고밀도 섬)	2-D	리니어	가운데 정사각형의 지름
줄의 끝(줄 끝)	2-D	리니어	라인 엔드포인트 간 거리
조밀한 선 끝(조밀한 선 끝)	2-D	리니어	라인 엔드포인트 간 거리
홈의 끝점(역선 끝)	2-D	리니어	홈 끝점 사이의 거리

이름	유형	마스크와 포토레지스트 패턴 크기 간의 관계	측정값
T 구조(T 접합부)	1.5-D		라인 엔드포인트 간 거리
더블 T 구조(더블 T 접합)	1.5-D		라인 엔드포인트 간 거리
코너(모서리)	2-D	리니어	모서리 사이의 거리
조밀한 모서리(조밀한 모서리)	2-D	리니어	모서리 사이의 거리
교량 구조(교량)	2-D		다리 너비

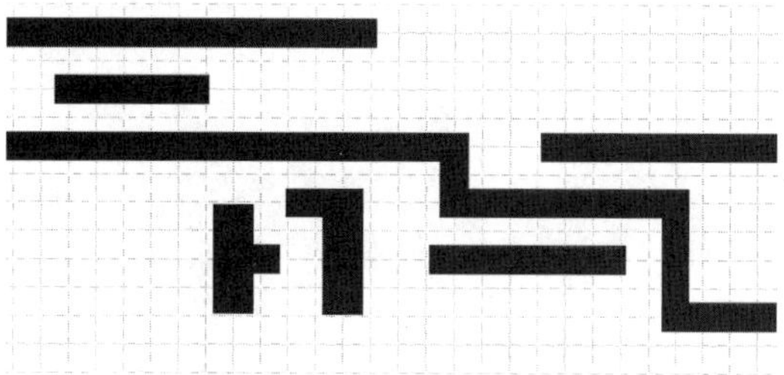

그림 4-32 일반적인 2차원 그래픽

그런 다음 테스트 마스크를 포토리소그라피 장비에 넣어 노광하고 CD-SEM을 사용하여 노광 결과 데이터를 수집한다. RB-OPC 기반 기술에서는 노광 결과 데이터를 사용하여 레이아웃의 보정 규칙 기반을 구축하고, MB-OPC 기술에서는 노광 결과 데이터를 사용하여 광학 모델과 포토레지스트 모델을 포함한 OPC 모델을 구축한다. 칩 수준 설계 레이아웃의 빠른 수정을 실현하기 위해 실제 생산에 사용되는 OPC 소프트웨어의 모델은 일련의 물리적 매개 변수를 포함하지만 많은 수학적 매개 변수도 포함하는 소형 모델을 사용하며 이러한 수학적 매개 변수의 특정 값은 일반적으로 실험 데이터의 보정을 통해 얻어지므로 소형 모델이 정확성과 효율성 모두의 장점을 갖도록한다. OPC 모델을 구축하는 과정은 테스트 패턴의 목표값과 실험 및 시뮬레이션 값을 비교하여 측정 지점이 위치한 EPE 값을 구함으로써 시뮬레이션 결과가 실험 데이터와 최대한 일치하도록 모델의 파라미터를 조정하는 것이다. 그림 4-33은 멘토 그래픽스(독일 지멘스 계열사)의 칼리버를 사용한 OPC 모델링의 대표적인 예다. 이 예에는 7가지 유형의 테스트 그래프가 포함되어 있으며, 그래프에서 실선 마커는 시뮬레이션 결과에 해당하는 EPE 값이고 빈 마커는 실험 결과에 해당하는 EPE 값이다. 그림 4-33에 표시된 결과는 여러 차례 최적화 및 디버깅을 거쳤지만 2D 그래프의 "EPEm-EPE" 분포에는 여전히 5nm보다 큰 데이터 포인트가 여러 개 있다. 위의 프로세스에 따라 실험 결과를 사용하여 플레이트에 대한 보정 베이스 또는 OPC 모델을 구축할 수 있다.

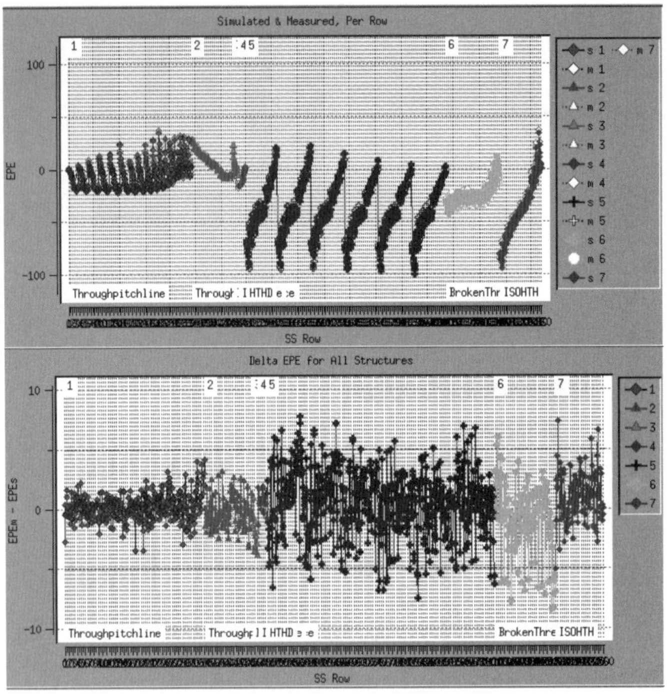

그림 4-33 Calibre를 사용하여 OPC 모델을 구축하는 일반적인 예제

2. OPC 메뉴

그런 다음 위에서 설명한 OPC 보정 규칙 기반 또는 OPC 모델을 사용하여 OPC 메뉴(레시피)를 생성한다. OPC 메뉴의 핵심 기능에는 그래픽 에지 분할, 보조 라인의 폭과 길이, 마스크 제조 규칙, 부정확한 모델 예측 위치에 대한 추가 보정 등에 대한 설정이 있다. 예를 들어 Calibre의 일반적인 MB-OPC 메뉴는 그림 4-34에 나와 있다.

3. OPC 검증

마지막으로 OPC 패턴을 확인한다. 원칙적으로 OPC 모델이 정확하다면 동일한 리소그라피 및 마스크 제조 공정에서 OPC 패턴이 적용된 플레이트는 이론적으로 안전하다. OPC 모델은 실험 데이터를 테스트 패턴에 맞춰서 얻으므로 모델의 정확도는 선택한 데이터 유형 및 수의 영향에 매우 민감하며 (RB-OPC의 경우 보정 규칙의 적용 범위가 불충분 함을 나타냄) 이때 OPC 후 플레이트에 대한 검증이 필요하다. 칼리버를 예로 들어, 일반적인 OPC 후 검증 결과는 그림 4-35에 나와 있다.

그림 4-35는 PV-대역 관점에서의 후가공 검증의 예를 보여 주며, 상자는 타겟 패턴을 나타내고 밝은 색의 불규칙한 원은 PV-대역을 나타내며 상자 내부의 교차하는 불규칙한 원은 공칭 조건(Δ초점, Δ선량 및 Δ마스크 오류는 0)에서 얻은 리소그라피 윤곽을 나타낸다. 그림의 4159개 레이어는 PV 대역이 요구 사항을 충족하지 못하는 위치를 나타낸다. 그림은 보정된 OPC 모델을 사용하여 플레이트의 OPC를 수행한 후에도 여전히 플레이트에 PV 대역 요구 사항을 충족하지 않는 세 위치가 있음을 보여준다.

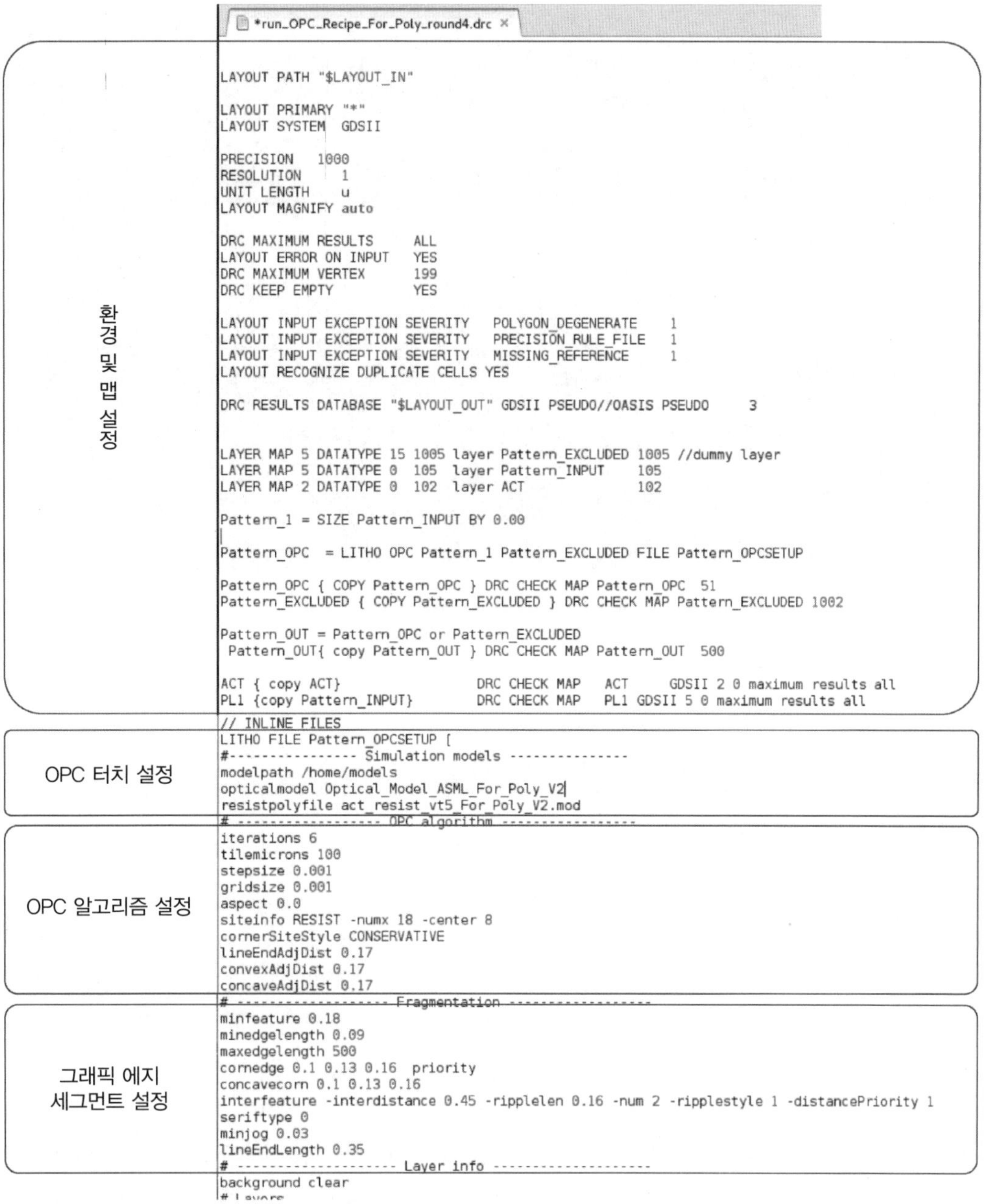


```
*run_OPC_Recipe_For_Poly_round4.drc

LAYOUT PATH "$LAYOUT_IN"

LAYOUT PRIMARY "*"
LAYOUT SYSTEM  GDSII

PRECISION   1000
RESOLUTION     1
UNIT LENGTH    u
LAYOUT MAGNIFY auto

DRC MAXIMUM RESULTS      ALL
LAYOUT ERROR ON INPUT    YES
DRC MAXIMUM VERTEX       199
DRC KEEP EMPTY           YES

LAYOUT INPUT EXCEPTION SEVERITY   POLYGON_DEGENERATE    1
LAYOUT INPUT EXCEPTION SEVERITY   PRECISION_RULE_FILE   1
LAYOUT INPUT EXCEPTION SEVERITY   MISSING_REFERENCE     1
LAYOUT RECOGNIZE DUPLICATE CELLS YES

DRC RESULTS DATABASE "$LAYOUT_OUT" GDSII PSEUDO//OASIS PSEUDO     3


LAYER MAP 5 DATATYPE 15 1005 layer Pattern_EXCLUDED 1005 //dummy layer
LAYER MAP 5 DATATYPE 0  105  layer Pattern_INPUT    105
LAYER MAP 2 DATATYPE 0  102  layer ACT              102

Pattern_1 = SIZE Pattern_INPUT BY 0.00

Pattern_OPC  = LITHO OPC Pattern_1 Pattern_EXCLUDED FILE Pattern_OPCSETUP

Pattern_OPC { COPY Pattern_OPC } DRC CHECK MAP Pattern_OPC  51
Pattern_EXCLUDED { COPY Pattern_EXCLUDED } DRC CHECK MAP Pattern_EXCLUDED 1002

Pattern_OUT = Pattern_OPC or Pattern_EXCLUDED
 Pattern_OUT{ copy Pattern_OUT } DRC CHECK MAP Pattern_OUT  500

ACT { copy ACT}                DRC CHECK MAP   ACT     GDSII 2 0 maximum results all
PL1 {copy Pattern_INPUT}       DRC CHECK MAP   PL1 GDSII 5 0 maximum results all
// INLINE FILES
LITHO FILE Pattern_OPCSETUP [
#--------------- Simulation models --------------
modelpath /home/models
opticalmodel Optical_Model_ASML_For_Poly_V2
resistpolyfile act_resist_vt5_For_Poly_V2.mod
# ----------------- OPC algorithm ----------------
iterations 6
tilemicrons 100
stepsize 0.001
gridsize 0.001
aspect 0.0
siteinfo RESIST -numx 18 -center 8
cornerSiteStyle CONSERVATIVE
lineEndAdjDist 0.17
convexAdjDist 0.17
concaveAdjDist 0.17
# ------------------ Fragmentation -----------------
minfeature 0.18
minedgelength 0.09
maxedgelength 500
cornedge 0.1 0.13 0.16  priority
concavecorn 0.1 0.13 0.16
interfeature -interdistance 0.45 -ripplelen 0.16 -num 2 -ripplestyle 1 -distancePriority 1
seriftype 0
minjog 0.03
lineEndLength 0.35
# ------------------- Layer info -------------------
background clear
```

그림 4-34 칼리버의 일반적인 MB-OPC 메뉴

OPC 검증 후 문제가 있는 경우 먼저 OPC 메뉴 수정을 고려하고 OPC 메뉴에 문제가있는 이러한 "핫" 그래픽에 대해 특별한 처리를 수행하고 OPC 메뉴를 요구 사항을 충족하도록 수정할 수없는 경우에만 OPC 수정 규칙 기반 또는 OPC 모델 수정을 고려하고 심각한 문제가 발견되지 않으면 OPC 처리 된 판을 마스크 공장으로 보내 마스크 버전을 만든다.

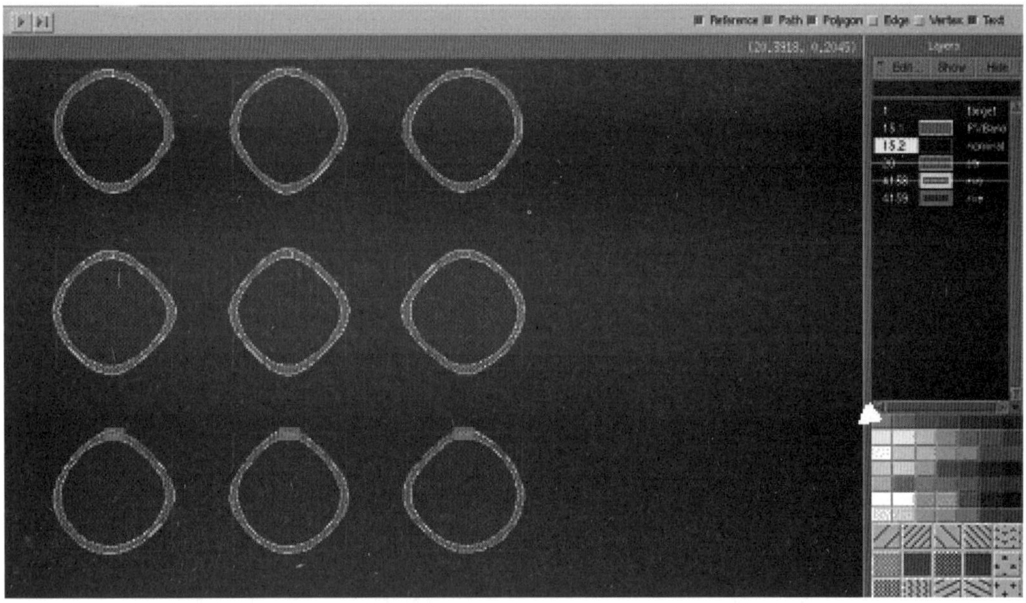

그림 4-35 칼리버의 일반적인 OPC 후 검증 결과

4.4 광원-마스크 공동 최적화 기술

4.4.1 SMO 기술 개발의 역사 및 기본 원칙

리소그라피 공정에서 조명 방법의 선택은 다양한 패턴의 요구를 고려해야 한다. 예를 들어, 리소그라피 공정 윈도우를 최대화한다는 관점에서 고밀도 격자 구조에 대한 최적의 조명 방법은 축외 각도가 큰 쌍극자 조명이고, 고립 격자 구조의 경우 최적의 조명 방법은 부분 일관성 계수가 작은 기존 조명이며, 반고밀도 격자 구조의 경우 위의 중간 조명 방법을 활용하여 우수한 공정 윈도우를 얻어야 한다. 이와 같이 복잡한 그래픽 구조를 가진 실제 플레이트의 경우, 다양한 그래픽의 공정 윈도우가 균형을 이루는 광원 형상 분포를 결정하기 위해서는 많은 최적화 분석이 필요하다. OPC 기법은 모두 고정된 조명 방식 하에서 마스크 그래픽에 최적화되어 있기 때문에 최적화 자유도가 심각하게 제한된다[15]. 이러한 문제를 해결하기 위해 Rosenbluth 등은 2002년에 광원과 마스크의 동시 최적화 개념을 제안하고[25], 광원 및 마스크 최적화 알고리즘을 개선 및 확장했다[26]. 이후 많은 업계 관계자들이 다양한 SMO 알고리즘을 제안했다. 그러나 2016년 말 현재 업계에서 검증을 마친 실제 SMO 소프트웨어는 ASML의 자회사인 브리온(Rui Chu Technology Co., Ltd.)이 개발했다.

이론적 관점에서 SMO의 기본 원리는 다음 방정식 [19]으로 설명할 수 있다. 마스크가 강도 분포 Q가 부분적으로 일관된 광원에 의해 균일하게 조명되는 경우, 리소그라피 공간 이미지의 수치 형태는 다음과 같다.

$$\boldsymbol{I} = \frac{1}{S}\sum_{f}\sum_{g}\left(\boldsymbol{I}_s \cdot \sum_{p=x,y,z}\left\|\boldsymbol{H}_p^{f,g} \otimes \boldsymbol{M}\right\|_2^2\right) \tag{4-23}$$

시그모이드 함수를 사용하면 실리콘 웨이퍼의 노광 결과를 다음과 같이 표현할 수 있다.

$$\boldsymbol{Z} = \text{sig}\left\{\frac{1}{S}\sum_{f}\sum_{g}\left(\boldsymbol{I}_s \sum_{p=x,y,z}\left\|\boldsymbol{H}_p^{f,g} \otimes \boldsymbol{M}\right\|_2^2\right)\right\} \tag{4-24}$$

여기서 I_s는 광원의 강도 분포를 나타내는 $N_s \times N_s$ 스칼라 행렬이고, N_s는 유효 광원을 래스터화한 후 가로축의 픽셀 수이며, 0이 아닌 강도를 가진 광원의 총 개수 S이고, $\boldsymbol{H}_p^{f,g}$은 행렬 형식의 광학 시스템 함수다.

주어진 타겟 패턴 $\boldsymbol{Z}_T$에 대해 SMO의 최적화 목표는 노출된 패턴과 웨이퍼의 타겟 패턴 사이의 제곱 오일러 거리를 최소화하는 최적의 광원 $\hat{\boldsymbol{J}}$ 및 마스크 $\hat{\boldsymbol{M}}$를 찾는 것이다.

$$(\hat{\boldsymbol{J}}, \hat{\boldsymbol{M}}) = \arg\min_{\boldsymbol{J},\boldsymbol{M}}(F) = \arg\min_{\boldsymbol{J},\boldsymbol{M}} d(T\{\boldsymbol{J}, \boldsymbol{M}\}, \boldsymbol{Z}_T) \tag{4-25}$$

최적화 프로세스에서는 불연속적인 소스 및 마스크 함수를 연속적인 형태로 변환한다,

$$\boldsymbol{J} = f(\boldsymbol{\Omega}_S) = \frac{1+\cos\ \boldsymbol{\Omega}_S}{2},\ \ \boldsymbol{M} = f(\boldsymbol{\Omega}_M) = \frac{1+\cos\ \boldsymbol{\Omega}_M}{2} \tag{4-26}$$

어디 Ω_S와 Ω_M는 스칼라 행렬이며 행렬의 각 요소는 $(-\infty, \infty)$.

가장 빠른 하강 방법을 사용하여 광원의 모양과 마스크 그래프에 대한 평가 함수의 부분 도함수 $\frac{\partial F}{\partial \Omega_S}$와 $\frac{\partial F}{\partial \Omega_M}$를 구한 다음 k번째 반복에서 얻은 광원 및 마스크 함수를 기반으로 $k+1$번째 반복의 광원 및 마스크 함수를 얻는다.

$$\Omega_S^{k+1} = \Omega_S^k - e_S \frac{\partial F}{\partial \Omega_S},\quad \Omega_M^{k+1} = \Omega_M^k - e_M \frac{\partial F}{\partial \Omega_M} \tag{4-27}$$

여기서 e_s과 e_M는 각각 소스 최적화 및 마스크 최적화를 위한 단계 크기이다.

그림 4-36에는 동기 SMO와 대체 SMO의 알고리즘 기능을 결합한 알고리즘 흐름이 나와 있다.

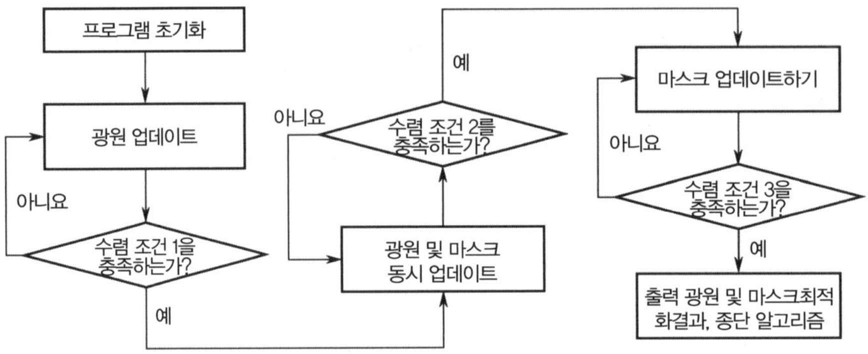

그림 4-36 알고리즘 흐름

이 SMO 알고리즘은 먼저 별도의 광원 최적화(SO) 알고리즘을 사용하여 이미징 오류를 빠르고 효과적으로 줄이고, 그 후 동시 SMO 알고리즘을 사용하여 광원과 마스크를 공동으로 최적화하고, 마지막으로 별도의 마스크 최적화(MO) 알고리즘의 더 나은 수렴 성능을 사용하여 이미징 오류를 더욱 줄인다.

위의 최적화 알고리즘을 사용하여 마스크의 픽셀 값이 0에서 1까지 분포된 회색조 마스크 그래픽을 얻는다. 목표 패턴과 비교하고 패턴 오류를 계산하기 위해서는 최적화된 마스크 패턴을 처리하여 이진화된 마스크 패턴 $\hat{\boldsymbol{M}}_d$ 즉 각 행렬 요소가 0 또는 1인 스칼라 행렬 $\hat{\boldsymbol{M}}_d$를 구해야 한다.

따라서 실리콘 웨이퍼의 이진화된 노출 패턴은 다음과 같이 표현할 수 있다.

$$\boldsymbol{Z}_b = \Gamma\left\{\frac{1}{S}\sum_f\sum_g\left(\boldsymbol{I}_s\sum_{p=x,y,z}\left\|\boldsymbol{H}_p^{f,g}\otimes\boldsymbol{M}_d\right\|_2^2\right)-t_r\right\} \tag{4-28}$$

여기서, 요소가 t보다 크면 $\Gamma(\square)=1$, 그렇지 않으면 $\Gamma(\square)=0$.

그래픽 오차 E_r은 목표 그래프와 실리콘 웨이퍼의 이진화된 노출 결과 사이의 오일러 거리의 제곱으로 정의하면 다음과 같다.

$$\begin{aligned} E_r &= \left\|\boldsymbol{Z}_T-\boldsymbol{Z}_b\right\|_2^2 \\ &= \left\|\boldsymbol{Z}_T-\Gamma\left\{\frac{1}{S}\sum_f\sum_g\left(\boldsymbol{I}_s\sum_{p=x,y,z}\left\|\boldsymbol{H}_p^{f,g}\otimes\boldsymbol{M}_d\right\|_2^2\right)-t_r\right\}\right\|_2^2 \end{aligned} \tag{4-29}$$

4.4.2 SMO 기술의 산업적 적용

산업에서 사용되는 광원 마스크의 공동 최적화 방법은 NILS, DOF, MEEF와 같은 파라미터를 평가 함수로 사용하는 기존 방법과 달리 에지 배치 오차(EPE)를 평가 함수로 사용하여 최적의 솔루션을 찾는다. 이 SMO의 일반적인 프로세스는 다음과 같다: 최적화 초기 단계에서 최적화 알고리즘은 제약되지 않은 광원과 연속 투과 마스크(CTM)를 사용하여 최적의 솔루션을 찾은 다음, 최적화된 광원 분포를 일반적인 DOE 광원 또는 자유형 광원에 맞추고, CTM의 분포에서 하위 해상도 보조 그래프 SRAF를 삽입하고 마스크 제조 규칙에 따라 메인 마스크 그래픽과 SRAF를 수정하여 마스크 제조 요구 사항을 충족하도록 하고, 마지막으로 마스크 그래픽과 광원 분포를 협력적으로 최적화하여 최적화된 결과를 얻는다.

현재 업계의 주류 EDA 기업들은 SMO를 연구해 왔다. IBM[27], ASML[28], 멘토[29], 시놉시스[30], 케이던스[31] 등은 소프트웨어 알고리즘과 모델에 대한 심도 있는 연구를 수행했으며, 글로벌파운드리, 삼성 등은 장비 및 웨이퍼 검증 측면에서 상응하는 공헌을 해왔다. 기존 SMO 기술은 마스크 3D 모델(M3D, Mask 3D), 포토레지스트 3D 모델(R3D, Resist 3D), 웨이퍼 3D 모델(W3D, Wafer 3D), 필름 구조, 시스템 오류 등 다양한 요소를 시뮬레이션 계산에 보다 포괄적으로 통합할 수 있어 SMO로 얻은 최종 결과와 실제 웨이퍼의 결과가 높은 수준의 일관성을 갖도록 했다.

산업용 SMO 기술에서 평가 함수는 노출 선량(%로 표시), 아웃포커스 양(nm로 표시), 마스크 플레이트의 패턴 크기 편차(nm로 표시)와 같은 파라미터의 변화로 인해 발생하는 EPE를 도입한다. 평가 함수는 다음과 같은 형태를 취한다.

$$f = \sum_{\mathrm{pw}} w_{\mathrm{pw}}{}^{p/2} * \Big(\sum_{e} \| \mathrm{EPE} \|^{p} + p_{\mathrm{sl}} f_{\mathrm{side\_lobe}} + p_{\mathrm{MRC}} f_{\mathrm{MRC}} + p_{\mathrm{is}} f_{\mathrm{Inverse\_slope}}\Big) \tag{4-30}$$

여기서 pw는 평가 함수 계산에 관련된 프로세스 조건을 나타내고, e는 EPE 측정에 사용되는 마스크 그래프의 평가 지점을 나타내며, w_{pw}는 다양한 프로세스 조건에 해당하는 가중치 계수를 나타낸다. 위 식의 오른쪽 끝에서 EPE를 제외한 부분은 페널티 함수로 최적화 과정에서 발생하는 특수 효과를 억제하거나 규칙 확인 등을 추가하기 위해 사용되며, 각 항 앞의 p는 최적화 계수를 나타낸다. SMO는 광원 분포와 마스크 패턴을 모두 최적화하기 때문에 SMO의 출력에는 최적화된 광원뿐만 아니라 입력된 마스크 패턴의 OPC 후 결과도 포함된다.

그림 4-37과 같이 산업화된 SMO의 작동 원리와 흐름을 설명하기 위해 ASML-Brion의 타키온 SMO를 예로 들어 설명한다.

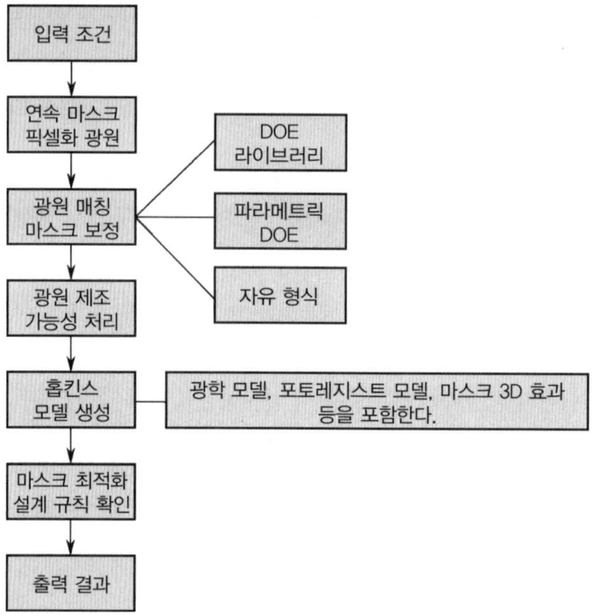

그림 4-37 산업화된 SMO의 작동 원리 및 프로세스

SMO에 필요한 입력 조건에는 리소그라피 모델 및 관련 하드웨어 매개 변수, 광원의 수치 조리개 크기 및 편광 방향, 포토 레지스트 층의 구조 등과 같은 리소그라피의 특정 조건뿐만 아니라 설계 규칙에 따른 테스트 패턴, 실제 칩 패턴 및 앵커 패턴이 포함된다. 입력 조건이 결정되면 SMO는 먼저 광원 모양과 마스크 모양을 변수로 사용하는 예비 모델을 생성하고 예비 최적화 프로세스에서 광원을 픽셀화된 격자 도트로 나누고 이진 마스크를 연속 투과 마스크(CTM)로 변환한다. 픽셀화된 광원을 포함하는 모델을 CTM에 적용하여 웨이퍼 표면의 광도 분포를 얻는데, 여기서 마스크는 이진 0 또는 1(비투과성 0, 투과성 1) 형태가 아닌 연속 위상 변화 형태로 광원과 마스크 모두 최대 자유도로 최적화하여 광원과 마스크에 대한 더 나은 매칭 결과를 얻을 수 있다. 그런 다음 SRAF 위치를 선택하고 삽입하여 CTM을 기반으로 연속 위상 변화 SRAF 패턴을 형성한다. 위의 단계를 완료한 후 소프트웨어는 설정된 디자인 규칙에 따라 연속적으로 변화하는 마스크와 SRAF를 경계 지오메트리에 피팅하고 피팅 과정에서 생성된 미세한 조각을 제거하기 위해 해당 그래프 클리닝을 수행한다.

광원, 마스크 및 SRAF의 초기 최적화가 완료된 후 후속 최적화 프로세스에서 광원 및 마스크 격자 점을 점진적으로 개선하고 자유형 광원을 하드웨어 구현 가능한 형태에 맞추고 있다. 일반적으로 자유형 광원 격자 점의 수는 201×201 또는 251×251이며 제안 된 합성에는 DOE 라이브러리 광원, 파라 메트릭 DOE 광원 및 자유형 광원의 세 가지 주요 형태가 있으며 DOE 라이브러리 광원은 기존 광원 형태를 사용하여 하드웨어 구현 비용을 높이지 않고 비 임계 레이어 리소그라피에 적합하다. 파라메트릭 DOE 광원은 DOE 라이브러리를 확장한 것으로, DOE 광원의 일부 기하학적 파라미터를 변경하여 더 나은 해상도를 얻을 수 있다. 자유형 광원은 특정 그래픽의 해상도를 최적화하기 위해 높은 수준의 자유도를 가진 픽셀화된 광원을 사용하는 최신 기술이지만 구현하려면 특정 하드웨어가 필요하다.

광원 모양이 결정되고 제조 가능성이 처리 된 후 소프트웨어는 광학 모델, 포토 레지스트 모델, 마스크 3D 효과 모델 등을 포함하는 해당 홉킨스 모델을 생성한다. 모델이 결정된 후 전체 광 경로 시스템에 적용되어 마스크를 최적화하고 설계 규칙을 확인하며 수행되는 작업은 OPC와 유사하지만 전체 SMO 최적화 프로세스가 최종 완료될 때까지 사이클 수와 계산 정확도가 OPC보다 높다.

전체 리소그라피 모듈 개발에 SMO를 적용하기 위해서는 업계에 표준 프로세스가 있는데, 이는 SMO가 리소그라피용 광원을 제공하기 때문에 리소그라피 R&D 체인의 최전단에 위치하여 많은 후속 R&D 단계를 결정하고 동시에 후속 공정에서 적시에 피드백을 받아 광원에 필요한 개선을 이루어야 하기 때문이다.

그림 4-38은 실제 생산에 SMO를 적용하는 과정의 예를 보여준다. 첫 번째 작업에서는 설계 규칙(DR)에 기반한 테스트 패턴을 SMO에 대한 입력으로 개발해야 한다. SMO는 계산이 매우 까다롭고 전체 칩 레이아웃에 대한 글로벌 최적화를 수행할 수 없으므로 계산 속도를 허용 가능한 한도 내에서 유지하기 위해 광원을 생성하는 데 소수의 일반적인 패턴이 필요하다. 따라서 테스트 패턴의 결정은 설계 규칙을 충족하면서 가능한 한 많은 그래픽 구조를 커버해야 하는 전체 SMO 프로세스에서 특히 중요하다. 이 부분의 약점은 이전 기술 시대의 경험을 기반으로 할 수도 있고, 디자인 규칙 개발 과정에서 얻을 수도 있다.

위의 입력값을 결정한 후 테스트 그래프와 실제 약점을 더한 총 그래프 수는 수백 개에 달할 수 있다. 이렇게 많은 수의 그래프를 처리하려면 SMO에 엄청난 양의 계산이 필요하기 때문에 그래프 수를 추가로 필터링해야 한다. 브리온의 TFlex SMO는 회절 레벨에 따라 그래프를 선택하는 방법을 제공한다. 주기가 정수배 관계인 그래프의 경우 회절 스펙트럼이 겹치는데, 이 경우 주기가 작은 그래프가 계산에 선호되는 반면, 주기가 큰 그래프를 SRAF에 삽입하면 주기가 작은 그래프와 유사한 광학 표현을 얻을 수 있다. 그래프 선택을 통해 계산에 관련된 그래프의 수를 크게 줄일 수 있다. 이러한 그래프 선택은 회절 수준의 관점에서만 수행되며 선택한 그래프는 스펙트럼의 모든 입력 그래프를 나타낼 수 있지만 리소그라피에서 어떤 그래프가 약한지 식별 할 수 없다는 점에 주목할 가치가 있다. 따라서 TFlex는 기존 약점 및 전문가의 경험에 따라 계산된 그래프의 수와 가중치를 조정할 수 있는 수동 선택 기능도 제공한다.

그래픽 선택 후 입력 그래픽의 총 개수는 일반적으로 12개 내외로 줄어들 수 있으며, 이 그래픽의 일부를 마스크 입력으로 사용한다. 반면 광원 입력은 일반적으로 링과 같은 일반적인 광원을 최적화를 위한 초기값으로 삼고, 광원을 수만 개의 그리드 포인트(예: 251×251)로 나누고, 각 그리드 포인트는 픽셀에 해당하는 광도를 가지며, 최종적으로 얻은 자유형 광원은 모든 픽셀 포인트로 구성된다.

SMO의 계산 입력은 특정 규칙에 따라 모든 참여 피규어의 가장자리와 모서리에 평가 포인트가 삽입되는 에지 배치 오차(EPE)를 기반으로 한다(다양한 조명 조건에서 이러한 평가 포인트의 EPE는 가중치가 부여되어 합산된다.). 합산 결과는 EPE 종속 평가 함수로 간주되며, 광원과 마스크를 수정하여 이 평가 함수의 값을 최소화하는 것이 SMO 최적화의 목적이다. 궁극적으로 모든 그래픽의 겹치는 프로세스 창을 평가 기준으로 사용하여 DOF, EL, MEEF, ILS 및 기타 메트릭이 요구 사항을 충족하는지 평가한다.

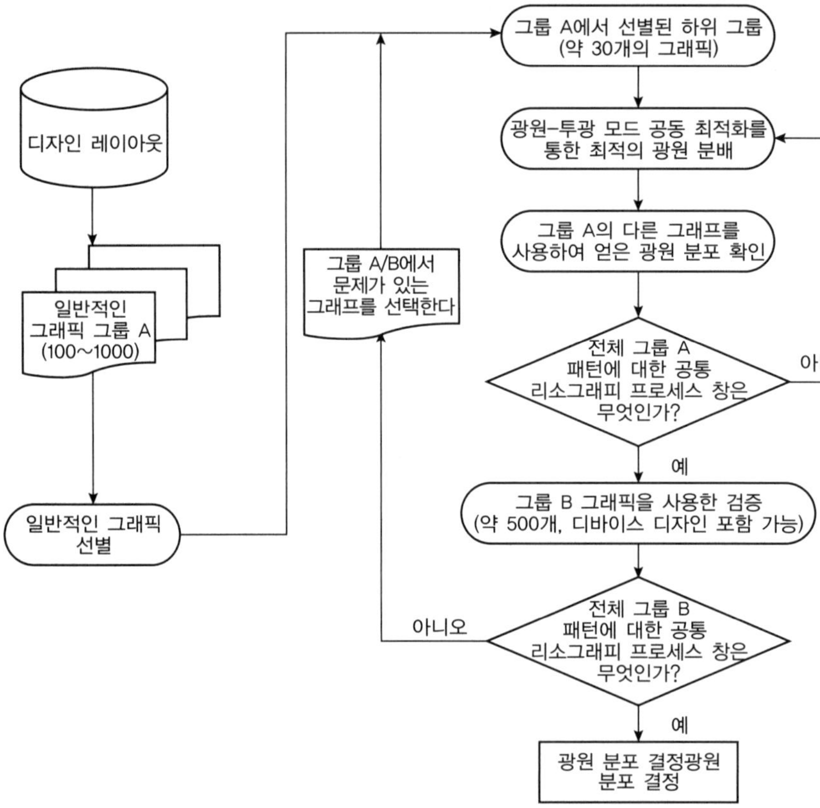

그림 4-38 실제 생산에 SMO를 적용하는 과정 [4]

위의 SMO 결과가 요구 사항을 충족하는 경우, 첫 번째 단계에서 얻은 광원을 사용하여 더 많은 테스트 그래픽과 실제 그래픽(일반적으로 그래픽 선택 과정에서 필터링된 그래픽 부분)을 검증하는 두 번째 단계의 MO 검증이 필요하다. 검증 프로세스는 OPC 시뮬레이션을 통해 마스크 그래픽을 수정하는 과정이며, 이 과정에서 광원은 고정된다. 위 과정이 완료되면 시뮬레이션 결과를 실제 웨이퍼 노광 데이터와 비교하여 평가를 통과하면 다음 단계인 OPC 모델링 및 보정 작업을 진행할 수 있다.

SMO 프로세스에서 한 번의 작업으로 모든 문제를 해결할 수없는 경우가 많으며, 새로운 약점이 완료된 후 OPC의 첫 번째 라운드에서 발견되면 두 번째 SMO 작업이 필요할 수 있으며 이러한 약점을 입력 그래픽에 추가하여 광원을 최적화하여 이러한 어려운 점을 해결한다.

SMO로 얻은 광원은 가장 이상적인 결과이며, 리소그래프에서 구현하려면 제조 가능성을 고려해야 한다. 가장 간단한 접근 방식은 기계에 직접 적용할 수 있는 기존 DOE 광원에 광원을 맞추는 것이다. 두 번째 접근 방식은 링 광원의 내경 및 외경과 같이 첫 번째 접근 방식에 비해 더 많은 자유도를 가지며 프리폼 광원에 더 접근하여 더 나은 공정 창을 제공할 수 있는 파라메트릭 DOE 광원(파라메트릭 DOE)을 사용하는 것이다. 세 번째 접근 방식은 기계에 픽셀화된 프리폼을 구현하는 것으로, 최상의 프로세스 창을 제공하고 SMO가 제공하는 이점을 최대한 활용할 수 있다. 현재 업계에서는 프로그래머블 일루미네이터를 활용하여 각 SMO 결과에 해당하는 광원을 준비할 필요 없이 픽셀화된 광원을 실시간으로 구성할 수 있는 보다 성숙한 프리폼 광원 구현이 이루어지고 있다.

40나노 기술 세대를 시작으로 메모리[32], SRAM, 논리 소자[33] 등 다양한 칩 제조 공정에 실제 산업 생산에 적용되기 시작했으며, 22나노와 14나노 기술 세대에 이르러서는 점점 더 타이트해지는 리소그라피 공정 윈도우를 개선하기 위해 널리 활용되기 시작했다. 그림 4-39는 글로벌파운드리의 개발 공정에서 POR-베이스라인과 SMO-베이스라인의 DOF 비교를 보여주며, 여기서 "POR"은 최적화 전의 조명 조건을 나타낸다. SMO-Baseline의 공정 윈도우가 POR-Baseline보다 훨씬 더 높다는 것을 알 수 있다.

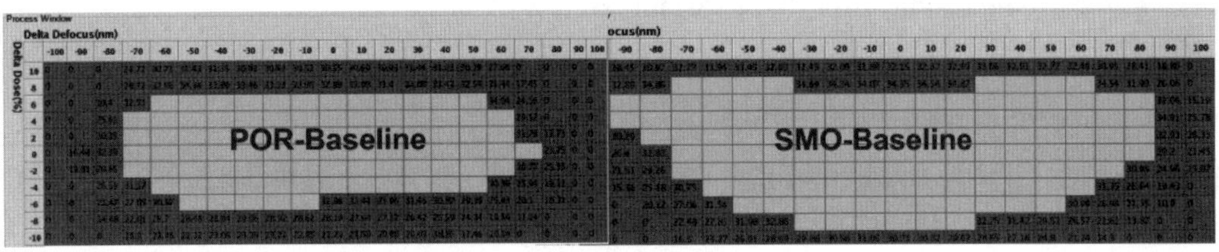

그림 4-39 POR-베이스라인과 SMO-베이스라인의 DOF 비교 [33]

SMO는 다가오는 첨단 기술 노드 리소그라피에 필수적인 기술이며, 그래픽 이미징 품질이 광원에 더욱 민감해짐에 따라 전체 리소그라피 체인에서 SMO가 수행하는 역할이 점점 더 중요해질 것으로 예상된다.

이 장의 참조 사항

[1] Wei, Y. I.. 초대형 집적 회로를 위한 고급 리소그라피 이론 및 응용 [M]. Beijing: Science Press, 2016.

[2] 셀렌버그 F M. 해상도 향상 기술: 과거, 현재, 그리고 미래를 위한 확장. 광학 마이크로리소그라피 XVII [C]. Proc SPIE, 2004, 5377: 1-20.

[3] 송보 가오. 리소그라피 해상도 향상 기술 연구 [D]. Beijing: 중국과학원 대학원, 2008.

[4] 현미경에 대한 특별한 언급과 함께 광학 기기 이론에 관한 레이리 L.[J]. 철학적 잡지, 1896(42): 167-195.

[5] Levenson M D, Viswanathan N S, Simpson R A. 위상 편이 마스크를 사용한 포토리소그라피의 해상도 향상[J]. IEEE Trans. Electron Dev, 1982(ED-29): 1828-1836.

[6] Terai M, Kumada T, Ishibashi T 등. 차세대 소자를 위한 화학적 수축 공정 및 재료에 의해 지원되는 새로 개발된 해상도 향상 리소그라피 [J]. 일본 응용 물리학 저널, 2006, 45(6B):5354-5358.

[7] 오야마 K, 야마우치 S, 야베 K 등. 22nm 노드를 향한 향상된 포토레지스트 수축 공정 기술 [C]. Proc SPIE, 2011, 7972, 79722Q.

[8] J. Mailfert, Kerkhove J, Bisschop P 등. 193i를 사용한 랜덤 로직 애플리케이션을 위한 금속1 패터닝 연구, 리소 및 에칭을 위해 보정된 OPC 사용 [C]. Proc SPIE, 2014, 9052, 90520Q.

[9] Kim M S, Vandeweyer T, Altamirano-Sanchez E, et al. 1x nm FinFET의 자기 정렬 이중 패터닝; 도전적인 기하학을 통한 새로운 소자 통합 [J]. IEEE 제14회 실리콘의 궁극적 통합에 관한 국제 컨퍼런스 (Ulis), 2013: 101-104.

[10] Kim R H, Koay C, Burns S D 등. 20nm 이상의 로직 BEOL 기술을 위한 스페이서 정의 이중 패터닝 [C]. Proc SPIE, 2011, 7973, 79730N.

[11] 반 Y, 밀로슬라브스키 A, 루카스 K 외. 2D 랜덤 로직 패터닝을 위한 자기 정렬 이중 패터닝의 레이아웃 분해 [C]. Proc SPIE, 2011, 7974, 79740L.

[12] Chen Y, Xu P, Miao L, 외. 하프 피치 15nm로 연속 IC 스케일링을 위한 자체 정렬 트리플 패터닝 [C]. Proc SPIE, 2011, 7973, 79731P.

[13] 코다마 C, 이치카와 H, 나카야마 K 외. 자기 정렬 이중 및 사중 패터닝 인식 그리드 라우팅 방법 [J]. 집적 회로 및 시스템의 컴퓨터 지원 설계에 관한 IEEE 트랜잭션, 2015, 34(5):753-765.

[14] 오야마 K, 야마우치 S, 나토리 S 등. 10nm 이하 노드 디바이스를 위한 다중 패터닝을 이용한 강력한 보완 기술 [C]. Proc SPIE, 2014, 9051, 90510V, 2014.

[15] Ma X, Arce G R. 전산 리소그라피 [M]. 순수 및 응용 광학의 와일리 시리즈, 편집 1. Wiley & Sons, 2010.

[16] Wong A K. 광학 리소그라피를 위한 해상도 향상 기술 [M]. Bellingham, Washington: SPIE Press, 2001.

[17] 루오 카이성. 나노 스케일 회로 해상도 향상 기술 및 핫스팟 감지 기술 연구 [D]. 항저우: 저장대학교, 2014.

[18] Ma X, Li Y. 제조 가능성이 향상된 광학 리소그라피의 해상도 향상 최적화 방법 [J]. J. 마이크로/나노 리스. MEMS MOEMS, 2011, 10(2): 023229.

[19] L.S. Dong. 높은 수치 조리개 리소그라피 이론 및 해상도 향상 기술 [D]. Beijing: 베이징 공과 대학, 2014.

[20] 셰리프 S, 살레 B, 리온 R. 혼합 정수 프로그래밍을 이용한 이진 이미지 합성 [J]. IEEE Trans. 이미지 프로세스, 1995(4): 1252-1257.

[21] Liu Y, Zakhor A. 광학 리소그라피를 위한 이진 및 위상 변이 마스크 설계 [J]. IEEE Trans. Semicond. Manuf, 1992(5): 138-152.

[22] Poonawala A, Milanfarb P. 광학 마이크로리소그라피를 위한 프리워핑 마스크 설계-역 이미징 문제 [J]. IEEE 트랜잭션 온 이미지 프로세싱, 2007, 16.

[23] Ma X, Arce G R. 공액 그라데이션 기반 픽셀 기반 OPC 최적화 [J]. Opt. Express, 2011, 19(3): 2165-2180.

[24] Ma X, Li Y, Dong L. 벡터 이미징 모델에 기반한 광학 리소그라피의 마스크 최적화 접근법 [J]. J. Opt. Soc. A. 2012, 29(7): 1300-1312.

[25] Rosenbluth A E, Bukofsky S, Fonseca C 등. 주어진 형상을 인쇄하기 위한 최적의 마스크 및 소스 패턴 [J]. J. 마이크로리소그라피, 마이크로패브리케이션 및 마이크로시스템, 2002(1): 13-20.

[26] Rosenbluth A E, 성 N. 통합 공정 창을 최대화하기 위한 조명 분포의 글로벌 최적화. 광학 마이크로리소그라피 XIX [C]. Proc SPIE, 2006, 6154, 61540H.

[27] Lai K, Gabrani M, Demaris D 등. 매우 큰 규모의 마스크와 소스의 특정 공동 최적화를 설계한다 [C]. Proc SPIE, 2011, 7973, 797308.

[28] Liu P, Zhang Z, Lan S 등. 풀칩 3D 전산 리소그라피 프레임워크 [C]. Proc SPIE, 2012, 8326, 83260A.

[29] EL-Sewefy O, Chen A, Lafferty N 등. 3D 마스크 및 컴팩트 레지스트 모델을 사용한 소스 마스크 최적화 [C]. Proc SPIE, 2016, 9780, 978019.

[30] Xiao G, Hooker K, Irby D 외. 고급 계층적 메모리를 위한 하이브리드 역 리소그라피 기술 [C]. Proc SPIE, 2014, 9052, 90520D.

[31] 코스쿤 T, 다이 H, 황 H 외. 고급 노드를 위한 소스-마스크 최적화에서 마스크 지형 효과 고려하기 [C]. Proc SPIE, 2011, 7973, 79730P.

[32] Yu C, Yang C, Yang E 외. 40nm 노드 플래시 메모리 소자를 위한 접촉 패터닝에 대한 강력한 단일 노광 솔루션을 위한 SMO 및 NTD [C]. Proc SPIE, 2013, 8683, 868322.

[33] Zhang D, Chua G, Foong Y 외. 소스 마스크 최적화 방법론(SMO) 및 실제 풀칩 광학 근접 보정에의 적용 [C]. Proc SPIE, 2012, 8326, 83261V.

CHAPTER 5

에칭 효과 보정

에칭 공정은 반도체 제조의 핵심 단계이다. 포토리소그라피는 그림 5-1(a)와 같이 웨이퍼에 포토레지스트 패턴을 형성하고, 후속 에칭 공정에서 반응성 입자(예: 이온 및 라디칼)가 그림 5-1(b)와 같이 포토레지스트 및 기판 표면과 상호 작용하여 에칭을 완료한다. 식각 후 기판에서 얻은 패턴의 크기는 포토레지스트 패턴(식각 시 하드 마스크로 사용됨)의 크기와 편차가 발생하며, 이러한 편차를 식각 바이어스라고 부른다. 에칭 바이어스는 그림 5-1(b)[1]에 표시된 것처럼 기판의 에칭 아웃 패턴이 해당 포토레지스트 패턴보다 작거나, 기판의 에칭 아웃 패턴이 해당 포토레지스트 패턴보다 큰 포지티브 바이어스일 수 있다.

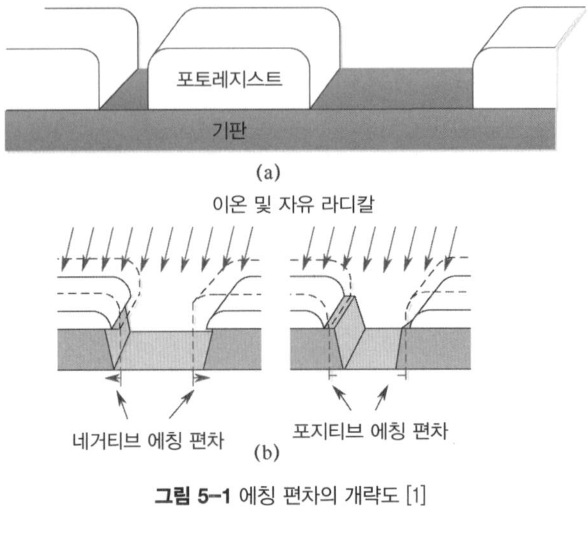

그림 5-1 에칭 편차의 개략도 [1]

에칭 편차에 대한 표식은 다음과 같다.

$$\text{etch\_bias} = \frac{\text{CD}_{\text{litho}} - \text{CD}_{\text{etch}}}{2} \tag{5-1}$$

여기서 CDlitho는 포토레지스트에 있는 패턴의 임계 치수(CD)이고 CDetch는 에칭 후 기판에 있는 패턴의 임계 치수이다.

식각은 복잡한 물리적, 화학적 공정이기 때문에 지금까지 이를 정확하고 정량적으로 설명할 수 있는 완벽한 이론은 없었다. 기술 노드의 발전과 함께 새로운 포토레지스트, 하드 마스크, 저유전체 재료 등 수많은 신소재가 IC 제조에 적용되었다. 이러한 새로운 재료와 공정의 도입으로 식각 편차와 플레이트의 모양 및 크기, 주변 그래픽 밀도 및 그래픽 주변 환경 간에 강한 상관관계가 발생하여 최종 기판 그래픽의 CD를 제어하기가 특히 어려워졌다. 많은 양의 실험 데이터에 따르면 에칭 편차는 선형적이지 않으며 주로 조리개 효과와 마이크로 로딩 효과라는 두 가지 요인에 따라 달라진다 [2].

그림 5-2에 표시된 조리개 효과는 패턴의 총 식각 면적의 변화가 일정 범위 내에서 식각 속도에 영향을 미치며, 총 식각 면적이 증가함에 따라 점차 감소한다.

그림 5-3에 표시된 마이크로 로딩 효과는 동일한 디자인 레이아웃 내에서 그래픽의 밀도가 다르면 에칭 속도가 달라지고, 동시에 그래픽이 밀도가 높은 곳에서는 에칭 깊이가 얕아지고 그래픽이 희박한 곳에서는 깊어지는 것을 나타낸다. 이러한 현상의 원인은 반응성 이온의 유효 반응 성분이 패턴과 기판 재료의 밀도가 높은 영역에서 더 빨리 소모되어 국소 에칭 영역에서 반응 성분의 불균형을 초래하여 에칭 속도가 감소하기 때문이다.

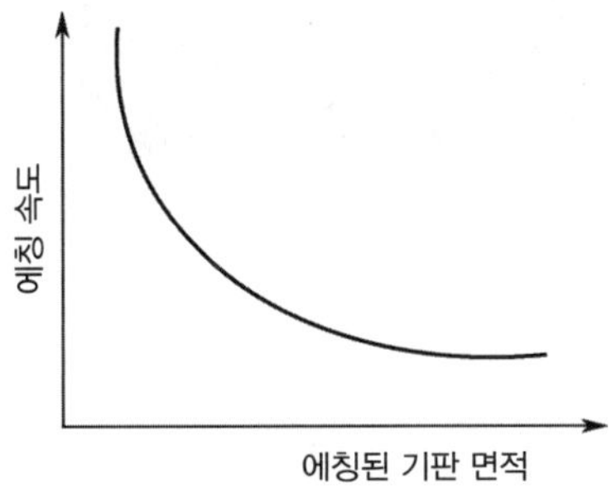

그림 5-2 조리개 효과

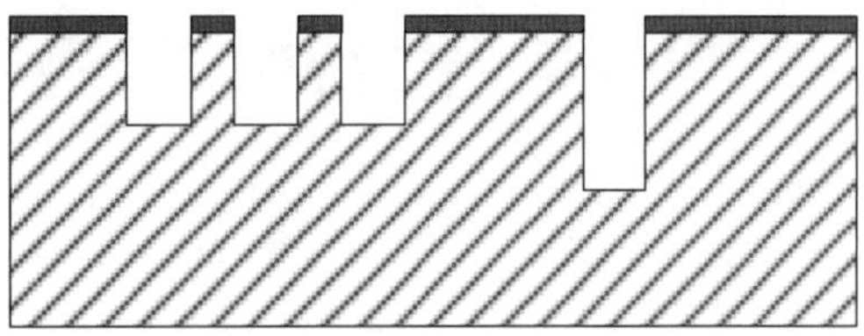

그림 5-3 마이크로로드 효과

조 효과와 마이크로 로딩 효과라는 두 가지 효과를 일반적으로 에칭 근접 효과라고 한다[2]. 실리콘 기판의 에칭 공정에서 반응 가스는 일반적으로 패턴의 측벽과 바닥을 모두 에칭하므로 에칭 근접 효과로 인해 에칭된 패턴 크기와 에칭 깊이가 모두 편차가 발생한다는 점에 주목할 필요가 있다. 이 둘 사이의 강한 상관 관계에 따라 에칭 크기 보정은 일반적으로 에칭 깊이의 편차를 보정하므로 에칭 근접 효과 플레이트 보정은 에칭 크기에만 적용되며 에칭 깊이 계수는 고려하지 않는다.

5.1 에칭 효과 보정 프로세스

첨단 기술 노드에서는 식각 편차가 CD에 비해 커짐에 따라 식각 편차로 인한 CD 변화를 보정하기 위해 설계 레이아웃을 수정하는 것이 특히 중요하다. 웨이퍼에 필요한 패턴을 얻기 위해서는 레이아웃을 미리 보정해야 하며, 식각 편차에 대한 이러한 보정을 식각 근접 보정(EPC) 또는 줄여서 식각 효과 보정이라고 부른다.

식각 효과 보정은 고정 또는 가변 식각 편차 보정을 통해 달성할 수 있으며, 일반적으로 모델 기반 및 규칙 기반 접근 방식이 모두 포함된다. 기존의 에칭 효과 보정 흐름은 그림 5-4 [3]에 나와 있다. 먼저, 선택된 그래픽 레이어에 대해 식각 시 설계 레이아웃이 직면하는 일반적인 식각 효과를 최대한 포함하는 일련의 대표적인 테스트 패턴을 추출하고 마스크 플레이트에 테스트 패턴을 만든 다음 웨이퍼에서 얻은 데이터를 분석하여 해당 레이어의 식각 공정 및 분석된 데이터를 기반으로 규칙 기반 솔루션 또는 모델 기반 솔루션을 사용할지 여부를 결정한다.

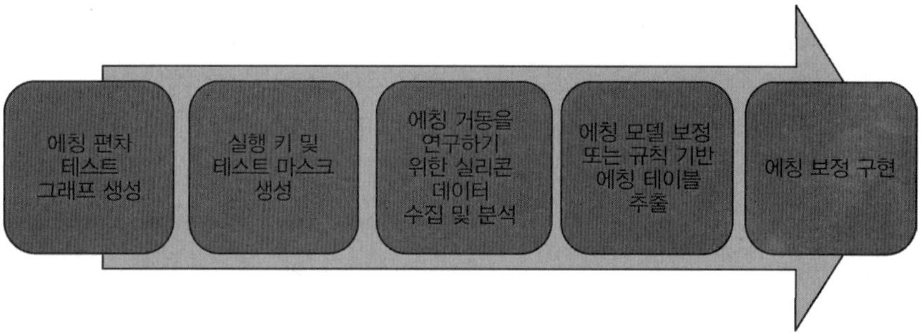

그림 5-4 에칭 효과 보정 흐름 [3]

플레이트의 에칭 보은 일반적으로 광학 근접 보정(OPC)이 선행된다. 설계, 리소그라피, 에칭의 흐름 순서로 인해 에칭 효과 보정과 OPC는 원인과 결과 측면에서 역방향 프로세스이다. 설계 레이아웃을 이상적인 에칭 패턴 크기로 사용하고 측정된 에칭 효과를 결합하여 필요한 포토레지스트 패턴의 크기를 반전시킨 다음 이상적인 포토레지스트 패턴 레이아웃을 반전시키는 것이다. 실제 작업 순서는 그림 5-5에 나와 있으며, 일반적으로 EPC 자체는 OPC의 일부로 간주된다.

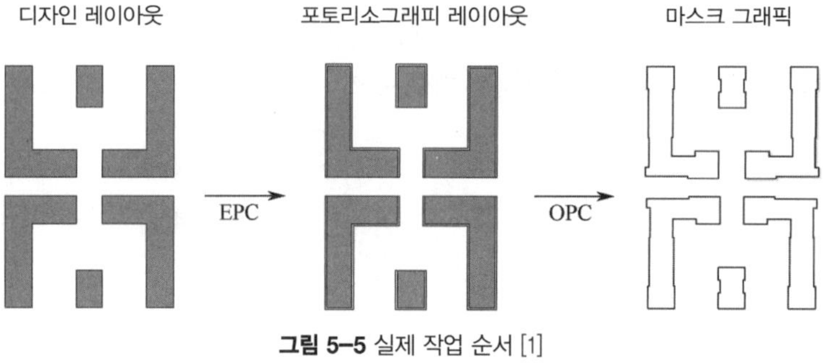

그림 5-5 실제 작업 순서 [1]

기존의 에칭 효과보정 프로세스에는 그림 5-6과 같이 광학 시스템, 포토레지스트 및 에칭 시뮬레이션의 주기적 반복이 포함된다.

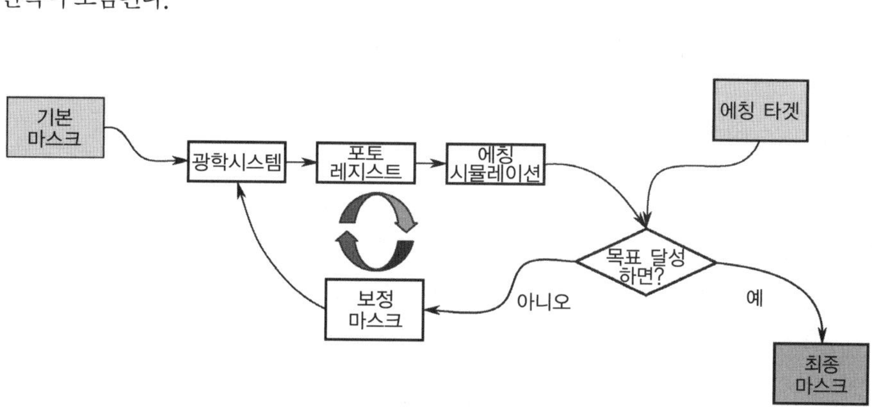

그림 5-6 기존 에칭 효과 보정 흐름 [4]

5.2 에칭 효과의 규칙 기반 보정

5.2.1 에칭 효과 보정을 위한 규칙 기반 접근 방식

IC 대량 생산에서 기존의 식각 효과 보정은 그림 5-7과 같이 룩업 테이블을 사용하여 식각 편차를 조절하는 규칙 기반 접근 방식을 기반으로 한다. 패턴의 폭과 피치에 따라 테이블은 해당 식각 보정 값을 제공한다[5]. 설계 의도에 따라 OPC 공정에서 미리 사용되어 노광 후 포토레지스트 패턴의 치수가 타겟과 일치하도록 하는 경우가 많다. 이 방법은 속도 측면에서 상당한 이점을 제공하지만, 이전에 선택한 테스트 패턴의 유형에 따라 정확도가 제한된다. 따라서 그래픽 밀도와 복잡성이 상당히 높은 첨단 기술 노드에서는 룩업 테이블 외부 구조에 대한 식각 편차 보정 데이터를 외삽으로 얻는 것이 부정확하다. 또한 측정된 에칭 편차가 선 너비와 간격에만 의존하는 것이 아닌 특정 시나리오에서는 룩업 테이블이 더 복잡해질 수 있다. 예를 들어, 선분의 끝 부분이 더 기울어진 모양일수록 선분의 중간 부분보다 에칭 편차가 더 크다.

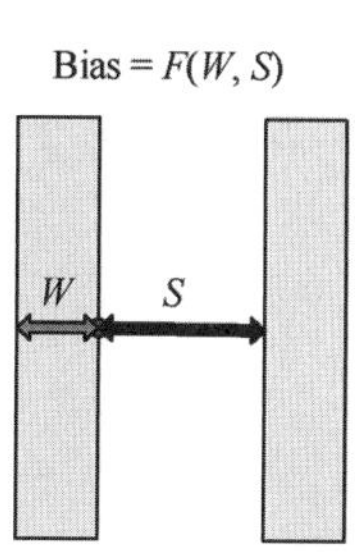

문의 양식

F(W, S)	100	110	120	130
40	18	17	16	16
50	18	17	16	15
60	19	18	17	17
70	19	18	17	17
80	…			
90				

그림 5-7 폭과 피치의 함수로서 에칭 편차를 사용하는 규칙 반 접근 방식 [5]

간단한 그래프의 에칭 편차는 플레이트의 체계적인 에칭 효과를 특성화할 수 있는 가장 쉬운 방법 중 하나이다. 예를 들어 리소그라피 및 에칭 엔지니어는 고정된 선 폭과 간격이 주기적으로 반복되는 주기적인 규칙 패턴을 연구하여 에칭 편차 추세를 특성화한다. 그 특징 중 하나는 선폭 또는 피치를 측정할 수 있으며, 그 결과 에칭 편차 추세는 그래프 선폭(선폭), 피치(간격), 주기(피치) 또는 이러한 파라미터의 조합의 함수일 수 있다는 것이다.

그림 5-8에 표시된 바와 같이, 트렌치의 다양한 설계 선폭에 대한 예로서 선폭이 가변적 인 스파 스 메탈 트렌치 패턴의 에칭 편차 추세를 제시한다. 패턴의 선폭이 증가함에 따라 에칭 편차도 일정하게 유지되지 않고 그에 따라 증가하며, 특히 100nm 이하의 범위에서 작은 선폭에서 에칭 편차의 변동성이 더 크다는 점에 주목할 필요가 있다.

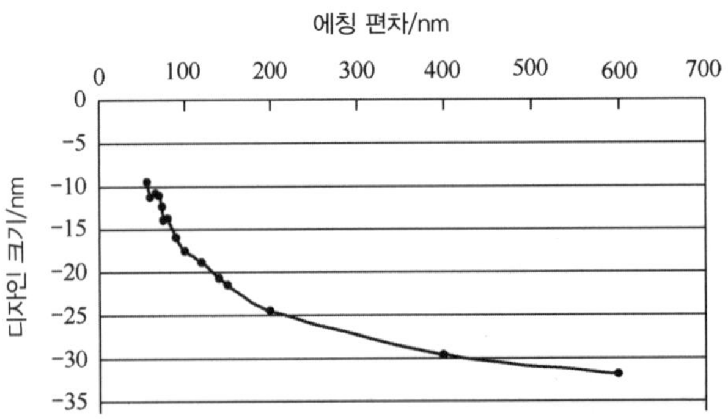

그림 5-8 선폭 [6]에 따른 홈 패턴 에칭 편차 추세

더큰 레이아웃 환경에서는 레이아웃을 면밀히 분석하면 선폭과 피치가 동일한 두 형상이라도 서로 다른 식각 편차를 나타낼 수 있음을 알 수 있다[6]. 리소그라피 플레이트 보정의 간단한 예가 그림 5-9에 표시되어 있으며, 여기에는 동일한 디자인 크기와 OPC 처리를 가진 두 마스크 모양이 표시되어 있고 패턴의 세 선 세그먼트는 40nm 선폭과 40nm 피치를 가진다. 오른쪽의 세 선분은 두 개의 큰 금속 패턴 사이에 위치하며, 왼쪽의 세 선분은 분리된 선이다. 왼쪽의 희박한 그래픽 환경에 대한 마스크 선폭은 43nm이고, 오른쪽의 조밀한 그래픽 선폭은 37nm이다[6].

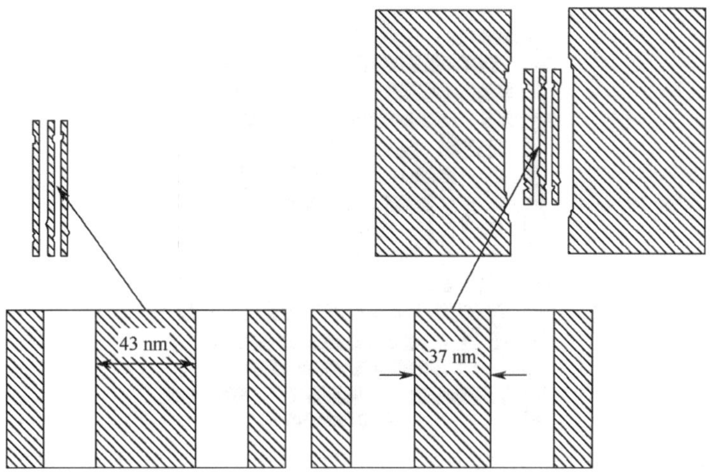

그림 5-9 포토리소그라피 플레이트 보정 예시

그림 5-9에 볼 수 있듯이 규칙 기반 에칭 효과 보정은 단순한 선폭과 피치 규칙만으로는 금속 선폭이 40nm인 두 패턴의 차이를 구분할 수 없다. 간단한 룩업 테이블은 선폭과 간격이라는 두 가지 변수만 포함할 수 있으며, 동일한 에칭 바이어스가 그래프의 두 가지 다른 구성에 잘못 적용될 수 있다. 따라서 그래픽 구성의 이러한 특정 차이를 정확하게 구분하려면 더 복잡한 규칙이 필요하며, 적절한 마스크 보정을 적용하는 모델 기반 솔루션을 통해 이러한 차이를 식별하는 것이 더 효과적이다.

5.2.2 에칭 효과에 대한 규칙 기반 보정의 한계

실제로 더 성숙한 공정 노드의 경우 레이아웃의 희소 대 고밀도 영역에서 등밀도 에칭 바이어스의 일반적인 값은 10nm 정도이다. 현재 규칙 기반 에칭 효과 보정은 주로 1차원 패턴 보정에 사용되는 반면, 큰 에칭 편차 보정, 희소 영역과 고밀도 영역 사이의 전이 영역 보정, 코너 효과 보정에는 적합하지 않다. 동시에 이러한 애플리케이션을 위한 규칙 보정 테이블을 구축하고 수정하는 작업도 지루하고 어려운 작업이다. 따라서 위의 문제를 해결하기 위해서는 모델 기반 에칭 효과 보정 방법이 필요하다.

복잡한 플레이트의 경우 모델 기반 에칭 효과 보정이 규칙 기반 에칭 효과 보정보다 훨씬 간단하고 우수하다. 그림 5-10의 2차원 플레이트에는 매우 복잡한 에칭 효과 보정 규칙이 필요한 반면, 모델 기반 에칭 효과 보정을 사용하면 더 적은 메뉴 최적화 단계를 사용하여 합리적인 마스크 그래픽 솔루션을 더 쉽게 얻을 수 있다.

그렇다면 어떤 상황에서 식각 편차 보정 규칙이 모델 기반 식각 효과 보정 접근법을 필요로 할 만큼 충분히 복잡하고 관리가 불가능하게 될까? 이 질문에 답하기 위해서는 에칭 편차의 국부적인 체계적 변동을 평가하기 위한 정량적 분석이 필요하며, 이러한 변동이 특정 임계값보다 클 경우 규칙 기반 에칭 효과 보정 접근법으로는 더 이상 처리할 수 없다. 과거에는 규칙 기반 식각 효과 보정을 사용할 때 채택된 공정과 패턴의 더 큰 임계 크기에 의해 이러한 변동이 가려질 수 있었다. 그러나 임계 크기가 작아지면 변동성의 영향이 분명해져 룩업 테이블의 적용 가능성이 감소한다.

그림 5-10 상대적으로 복잡한 플레이트는 규칙 기반 에칭 효 보정 기법을 사용하기 어렵다 [6].

이 현상을 설명하기 위해 그림 5-11은 이러한 구조가 이상적인 리소그라피 그래프 프로파일을 나타낸다고 가정하여 주기적 플레이트 그래프의 간단한 예시를 보여준다[6]. 그림 5-11은 선 너비와 간격이 동일한 두 개의 리소그라피 그래픽 플레이트 A와 플레이트 B를 비교한다. 플레이트 B의 오른쪽에 큰 그래픽이 존재하기 때문에 플레이트 B의 두 평행선 그래픽은 플레이트 A의 두 평행선 그래픽과 상당히 다른 근접 환경을 갖게 된다. 점선 상자 마커의 그래프 가장자리는 폭이 60nm에서 28nm에 이르는 선의 시뮬레이션 에칭 윤곽을 보여주며 4nm마다 드롭이 있다[6] . 엔지니어가 완벽한 모델 기반 에칭 효과 보정 체계를 채택하고 리소그라피 공정과 함께 최적화하여 주변의 환경적 차이에 관계없이 그래프의 모든 모양이 목표에 부합하도록 했다고 가정한다. 여기에는 두 가지 간단한 모양이 사용되었는데, 첫 번째는 그림 5-11의 플레이트 A와 같이 두 개의 평행선이 있는 모양이고 두 번째는 그림 5-11의 플레이트 B와 같이 두 개의 평행선이 동일하지만 오른쪽에 더 큰 블록 모양이 있는 모양이다.

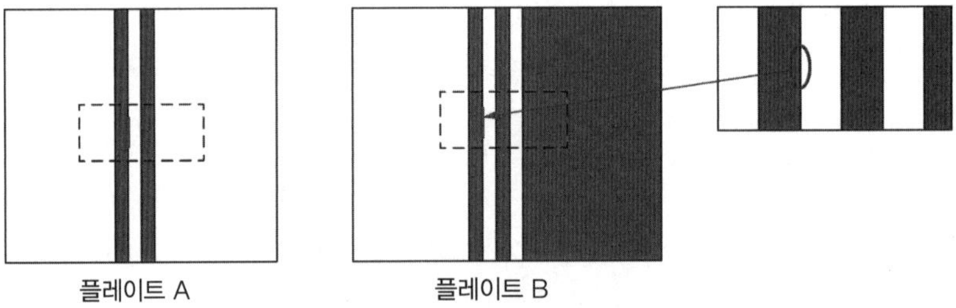

그림 5-11 순환 레이아웃 그래픽 예시

웨이퍼 검증 데이터 잘 일치하는 것으로 확인된 식각 편차 모델을 먼저 선택한 다음, 식각 편차 데이터(식각 프로파일과 리소그라피 프로파일 간의 차이에 따른 함수)를 그래프에 표시하여 해당 선폭의 변화를 확인한다. 모든 경우에 선폭이 변함에 따라 피치도 그에 따라 변하여 선폭과 동일하게 유지된다.

그림 5-11의 두 그래프에서 가장 왼쪽 선 그래프의 오른쪽 가장자리를 예로 들어 에칭 편차를 시뮬레이션한다. 에칭 효과에 대한 간단한 규칙 기반 보정을 적용하면 두 그래프의 에지는 동일한 그래프의 폭과

간격에 따라 동일한 값만큼 이동한다. 시뮬레이션에서 두 에지 간의 에칭 편차 차이를 근접 오차라고 한다. 에칭 효과의 규칙 기반 보정으로 인한 비임의 예측 가능한 변동성은 이 특정 레이아웃 구조의 시뮬레이션을 비교하여 정량적으로 평가할 수 있다. 에칭된 임계 치수와 유사한 그래픽 에지의 근접 오차 사이의 관계는 그림 5-12에 나와 있다.

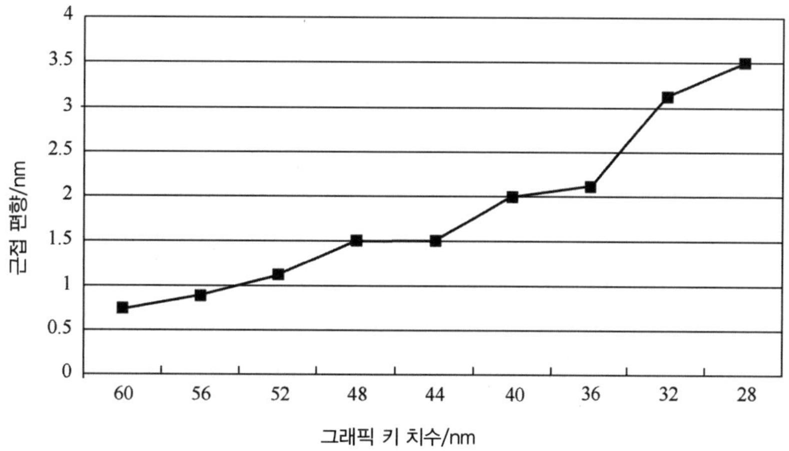

그림 5-12 에칭된 임계 치수의 함수로서 유사한 그래픽 가장리의 근접 편차 [6]

미리 예상한 대로 에칭 편차는 플레이트 A와 플레이트 B에서 동일하지 않다. 편차 값은 1nm에서 3.5nm 범위에서 다양하다. 패턴의 임계 크기가 감소함에 따라 플레이트 A와 플레이트 B의 차이는 점점 더 커진다. 임계 크기와 임계 크기에 대한 편차의 상대적 비율 관계를 보면 60nm 임계 크기에서는 두 그래프 모두 편차가 1% 미만이지만 임계 크기를 30nm로 줄이면 12%를 초과하는 것으로 나타난다. 이 값은 단일 에지 그래픽만을 사용한 테스트에 기반한 것이며, 그래픽의 양쪽 에지를 모두 고려하면 편차가 20% 이상으로 증가하는 것을 볼 수 있다는 점에 유의할 필요가 있다. 이 레이아웃 구조의 경우, 이 예는 규칙 기반 에칭 효과 보정 접근 방식이 임계 크기의 대형 그래픽에 충분히 효과적인 반면, 40nm 이하와 같은 고급 기술 노드 아래의 그래픽에는 더 큰 변동이 발생하는 이유를 보여준다. 그래픽 크기가 감소함에 따라 근접 효과가 더 커지고 일반적인 단순 규칙 기반 에칭 효과 보정으로는 이 문제를 해결할 수 없기 때문이다.

이 모델 기반 식각 효과 보정을 사용해야 하는 시점을 정량적으로 평가하기 위해 다양한 근접 효과가 있는 더 넓은 범위의 복잡한 플레이트에 대해 시뮬레이션 또는 대량의 실험 데이터 수집을 통한 분석을 수행할 수도 있다.

실리콘 웨이퍼의 식각 편차를 특성화하기 위해 단순한 가변 피치 주기적 패턴을 사용하는 것은 근접 패턴 상황으로 인한 식각 편차의 변동성을 완전히 반영하지 못한다는 점에 유의하는 것이 중요하다. 단순 가변 피치 주기 그래프를 사용하여 식각 보정 규칙을 구성한 후 동일한 단순 그래프를 사용하여 이러한 보정의 효과를 검증하면 식각 편차 차이로 인한 임계 치수 변동이 해결된다는 결론을 내릴 수 있다. 규칙 기반 식각 효과 보정 체계를 사용하여 실험에 사용된 테스트 그래프 세트를 주의 깊게 살펴봄으로써 보정의 효과를 특성화하면 근접 효과로 인한 큰 차이를 발견할 수 있다.

규칙 기반 식각 효과 보정에서 모델 기반 식각 효과 보정 접근 방식으로 전환함에 따라 엔지니어가 직면하는 문제는 그림 5-11에 표시된 것과 유사하게 더욱 복잡해질 것이다. 현재 지배적인 노드의 설계 규칙에 따르면 일부 레이어의 경우 일반적으로 플레이트 B가 존재하지 않는다. 고급 기술 노드로 이동함에 따라 일부 계층에 대한 설계 규칙이 더 규칙적으로 변하고 있다. 이러한 레이어는 관련된 레이아웃이 매우 규칙적이어서 모델 기반 보정이 필요하지 않을 수 있으므로 규칙 기반 에칭 효과 보정을 계속 확장하여 사용할 수 있다. 그러나 주요 레이어 중 상당수는 100% 균질하지 않으므로 규칙 기반 에칭 보정에는 상당한 제한이 있으며, 이러한 레이어는 모델 기반 에칭 보정 접근 방식의 주요 요구 사항이 될 것이다.

규칙 기반 근접 효과 보정 모델은 에칭 편차를 빠르게 보정할 수 있다는 장점이 있지만, 이전에 테스트한 플레이트의 구조 유형에 따라 에칭 편차 보정의 정확도가 제한된다. 실제 플레이트에 새로운 그래픽 구조가 나타나면 이 방법의 적용이 어려워진다. 또한 측정된 에칭 편차가 2D 그래픽 구조의 밀도 및 플레이트의 경사 프로파일과 같이 선폭과 피치 이외의 요인에 따라 달라지는 경우 룩업 테이블을 구축하는 것이 복잡해지거나 불가능해질 수도 있다. 집적 회로의 임계 치수가 줄어들면서 이러한 문제가 대두되었다.

5.3 에칭 효과의 모델 기반 보정

5.3.1 에칭 공정 모델링

에칭 공정을 모델링하기 위해서는 에칭 공정 패턴의 왜곡을 유발하는 영향 요인을 제거해야 한다. 일반적으로 웨이퍼 레벨, 다이 레벨, 칩 레벨, 패턴 레벨에서 에칭 효과가 발생한다. 웨이퍼 레벨에서의 에칭 효과는 주로 개구 효과이고 칩 레벨에서의 에칭 효과는 마이크로 로딩 효과이며 그래픽 레벨에서의 에칭 효과에는 국부 밀도 의존성, 깊이 대 폭 비율 의존성 등이 포함된다. [7]. 에칭 효과는 그림 5-13에 개략적으로 나와 있다. 그림 5-13 (a)에서, 깊은 종횡비 의존적 에칭은 더 큰 개방 영역이 더 작은 개방 영역보다 더 빠르게 에칭되며, 가시 영역이 변동함에 따라 에칭 속도는 수직 및 수평으로 변화하고 그 효과는 1 μm 이내에 영향을 미친다. 그림 5-13(b)에서 국부 밀도 의존적 에칭은 고밀도 영역보다 저밀도 영역에서 더 빠르게 에칭되며, 에칭 속도는 수직 및 수평으로 다양하며 그 효과는 수 미크론에 영향을 미친다.

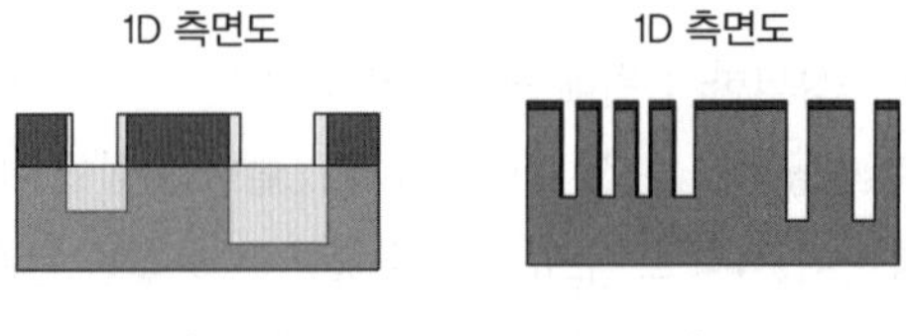

그림 5-13 에칭 효과의 개략도 [7]

일반적으로 구 효과는 칩 보정 모델에서 고정 바이어스를 적용하여 모델링하고, 마이크로 로딩 효과는 장거리 밀도로, 그래픽 레벨 효과는 단거리 밀도와 오픈 영역 계산의 시각화(비선형 시각화 모델)로 모델링하며, 이러한 방법은 마스크 최적화 분야에서 에칭 효과 보정에 광범위하게 연구되어 적용되고 있다. 섹션 5.2에서 설명한 것처럼 수평 방향(측벽)의 식각과 수직 방향(바닥)의 식각은 강한 상관관계가 있기 때문에 일반적으로 수평 패턴 CD에 대한 보정에는 수직 방향의 식각 깊이 편차에 대한 보정도 포함된다. 리소그라피 패턴이 에칭 패턴을 크게 결정하기 때문에 리소그라피와 에칭은 서로 밀접하게 모델링해야 한다. 리소그라피 및 에칭 모델을 통합하면 리소그라피와 에칭의 시너지 최적화를 통해 에칭 편차 모델의 효율성을 크게 향상시킬 수 있다.

전히 엄격한 에칭 모델은 챔버 조건, 공정 조건, 반응 메커니즘, 에칭 속도 등과 같은 다양한 요인의 영향을 고려해야 한다. 기체 상 및 표면 수송, 전하 효과 등 근접 효과로 이어지는 모든 물리적 메커니즘을 시뮬레이션할 수 있다. 현재 에칭 공정 모델링 방법은 다음과 같다.

(1) **분석 방법**: 공정에 관련된 반응 메커니즘과 요인 및 에칭 공정에 미치는 영향은 수학 방정식의 형태로 정교화되고 요구 사항을 충족하도록 방정식을 분석하여 매개 변수와 결과를 얻는다.

(2) **기하학적 방법**: 기하학적 모델을 기반으로 특성 프로세스 매개 변수 또는 특성 프로세스 모델을 사용하여 특징 식별을 통해 3 차원 모델의 출력을 얻는다.

(3) **시스템 식별 방법**: 신경망 모델을 적용하여 입력/출력 간의 다중 입력/출력 비선형 매핑 관계를 설정하여 프로세스 결과를 예측한다.

(4) **기본 원리 시뮬레이션 방법**: 고주파, 고강도 전기장 내에서 연속성, 운동량 균형 및 에너지 균형 방정식과 관련된 기본 원리를 기반으로 플라즈마 에칭 모델을 설정한다.

(5) **경험적 모델링 방법**: 기본 물리적 프로세스를 대부분 무시하고 실제 프로세스 동작의 관점에서만 문제를 매개 변수화한다. 측정된 프로세스의 입력과 출력은 입력에 대한 출력의 수학적 모델을 결정하는 데 사용된다.

표 5-1에 표시된 것처럼 에칭 방법과 모델에는 여러 종류가 있다[8-12].

표 5-1 에칭 방법 및 모델 요약

	모델 이름	연구 방법론 및 연구 주제	기능 및 적용 사례	제한 사항
구문 분석 방법	표면 역학 모델	물리적 프로세스 설명	다양한 요인에 대한 종합적인 분석, 공정 조건 및 반응 메커니즘에 대한 설명, 에칭 속도 계산	다학제적 지식, 특정 조건, 반응 메커니즘을 명확히 해야 하며, 어려운 계산이 필요하다.
	미세 표면 반응 모델	반응 메커니즘과 과정을 설명	에칭 원리 및 공정을 설명하고 반응 메커니즘을 정량적으로 분석하다.	다학제적 지식, 특정 조건, 반응 메커니즘을 명확히 해야 하며, 어려운 계산이 필요하다.
	연속 CA 모델	에칭 프로세스 및 프로파일 진화 설명	임의로 복잡한 2차원 및 3차원 구조, 다양한 유형의 에칭 및 재료 시뮬레이션, 고정밀 및 고효율 시뮬레이션 실현	시뮬레이션 정확도가 증가하면 시뮬레이션 효율성이 감소한다.
	울프-자코딘 매핑 방법	에칭 프로세스 및 프로파일 진화 설명	3차원 시뮬레이션, 이방성, 단일 크리스탈	다결정에는 적합하지 않음
기하학적 방법	경험적 모델링 방법	입자 반응 과정 설명	출력 지오메트리; 모듈식 구조	높은 계산량
체계적인 식별 체계적인 식별 방법	BP 기반 신경망 모델	프로세스 파라미터 해결, 시스템 입력 및 출력 관계 설명	공정에 대한 전반적인 고려; 장비의 공정 시뮬레이션 모델을 얻을 수 있으며 다중 입력, 다중 출력, 비선형 및 다양한 공정 조건에 적합하다.	정확도 개선 필요; 공정 중 재료 특성 변화를 정확하게 예측할 수 없음
기본 원리 시뮬레이션 방법	하이브리드 플라즈마 모델	반응 메커니즘과 과정을 설명	임의의 복잡한 2D 및 3D 구조, 다양한 유형의 에칭 및 재료 시뮬레이션	각 원자로의 이온 분포에만 초점을 맞추고 자유 라디칼 플럭스 값의 영향은 무시한다.
	모듈형 플라즈마 원자로 시뮬레이터 모델	반응 메커니즘과 과정을 설명	임의로 복잡한 2차원 및 3차원 구조, 다양한 유형의 에칭 및 재료 시뮬레이션, 고정밀 및 고효율 시뮬레이션 실현	ICP 반응기 전용
경험적 모델링 방법	경험적 모델	에칭 프로세스 및 프로파일 진화 설명	실제 프로세스 파라미터와 이론적 모델의 결합	결과 예측을 위해 기존 실험 데이터 필요

시뮬레이션의 복잡한 에칭 공정 측면은 모델 실행 속도를 보장하기 위해 신중하게 선택해야 한다. 에칭 근접 효과에 가장 중요한 영향은 패턴 밀도와 밀도가 높은 영역에서 희박한 영역의 편차 정도이다. 패턴 밀도에 대한 에칭 편차의 일반적인 의존성은 그림 5-14에 표시되어 있으며, 다른 메커니즘으로 인해 이차적인 효과가 발생한다. 일반적으로 에칭 편차는 인접 그래픽의 모양과 플레이트의 한 지점에서 보이는 열린 영역의 크기에 따라 크게 달라진다. 주요 의존성은 중성 그룹 차폐의 효과이며, 에칭 편차는 그래픽의 열린 영역 크기와 관련된 중성 입자의 플럭스에 따라 달라진다. 리소그라피에서 광학 근접 효과의 영향 범위는 광학 직경(OD)[12]으로 정의할 수 있으며, 즉 이 직경을 초과하는 영역은 이 그래픽의 이미징에 무시할 수 있는 영향을 미치는 것으로 간주되며 OD는 광원의 파장 및 수치 개구 NA와 관련이 있다. 일반적으로 수치 조리개가 1.35인 침지 리소그라피의 경우 OD는 약 1.5μm로 간주되는데, 이는 에칭 효과의 영향 범위가 3~6μm인 것에 비해 에칭 근접 효과와 광학 근접 효과의 주요 차이점 중 하나인 에칭 효과와 비교된다.

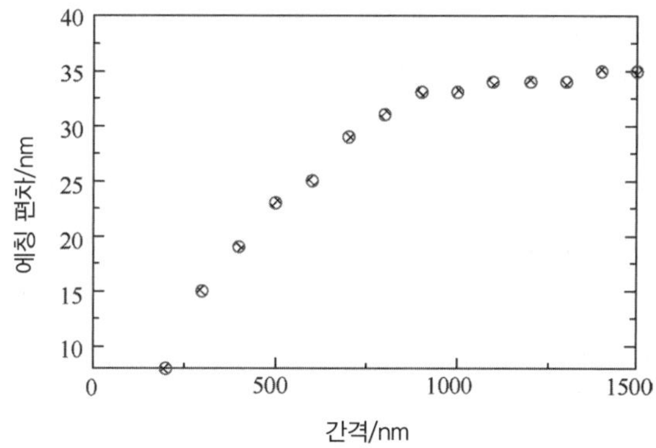

그림 5-14 그래프 밀도에 대한 에칭 편차의 일반적인 의존성 [14]

5.3.2 에칭 효과에 대한 모델 기반 보정 개요

반응 입자가 기판 표면과 충돌할 때 식각 편차는 식각된 반응 입자의 수와 입사 각도 및 방향에 영향을 받기 때문에 전체 칩에 대한 식각 근접 효과를 엄격하게 시뮬레이션하려면 매우 많은 양의 계산이 필요하므로 엄격한 물리적 모델은 실제 대규모 생산 애플리케이션에 비현실적이다. 따라서 식각 근접 효과 보정은 경험적 규칙(규칙 기반 근접 효과 보정) 또는 단순화된 모델(모델 기반 근접 효과 보정)의 탐색적 접근 방식에 기반해야 한다. 모델 기반 근접 효과 보정에 적용되는 커널 함수는 그림 5-15에 나와 있다.

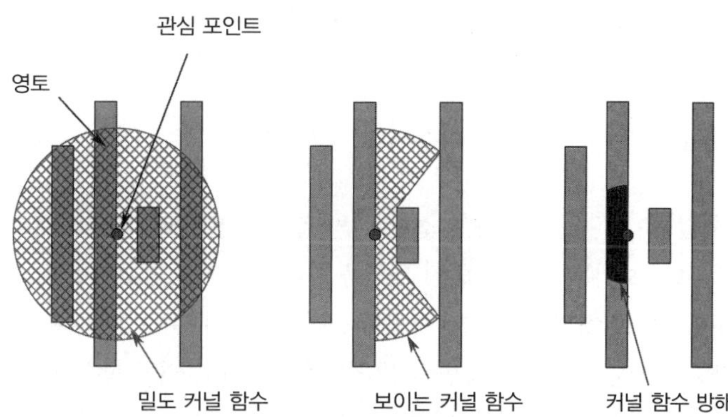

그림 5-15 모델 기반 근접 효과 보정에 적용된 커널 함수 [1]

모델 기반 근접 효과 보정(MB-EPC)을 설정할 때 일반적으로 표면 분자 역학 기반 모델링 접근 방식은 선택되지 않는다. 표면 역학 모델의 계산 원리는 먼저 운동 방정식을 풀어서 입자 분포 함수를 구한 다음 이온 및 중성 입자 플럭스, 이온 에너지 및 각도 분포와 같은 매개 변수를 사용하여 에칭 또는 증착 속도, 생성물 화학량 론, 표면 커버리지 등을 계산하는 것인데, 이는 계산 집약적이어서 계산 속도가 느리고 계산이 어렵다. 이는 매우 계산 집약적이어서 칩 전체의 시뮬레이션 규모를 충족하기 어려운 계산 속도로 이어지며, 또한 필요한 정확도와 실제 예측 가능성을 달성하기 위해 에칭 중에 발생하는 반응을 설명하고 보정하기 위해 많은 수의 화학 반응 방정식을 사용하기가 어렵다 [15].

로딩 효과와 조리개 효과는 에칭 중에 에칭 편차를 생성하는 주요 영향이며, 이 두 가지 효과는 플레이트 그래픽의 국부적인 플레이트 밀도 및 트렌치 폭 또는 패턴 간격과 밀접한 관련이 있으므로 에칭 편차를 그래픽 기하학적 파라미터의 모양 함수로 해석하는 것이 가능하다. 현재 에칭을 모델링하기 위한 대부분의 애플리케이션 지향 아이디어는 단순화 모델이라고도 하는 간결한 수학적 모델을 기반으로 한다. 탄탄한 물리 이론이 없다고 해서 에칭 편차를 정확하게 예측할 수 있는 것은 아니다. MB-EPC가 적용하는 에칭 공정 시나리오에서 반응 가스, 온도 및 기타 조건 파라미터는 일반적으로 변경되지 않으므로 단순화된 에칭 근접 효과 보정 모델을 구축하는 과정에서 플레이트 특성이 에칭 편차에 미치는 영향이 일반적으로 주요 연구 대상으로 간주된다.

일반적으로 로딩 및 개구 효과로 인한 에칭 근접 효과를 더 잘 설명하기 위해 각 제조업체는 패턴 밀도, 패턴 분리, 패턴 세분성 또는 트렌치 폭 등 공정에 따라 서로 다른 근접 변수를 선택한다. (트렌치 폭), 에칭 편차는 일반적으로 프리에칭과 포스트에칭의 차이에 의해 반영된다. 현재 제조업체에서는 에칭 근접 효과를 보정하기 위해 일반적으로 VEB(가변 에칭 바이어스) 모델을 사용한다[15].

$$b = \sum_{i,j,k} a_{i,j,k} \cdot d^i s^j g^k \tag{5-2}$$

여기서 b는 에칭 편차, d^i는 그래프 밀도, s^j는 그래프 간격, g^k는 그래프 입자 크기 또는 트렌치 폭, $a_{i,j,k}$는 인접한 각 변수의 계수이다. 실제 생산에서는 에칭 편차에 대한 각 인접 변수의 서로 다른 기여도에 따라 $a_{i,j,k}$ 값이 결정된다. 그러나 임계 크기가 감소함에 따라 그래픽 밀도와 관련된 마이크로 로딩 효과가 에칭 근접 효과에 대한 영향을 점차적으로 지배하게 된다. 에칭 바이어스를 정확하게 예측하기 위해 VEB 모델은 경험적 파라미터를 가진 다양한 커널 함수를 포함하는 함수로 점차 대체된다 [1].

$$\text{Etch\_bias} = C_0 + C_1 \cdot \text{Den}_1 + C_2 \cdot \text{Vis}_1 + C_3 \cdot \text{Blo}_1 + C_4 \cdot \text{Den}_2 + \cdots \tag{5-3}$$

여기서 Den(밀도 커널)은 코어 포인트에 인접한 원의 레이아웃 밀도를 나타내는 커널 함수, Vis(가시 커널)은 코어 포인트에 보이는 원의 빈 공간 영역을 나타내는 커널 함수, Blo는 코어 포인트에 인접한 원과 가장 가까운 블록 다각형(블록 커널) 사이의 중첩을 나타내는 커널 함수이다. Blo는 코어 포인트에 인접한 원과 가장 가까운 블록 커널의 빈 공간 영역을 나타내는 커널 함수이다 [9]. 이 함수의 계수 Ci의 값과 항의 수는 경험적으로 결정되며, 인접한 원의 반경과 계수 Ci의 값은 회귀를 통해 조정된다. MB-EPC는 RB-EPC보다 더 넓은 범위의 그래프를 처리할 수 있지만 여전히 만족스러운 OCV(온칩 변동)를 달성하지는 못한다. MB-EPC 적용 후에도 20nm DRAM 디바이스의 OCV는 여전히 게이트 크기의 15%에 이르는 것으로 추정된다.

5.3.3 에칭 모델의 제한 사항

모델 기반 식각 효과 보정 프로세스를 사용하는 데 일부 성공이 있었지만, 식각 모델은 리소그라피에서 중요한 역할을 하는 광학 및 포토레지스트 모델에 비해 널리 사용되지는 않았다. 예를 들어, 최근의 여러 기술 노드에서는 각 중요 레이어에 대한 마스크 스텐실에 모델 기반 OPC를 적용하고, 많은 메뉴 파라미터에 공정 윈도우 OPC 및 공정 윈도우 검증을 사용했으며, 규칙(그라운드 룰)을 정의하고 실리콘 웨이퍼의 불량 지점(핫스팟)을 감지하는 데 리소그라피 모델이 널리 사용되었다. 반면 규칙 기반 식각 효과 보정은 식각 편차를 보정하는 데 여전히 주로 사용된다. 식각 모델이 일부 검증 공정에서 사용되기는 했지만, 노광 공정 개발, 규칙 분석 및 여러 레이어의 전체 칩 검증을 위한 노광 모델과 같은 정도로 적용되지는 않았다. 식각 모델이 아직 널리 사용되지 않는 데에는 몇 가지 이유가 있다[6].

첫 번째 이유는 시점이다. 일부 식각 공정 개발이 리소그라피 공정 개발보다 늦어지는 이유는 리소그라피 공정이 아직 개발 단계에 있을 때 동일한 기술 노드에서 동시에 성숙한 식각 공정을 개발하기 어렵기 때문이다. 안정적이고 신뢰할 수 있는 리소그라피 솔루션이 정의되면 식각 팀은 보다 진보된 식각 공정 개발에 집중할 수 있다. 이는 식각 공정의 정교함이 떨어지고, 당연히 아직 개선 중인 식각 공정을 모델링하는 것은 매우 어렵다는 것을 의미한다. 팀에서 모델링하는 공정을 자주 변경해야 한다는 사실을 알게 되면 식각 편차의 작은 변동을 모델링하는 데 많은 노력을 기울이는 것을 꺼리게 되고, 식각 장비, 재료, 리소그라피 솔루션 또는 식각과 관련된 기타 사항이 변경되면 정확한 모델은 쓸모없게 된다.

두 번째 이유는 정확성이다. 대면적 플레이트 시뮬레이션에 적용되는 식각 모델은 식각 타겟을 보장해야 하는 부담을 감당할 만큼 정확하지 않다. 가장 진보된 모델 기반 식각 보정 공정을 위한 현재의 식각 편차 모델도 경험적 2차원 플레이트 시뮬레이션에는 여전히 몇 가지 본질적인 결함이 있다. 전체 칩 플레이트에서 작업할 때 모델이 충분히 빠르게 실행되지만 수직 방향에서 발생하는 복잡한 변동성을 포착하지 못할 수 있다.

세 번째 이유는 습관화이다. 에칭 과정에서 발생하는 그래프 의존적 치수 변동은 에칭 효과에 대한 간단한 규칙 기반 보정 체계를 사용하여 성공적으로 처리할 수 있는 경우가 많기 때문이다. 특성화 및 보정 관점에서 볼 때 이러한 간단한 방식은 그래프 의존적 변동을 처리할 때 큰 이점을 제공한다. 규칙 기반 에칭 효과 보정 체계는 지난 수년 동안 상당히 성공적이었으며, 많은 엔지니어가 항상 잘 작동한다고 생각하는 체계를 변경하는 것을 꺼려한다.

그러나 14나노 이하 기술 노드에서는 소자 크기가 계속 미세화됨에 따라 임계 크기 제어가 더욱 엄격해지고 국부적인 패턴 변동으로 인한 식각 편차 차이가 더욱 중요해지기 때문에 공정 램프업과 규칙 기반 식각 효과 보정만으로는 이를 완전히 해결할 수 없게 된다. 보다 정확한 방식을 사용하여 에칭을 보정해야 하며, 이 경우 모델 기반 에칭 효과 보정이 필수적이다.

5.4 EPC 수정 전략

섹션 5.3에 따르면 패턴 전송 품질은 포토리소그라피 및 에칭 공정에 따라 달라지며, 특히 두 공정 간의 상호 작용을 더 이상 무시할 수 없는 고급 노드에서 더욱 그렇다. OPC 및 관련 애플리케이션은 고정밀 에칭 효과 보정 모델을 중요한 구성 요소이자 개발 방향으로 삼았다. 일반적으로 리소그라피와 식각 효과는 순차적이고 단계적인 방식으로 모델링 및 보정되어야 한다. 포토레지스트 또는 리소그라피 모델은 리소그라피 효과를 보정하기 위해 구축 및 적용되고, 식각 모델은 식각 효과를 보정하는 데 사용된다. 그러나 상호 영향을 미치는 이 두 공정의 경우, 개발된 포토리소그라피 및 에칭 패턴의 상당한 편차 특성을 더 잘 포착하기 위해서는 모델 보정을 위해 두 공정을 통합하는 것이 매우 필요하다. 다음으로, 에칭 모델링 단계에서 전체 노광 모델 정보를 충분히 고려하여 노광과 에칭의 공동 최적화를 목적으로 노광 모델을 에칭 데이터와 더 잘 일치하도록 조정하여 보정 모델에서 통합 시뮬레이션 접근 방식을 분석한다.

다단계 모델은 리소그라피, 에칭 등 다양한 공정 단계의 순차적 보정을 기반으로 구축된다. 각 공정 단계를 개별적으로 최적화할 수 있기 때문에 단일 공정 모델보다 정확도가 높다는 장점이 있다[15]. 식각이 리소그라피 모델에 미치는 영향을 평가하기 위해서는 공정에서 식각 편차를 시뮬레이션하기 위한 추가 모듈이 필요하다. 이와 관련하여 리소그라피 모델과 에칭 모델을 통합하여 모델을 보정하고 높은 검증 효율성을 달성해야 한다는 과제가 있다. 모델 흐름에는 리소그라피 및 에칭 효과에 대한 다양한 보정이 포함되며 접근 방식은 그림 5-16에 나와 있다 [16].

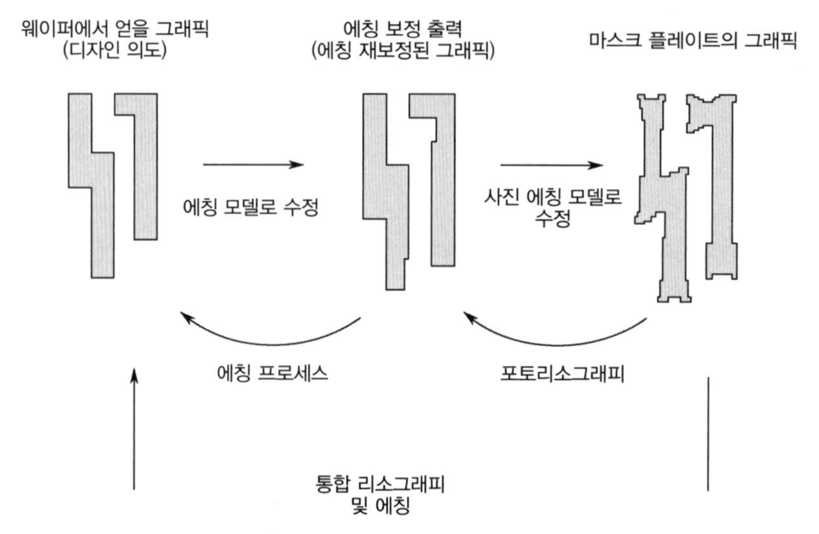

그림 5-16 계층적 및 모델 기반 에칭을 사용한 에칭 재보정 및 리소그라피 보정 마스크 합성 흐름 [7]

다단계 포워드 모델링 프로세스에서 리소그라피 모델은 마스크를 사용한다. 개발 후 리소그라피 패턴은 다음과 같다.

$$L(M) = X \tag{5-4}$$

에칭 모델은 리소그라피 패턴 X를 에칭 패턴으로 전송하여 D를 얻는다.

$$E(X) = D \tag{5-5}$$

리소그라피와 에칭을 결합하면 다음과 같은 결과를 얻을 수 있다.

$$E(L(M)) = D \tag{5-6}$$

방정식 (5−6)을 일반적으로 마스크 합성 방정식이라고 한다. 마스크 합성의 목적은 마스크 패턴을 웨이퍼에 전사하여 원하는 플레이트 패턴을 얻는 것이다. 등급 보정을 사용하면 식 (5−4)와 (5−5)를 각각 리소그라피 모델과 에칭 모델을 서로 분리하여 풀 수 있다.

식 (5−4)를 푸는 과정은 OPC이고, 식 (5−5)를 푸는 과정은 보다 적합한 포토리소그라피 패턴을 얻기 위한 에칭 리스케일링(리타겟) 또는 보정 형태(5−4)이다. 에칭 리타겟팅은 패턴에 편차를 적용하기 위해 OPC 단계 전에 수행된다. 식각 재보정(5−5)에서 원하는 웨이퍼 패턴(D)은 설계 의도를 충족하면서도 어느 정도의 코너 라운딩과 같은 약간의 편차를 가질 수 있다. 식각 재보정은 식각 효과를 보정하는 것이므로 식 (5−5)를 풀면 더 정확한 리소그라피 타겟 패턴을 얻을 수 있고, 따라서 더 나은 OPC 결과를 얻을 수 있다.

한편으로 단계적 보정 흐름은 광학 근접 효과와 에칭 근접 효과의 효과를 두 가지 다른 모델로 보정하는 OPC에 실용적이며, 다른 한편으로 리소그라피 및 에칭 시뮬레이션 단계를 하나의 모델로 통합하면 보다 포괄적인 검증 흐름을 제공하고 여러 다른 모듈의 통합으로 엔지니어가 지속적으로 모델 일치 매개변수를 더 쉽게 보정 할 수 있다.

리소그라피 및 식각 보정 모델이 통합된 일반적인 풀칩 리소그라피 규칙 검증 프레임워크에는 리소그라피 및 식각용 컴팩트 모델이 포함되며, 그 흐름은 그림 5−17에 나와 있다. 리소그라피 및 식각에 대한 경험적 모델은 리소그라피 및 식각에 대한 웨이퍼 테스트 패턴 데이터가 수집된 후 먼저 구축된다. 식각 모델 보정에는 리소그라피 모델 보정 단계의 결과(최적화된 파라미터 값)를 사용해야 하지만, 리소그라피 및 식각 모델은 별도로 보정할 수 있다. 모든 리소그라피 및 에칭 모델 개체는 시뮬레이션 프로세스에 통합되어 모델 구성과 일치하는 파라미터를 수정하고 지속적으로 회귀할 수 있다. 보정된 컴팩트 모델은

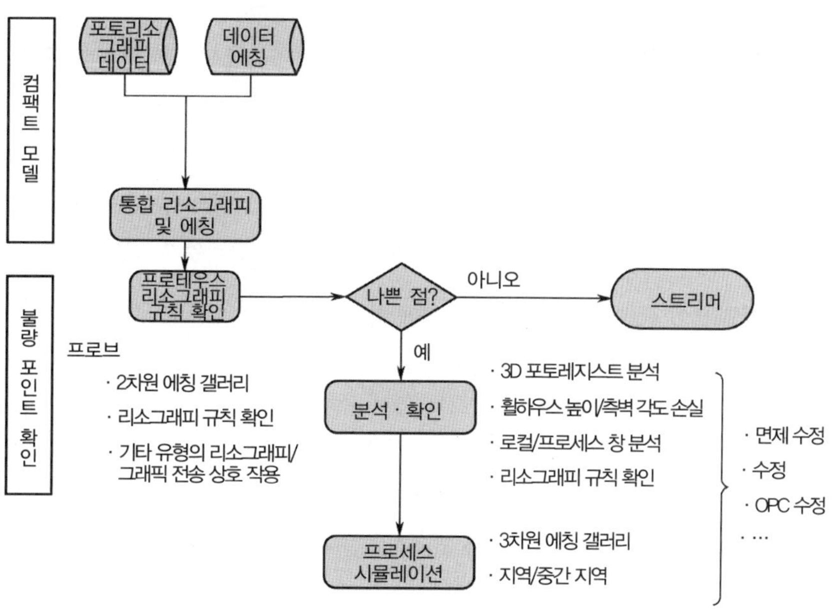

그림 5−17 흐름 [7]

리소그라피 및 에칭 웨이퍼 데이터에 대한 검증 프로세스를 거친다. 그런 다음 통합된 리소그라피 및 식각 모델을 사용한 전체 칩 검증을 수행(실행)하여 프로파일 상태를 확인하고, 엔지니어는 결과를 면밀히 검토하여 식각 후 잠재적인 오류 또는 결함은 물론 불량 스팟과 이러한 불량 스팟을 유발하는 영향 요인을 식별해야 한다.

풀칩 OPC 모델에서는 불량 지점을 결정하는 방법을 사용하여 포토레지스트 형태의 특성을 해석할 수 있다. 엄격한 리소그라피 모델은 3D 포토레지스트 프로파일을 정확하게 모델링할 수 있지만, 경험적 포토레지스트 프로파일을 기반으로 엄격한 모델을 매우 높은 수준의 정확도로 보정해야 하므로 계산 부하가 매우 높기 때문에 작은 영역에만 적용할 수 있다. 엄격한 전산 포토레지스트 모델을 사용하면 에칭 단계에서 불량 스팟이 발생할 위험이 줄어들고, 3D 포토레지스트 프로파일에서 불량 스팟이 식별되면 국소 보정을 적용하여 문제를 해결할 수 있다. 저해상도 포토레지스트 보조 패터닝(SRAF) 또는 위상 편이 마스크(PSM) 기술과 같은 해상도 향상 기술(RET)을 사용하여 위험한 3D 포토레지스트 패턴을 복구하여 에칭 결함에 대한 높은 감도를 줄일 수 있다.

5.5 비 전통적인 에칭 효과 보정 프로세스

5.5.1 새로운 MBRT 에칭 효과 보정 프로세스

기존의 모델 기반 식각 효과 보정에서는 입력된 플레이트를 최종 식각 타겟으로 사용하여 광학, 포토레지스트 및 식각 효과를 한 번에 보정한다. 여기에서는 기존 흐름과 달리 모델 보정과 플레이트 보정에서 에칭과 광학 및 포토레지스트 공정 효과를 개별적으로 수행하는 새로운 모델 기반 리타겟팅 흐름(MBRT)[4]을 소개한다. 이 접근 방식을 사용하면 에칭 및 포토레지스트 타겟을 더 쉽게 제어할 수 있으므로 보정 런타임이 크게 단축된다. 또한 보정 후 리소그라피 및 에칭을 더 쉽게 검증할 수 있다.

새로운 프로세스는 원래의 OPC 보정 피드백 루프를 식각 시뮬레이션용 루프와 광학 및 포토레지스트 시뮬레이션용 루프 두 개로 분리한다. 모델 기반 재보정 보정 흐름은 그림 5-18에 표시되어 있으며, 포토레지스트 및 식각 시뮬레이션과 측정도 서로 영향을 주지 않고 쉽게 분리할 수 있다.

가장 큰 장점은 실행 시간이 훨씬 짧아져 효율성이 크게 향상된다는 것이다. 광학/포토레지스트/VEB 모델을 사용하는 기존 OPC 플로우는 리소그라피와 에칭을 통해 별도의 보정을 수행하는 OPC에 비해 2.5배 이상 오래 걸리는 반면, 재보정 단계는 OPC 시간에서 상대적으로 적은 부분만 차지한다. 이는 주로 다음과 같은 요인에 기인한다. 기존 순서대로 진행되는 보정 프로세스로 인해 상호 작용 거리가 증가하여 시뮬레이션 효율이 크게 감소한다. 반면, 모델 기반 재보정 흐름에서는 광학 및 포토레지스트만 경계 상호작용을 수행하고 에칭된 경계는 별도의 단계에서 처리되므로 런타임이 증가하지 않는다.

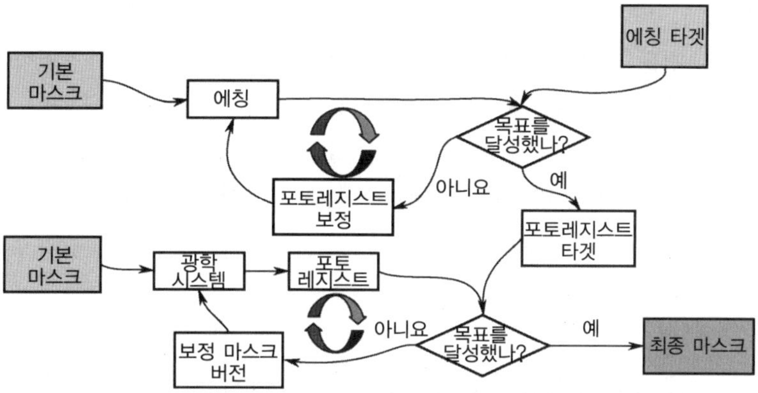

그림 5-18 모델 기반 재보정 보정 프로세스 [4]

5.5.2 식각 효과 보정 및 리소그라피 솔루션의 공동 최적화

지금까지 비교적 간단한 식각 효과 보정 프로세스에 대해 설명했으며, 리소그라피 및 식각 효과 보정을 위한 실용적이고 효율적인 솔루션이 존재하며 식각 편차를 주의 깊게 특성화하고 모델링하면 모든 식각 편차를 보정할 목적으로 좋은 식각 효과 보정 프로세스를 만들 수 있다고 가정했다.

실제로는 이러한 이상적인 상황이 달성되지 않는 경우가 많으며, 경우에 따라 식각 효과 보정으로 인해 노출할 수 없는 리소그라피 타겟이 생성될 수 있으며 식각 모델링을 통해 그 이유를 파악할 수 있다. 간단한 예로, 에칭 편차로 인해 인접한 작은 피치의 선폭이 감소하고 에칭 효과 보정 계산 결과 에칭 후 선폭의 심각한 감소를 보정하기 위해 이러한 리소그라피 타겟의 크기를 늘려야 하는 것으로 나타난다면 작은 피치 라인에서 리소그라피 패턴에 브리징 또는 기타 그래픽 결함이 있는 경향이 있음을 발견할 수 있다.

이 점을 이해하면 부분 에칭 효과 보정 전략을 명확히 할 수 있다. 전체 식각 보정은 리소그라피 결함을 초래할 수 있으므로 위험이 높은 영역에서는 식각 보정을 제한하거나 줄여야 한다. 즉, 식각 편차를 알려진 리소그라피 규칙 기반 제약 조건에 따라 제한해야 하는데, 이 경우 편차 보정이 작아 설계 의도를 전달하기 어렵거나 제한되지 않은 편차 보정은 너무 커서 칩 신뢰성, 파라미터 추출 및 전기 성능에 부정적인 영향을 미칠 수 있다.

리소그라피와 에칭이 점점 더 서로 얽혀 있기 때문에 두 솔루션 중 어느 하나만 따로 최적화해서는 안 된다. 설계 의도를 충족하는 최적의 그래픽 솔루션을 찾는 것은 글로벌 최적화 문제로 간주해야 하며, 이러한 변수에는 마스크 크기, 리소그라피 타겟 크기, 에칭 공정 편차 등이 포함되며 모두 동시에 특성화하여 해결해야 한다.

리소그라피 최적화 경험을 바탕으로 시뮬레이션 툴을 사용하여 레이아웃의 공동 최적화를 비교적 빠르고 경제적인 방식으로 수행할 수 있다. 좋은 모델을 사용하면 전체 OPC, 리소그라피 및 식각 공동 최적화 솔루션을 상당히 광범위하고 다양한 디자인 스타일의 플레이트에 적용할 수 있으며, 검증 과정에서 문제가 있는 부분을 식별할 수 있다. 이러한 가상 학습 접근 방식을 통해 팀은 실험적 접근 방식을 사용하는 것보다 더 빠르고 편리하게 최적화된 솔루션을 얻을 수 있다. 시뮬레이션을 통해 불량 지점을 식별할 수 있다는 것은 측정을 강화하고 많은 수의 구성(구성)을 구성하는 기존의 접근 방식을 대체하여 실리콘 기반 애플리케이션을 넘어 다른 중요한 구조로 확장할 수 있다는 의미이기도 하다. 설계 공정 최적화(DTCO)는 리소그라피 모델에서 플레이트 구성 및 설계 규칙을 연구하는 데 널리 사용되어 왔다. 정확한 식각 편차 모델을 식각 보정 및 검증에 사용하는 경우, 이러한 DTCO 모델을 개선하여 더 정확하게 만드는 데에도 사용할 수 있다.

5.6 머신러닝 기반 에칭 효과 보정

5.6.1 인공 신경망 기반 에칭 편차 예측

5.4절과 5.5절에서 식각 효과 보정을 위한 기존의 규칙 기반 및 모델 기반 방법이 널리 사용되고 있지만, 20nm 이하의 기술 노드에서는 기존의 규칙 기반 및 모델 기반 방법이 속도와 정확도 측면에서 만족스럽지 못하다는 것을 알 수 있다. 머신러닝(ML)은 MB-OPC의 한계를 극복하기 위한 솔루션으로 리소그라피 최적화에 적용되어 첨단 기술 노드에서 플레이트 최적화를 위한 실행 시간이 크게 증가하는 문제를 해결했다[17-24]. 머신 러닝은 그림 5-19와 같이 훈련과 테스트의 두 단계로 구성된다[17]. 훈련 단계에서 머신 러닝 모델은 먼저 알려진 그래프에서 데이터 세트(x, y)를 수신하는데, 여기서 x는 플레이트 패턴에서 추출된 국부 밀도일 수 있고 y는 OPC에 사용되는 마스크 편차 값일 수 있으며, 예측 모델 $f(x)$를 얻고 모든 훈련 패턴에서 예측 값 $f(x)$와 예상 값 y의 차이가 최소화되도록 최적화한다. 테스트 단계에서는 미지 그래프에서 추출한 파라미터 벡터를 학습된 모델에 입력하여 예측값을 출력한다.

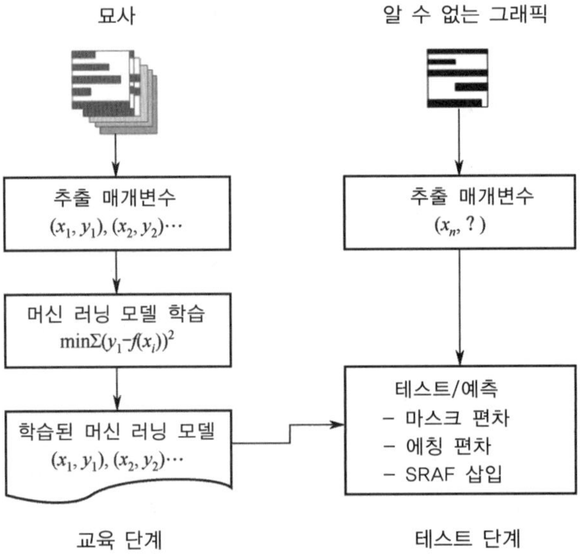

그림 5-19 일반적인 머신 러닝 단계 [17]

예를 들어, 그림 5-20에서 포토리소그라피 판은 여러 에지 세그먼트로 나뉜다. 주변을 검사하여 각 세그먼트에서 해당 기하학적 및 광학 파라미터를 추출하고 이러한 파라미터를 인공 신경망(ANN)에 공급하여 해당 세그먼트에 대한 예측 에칭 편차를 출력한다.

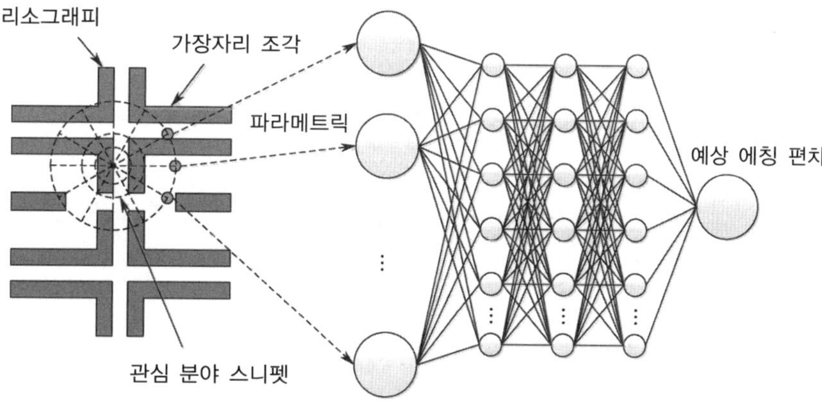

그림 5-20 머신러닝 기반 식각 편차 예측 모델 [1]

5.6.2 에칭 근접 효과 보정 알고리즘

식각 근접 효과 보정(EPC)은 식각 편차로 인한 패턴 크기를 보정하기 위해 설계 레이아웃을 미리 보정하여 설계에 필요한 웨이퍼의 식각 패턴을 얻는다. 식각 효과를 모델링할 수 있는 분석 기능이 없기 때문에 EPC를 분석적으로 수행할 수 없으므로 시행착오(T&ER)에 의존해야 한다.

일반적인 EPC 알고리즘 [1]은 그림 5-21에 나와 있다. 그림 5-22(a)와 같이 초기 식각 레이아웃 L(라인 L1)을 만들기 위해 설계 레이아웃 D_{in}이 입력되고 원하는 식각 패턴을 생성할 것으로 예상되는 수정된 식각 레이아웃 L_{out}이 출력된다고 가정한다. 예상 식각 패턴 D를 설계 레이아웃(식각 패턴) D_{in}에 최대한 가깝게 만들기 위해 반복적으로(라인 L2~L7) 수정된다. 그래픽 레이아웃 L의 각 세그먼트는 파라미터화되어 ANN에 입력되며, ANN은 모든 세그먼트가 원하는 에칭 편차를 준수하는 세그먼트 집합을 반환한다(라인 L3). 예상 에칭 패턴은 그림 5-22(b)에 표시되어 있으며, 여기서 L의 각 에지는 예상 에칭 편차 후에 시프트되어 예상 에칭 패턴 D를 생성한다(라인 L4). 그런 다음, 얻어진 예상 에칭 플레이트 D를 설계 플레이트 D_{in}과 비교한다. 그림 5-22(c)에 표시된 것처럼 D_{in}과 D의 에지 사이의 거리를 에지 배치 오차(EPE)로 정의하고 모델링한 후 각 Din(행 L5) 조각의 중앙에서 EPE를 측정한다. 현재 플레이트 L의 각 조각을 EPE와 반대 방향으로 a × EPE만큼 이동하여 새로운 L(행 L7)을 구성한다. 여기서 a는 수렴을 개선하는 데 사용되는 사용자 정의 계수이다. 최대 EPE의 크기가 임계값 f보다 작으면 반복이 중지되고, 그렇지 않으면 사용자가 정의한 반복 횟수가 될 때까지 계속된다.

```
Input: A design layout Din
Output: A litho layout Lout

L ←Din
repeat for max_iterations
        A set of biases ←ANN(a set of segments from L)
        D←ETCH(L, a set of biases)
        A set of EPEs←Measure_EPE(Din,D)
        if EPE max ≤ then Exit loop
        L←CORRECT(L ,−α×a set of EPEs )
return Lout←L
```

그림 5-21 EPC 알고리즘 [1] [1]

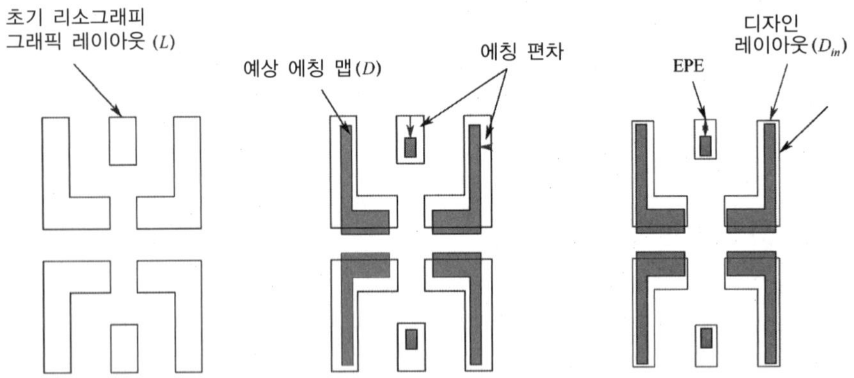

(a) 초기 리소그래피 그래픽 레이아웃 (b) 예상 에칭 맵 (c) 에칭 패턴과 디자인 패턴 사이의 예상 EPE

그림 5-22 포토리소그라피와 에칭 그래픽 레이아웃의 개략도 [1]

5.6.3 머신 러닝 기반 식각 편향 예측 모델 예시

다음은 1D 그래프의 에칭 편차 예측을 위한 머신러닝 기반 모델 구축에 사용된 코드의 일부로, 주로 모델의 학습 과정을 담고 있다. 먼저, feature_data_extract의 폼을 가져온다. xlsx 파라미터 파일을 미리 추출한 다음, 해당 형태의 데이터를 추출하는 DataCelloction 함수를 사용자 정의하고 사용자 정의 함수를 사용하여 선폭, 주기, 에칭 편차 등의 데이터를 가져온다. 다음으로 모델 학습이 용이하도록 데이터를 정규화하고, 마지막으로 데이터를 훈련 세트와 테스트 세트로 나눈다. 독자들의 이해를 돕기 위해 코드는 다음과 같다.

```
numpy를 np로 가져오기 #numpy는 큰 행렬을 저장하고 처리하는 데 사용된다.
matplotlib.pyplot을 plt로 가져오기 # matplotlib 라이브러리에서 플로팅 함수를 가져온다.
openpyxl에서 load_workbook 가져오기 # xlsx 파일 처리에 특화된 openpyxl 라이브러리
sklearn.preprocessing에서 StandardScaler 가져오기 #데이터의 평균과 분산을 비정규화한다.
```

```
sklearn.natural_net에서 MLPRegressor 가져오기 #회귀 다층 퍼셉트론 훈련 모델 도입하기
sklearn.model_selection에서 train_test_split 가져오기 # 데이터를 학습 및 테스트 집합으로 나눈다.
# Excel에서 데이터 가져오기 및 정리
wb = load_workbook(filename='C:/Users /Desktop/feature_data_extract.xlsx') #워크시
    트 가져오기
sheetnames =wb.get_sheet_names() #양식 이름 가져오기
sheet = wb.get_sheet_by_name(sheetnames[2]) #워크시트에서 폼 가져오기

def DataCelloction(sheet,n_column): #폼에서 데이터 추출
  LIST = []
  for cell in list(sheet.columns)[n_column]:
    LIST.append(cell.value)
  LIST = np.array(LIST)
반환 리스트

선 너비, 주기 및 에칭 편차와 같은 데이터 추출 #추출
pitch_list = DataCelloction(sheet,0)
line_list = DataCelloction(sheet,1)
etch_bias_list = DataCelloction(sheet,4)

#선 너비, 주기 및 에칭 편차의 배열을 구축한다.
X _train = np.vstack((line_list,pitch_list))
X = np.transpose(X_train)
Y = ETCH_BASIS_LIST

#데이터 정규화
스케일러 = 표준 스케일러()
scaler.fit(X)
X = 스케일러.변환(X)

#데이터를 학습 및 테스트 집합으로 나누기
X_train,X_test,y_train,y_test= train_test_split(X,y,test_size=0.2,random_state=666)
```

이 장의 참조 사항

[1] 심 S, 신 Y. 머신러닝을 이용한 식각 근접 보정[J]. IEEE 트랜잭션 온 반도체 제조, 2017, 30(1): 1-7.

[2] Granik Y. 식각 근접성 보정: 새로운 모델 및 애플리케이션[C]. Proc SPIE, 2001, 4346: 98-112.

[3] 살라마 M, 하모다 A. 정확한 온-웨이퍼 패터닝을 위한 효율적인 식각 바이어스 보정 기술[C]. SPIE 고급 리소그라피, 2015, 94270X:1-7.

[4] Shang S, Granik Y, Niehoff M.. 통합 모델 기반 리타겟팅 및 OPC 흐름에 의한 식각 근접 보정[C]. Proc SPIE, 2007, 6730: 67302G-1.

[5] Drapeau M, Beale D. 45-nm 노드에 대한 레지스트 및 식각 모델링과 보정 결합[C].Proc SPIE, 2006: 634921.1-634921.11.

[6] Stobert I, Dunn D. 식각 보정과 OPC, 식각 보정의 현재와 미래를 살펴보기[C]. Proc SPIE, 2013, 8685: 868504.

[7] Zavyalova L V, Luan L, Song H 외. OPC 모델링에서 리소그라피와 식각 모델 결합[C].광학 마이크로리소그라피 XXVII. 국제 광학 및 포토닉스 학회, 2014, 9052: 905222.

[8] 유 스냅, 저우 자이파, 리 웨이화 등. 플라즈마 에칭 공정 모델의 발전[J]. 마이크로 일렉트로닉스. 2015, 45(1).

[9] Jiang W-T, Fang Y-M, Yu J-J 등. MEMS 에칭 공정 시뮬레이션 모델 및 연구 진행 상황[J]. Microe lectronics.2015(5):661-665.

[10] 장 RJ. 나노미터 집적 회로 제조 공정 [M]. Beijing: Tsinghua University Press. 2014.

[11] 홉우드, J. 플라즈마 처리를 위한 유도 결합 플라즈마 검토. 플라즈마 소스[J]. 과학과 기술, 1992, 1(2):109-116.

[12] Wei, Y. I.. 초대형 집적 회로를 위한 고급 리소그라피 이론 및 응용 [M]. 베이징: Science Press. 2016.

[13] 도넬리 V M, 콘블리트 A. 플라즈마 에칭: 어제, 오늘, 그리고 내일[J]. 진공 과학 및 기술 저널 진공 표면 및 필름, 2013, 31(5):1-48.

[14] Beale D F, Shiely J P. RET 합성 및 검증 흐름에서의 식각 모델링[C]. Proc SPIE, 2005, 5853:607-613.

[15] Granik Y. 에칭 근접성 보정: 새로운 모델 및 응용[C]. 마이크로리소그라피에 관한 국제 심포지엄. 국제 광학 및 포토닉스 학회, 2001.

[16] Beale D F, Shiely J P. 정확한 풀칩 공정 근접 보정을 위한 식각 모델링[J]. 광학 마이크로리소그라피 XVIII. 국제 광학 및 포토닉스 학회, 2004, 5754: 1202-1209.

[17] 심 S, 최 S, 신 Y. 머신러닝(ML) 기반 리소그라피 최적화[C]. 회로 및 시스템(APCCAS), 2016 IEEE 아시아 태평양 컨퍼런스. IEEE, 2016: 530-533.

[18] Beale D F, Shiely J P. 정확한 풀칩 공정 근접 보정을 위한 식각 모델링[J]. 광학 마이크로리소그라피 XVIII. 국제 광학 및 포토닉스 학회, 2004, 5754: 1202-1209.

[19] Beale D F, Shiely J P, Melvin III L L 등. 광학 및 공정 근접 보정을 위한 고급 모델 공식화[C]. Proc SPIE, 2004, 5377: 721–729.

[20] Beale D F, Shiely J P, Rieger M L. 다단계 광학 근접 보정[C]. Proc SPIE, 2003, 5040: 1203.

[21] 박 J G, 김 S, 심 S B 외. 20nm 노드 DRAM 게이트에서 온칩 CD 변화를 개선하기 위한 효과적인 식각 공정 근접 보정 방법론[C]. 설계–공정 통합을 통한 제조 가능성을 위한 설계 V. 국제 광학 및 포토닉스 학회, 2011, 7974: 79740Y.

[22] Ng R T, Han J. CLARANS: 공간 데이터 마이닝을 위한 객체 클러스터링 방법 [J]. 지식 및 데이터 엔지니어링에 관한 IEEE 트랜잭션, 2002, 14(5): 1003–1016.

[23] 심 S, 신 Y. 머신러닝 기반 식각 바이어스 모델을 통한 식각 근접성 보정[C]. Proc SPIE, 2016, 9782, 97820O:1–10.

제조 가능성을 고려한 설계

CHAPTER 6

전통적인 디자인 프로세스에서 레이아웃의 OPC 전 마지막 단계는 디자인 규칙 확인(DRC)이다. DRC에서 사용되는 디자인 규칙은 일반적으로 간단하며 일반적으로 그림의 기하학적 치수를 확인한다(예: 선 너비가 얼마(minWidth) 미만일 수 없음, 선 사이의 거리가 얼마(minSpace) 미만일 수 없음, 인접 그래픽의 모서리 사이의 거리가 얼마(minC2C)보다 작을 수 없음). DRC를 통과할 수 있는 레이아웃을 양호한 레이아웃이라고 하며, OPC 처리를 위해 Fab으로 전송된다(디자인 회사에서는 "테이프아웃"이라고 함). 레이아웃의 크기가 감소함에 따라 DRC에 대한 설계 규칙은 계속 증가한다. 로직 디바이스용 28nm 기술 노드에는 수천 개의 설계 규칙이 있을 수 있다. 이러한 DRC 규칙은 실제 생산에서 파생되며 공정 한계(특히 리소그라피의 경우)를 일반화한 것이므로 규칙 기반 DRC라고도 한다.

사용되는 규칙의 수가 증가하고 있음에도 불구하고 DRC는 여전히 제조 수율에 영향을 미치는 레이아웃의 모든 문제를 찾아내지 못하고 있다. 그 결과, 설계 레이아웃의 공정 시뮬레이션을 수행하여 제조 수율에 영향을 미치는 그래픽을 식별하고 수정을 제안함으로써 DRC를 보완하는 제조용 설계(DFM)라는 개념이 도입되었다[1]. 이러한 레이아웃 수정 제안을 권장 규칙(RR)이라고도 한다. 공정 시뮬레이션에는 리소그라피뿐만 아니라 에칭, 화학적 기계적 연마(CMP) 등 가능한 모든 제조 공정 단위가 포함될 수 있다. 시뮬레이션에 사용되는 모델은 이러한 공정 단위에서 제공된다. 따라서 이러한 관점에서 볼 때 DFM은 실제로 모델 기반 DRC(모델 기반 DRC)이다. 성공적인 DFM은 문제를 식별하고 문제 해결에 도움을 제공할 수 있어야 한다.

6.1 DFM의 의미와 확장성

6.1.1 DFM의 의미

더 큰 크기의 기술 노드(예: 0.25μm 이상)에서는 IC 설계가 완료되고 제조가 항상 설계 요구 사항을 충족한다. 당시에는 설계 규칙이 포함된 설계 규칙 매뉴얼과 디바이스의 스파이스 모델이 제조사가 설계 회사에 제공한 모든 정보였다. 2000년 이후 무어의 법칙에 따라 장치 크기는 점점 작아졌고 제조 공정 기술은 더 이상 설계 요구 사항을 완전히 충족할 수 없었으며, 즉 제조가 더 이상 설계의 모든 그래픽을 완성할 수 없게 되었다. 제조는 자체 공정 능력에 따라 설계를 제약해야 하며, 이러한 제약에는 두 가지 접근 방식이 있다. 첫 번째 접근 방식은 디자인 그래픽의 크기를 더욱 제한하기 위해 더 많은 디자인 규칙, 즉 엄격한 제한적 디자인 규칙(RDR)을 제공하는 것이다. 그러나 복잡한 2차원 그래픽은 일련의 기하학적 치수로 설명하기 어렵고, 제조는 실제로 프로세스 창과 관련이 있으므로 프로세스 창이 충분히 크면 제조에 문제가 없으므로 두 번째 접근 방식이 발생한다.

두 번째 접근 방식은 레이아웃 설계의 흐름에 일련의 시뮬레이션을 추가하는 것이다. 예를 들어 리소그라피 시뮬레이션은 공정 창이 작은 패턴(불량 지점, 핫스팟이라고도 함)을 찾을 수 있고, CMP 시뮬레이션은 패턴의 어느 영역이 너무 조밀하여 전기 기능이 없는 더미 패턴을 추가해야 하는지를 찾을 수 있다. 시뮬레이션 결과를 바탕으로 설계 엔지니어는 레이아웃을 추가로 수정하고 최적화하여 제조 가능성을 개선할 수 있다[2]. 이러한 방식을 제조 가능성을 위한 설계라고 한다. RDR과 달리 DFM은 합격 또는 불합격 접근 방식을 채택하지 않고 시뮬레이션을 사용하여 공정 실패로 이어질 수 있는 레이아웃의 모양과 실패 확률을 결정하고 설계 엔지니어에게 변경 사항을 제안한다. 점수 모델)은 제안된 규칙(RR)이 위반되는 정도를 정량적으로 설명할 수 있다. 그림 6-1에 표시된 것처럼 금속(금속)과 스루홀(비아) 사이의 접촉으로 두 가지의 차이를 설명할 수 있다. 그림의 두 설계 모두 DRC를 통과하지만, 두 설계 모두 다양한 정도의 DFM 요구 사항을 위반한다. 제조 관점에서 보면 그림 6-1에서 금속 종단부가 축소되어 금속 종단부가 GR과 RR 사이에 위치할 수 있다. 스루홀과 금속 사이의 효과적인 접촉을 보장하려면 스루홀과 금속 엔드포인트 사이의 거리가 GR보다 커야 하며, 거리가 클수록 스루홀과 금속 사이의 접촉이 더 안정적으로 이루어진다. 그림 6-1의 아래쪽 그림의 설계와 위쪽 그림의 설계를 비교하면 아래쪽 그림의 설계가 스루홀과 금속 사이의 접촉이 더 안정적이라는 것을 알 수 있다.

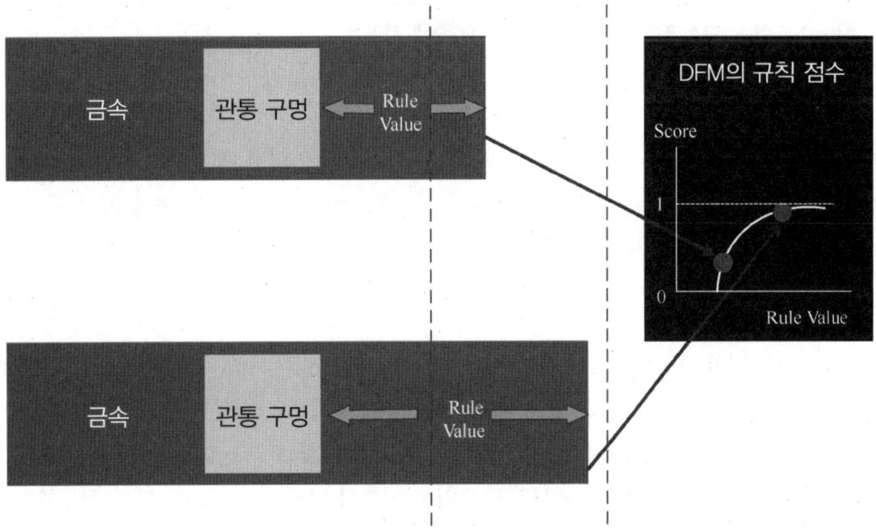

그림 6-1 두 세트의 금속(금속) 스루홀(비아) 설계 레이아웃

여기서 주의할 점은 DFM의 시뮬레이션 기능은 파운드리(주조 공장)에서 수행하는 시뮬레이션 기능(예: 포토리소그라피용 OPC)과는 다르다는 것이다[3]. 리소그라피의 OPC 시뮬레이션 기능은 그림 6-2와 같이 DFM 시뮬레이션 기능과 비교된다. OPC 모델의 유일한 목적은 포토레지스트로의 마스크 패턴 변환 프로세스를 정확하게 시뮬레이션하는 것이며, 마스크 이미징의 마스크 비선형성 또한 OPC 모델에 포함되어야 한다. 마스크 패턴과 포토레지스트 패턴 간의 상관관계를 수치적으로 맞춤으로써 모델의 정확성을 보장한다. 반면에 DFM 시뮬레이션은 레이아웃의 제조 가능성을 결정하는 다른 목적을 가지고 있으며, 사용되는 모델은 OPC 모델보다 더 거칠 수 있지만 더 많은 요소를 고려해야 한다. DFM 모델의 정확성에 대한 요구 사항은 설계 엔지니어가 올바른 프로세스 판단을 내리는 데 도움이 될 수 있다는 것이다.

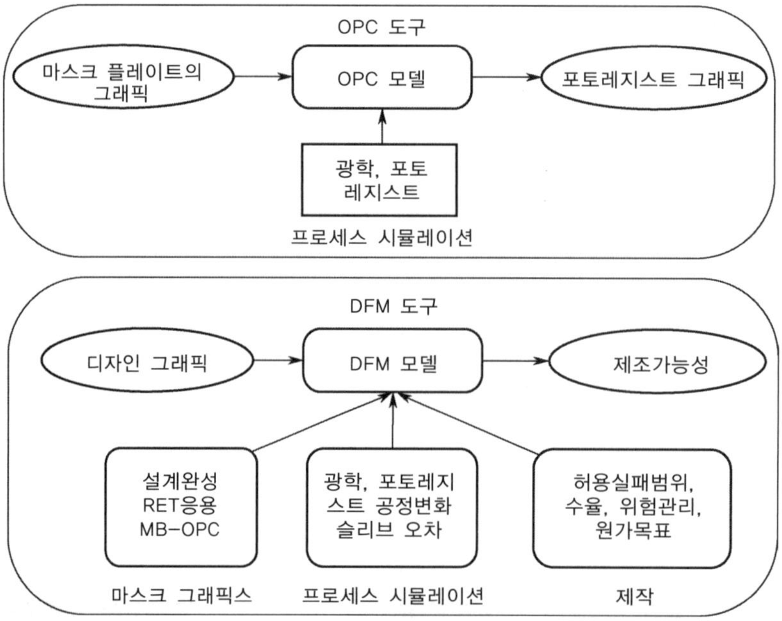

그림 6-2 리소그라피 OPC 시뮬레션 기능과 DFM 시뮬레이션 기능 비교

일부 기업은 레이아웃 설계 프로세스 중에 시뮬레이션을 수행하지 않고 파운드리('테이프아웃' 이후)에서 시뮬레이션 결과(예: OPC 중에 발견된 핫스팟)를 사용하여 설계 측에 피드백을 제공한 다음 엔지니어링 변경 주문(ECO)을 시작하여 레이아웃을 수정한다. 이 ECO는 일반적으로 흐름 지연과 설계 비용 증가로 이어진다.

레이아웃 수정에 대한 DFM의 가이드라인은 어떤 대가를 치르더라도 최상의 결과를 추구하기보다는 상대적으로 저렴한 비용으로 만족스러운 결과를 얻는 것이다. 실제로 DFM은 레이아웃의 제조 가능성뿐만 아니라 더 중요한 것은 상대적으로 낮은 비용으로 제조할 수 있는 가능성(비용 효율성)을 추구한다. 과거의 관행으로 볼 때 DFM은 DRC가 해결할 수없는 레거시 문제를 해결하는 데만 적합하며 이는 매우 기본적이고 영향력이 높을 수 있다. 따라서 DFM은 DRC를 보완하며, 이 둘의 조합은 플레이트의 제조 가능성을 보장한다. 소규모 기술 노드에서 플레이트에는 여러 개의 복잡한 그래픽이 포함되며, 모두 작은 주기를 갖는다. 예를 들어 리소그라피의 품질은 주변 그래픽의 크기, 모양 및 위치에 따라 크게 달라지는 등 그래픽은 제조 공정 중에 서로 상호 작용한다. 이러한 상호 작용의 범위는 이미 그래픽 주기의 몇 배 또는 수십 배에 이른다. 기존의 설계 규칙은 그래픽의 로컬 지오메트리만 설명하며, 이러한 단순한 파라메트릭 설계 규칙으로는 더 이상 공정 수율을 보장할 수 없다. 따라서 패턴 간의 상호 작용이 특정 복잡성을 초과하면 설계 규칙을 수율에 영향을 미치는 패턴 라이브러리로 대체해야 한다. 즉, DRC에 사용되는 로컬 지오메트리 파라미터는 시뮬레이션에 의존하여 생성되는 패턴 라이브러리로 대체되고 있다(테스트 패턴의 웨이퍼 데이터에 의해 검증되는 것이 바람직함). DRC를 수행할 때는 설계 레이아웃을 분해하여 그래픽 라이브러리의 내용과 비교하는 것이 중요하다.

일부 디자인 하우스에서는 DFM의 시뮬레이션 결과를 일련의 규칙(DFM 규칙이라고 함)으로 요약하여 DRC에 병합하기도 한다. 이러한 방식으로 DRC는 더욱 복잡해지고 DRC의 규칙은 반드시 만족해야하는 규칙 (기존 DRC 부분에 해당하며 "필수 규칙"이라고도 함)과 만족하도록 권장되는 규칙 (DFM 부분에 해당하며 "만족 규칙"이라고도 함)의 2 계층 시스템으로 발전한다. 또한 레이아웃의 그래픽 크기를 더욱 줄임에 따라 DRC는 3단계(3계층 시스템) 이상의 탐지 수준으로 더욱 진화한다. 각 레벨의 규칙에는 플레이트에 대한 요구 사항이 다르다.

6.1.2 DFM의 범위

IC 설계 및 제조 기술이 지속적으로 발전함에 따라 DFM 개념도 확장되고 있다.

- DFM 또는 MFD. DFM은 레이아웃 설계가 제조 가능성을 고려해야 함을 의미하고 MFD (설계를위한 제조)는 그 반대이며 MFD는 제조 공정이 설계의 요구 사항을 충족 할 수 있어야 함, 즉 제조 공정을 개발하기 위해 설계 요구 사항을 기반으로해야 함을 의미한다. 현재 업계에서는 일반적으로 MFD가 아닌 DFM의 개념을 받아들이고 있는데, 그 주된 이유는 파운드리(주조 공장)의 인기 때문이다. 파운드리는 상대적으로 규모가 크고 많은 설계 회사에 서비스를 제공한다. 신기술 노드에서 파운드리는 일반적으로 하나의 주류 제조 기술(기술 플랫폼)만 개발하고 이 기술을 제조 플랫폼으로 사용하여 설계 회사에 제공한다. 따라서 디자인 회사는 이 제조 플랫폼에서 자신의 디자인이 높은 제조 가능성을 갖도록 해야 한다. 물론 일부 대형 설계 회사 또는 통합 설계 및 제조업체(IDM) 회사의 경우 MFD 개념도 적용 가능하다.
- 수율을 위한 설계(DFY): DFY는 제조 가능성뿐만 아니라 제조된 칩의 높은 수율을 보장하기 위해 레이아웃을 설계해야 함을 의미한다. 더 작은 크기의 기술 노드에서는 DFM 규칙에 따라 칩을 제조하더라도 디바이스의 수율이 낮다는 것을 발견했다. 따라서 디바이스 수율을 보장하는 레이아웃 설계 흐름의 일부, 즉 DFY를 추가해야 한다. DFY는 DFM의 일부일 수도 있고 설계 흐름에서 별도의 작업 모듈로 존재할 수도 있다. 여기서 수율은 시간 경과에 따른 성능 변화를 조사하지 않고 제작이 완료된 후 디바이스가 전기적 성능 요구 사항을 충족하는지 여부를 나타낸다. 시간에 따른 디바이스 성능의 변화는 신뢰성 문제이다.
- 신뢰성을 위한 설계(신뢰성을 위한 설계, DFR). 신뢰성(신뢰성)은 칩의 기본 성능 지표, 즉 칩이 제

조 완료 후 특정 시간에 특정 조건에서 고장 없이 작동할 수 있는 능력을 말한다. 신뢰성이 낮으면 BTI(바이어스 온도 불안정), EM(일렉트로 마이그레이션) 등과 같은 칩 성능 매개변수 사용 시 큰 편차가 발생하게 된다. DFR은 일반적으로 마진(여유)이 큰 설계가 필요하지만, 이는 디바이스 성능 저하로 이어지며 회로 수명의 불확실성이 해결되지 않는다. 따라서 이러한 변화와 불확실성을 시뮬레이션하는 방법과 성능과 신뢰성을 절충하는 방법이 현재 DFR 연구의 초점이다.

IC 설계 및 제조 기술이 발전함에 따라 DFM의 적용 범위는 계속 확대되고 있다[4]. 예를 들어, 최근에는 공정 가변성을 고려한 설계(설계 포 가변성)와 비용과 가치를 고려한 설계(설계 포 코스트 앤 밸류)가 제안되고 있다. 제조 공정에는 동일한 카세트(로트)의 웨이퍼 간, 웨이퍼 내 다른 영역 간, 다른 공정 장비 간 등 다양한 변형과 차이가 존재한다. 설계는 이러한 제조 공정의 변화, 즉 이러한 변화와 공정 불안정성을 견딜 수 있도록 회로를 설계하는 방법을 고려해야 한다.

6.2 레이아웃의 견고성 강화하기

DFM은 원래 리소그라피 때문에 제안된 것이 아니라 물리적 설계 특성화, 즉 레이아웃의 견고성을 높여 무작위적이거나 체계적인 공정 변화의 영향을 받지 않도록 하기 위해 시작되었다. 물리적 설계 특성화 DFM(PD-DFM)에는 세 가지 주요 소스가 있다. 첫 번째는 공장의 이전 기술 노드에서 축적된 경험, 두 번째는 공정 개발 프로세스에서 발생한 문제의 일반화, 세 번째는 점차 DFM 규칙으로 진화하는 일부 권장 설계 방법(예: DFM 규칙이 되기 전에 여러 노드에서 사용되었던 단방향 게이트가 DFM이 되기 전에 여러 노드에서 권장되었던 것 등)이 있다. 이러한 DFM 규칙을 사용하면 DFM 요구 사항을 충족하기 위해 설계 후 확인 및 수정에 의존하지 않고 설계 시 레이아웃이 올바른지 확인할 수 있다.

6.2.1 중요 영역 그래픽 분석(CAA)

임계 면적 분석(CAA)은 무작위 결함에 대한 플레이트의 민감도를 정량적으로 분석한다. 랜덤 결함은 포토레지스트 또는 기타 재료의 랜덤 입자, 전기적 성능에 영향을 미치는 디바이스의 결함 등 체계적으로 제어 및 예측할 수 없는 결함을 말한다. 이러한 결함으로 인해 파손, 단락, 누설, V_t 드리프트, 이동도(n) 변화 등이 발생할 수 있다. 무작위 결함이 반드시 디바이스 성능의 완전한 고장으로 이어지는 것은 아니다. 일반적으로 무작위 결함으로 인한 수율 손실 정도는 결함의 크기와 밀도, 기능에 미치는 영향, 레이아웃에서의 위치와 관련이 있다.

중요 영역(CA)은 레이아웃에서 결함에 민감한 영역으로, 일반적으로 공정에서 이물질과 같은 결함에 민감하다. 임계 영역에 이물질이 있으면 회로가 끊어지거나 단락이 발생할 수 있다. 이를 각각 파손이 발생하는 영역(개방 임계 영역)과 단락이 발생하는 영역(단락 임계 영역)이라고 한다. 장치에서 단선과 단락은 모두 치명적인 기능 장애이다. 수율과 이물질 입자 크기 및 밀도 사이의 관계를 계산하기 위해 수학적 모델을 개발할 수 있으며, 이러한 분석을 "형상 확장 방법"이라고 한다 [5]. 그림 6-3(a)는 와이어 영역에 위치한 이물질 입자의 개략도(와이어 i 및 j)를 보여준다. 주어진 크기의 이물질 입자에 대해 그림 6-3(b)와 같이 전선 사이의 거리(D)가 클수록 임계 고장(CF) 확률이 작아진다. 문헌 [5]에서는 주어진 입자 크기에 대해 임계 영역의 면적을 추정할 수 있는 몬테카를로 방법을 자세히 설명한다.

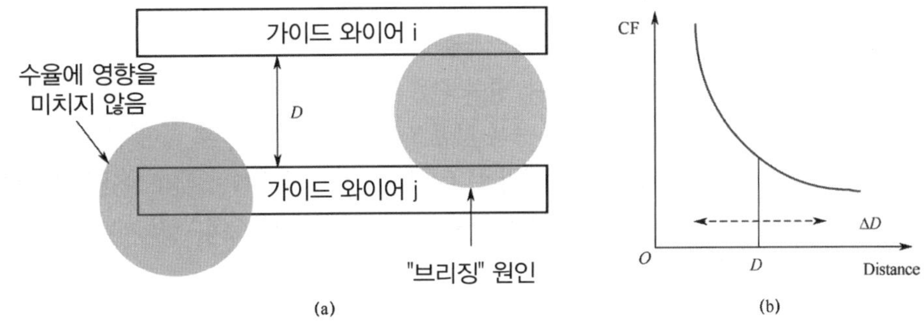

그림 6-3 이물질로 인한 고장 가능 분석의 개략도

레이아웃 디자인은 중요한 영역의 크기를 줄여야 한다. 이는 레이아웃 전체에서 반복되지 않도록 셀 라이브러리를 생성하는 동안 수행하는 것이 가장 좋다. 따라서 효과적인 접근 방식은 각 표준 셀에서 중요 영역의 면적을 줄이는 것이다. 배선이 완료된 후에는 선 사이의 거리를 늘릴 수 있는 가능한 영역을 찾아보아라. 이렇게 하면 라인이 더 고르게 분포되고 무작위 결함에 덜 민감해질 수 있다. 이러한 유형의 배선을 그림 6-4에 표시된 것처럼 "와이어 벤더" 또는 "와이어 스프레더"[6]라고 한다.

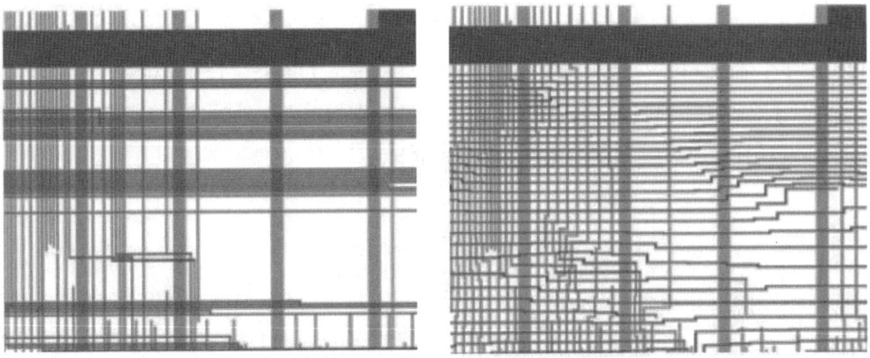

(a) 매우 복잡한 배선

(b) "와이어 벤더" 도구를 사용하면 배선을 더욱 균일하게 만들 수 있다

그림 6-4 혼잡한 배선을 보다 균일한 배선으로 변환하기 [6]

6.2.2 접촉 신뢰성 향상

집적 회로는 평면 공정에 의존하여 층별로 준비되며 인접한 층 사이의 연결은 수직 전도성 기둥에 의존한다. 이러한 전도성 기둥 패턴에 해당하는 리소그라피 층을 접촉 또는 비아 층이라고 한다. 일반적으로 컨택트라고 하는 프론트 레인(FEOL) 또는 미들 레인(MOL)에서는 트랜지스터의 소스, 게이트, 드레

인과 상부 금속층 사이의 연결을 실현하고, 일반적으로 비아라고 하는 백 레인(BEOL)에서는 금속층 사이의 연결을 실현한다. 접촉 또는 스루홀 레이어를 준비할 때 공정 수율에 영향을 미치는 두 가지 조건이 있다.

첫 번째 경우에는 개별 접점 구멍의 전기적 신뢰성이 충분히 높지 않아 약간의 중복성(리던던시)이 필요하다. 이러한 이유로 레이아웃 영역이 허용하는 경우 중복 접점 또는 비아(중복 접점 또는 비아)를 추가해야 하는 경우가 많다. 예를 들어, 배선 후 소프트웨어는 하나의 비아만으로 금속 레이어 사이의 연결을 찾아 자동으로 중복 비아를 삽입할 수 있다. 중복 접점 또는 비아를 원래 레이아웃의 빈 영역에 추가하여 원래 레이아웃을 변경할 필요가 없거나 중복 접점 또는 비아를 추가한 후 레이아웃을 추가로 수정하고 최적화할 수 있다. 표 6-1에 표시된 것처럼 이 두 가지 유형의 추가에는 각각 장단점이 있다. 고밀도 레이아웃(예: 메모리 디바이스의 코어 영역)의 경우 일반적으로 기하학적 면적 제약으로 인해 중복 접점(접점)이 허용되지 않는다.

표 6-1 중복 연락처 추가의 장단점

중복 연락처를 추가하는 방법	특징	단점
레이아웃 변경 없음 (빈 영역 추가)	제조 가능성을 보장하는 설계 규칙, 임의의 입자가 접점을 막는 것을 방지하는 이중화 추가	기생 커패시턴스를 증가시키고 회로 타이밍에 영향을 줄 수 있음.
연락처를 추가하면 원래 레이아웃이 변경되지만 레이아웃의 면적은 동일하게 유지.	새로운 레이아웃의 제조 가능성 및 디바이스 신뢰성 향상(예: 전자 마이그레이션 감소)	EDA 툴 사용 증가, 설계 시간 및 비용 증가

두 번째는 접점 또는 스루홀이 연결할 부품으로 잘 덮여 있지 않는다. 그림 6-5(a)에서 볼 수 있듯이 리소그라피 및 에칭 공정의 불완전성으로 인해 라인 엔드포인트가 축소되고 스루홀과 라인 사이의 접촉이 100% 미만이 되어 접촉 저항이 증가하게 된다. 이러한 이유로 DFM에서는 그림 6-5(b)와 같이 스루홀 위치와 라인 엔드포인트 사이의 거리가 특정 값보다 커야 하며, 즉 라인 엔드포인트가 오른쪽으로 확장되어 라인 엔드포인트 사이의 커버리지가 더 넓어져야 한다.

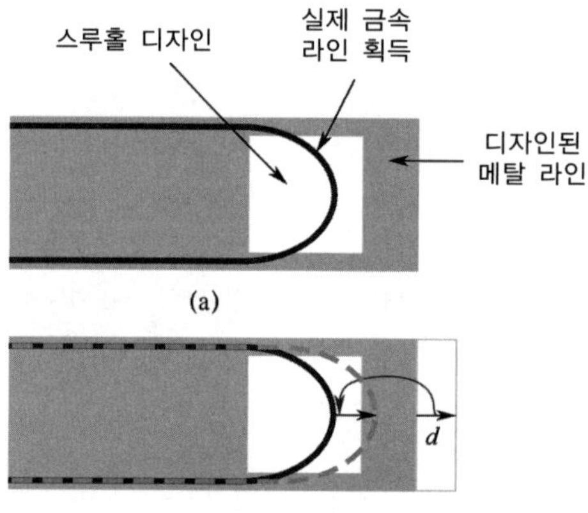

그림 6-5 금속 라인과 관통 홀 사이의 연결 개략도

6.2.3 게이트 길이 및 폭 변화가 디바이스 성능에 미치는 영향 줄이기

그림 6-6은 확산 및 게이트 레이어의 레이아웃과 웨이퍼의 해당 패턴(윤곽선)을 보여준다. 공정 해상도로 인해 공간 주파수가 높은 플레이트의 일부(예: 모서리)는 웨이퍼에서 매끄러운 패턴이 된다. 이 공정으로 인한 왜곡으로 인해 그림 6-6(a)와 같이 게이트 폭(W)이 다른 위치에서 일정하지 않고, 그림 6-6(b)와 같이 게이트 길이(L)가 일정하지 않게 된다. 이러한 현상은 그래프의 모서리에서 발생하므로 모서리 효과(코너 효과)라고도 한다. 게이트 길이와 폭의 변동은 소자의 전기적 성능에 불안정성을 초래할 수 있다(예: 온 시 소스-드레인 간 포화 전류(이온)와 컷오프 시 드레인 전류(오프)의 변화). 실험 결과에 따르면 게이트 크기가 10% 변화하면 이온과 I_{off}가 −15%에서 25%까지 변화하는 것으로 나타났다[7].

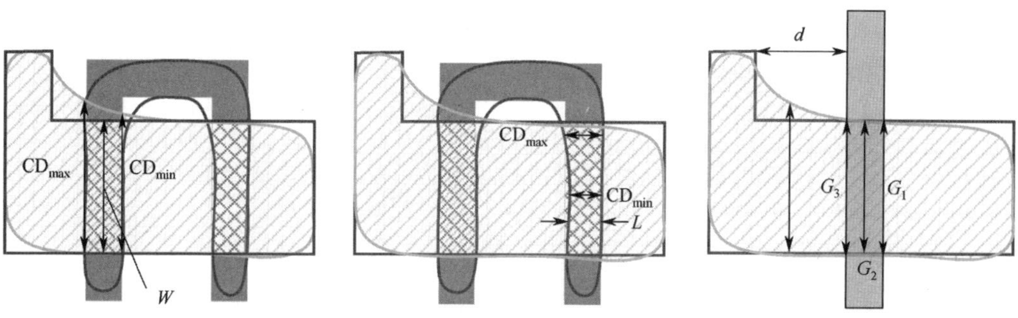

그림 6-6 웨이퍼의 확산 및 게이트 레이어 레이아웃 및 해당 그래픽

따라서 레이아웃 설계에서 이러한 요소를 충분히 고려하여 그림 6-6(c)와 같이 확산 트랩의 활성 영역의 게이트 길이와 폭을 일정하게 유지하는 설계 규칙을 추가하고 레이아웃에서 d를 늘려 G_1, G_2 및 G_3의 시뮬레이션을 기본적으로 동일하게 만들어야 한다. DFM 소프트웨어는 파운드리에서 제공한 데이터를 기반으로 각 불량 지점에 대한 성능 실패 확률(불량률)을 계산해야 이러한 불량 지점의 영향을 정량적으로 평가할 수 있다. 그림 6-6(c)와 같이 (제조를 용이하게 하기 위해) 레이아웃에 대한 작은 변경은 설계 프로세스 중에 자주 발생하며, 설계 엔지니어는 이러한 레이아웃 변경이 흐름 일정에 영향을 미치지 않기를 원한다. 따라서 DFM 도구는 이러한 유연성을 갖춰야 한다.

6.2.4 레이아웃 견고성에 대한 점수 모델

위의 분석을 바탕으로 레이아웃 설계를 위한 DFM 규칙을 제안할 수 있다(RR). DFM 소프트웨어는 일반적으로 이러한 RR의 위반 정도를 정량적으로 설명하는 점수 모델(DFM 점수 모델)을 설정한다[8]. 각 예는 아래에 설명되어 있다.

첫 번째 예는 그림 6-7(a)에 표시된 것처럼 스루홀과 금속 와이어가 겹치는 경우이다(규칙 a라고 함). 그림에서 $(\text{EnclosureArea})_{\text{Ground}}$는 DRC에서 요구하는 스루홀과 금속 와이어 사이의 겹침 면적을 나타내며, 이는 "반드시 있어야 하는" 영역이고 그 이하에서는 DRC에 실패한다. $(\text{EnclosureArea})_{\text{Recommended}}$는 DFM에서 권장하는 스루홀과 금속 와이어 사이의 겹치는 면적을 나타내며, 이는 "있으면 가장 좋음"(가장 좋은)이다. (EnclosureArea)j 는 스루홀과 금속선 사이의 겹치는 면적을 나타내며, 이는 "실제 면적"이고, j는 레이아웃에서 다른 위치를 나타낸다. DRC 규칙 및 DFM 규칙에 대한 실제 결과의 편차를 정량화하기 위해 가중치 함수를 정의한다.

$$\text{Wt}_j = \beta_a \times \left[\frac{(\text{EnclosureArea})_{\text{Recommended}} - (\text{EnclosureArea})_j}{(\text{EnclosureArea})_{\text{Recommended}} - (\text{EnclosureArea})_{\text{Ground}}} \right]^{\alpha_a} \tag{6-1}$$

어디 α_a 및 β_a는 이 규칙에 해당하는 파라미터이고, a는 규칙의 코드이다(이 경우 관통 구멍과 금속 선의 중첩을 나타냄). 시뮬레이션 결과가 DRC 규칙의 요구 사항과 일치하면 식 (6−1)의 괄호 안의 항은 1이 되고, 시뮬레이션 결과가 DFM 규칙의 요구 사항과 일치하면 괄호 안의 항은 0이 된다. 규칙 a의 DFM 점수는 플레이트의 모든 위치(j)에 대한 가중치 함수(규칙 a가 적용되는 위치)를 지수적으로 합산하여 구할 수 있다.

$$\text{Score}_a = \sum_{j=1}^{n} \exp\left(-\left(1 - \text{Wt}_j\right) \times \text{FR}_a\right) \tag{6-2}$$

여기서 FR_a은 규칙 a의 매개변수이고 n은 레이아웃에 대한 규칙 a 위반의 총 개수이다.

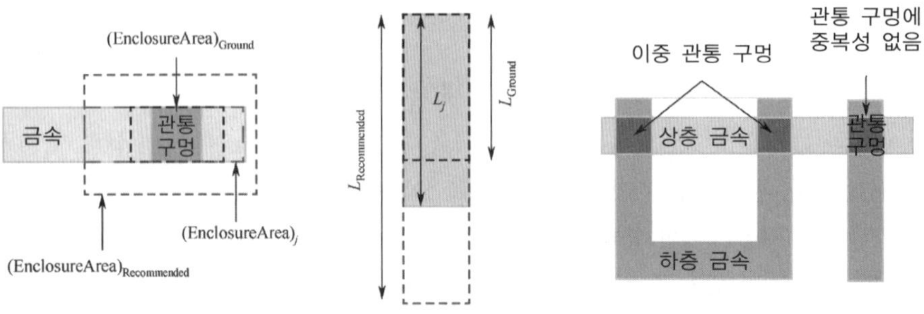

(a) 관통 구멍과 금속 와이어의 겹침　　(b) 줄 길이　　(c) 중복 접점 또는 관통 구멍

그림 6–7 DFM의 채점 모델 개략도

두 번째 예는 그림 6−7(b)에 표시된 바와 같이 회선 길이(줄여서 규칙 b)이다. 그림에서 L_{Ground}는 DRC에 필요한 회선 길이를 나타내며, 이 길이 미만일 경우 DRC가 실패하는 "필수" 길이이다. L_j은 시뮬레이션에 의해 계산된 선 길이를 나타내며, 이는 "실제" 길이이고, j는 레이아웃에서 다른 위치를 나타낸다. 규칙 a와 마찬가지로 규칙 b의 가중치 함수는 다음과 같이 정의된다.

$$\text{Wt}_j = \beta_b \times \left[\frac{L_{\text{Recommended}} - L_j}{L_{\text{Recommended}} - L_{\text{Ground}}} \right]^{\alpha_b} \tag{6-3}$$

전체 플레이트에서 규칙 b의 DFM 분율은 다음과 같다.

$$\text{Score}_b = \sum_{j=1}^{n} \exp\left(-\left(1 - \text{Wt}_j\right) \times \text{FR}_b\right) \tag{6-4}$$

세 번째 예는 그림 6-7(c)에 표시된 것처럼 중복 접점 또는 스루홀(규칙 c라고 함)이다. 규칙 c의 가중치 함수의 정의는 비교적 간단하다. 중복 스루홀이 있는 금속 라인은 가중치가 0이고, 그렇지 않으면 1이다. 전체 플레이트에서 규칙 c의 DFM 분율은 방정식 (6-6)에 나와 있으며, 여기서 n은 플레이트의 스루홀 수이다.

$$\begin{cases} \text{Wt}_j = 0, & \text{중복 접점 또는 관통 구멍이 있는 경우} \\ \text{Wt}_j = 1, & \text{중복 접점 또는 관통 구멍이 없는 경우} \end{cases} \tag{6-5}$$

$$\text{Score}_c = \sum_{j=1}^{n} \exp\left(-\left(1 - \text{Wt}_j\right) \times \text{FR}_c\right) \tag{6-6}$$

6.3 리소그라피 공정과 관련된 DFM

집적 회로의 여러 제조 공정 중에서 포토리소그라피는 가장 중요한 공정이다. 포토리소그라피 공정은 웨이퍼 위에 디자인 레이아웃을 한 층씩 준비하는 역할을 한다. 집적 회로 기술 노드가 발전함에 따라 레이아웃의 그래픽 밀도는 18개월에서 2년마다 두 배씩 증가해야 하며(무어의 법칙), 이러한 레이아웃 밀도 증가를 지원하는 것이 바로 포토리소그라피 공정의 발전이다. 제조 가능성 관점에서 볼 때, 리소그라피 과정에서 플레이트는 큰 공정 윈도우(PW)를 가져야 한다. 여기서 프로세스 윈도우는 공통 프로세스 윈도우(공통 PW)로, 플레이트에 있는 모든 패턴의 리소그라피 프로세스 윈도우가 잘 겹쳐야 한다. 독자는 리소그라피 공정의 제조 가능성 정의 및 평가 방법에 대한 문헌[9]을 참조할 수 있다. 일반적으로 플레이트에는 다양한 그래픽이 있으며 그중 일부는 리소그라피하기 어렵고 이러한 어려운 그래픽으로 인해 플레이트의 공통 프로세스 창이 손실 될 수 있다. 이러한 어려운 그래픽을 불량 지점(핫스팟)이라고 한다. 플레이트의 불량 지점을 수정하지 않으면 각 노출이 공정 수율에 영향을 미쳐 체계적인 수율 문제로 이어진다.

6.3.1 레이아웃의 제조 가능성 평가를 위한 공정 변동 대역폭(PV-band) 사용

공정 변동 대역(PV-밴드)은 리소그라피에 도입된 공정 파라미터의 변화로 인한 노출 결과의 변동 범위이다. 이러한 공정 파라미터에는 일반적으로 노출 에너지, 초점 값 및 마스크의 패턴 크기가 포함된다. 이러한 변화 범위는 공정 수준에 따라 결정되며 일반적으로 Fab에서 제공한다. 이 방법의 전제 조건은 리소그라피 시뮬레이션을 위한 모델을 사용할 수 있고 정확도를 향상시키기 위해 적절한 보정이 이루어져야 한다는 것이다[10].

PV-대역 계산은 먼저 플레이트의 그래픽에 대해 수행되며, 입력은 설계 단계의 플레이트가 된다. PV-밴드 계산은 그림 6-8에 나와 있다. 계산에는 공장에서 제공하는 리소그라피 시뮬레이션 모델 또는 보정되지 않은 공간 이미지 모델(항공 이미지 모델)을 사용할 수 있다. PV-대역 계산 방법: 그림 6-8(a)와 같이 포토레지스트의 그래픽을 계산하기 위해 공정 창의 여러 위치에서 리소그라피 시뮬레이션을 수행한다. 오른쪽의 회색 영역은 PV 대역, 즉 리소그라피 공정 파라미터의 변화로 인한 포토레지스트의 패턴 변화 범위에 해당한다. 리소그라피 공정 파라미터의 변화와 관계없이(지정된 PW 내에서) 그림에서 PV-밴드로 둘러싸인 영역은 항상 안정적으로 인쇄가 가능하며(인쇄 가능 영역), PV-밴드 외부의 영

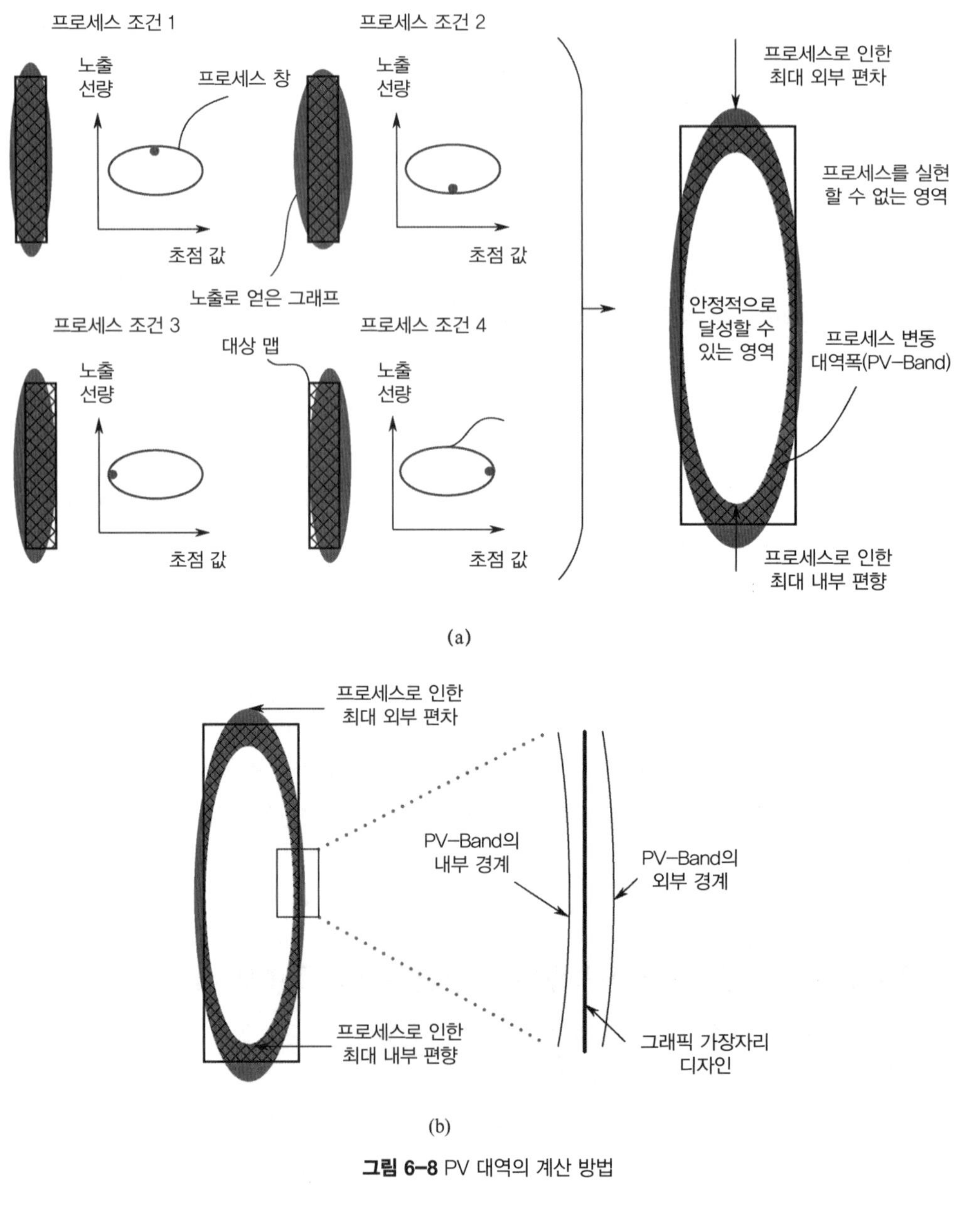

그림 6-8 PV 대역의 계산 방법

역은 공정 파라미터의 변화와 관계없이 인쇄가 불가능하다(비인쇄 가능 영역). 이 세 영역 사이의 경계를 그림 6-8(b)와 같이 내부 PV-밴드 에지 및 외부 PV-밴드 에지라고 한다.

PV-밴드의 내부 경계는 안정적으로 노출된 영역과 변경된 영역을 구분하고, PV-밴드의 외부 경계는 변경된 영역과 리소그라피 공정으로 구현할 수 없는 영역을 구분한다.

PV-밴드의 결과에서 필요한 정보를 추출하기 위해 일련의 연산자가 설계되고 실행된다. 예를 들어, 플레이트에서 다양한 모양(다각형)의 PV-밴드 면적, PV-밴드의 너비 등이 있다. 추출된 정보를 비교 및 분석하여 리소그라피 창이 작은 플레이트 부분을 찾은 다음 리소그라피와 관련된 DFM 규칙(리소 준수 규칙)을 요약할 수 있다. 이 아이디어는 그림 6-9와 같이 기존의 백엔드 설계 프로세스에 추가된다. 그림에서 PV 대역 평가가 백엔드 설계 흐름에 추가되어 레이아웃에 적용되는 리소그라피 관련 DFM 규칙을 생성한다. 흐름의 레이아웃 평가(레이아웃 순위)는 PV-대역 결과를 기반으로 한 플레이트 이미징 난이도 순위이다. "이미징 난이도 순위"는 실제로 리소그라피 공정과 관련된 DFM 규칙을 구성하는 불량 포인트 수의 순위이다. 그런 다음 이러한 DFM 규칙을 설계 환경에 적용하여 레이아웃을 수정한다.

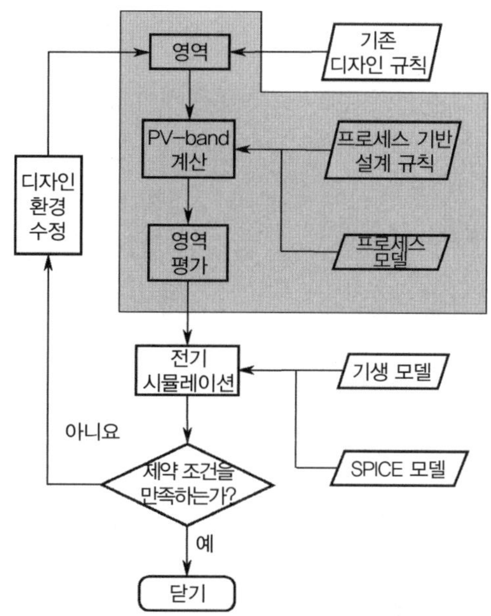

그림 6-9 백엔드 설계 흐름에 추가된 PV 대역 평가

이 방법이 성공하기 위한 핵심은 다음과 같다. 첫째, 입력 플레이트(즉, PV 대역 분석에 사용할 플레이트)는 리소그라피 공정에 민감한 부품을 포함할 수 있을 만큼 충분히 높은 커버리지를 가져야 한다. 전체 플레이트의 PV-대역 분석은 너무 오래 걸리며, 분석을 위해 리소그라피적으로 어려운 패턴을 모두 선택하는 것이 타협점이다. 둘째, 계산에 사용되는 모델은 프로세스 창에서 포인트를 정확하게 시뮬레이션할 수 있어야 한다. 리소그라피 결과에 영향을 미치는 매개 변수는 노출 선량과 초점 값뿐만 아니라 마스크의 패턴 오류와 포토레지스트의 성능도 포함된다. PV 대역 분석 시에도 이러한 파라미터의 변형을 도입할 수 있다. 이 방법의 아이디어는 에칭, 화학적 기계적 연삭 및 기타 단위 공정에도 적용 가능하다.

6.3.2 집계 깊이를 사용하여 플레이트의 제조 가능성 평가하기

문헌 [11]에서는 광학 시뮬레이션 툴을 사용하여 각 그래프 가장자리에서 공간 이미지 대비(콘트라스트)를 얻기 위해 OPC 처리 전(pre-OPC) 90nm FPGA 제품의 플레이트에 대한 계산을 수행한다고 보고했다. 이 콘트라스트 값은 해당 위치의 초점 심도(DOF)와 연관된다. 콘트라스트 계산 결과를 바탕으로 DOF가 더 작은 그래프를 찾아 DFM 규칙을 요약한 다음 판을 수정할 수 있다. 실험 결과 수정된 플레이트의 리소그라피 프로세스 윈도우가 크게 개선되었음을 알 수 있다.

작은 DOF로 이어지는 일반적인 그래픽 유형은 다음과 같다.

첫째, 그림 6-10(a)와 같이 밀도가 높은 선 근처에 멀리 떨어져 있는 선이 있는데, 여기서 선의 간격은 서로 다르며 S1은 플레이트의 최소 간격(최소 공간)이다.

둘째, 그림 6-10(b)와 같이 밀집된 평행선은 서로 가까운 수직 방향의 선이며, 여기서 S2는 레이아웃의 최소 선-끝점 간격(최소 선-끝점 공간)이다.

셋째, 그림 6-10(c)와 같이 넓은 선이 좁은 선에 인접하는 경우로, 그림에서 넓은 선이 좁은 선에 인접하며 여기서 S는 플레이트의 최소 간격(최소 공간)을 나타낸다.

넷째, 그림 6-10 (d)와 같이 넓은 선 근처에 세로로 좁은 선이 있는 경우, 여기서 S는 레이아웃의 최소 간격(최소 공간)이다.

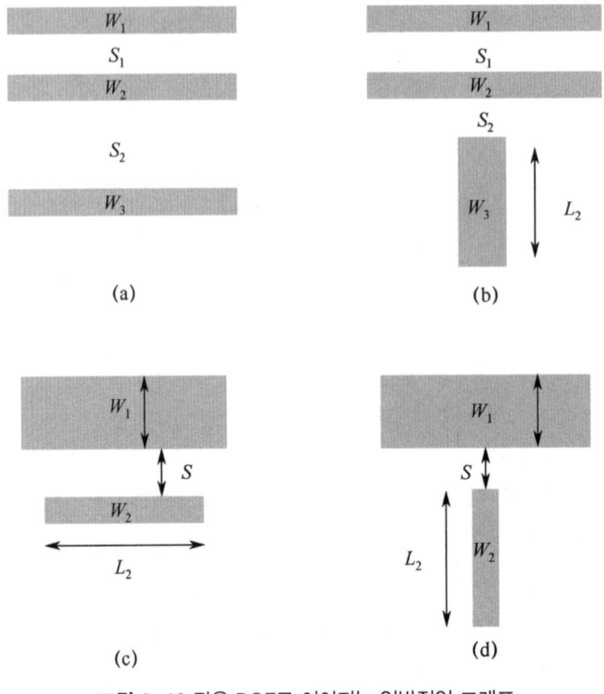

그림 6-10 작은 DOF로 이어지는 일반적인 그래프

DFM 수정 전의 이러한 어려운 그래프의 이미징 콘트라스트(광학 콘트라스트, 그래프 가장자리에서 광도 I의 로그 기울기로 정의)는 0.5에 불과하며 수정 후 콘트라스트는 2.38 이상에 도달할 수 있으며 전체 플레이트의 공통 DOF가 크게 향상되었다. 그림 6-11은 첫 번째 유형의 어려운 그래픽을 수정하기 전과 후의 리소그라피 시뮬레이션 결과(윤곽선 플롯)를 보여준다. 수정 전에는 그림 6-11(a)와 같이 노광 후 S1의 양쪽 그래픽이 겹쳐 보이지만, S_1(수정된 플레이트)을 늘린 후에는 그림 6-11(b)와 같이 노광으로 양쪽 그래픽을 선명하게 해결할 수 있다. 정량적 프로세스 창 결과에서도 DFM 수정의 효과를 확인할 수 있다.

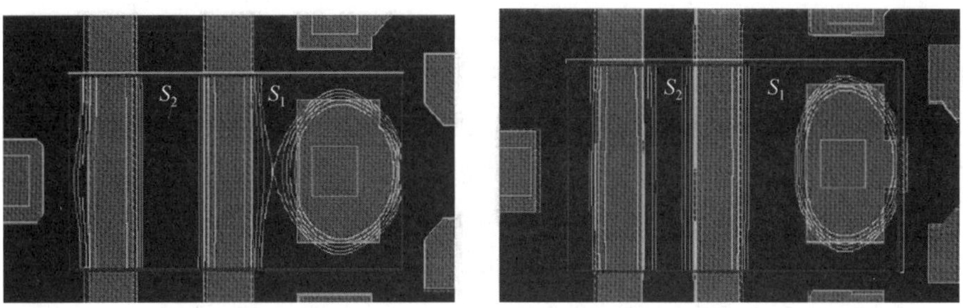

그림 6-11 판 수정 전과 판 수정 후 리소그라피 시뮬레이션 결과 [11]

6.3.3 리소그라피 불량 지점에 대한 채점 시스템(채점 시스템)

이 장의 서두에서 설명한 것처럼 DRC는 단순한 환경에서 설계 레이아웃을 확인하는 복잡하지 않은 규칙을 기반으로 하며, 경험적(규칙 기반) 레이아웃 제조 가능성 검사 방법이다. 기술 노드가 좁혀지면서 리소그라피 공정과 관련된 DFM이 도입되었고(litho-DFM), litho-DFM은 모델 기반의 레이아웃 패터닝 검사(모델 기반 LPC)로, 시뮬레이션으로 계산된 불량점을 분석하고(시뮬레이션), 수율에 미치는 영향에 따라 분류(핫스팟 심각도 분류) 및 점수화(스코어링)하는 것이 litho-DFM의 핵심 기능이다. 또한 좋은 litho-DFM 시스템은 핫스팟을 수정하기 위한 권장 사항(핫스팟 수정 가이드 라인)을 제공해야 한다.

세 가지 리소그라피 메트릭을 사용하여 불량 지점을 특성화할 수 있는데, 이는 정규화된 이미지 로그 기울기(NILS), 집적도(DOF) 및 마스크 오류 향상 계수(MEEF)이다. 이 세 가지 파라미터는 리소그라피 공정 창과 밀접한 관련이 있다. 리소-DFM 시스템은 이 세 가지 파라미터 각각에 대해 정의된 범위(사양)를 설정할 수 있으며, 이러한 정의된 값은 웨이퍼의 데이터에 의해 결정된다. 파라미터가 플레이트의 어딘가에서 범위를 벗어나면 시스템에서 해당 지점을 불량 지점으로 인식한다(즉, 리소그라피가 필요한 결과를 제공하지 못함). 이 세 가지 파라미터에 가중치를 설정하면 불량 지점의 심각도를 나타내는 지표가 제공되며, 이는 "수정해야 함" 및 "수정 권장"에 해당한다[12].

그림 6-12는 NILS의 계산 방법과 점수 시스템을 보여준다. 먼저, 퍼블리싱 그래프의 광도 분포 $I(x)$를 웨이퍼 표면에서 시뮬레이션하고, ILS는 그래프 가장자리에서 광도의 로그 기울기($|d(\ln I)/dx|$)로 정의되며, 그림 6-12(a)와 같이 광도의 로그 기울기(ILS)가 정의된다. 퍼블리시 맵의 여러 위치에서 ILS

를 계산하고 정규화된 값(NILS)으로 변환하여 그림 6-12(b)와 같이 판의 각 위치에서 NILS를 얻는다. 그림 6-12(c)에 표시된 바와 같이 판의 각 위치에서 NILS 값을 기반으로 NILS 값과 점수가 결정되며, 이는 NILS 값이 해당 점수로 변환되는 방법을 보여준다. 시스템은 NILS 값이 클수록(영상 대비가 클수록) 점수가 낮아지도록 설정되어 있다. (즉, 점수는 가능한 한 높은 끝과 낮은 끝에 분포되어 있다). 그림 6-13은 리소-DFM의 DOF 계산을 보여준다. 최적 초점 값(ΔCD)에서의 편차로 인한 선폭 편차와 초점 편차 값(디포커스, df) 사이의 관계는 다항식으로 근사화할 수 있으며, 계수는 측정된 데이터를 피팅하여 구할 수 있다. ΔCD가 허용하는 범위는 목표 값의 ±10%이며, 이에 해당하는 초점 편차가 초점 심도(DOF)이다. ΔCD는 최적의 초점 값(즉, 목표 값)에서 그래프의 CD 값과 최적의 초점 값에서 벗어날 때의 CD 값의 차이로 정의된다. DOF의 점수는 그림 6-12(c)를 참조하면 알 수 있듯이 DOF 값이 클수록(이미징 초점 심도가 클수록) 점수가 낮아지는 NILS의 점수와 유사하다. 그림 6-14는 MEEF의 계산 방법과 점수 결정 과정을 보여준다. 그림 6-14(a)와 같이 편차(mask_edge_bias)를 플레이트의 그래프 각 가장자리에 도입하고, 리소그라피 시뮬레이션을 플레이트에서 수행하여 편차를 더하기 전과 후의 CD 값(각각 CD_1 및 CD_2라고 함)을 계산하여 선폭 편차(CD_bias) = $|CD_1-CD_2|$를 얻는다. MEEF는 이미징 배율이 1/4임을 고려하여 CD_bias/2*mask_edge_bias이지만, CD 값에는 2개의 가장자리의 편차 값(바이어스)이 포함되어 있으므로 분모를 2로 나눈다. 그림 6-14(b)와 같이 설정된 MEEF 값이 작을수록(이미징 품질이 좋을수록) 점수가 낮아지며, 판의 각 위치에서 MEEF 값에 따라 점수(점수)를 결정한다. NILS 점수와 유사하게, 시스템은 MEEF를 높고 낮음에 따라 두 가지 범주로 나누려고 한다(즉, 점수가 가능한 한 높은 끝과 낮은 끝 사이에 분포되도록 함).

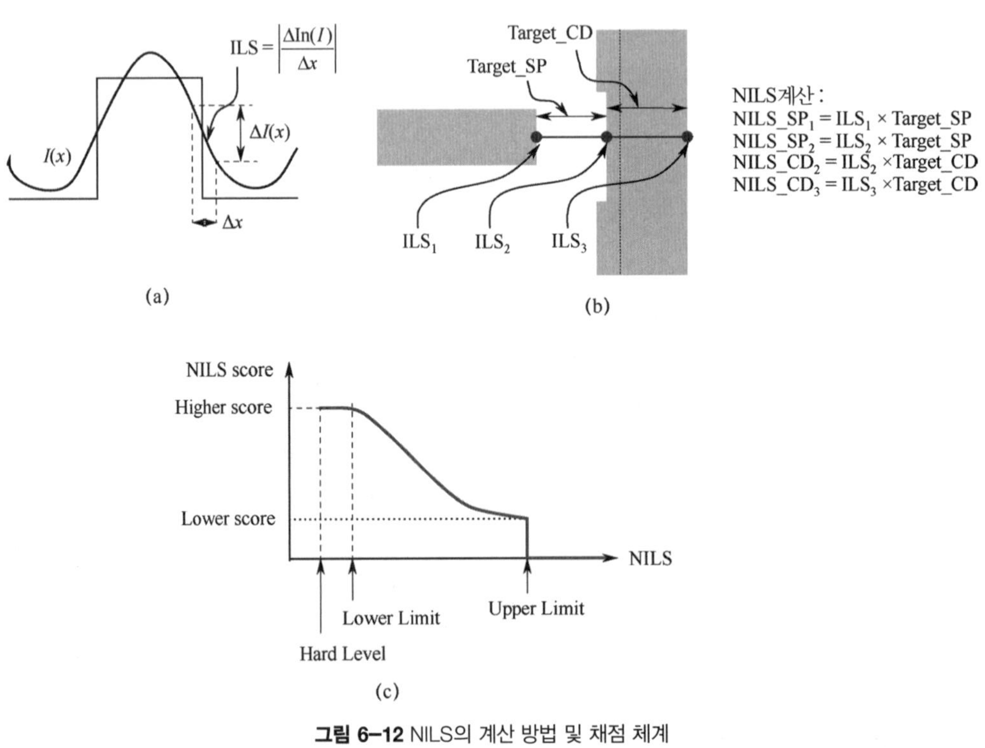

그림 6-12 NILS의 계산 방법 및 채점 체계

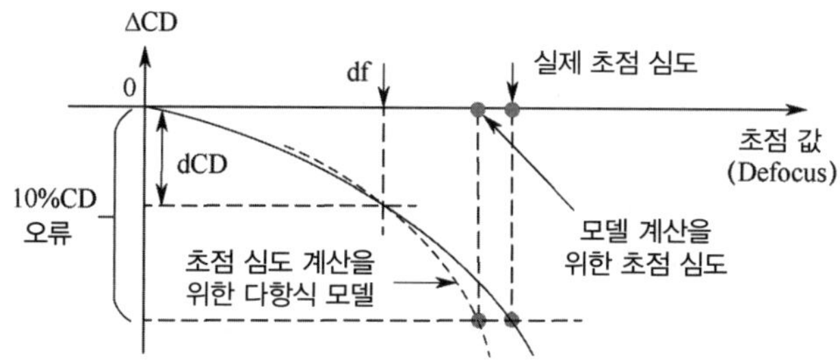

그림 6-13 리소-DFM에서 DOF 계산 방법

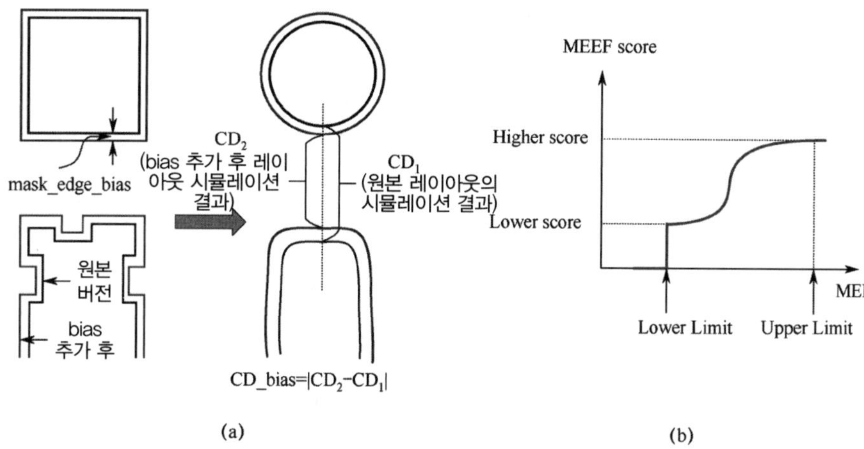

그림 6-14 MEEF의 계산 방법 및 비율 결정

불량 지점을 복구할 때는 다음 원칙을 따라야 한다: 첫째, 불량 지점 주변에 최소 크기의 그래픽이 없도록 하고, 둘째, 불량 지점의 심각도에 따라 복구 우선순위를 정하여 가장 심각한 불량 지점을 먼저 복구해야 한다. 구체적인 접근 방식은 그림 6-15(a)와 같이 회선 종단점(회선 종단 핫스팟)의 불량 지점의 경우 일반적으로 종단점 간 거리를 늘리거나(엔드 투 엔드) 회선 간 거리를 늘려서(라인 투 라인) 해결할 수 있다는 것이다.

선 유형 불량 지점(선 유형 핫스팟)의 경우 일반적으로 그림 6-15 (b)와 같이 네 가지 해결 방법이 있다. 첫째는 선 끝의 양쪽 간격을 늘리는 것(선 끝 공간), 둘째는 반대쪽 선(반대쪽 선 끝 다각형)의 위치를 이동하는 것, 셋째는 선 너비(선폭)를 늘리되 선 간격(공간)은 그대로 유지하는 것, 넷째는 인접 선의 폭을 늘리되 간격은 그대로 유지하는 것이다. 불량 지점(공간 핫스팟)의 간격 클래스의 경우 일반적으로 그림 6-15 (c)와 같이 두 가지 복구 옵션이 있는데, 하나는 불량 지점(핫스팟 공간) 사이의 거리를 늘리는 것이고, 두 번째는 불량 지점에서 선을 멀리 이동하는 것이다.

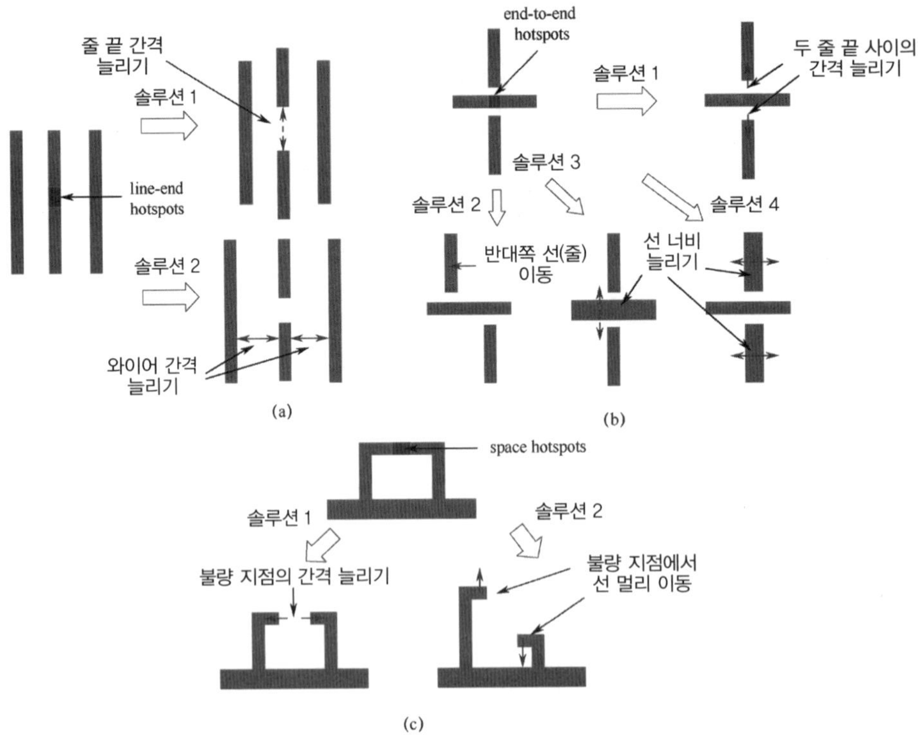

그림 6-15 불량 지점 복구의 일반적인 방법

6.3.4 리소그라피 친화적인 디자인

65nm 기술 노드 이하에서는 리소그라피 공정이 해상도 한계에 도달하는 경향이 있으며, DFM은 소위 리소그라피 친화적 설계(LFD)라고 하는 낮은 k_1 계수($k_1 < 0.35$)의 리소그라피를 위한 레이아웃 최적화에 점차 집중하고 있다. 리소그라피 친화적인 레이아웃은 한편으로는 제한적 설계 규칙(RDR)을 통해, 다른 한편으로는 DFM을 통해 달성할 수 있다. 방향은 하나만 있어야 하고 게이트 라인은 균일한 그리드에 배치되어 가능한 그래픽 사이클(피치) 수를 제한해야 하며 게이트 주변은 중요한 장치에 대해 일관성을 유지해야 한다.

리소그라피와 관련된 DFM(리소-DFM)은 다음 요소로 구성된다.

첫째, 리소그라피 공정이 결정된 후(즉, 조명 조건이 결정된 후) 레이아웃에서 "금지된 피치"의 사용을 피하거나 레이아웃에서 몇 가지 선택된 사이클만 허용한다. 실험적으로 고밀도 라인(L/S=1:1)의 리소그라피 공정 윈도우는 독립 라인의 공정 윈도우보다 큰 반면, 세미 스파스 라인(L/S~1:3)의 리소그라피 공정 윈도우는 독립 라인의 공정 윈도우보다 훨씬 더 작은 것으로 관찰되었다. 디자이너는 레이아웃에 이러한 세미 스파스 그래픽이 포함되지 않도록 해야 하므로 이러한 세미 스파스 그래픽에 해당하는 사이클을 "금지 사이클"이라고도 한다.

둘째, 리소그라피의 품질을 보장하기 위해 그래픽에 대한 제한이 매우 복잡해진다. 원래의 규칙은 일반적으로 일련의 매개 변수로 발전한다.

셋째, 그리드 디자인(거친 그리드 디자인). 디자인 규칙이 너무 복잡해져 최적화되지 않는 것을 방지하기 위해 일련의 규칙적인 그리드 포인트에서 제한 설계를 수행해야 한다. 즉, 그래픽 크기의 증가 또는 감소가 고정된 단계여야 한다. 그리드 설계 도식은 그림 6-16(a)에 나와 있으며 왼쪽 대각선 음영은 확산, 포크 음영은 확산 접촉, 수평선 음영은 폴리 접촉, 오른쪽 선 음영은 폴리 배선, 점 음영은 폴리 게이트를 나타내고 점선과 점선은 각각 확산 접촉과 폴리 게이트를 각각 설계를 나타낸다. 그리드 기반 설계의 아이디어를 바탕으로 그림 6-16(b)와 같이 다각형(폴리곤)을 그릴 필요없이 그리드 포인트에 선과 점만으로 와이어(배선)와 접점(접점)을 나타내는 기호 기반 DFM(글리프 기반 DFM)도 개발되었다.

리소그라피에 충분히 큰 공정 창을 확보하기 위해 설계에 대한 DFM 제약으로 인해 일반적으로 설계 영역이 손실되어 기술 노드에서 요구하는 대로 판을 축소해야 한다. 리소그라피 엔지니어의 주요 임무는 리소그라피 공정이 설계에 미치는 제약이 가장 적도록 고급 리소그라피 공정(OPC/SRAF 등 포함)을 개발하는 것이다. 예를 들어 65nm 게이트 레이어에서는 새로운 조명 조건과 보조 그래픽(SRAF 배치 방식)을 사용하여 금지 사이클의 범위를 대폭 줄이고 SRAM의 라인 끝점(팁에서 팁까지)의 거리를 수정할 수 있다. 따라서 리소그라피 공정에서 설계 제약을 거의 부과하지 않고, 리소그라피 공정으로 해결할 수 없는 소수의 문제만 DFM에 맡길 수 있다.

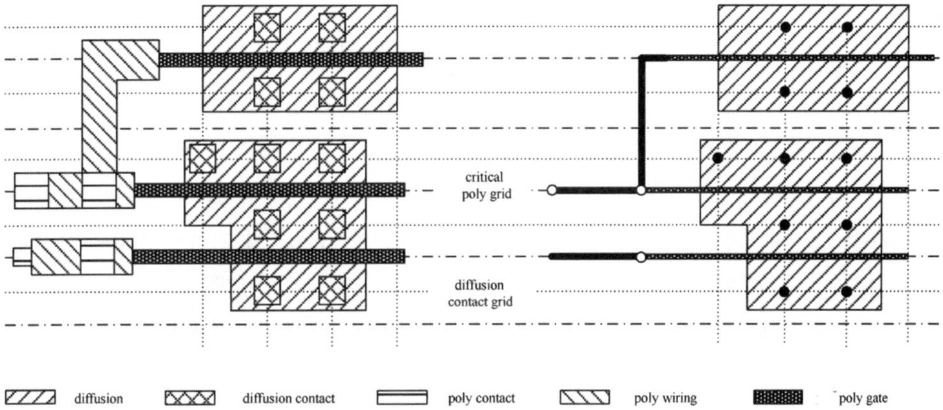

(a) 격자 설계의 개략도 (b) 심볼 기반 DFM

그림 6-16 그리드 기반 설계 [6]

6.3.5 통합 레이아웃 및 마스크 시뮬레이션

DFM의 입력과 시뮬레이션은 설계 레이아웃으로, 일반적으로 업계 관행인 OPC 이전의 설계 레이아웃을 의미한다. OPC의 유효성은 새로운 리소그라피 시뮬레이션(모델 기반 검증, MBV)을 통해 검증할 수 있는데, 이는 노출 결과를 계산하고 불량 지점을 찾기 위해 OPC 후 레이아웃을 시뮬레이션하는 것이다. 마스크의 패턴은 마스크 검사 전용 주사 전자 현미경(레티클 SEM)인 레티클 검사 시스템으로 검사한다. 마지막으로 웨이퍼의 패턴은 CD-SEM으로 검사한다. 이 워크플로는 그림 6-17에서 설명할 수 있으며, 여기서 PWQ는 공정 창 검증을 의미한다.

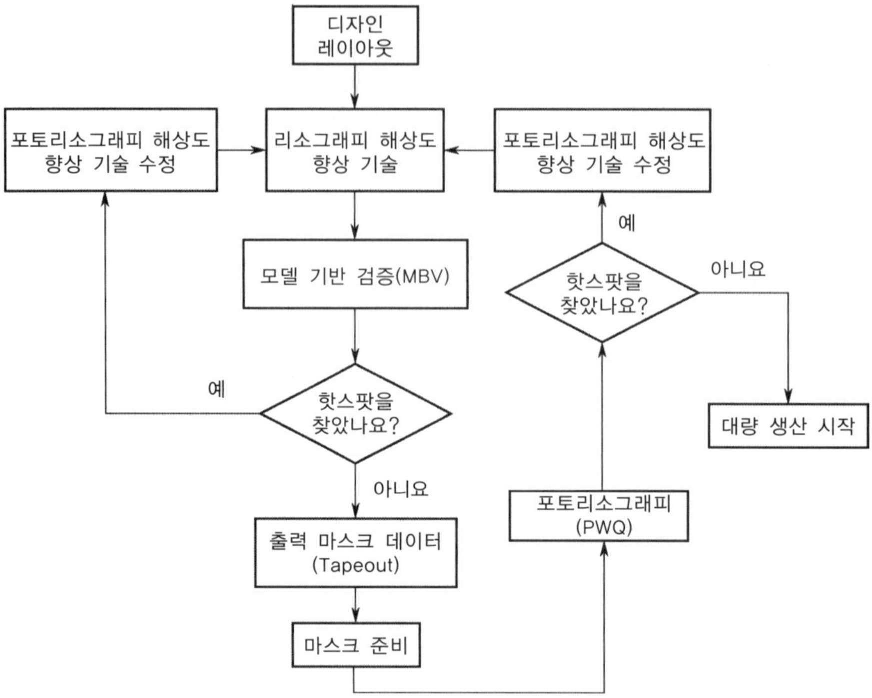

그림 6-17 설계 회사의 버전이 파운드리로 전송된 후의 처리 흐름도

그림 6-17에 표시된 순서도를 기반으로 레이아웃과 마스크의 통합 시뮬레이션을 위한 DFM 방법, 즉 디자인 스캐닝이 문헌에서 제안되었다 [13]. OPC 후 시뮬레이션의 첫 번째 단계는 마스크의 그래픽을 얻는 것이며, 이 단계는 전자빔 노광을 핵심으로 하는 이미징 공정인 마스크 제조 공정을 시뮬레이션하는 것이다. OPC 후 레이아웃의 시뮬레이션 결과를 분석하여 마스크 제조의 공정 윈도우(전자빔 노출) 내에서 발생할 수 있는 불량 지점(핫스팟)을 파악한 후, 이러한 불량 지점의 위치를 마스크 검사 장비로 전송한다. 시뮬레이션에 사용되는 모델은 실제 마스크 측정 데이터에 의해 파라미터가 보정되는 물리 기반 모델이다. 두 번째 단계는 웨이퍼의 패턴을 얻기 위해 마스크 패턴의 이미징 프로세스를 시뮬레이션하는 것이다. 이 단계에서는 공간 이미지 모델 또는 웨이퍼 실제 데이터에 맞게 보정된 포토레지스트 모델을 사용하여 웨이퍼 제조의 리소그라피 프로세스를 시뮬레이션한다. 사용자는 시뮬레이션을 수행하기 위해 노출 에너지 및 초점 값의 범위를 선택하고 웨이퍼에서 결과를 얻고 브리징, 파선, 중복 패턴 등과 같은 다양한 불량 지점을 정렬하고 확인할 수 있다. 그림 6-18은 전체 리소그라피 공정 창에서 웨이퍼에 대한 그래픽 시뮬레이션 결과와 이에 해당하는 전자 현미경 사진을 보여준다(그림 6-18 오른쪽 참조).

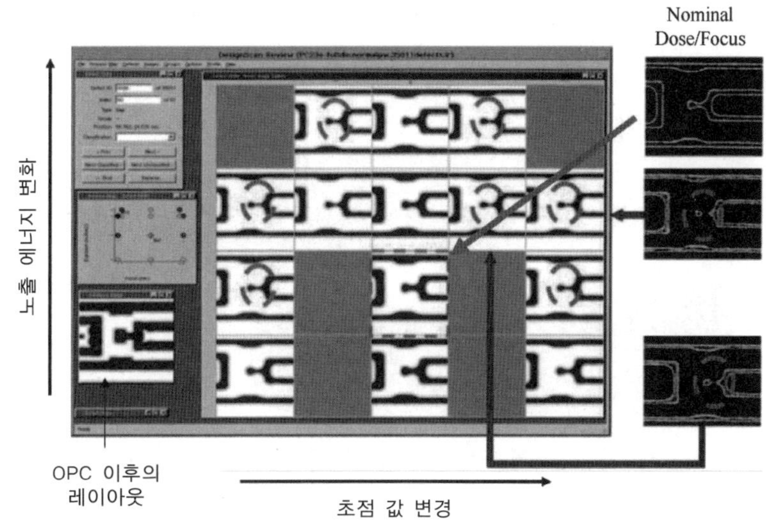

그림 6-18 전체 리소그라피 공정 창에서 웨이퍼의 그래픽 시뮬레이션 결과와 해당 부분 전자 현미경 사진 [13].

6.4 CMP 프로세스와 관련된 DFM

화학적 기계 연마(CMP)는 IC 제조의 핵심 공정으로, 특수 슬러리를 사용하여 웨이퍼 표면을 연마하여 전체적으로 평평한 표면을 구현한다. 평평한 웨이퍼 표면은 고정밀 리소그라피를 성공적으로 구현하기 위한 전제 조건이다. 그림 6-19는 CMP 장비와 그 작업 다이어그램을 보여준다. 래핑 속도는 래핑 솔루션의 특성, 래핑 패드에 가해지는 압력 및 패드 이동의 선형 속도에 비례한다.

6.4.1 CMP의 프로세스 결함 및 시뮬레이션

업계에서는 CMP 공정의 시뮬레이션을 위한 전용 소프트웨어가 있는데, 이는 물리화학적 모델 기반 시뮬레이션(모델 기반 CMP)으로 CMP 후 표면의 평탄도(표면 토폴로지)와 문제 영역, 즉 연삭으로 인한 디시싱(디싱) 및 침식(에로젼)을 예측하는 것이다[14]. 나비 결함은 연삭 중 금속 와이어(구리선)와 주변 유전체 재료 사이의 선택성, 즉 구리는 더 빠른 속도로 연삭되는 반면 유전체 층은 더 느리게 연삭되어 그림 6-20(a)와 같이 더 넓은 구리선 내에서 함몰이 발생하기 때문에 발생한다. 침식 결함은 더 높은 그래픽 밀도 영역에서 발생하며, 그림 6-20(b)와 같이 두 재료가 혼합된 더 높은 밀도로 인해 유전체 재료도 더 빨리 연마되어 함몰을 형성한다.

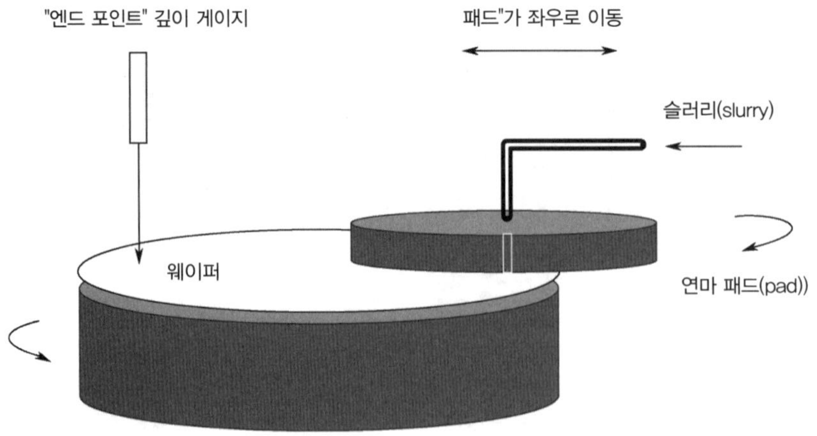

그림 6-19 CMP 장치 및 작동 회로도

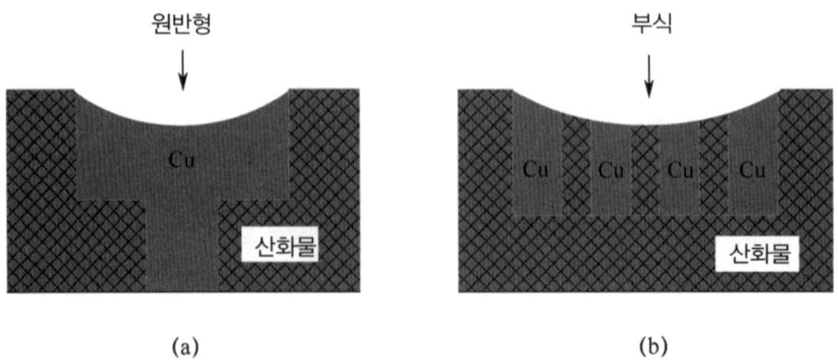

그림 6-20 CMP 프로세스의 결함

먼저 전체 레이아웃을 작은 그리드로 나누고 각 그리드에서 기하학적 정보(금속 패턴의 밀도)를 추출한 다음 각 CMP 단계(예: "벌크 제거", "터치 다운", "배리어 제거")에서 구리 및 유전체 재료의 두께를 시뮬레이션하는 것이 CMP 시뮬레이션의 기본 단계이다. CMP 단계(예: "벌크 제거", "터치 다운", "배리어 제거")에서 구리 및 유전체 재료의 두께가 시뮬레이션된다. 그런 다음 각 CMP 단계(예: "벌크 제거", "터치 다운", "배리어 제거")에 대한 구리 및 유전체 재료의 두께를 시뮬레이션한다. 그림 6-21은 M1 CMP(첫 번째 금속 CMP 레이어)의 시뮬레이션 결과를 보여 주며, 그림 오른쪽의 눈금은 칩 표면의 상대적 높이이고, 전체 칩의 크기는 4.3mm × 4.3mm이며, 여기서 관심 있는 부분의 크기는 그림에서 점선 상자 안의 부분인 0.95mm × 0.75mm이다.

CMP 공정에 의해 생성된 나비 결함은 후속 금속 층에도 반영되어 단락으로 이어진다. CMP 공정에 의해 생성된 나비 결함은 그림 6-22에 나와 있으며, 여기서 CMP는 금속에 나비 함몰을 생성하여 후속 패턴이 전체적으로 가라앉고 두 번째 CMP는 여분의 금속을 모두 연마하지 못해 단락을 생성한다. DFM 소프트웨어는 이러한 복잡하고 종종 층간 문제가 발생하기 쉬운 이 기능을 "늪 파인더"라고도 한다 [6].

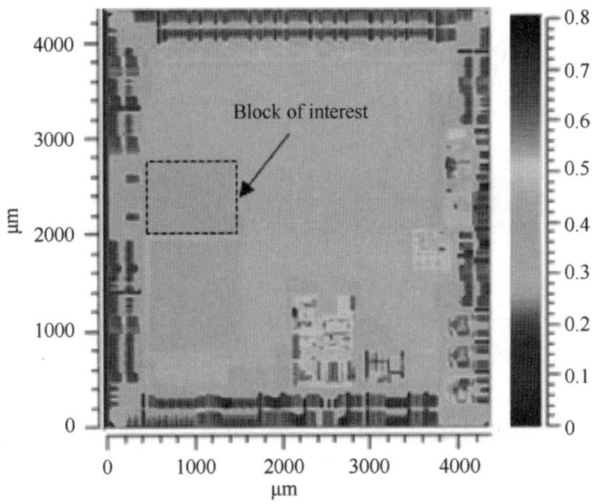

그림 6-21 M1 CMP에서 4.3mm × 4.3mm 칩의 시뮬레이션 결과 [14]

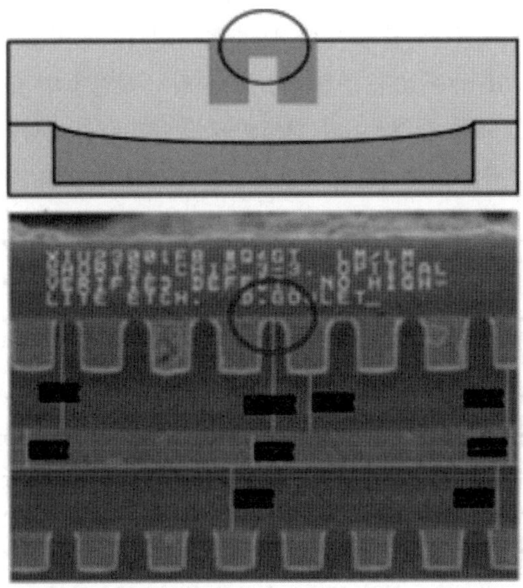

그림 6-22 CMP 공정에서 생성된 나비 모양 결함

6.4.2 CMP 프로세스 친화적인 레이아웃 디자인

설계 관점에서 볼 때 CMP 공정 결함에 대한 허용 오차가 높은 플레이트는 그래픽 밀도가 균일해야 한다. 이 요구 사항을 해결하기 위해 설계 엔지니어는 플레이트를 가능한 한 균일하게 만들어야 한다. 그래픽 둘레 범위와 관련하여 플레이트의 그래픽 밀도 변화 범위를 최소화할 수 있다면 이후 CMP가 더 평평해진다. 이는 그림 6-23과 같이 판을 동일한 작은 블록으로 나누고 각 사각형의 그래픽 밀도와 둘레를 계산하여 최종적으로 평가 함수(비용 함수)를 얻음으로써 수행된다. 이 평가 함수에 대한 최적화를 수행하면 플레이트의 균질화를 달성할 수 있다.

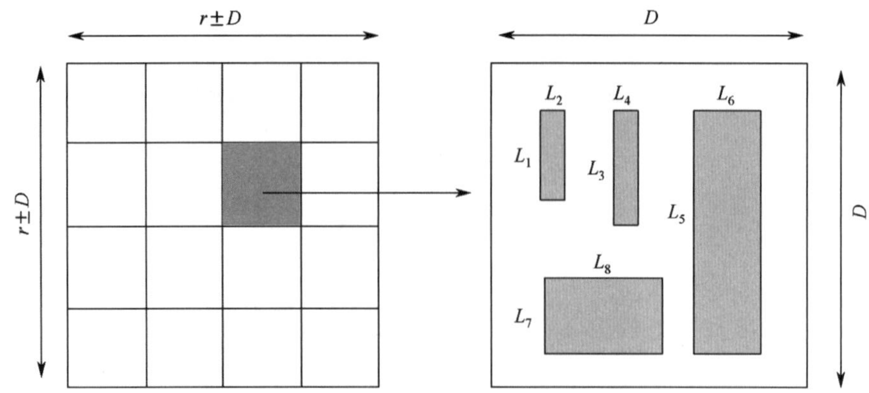

그림 6-23 판의 밀도와 그래프의 둘레에 대한 평가 함수를 설정하는 개략도

6.4.3 여분의 금속으로 채우기(더미 채우기)

디자인 레이아웃을 균질화할 수 없는 경우, 전기 기능이 없는 중복 금속 그래픽(더미 필)을 여유 공간에 삽입하여 그래픽을 인위적으로 균질화할 수 있다. 더미 필은 전기 기능이 없으며 전원 레일 또는 접지 레일에 연결하거나 회로에 떠 있을 수 있다. 전원 레일 또는 접지 레일에 연결된 중복 금속 구조는 커패시턴스가 커지지만 커패시턴스 값은 결정적이며, 매달린 금속 구조는 커패시턴스가 작아지지만 커패시턴스 값은 불확실하다. 여분의 금속을 추가하면 패턴 밀도를 제어할 수 있을 뿐만 아니라 리소그라피의 공정 윈도우를 개선하고 에칭 중 로딩 효과(로딩 효과)의 균형을 맞출 수 있다.

중복 금속을 추가하는 방법에는 두 가지가 있다. 오늘날의 EDA 툴에서 사용할 수 있는 경험적(규칙 기반) 추가는 파운드리에서 제공하는 정보를 기반으로 플레이트의 로컬 그래픽 밀도를 범위 내로 유지하기 위해 그래픽을 플레이트에 삽입한다. 레이아웃 밀도에 대한 파운드리의 요구 사항을 레이아웃 밀도 규칙이라고도 한다. 또 다른 유형의 추가는 모델 기반이며, 앞서 설명한 CMP 모델이 될 수 있다. 중복 금속(더미 필)을 추가하면 마스크의 데이터 양이 증가하고 마스크 제작 시간이 길어진다.

문헌 [15]에서는 중복 금속을 추가하기 위한 멘토 칼리버 툴을 기반으로 한 설계 흐름을 제시한다. 이것은 DRAM 디바이스의 금속층이다. 먼저 중복 그래픽을 삽입해야 하는 영역을 찾고, $W_c = W_{min} + 2S_{min}$ (W_{min}은 금속의 최소 너비, S_{min}는 금속 사이의 최소 거리)보다 큰 영역 폭이 삽입해야 하는 영역으로 간주한다. 중복 그래픽을 추가한 후에는 그림 6-24와 같이 그래픽 정렬(얼라인먼트) 프로세스도 수행해야 한다. 그림 6-24(a)는 리던던트 그래픽(더미)을 삽입한 후의 DRAM 소자 금속층 레이아웃을 보여주고(더미는 그림에서 회색 선에 해당), 그림 6-24(b)는 그래픽 정렬(얼라인먼트) 공정 후의 레이아웃을 보여준다.

6.4.4 어려운 그래픽 피하기

CMP와 관련된 DFM은 일반적으로 플레이트 그래픽 밀도만 고려하므로 그래픽 분포가 가능한 한 균일해야 하지만 전기 도금 공정(전기 도금, ECP)의 효과는 고려하지 않는다. 후공정(BEOL)에서 CMP 전

공정은 일반적으로 전기 도금으로 홈에 Cu를 증착한 다음 CMP가 여분의 Cu를 제거하여 평탄도를 달성한다. ECP 공정을 고려한 후 패턴 밀도뿐만 아니라 다른 요인도 웨이퍼 표면의 평탄도에 영향을 미친다. 그림 6-25는 도금 후 웨이퍼 표면의 단면을 개략적으로 나타낸 것으로, H_0는 전기 도금된 평평한 영역의 두께(막 두께)를 나타내고, H와 S는 각각 그래픽이 있는 영역의 막 두께를 나타내며, 원 안의 그래픽의 기하학적 밀도는 동일하다. 그러나 도금 후의 결과는 분명히 다르므로 CMP 결과에 확실히 영향을 미친다.

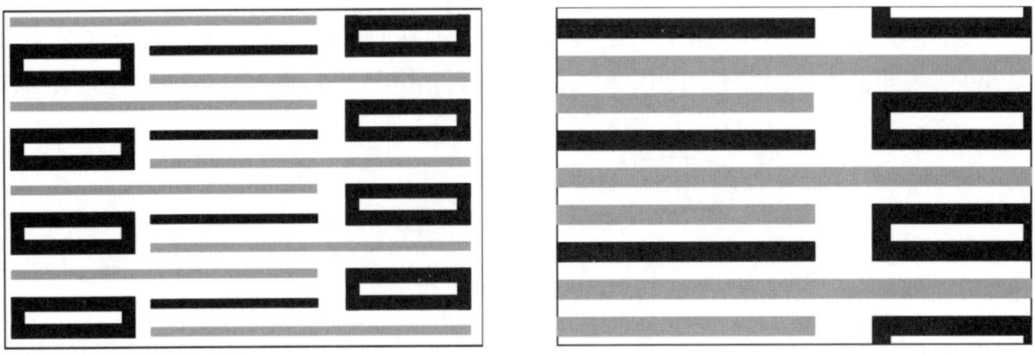

(a) (b)

그림 6-24 중복 그래프를 추가한 후에도 그래프 정렬이 필요하다[15].

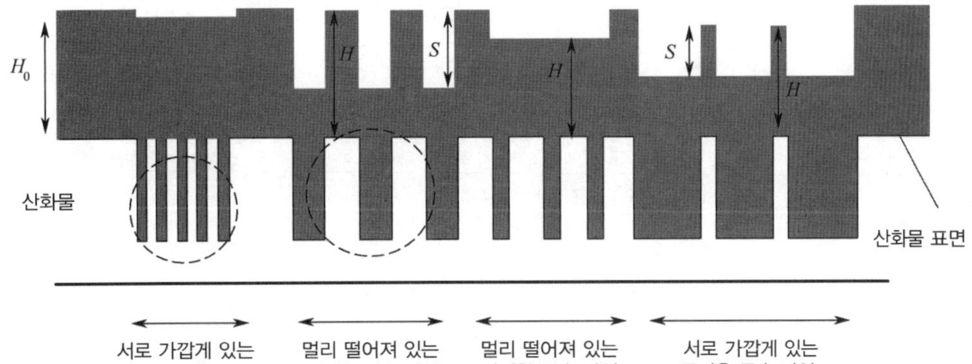

그림 6-25 도금 후 웨이퍼 표면의 단면 모식도

도금 및 CMP 공정을 고려할 때 일부 패턴은 항상 공정 실패(치명적인 실패)가 발생하기 쉬우므로 이러한 패턴은 설계에서 피해야 한다. 예를 들어, 스크라이브 레인 영역의 그래픽 크기가 크면 디싱 결함이 발생하기 쉽고, 트렌치 사이의 거리가 작으면 브리징이 발생할 수 있다.

6.5 DFM의 개발 및 설계 프로세스와의 통합

6.5.1 전체 프로세스를 위한 DFM

집적 회로 제조 공정에는 리소그라피, 도금, 화학적 기계적 래핑뿐만 아니라 에칭, 박막 증착, 이온 주입, 세정 등 여러 공정 단위가 포함된다. 기술 노드가 더욱 축소됨에 따라 제조 가능성은 회로 성능의 변화를 초래하는 다양한 요인을 고려하여 모든 공정 단위를 고려해야 한다. 그림 6-26(a)는 IC 제조에서 수율 손실의 원인을 요약한 것이다. 90nm 기술 노드 이후에는 체계적인 메커니즘에 의한 수율 손실이 주요 요인이 되고, 파운드리에서 수율 개선(수율 상승) 과정이 길어지고 최종 수율은 과거 노드에 비해 여전

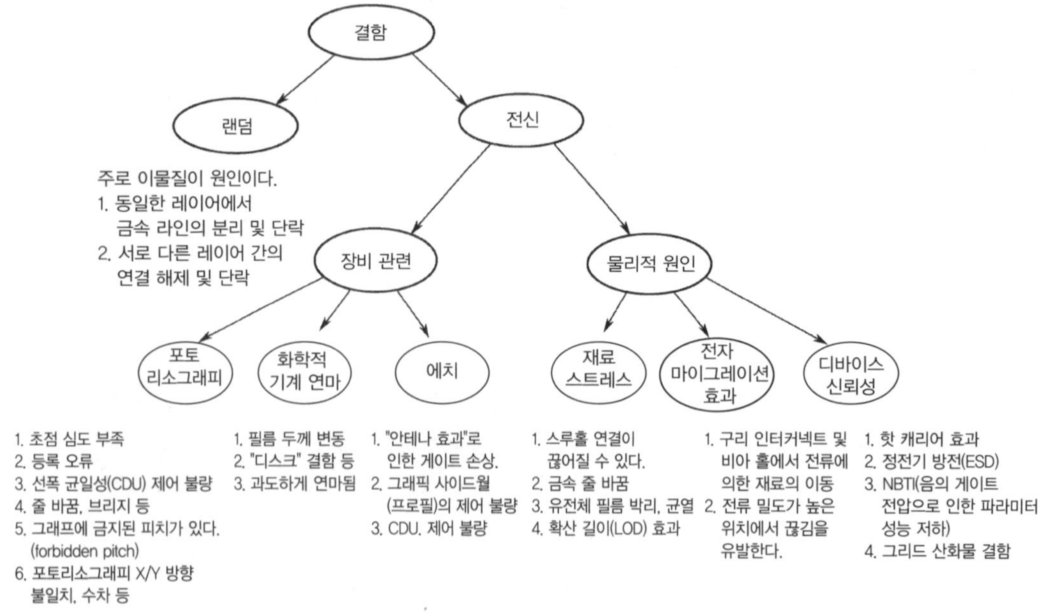

(a)

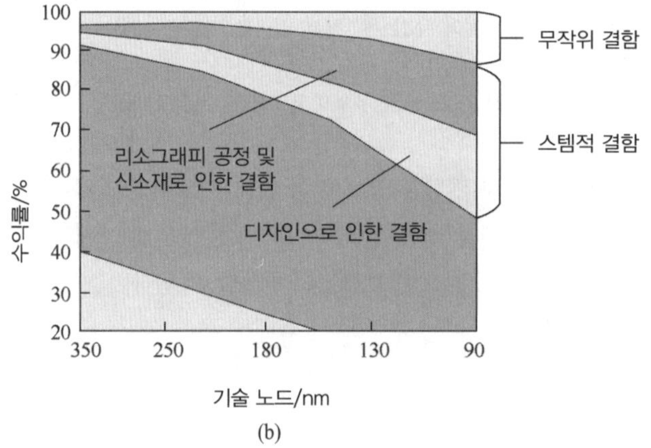

(b)

그림 6-26 IC 제조에 영향을 미치는 다양한 요인 [5]

히 이상적이지 않다. 이러한 상황은 설계와 제조 간의 상호 작용으로 인해 발생한다. 새로운 제조 공정은 일련의 기능적 결함을 유발하고, 그림 6-26(b)와 같이 공정 파라미터의 편차도 결함(파라미터 결함)을 유발한다. 즉, 기술 노드가 축소됨에 따라 체계적 수율 손실이 차지하는 비중이 증가한다.

DFM 플랫폼의 방향은 다양한 프로세스 변형을 도입할 수 있어야 하며, 모델에는 모든 프로세스 단계와 프로세스 단계 간의 상호 작용이 포함되어야 한다. 전체 공정 시뮬레이션을 위한 DFM 플랫폼의 개략도는 그림 6-27에 나와 있다. 테스트 레이아웃에서 시작하여 모든 공정의 시뮬레이션을 먼저 완료하고 공정 시뮬레이션 결과를 기반으로 장치의 전기적 성능을 계산하고 마지막으로 회로를 시뮬레이션하고 기능을 판단한다.

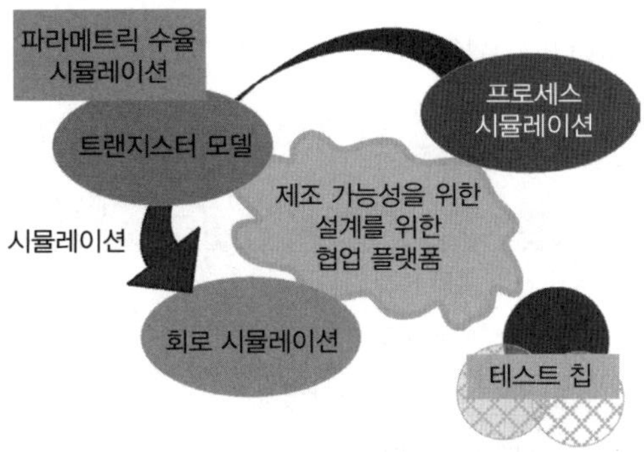

그림 6-27 전체 프로세스 시뮬레이션을 위한 DFM 플랫폼의 개략도

구체적인 접근 방식의 예는 다음과 같다. 리소그라피 시뮬레이션 소프트웨어를 사용하여 퍼블리싱 맵의 공간 이미지를 계산하여 이상적이지 않은 형상을 얻는다. 이 형상을 회로 시뮬레이터에 입력하면 누설 전류(누설)와 지연(지연)의 변화를 계산할 수 있다. 이러한 시뮬레이션을 통해 레이아웃에서 문제가 있는 영역을 식별하고 각 공정 단계가 최종 전기 성능에 미치는 영향을 찾을 수 있다. 문헌 [16]에서는 기존 EDA 툴을 기반으로 공정에서 회로 시뮬레이션까지 포괄적인 시뮬레이션 흐름(GDSII에서 HSPICE 회로 분석까지)을 구축했다. 사용된 소프트웨어는 멘토의 칼리버 워크 벤치, HSPICE 및 다양한 Perl 및 TCL 프로그래밍이다. 공정 시뮬레이션은 '캘리버 프린트 이미지'를 기반으로 하고, 디바이스 시뮬레이션은 비직사각형 게이트를 처리할 수 있는 'BSIM 등가 트랜지스터 모델'을 사용하며, 마지막으로 회로 성능 계산을 위해 모든 '트랜지스터 길이'를 HSPICE 넷리스트에 입력한다. 전체 프로세스는 Perl 언어를 사용하여 통합된다.

회로 성능 분석에는 회로가 지정된 목표 주파수에서 작동할 수 있는지 확인하기 위한 정적 타이밍 분석(STA)이 포함된다. 이 분석은 최악의 경우 느린 타이밍 분석(WCS)과 최상의 경우 느린 타이밍 분석(BCS)을 수행하여 두 경우 모두에서 규정 준수를 보장하는 것으로 구성된다. 디바이스 간의 불일치로 인해 통계적 정적 타이밍 분석(SSTA)도 수행해야 한다.

6.5.2 DFM 툴과 설계 프로세스와의 통합

DFM은 설계 툴(EDA 툴)에서 레이아웃을 가져와 시뮬레이션 결과를 설계 툴에 공급해야 하는 수많은 프로세스 시뮬레이션에 의존한다. 시뮬레이션 툴과 설계 툴은 서로 다른 공급업체에서 제공될 수 있으며, 필요한 기능을 달성하기 위해 효과적으로 통합할 수 있어야 한다. 표 6-2에는 자체 DFM 툴 개발과 아웃소싱 DFM 툴 개발의 장단점이 나와 있다.

예를 들어, CFA(구경 중요 피처 분석)는 DRC 및 LVS(레이아웃 대 회로도)와 통합하여 사용되는 멘토의 DFM 툴이다. 이 소프트웨어는 결함, 리소그라피, 광학 근접 보정(OPC), 화학적 기계 연삭(CMP) 및 에칭에 대한 규칙 기반 또는 모델 기반 검사를 수행하여 제조 가능성을 평가한다. 이러한 검사는 검증의 형태로 DRC의 확장으로 수행된다. 설계 레이아웃에 대한 CFA의 결과는 모든 규칙에 해당하는 가중 DFM 지표(WDM)와 정규화된 DFM 점수(NDS)로 나타난다.

표 6-2 자체 개발 DFM 툴과 아웃소싱 DFM 툴의 장단점

평가 카테고리	나만의 DFM 도구 개발	DFM 도구 구매
기존 디자인 툴과의 호환성	매우 좋음	보장할 수 없음
그래픽 인터페이스	매우 좋음	더 많은 사용자 지정이 필요함.
작업 품질 확인	다른 내부 CAD 프로세스와 유사	추가 테스트 필요
책임	내부 리소스 할당 조정	소프트웨어 공급업체와의 상호 작용이 필요함.
적응성	선택적으로 시뮬레이션 가능 (제조에 가장 큰 영향을 미치는 프로세스)	시뮬레이션이 더 많지만 유용하지 않을 수 있음.
혁신	내부 리소스 할당에 따른 제한	매우 높음, 전문 개발 팀과 함께
사용 라이선스(라이선스)	문제 없음	지속적인 업데이트 필요
직접 비용	아니요	매우 높음
사용하지 않는 경우	사내 교육으로 활용 가능	비용과 노력의 낭비

DFM은 특정 설계 부서의 책임이 아니라 표 6-3에 표시된 것처럼 설계 및 제조 공정의 모든 부분에 적용될 수 있다. 셀 라이브러리의 물리적 설계부터 시작하여 무작위 결함에 대한 임계 영역 민감도 분석(임계 영역 민감도), OPC와의 레이아웃 호환성(OPC 친화적 레이아웃) 및 리소그라피 공정 친화성(리소 친화적 레이아웃), 소자 성능의 레이아웃 보장(성능 인식 레이아웃 - TCAD 관련 시뮬레이션) 등이 있다. 레이아웃(배치) 단계에서 셀은 넓은 수평 파워 레일의 존재로 인해 수직 방향에서는 서로 독립적인 것으로 볼 수 있지만, 수평 방향에서는 서로 영향을 미칠 수 있다. 따라서 레이아웃 시 수평 방향의 근접 효과를 고려해야 한다. 193i 리소그라피 공정의 영향 반경(반경)은 약 500nm이며, 인접 셀의 빛 반사를 고려하고 근접 효과를 레이아웃의 평가 기능에 배치하는 알고리즘이 있다. 라우팅 단계에서는 라우팅 중 OPC 준수와 리소그라피 공정 윈도우를 고려해야 한다. 금속 레이어는 여분의 금속(더미 채우기)으로 채워야 하며, 스루홀 레이어는 여분의 스루홀(비아 더블링)로 추가해야 한다. DFM에서 제안하는 수정 사항은 서로 충돌할 수 있으므로 DFM의 방법론은 수율을 최적화하는 것이지 수율을 최대화하는 것이 아니다. 수율을 최대화하면 부적절한 설계 비용이 발생할 수 있다.

표 6-3 전체 칩 설계 및 제조 공정에서의 DFM

디자인 단계	- 인터랙티브 모델 기반 레이아웃 최적화 - 복잡한 규칙 분석 및 그에 따른 레이아웃 최적화 - 애자일 디자인 수정 프로세스 - 제조 수율을 고려한 레이아웃 - DFM 기능을 갖춘 설계 환경
데이터 준비 (데이터 준비) 단계	- 중요 영역 분석 - 케이블 연결 후 최적화 - 중복 관통 구멍 추가 - 모델 기반 프로세스 창 검증 - OPC(디자이너 의도 OPC, PWOPC) - 채우기 및 슬롯팅(채우기 및 슬롯팅) - DFM 기능을 갖춘 설계 환경
웨이퍼 데이터	- 수익률 예측 모델의 정확도 향상 - 전기적 특성 예측 모델 - 프로세스 창에 대한 측정 및 검사

6.6 장치 신뢰성을 위한 설계(DFR)

초기 DFM은 치명적인 실패를 유발하는 요인, 즉 물리적 DFM 문제에 집중했다. 물리적 DFM 툴은 레이아웃의 기하학적 파라미터, 즉 전기적 성능에 미치는 영향과 관계없이 웨이퍼에서 패턴의 제조 가능성에만 초점을 맞췄다. 최근에는 실제로 신뢰성(DFR)을 위한 설계인 전기적 DFM(전기-DFM, e-DFM)이라고도 하는 파라메트릭 수율 문제에 관심을 기울이고 있다. 90nm 이상의 기술 노드에서 파라메트릭 장애는 물리적 장애에 비해 무시할 수 있는 수준이다. 90nm 기술 노드 이하에서는 파라메트릭 장애가 심각해지고 65nm 기술 노드에서는 파라메트릭 장애가 이미 수율을 제한하는 주요 요인으로 작용한다.

신뢰성은 실제로 노화 및 마모 현상이며, 여기에는 온도 불안정성 (BTI), 무작위 전신 잡음 (RTN) 및 핫 캐리어 주입 (HCI) 효과, 시간 의존적 유전체 파괴 (TDDB), 전자 이동 (EM) 등이 포함된다. 이 중 BTI, HCI 및 TDDB는 MOS 튜브 성능에 영향을 미치는 반면 EM은 주로 백 채널의 금속 연결에 영향을 미친다.

온도 불안정성(BTI)은 소형 장치에서 노화의 주요 징후이다. 네거티브 바이어스 온도 불안정성(NBTI)은 고온 및 음의 게이트 전압에서 PMOS 디바이스에서 발생한다. NBTI는 임계 전압(V_{th})이 음의 방향으로 드리프트하는 것, 즉 V_{th}의 절대값이 증가하는 것으로 나타난다. 이는 음의 V_{gs} 바이어스 하에서 게이트와 채널 사이의 인터페이스에 트랩이 형성되기 때문이다. PMOS 디바이스는 음의 V_{gs} 바이어스로 오래 작동할수록 NBTI에 더 취약하다. V_{th} 시프트. 랜덤 전기 노이즈(RTN)는 전자를 무작위로 가두거나 방출하는 MOS 튜브 산화물 층의 트랩으로 인해 발생한다.

6.6.1 장치 성능과 관련된 DFR

소규모 기술 노드에서 트랜지스터 성능은 판 관련 효과를 나타낸다. 이러한 효과는 리소그라피, 이동성 향상 기술(예: 스트레인드 실리콘 엔지니어링) 등과 관련이 있다. 예를 들어, 이동성 향상 기술의 변형은 소자의 크기 및 환경과의 근접성과 관련이 있으며, 얕은 트렌치 절연(STI)은 게이트 채널에 기계적 응력을 발생시켜 NMOS 및 PMOS 드라이브의 변화를 초래한다. MOS 튜브의 구동 전류는 게이트 파라미터(게이트의 길이 및 폭)뿐만 아니라 레이아웃에서 각 MOS 튜브의 특정 위치와도 관련이 있다. 레이아웃에서 서로 다른 위치와 다른 성능을 가진 두 개의 동일하게 설계된 트랜지스터의 현상을 로컬 레이아웃 효과라고 한다. 따라서 설계자는 고정 반경 내에서 레이아웃의 모든 수치(예: MOS 튜브를 둘러싼 STI 영역의 면적, 인접 게이트 사이의 거리 등)에 주의를 기울여야 한다.

문헌 [17]에서는 게이트-얕은 절연 트렌치(Gate-STI) 사이의 거리, 게이트 사이의 거리(게이트 공간), 얕은 절연 트렌치의 폭(STI 폭)이 65nm 기술 노드가 있는 MOSFET의 임계 전압 $V_{\text{th_sat}}$에 미치는 영향을 체계적으로 보고했다. 기하학적 파라미터인 게이트-STI, 게이트 공간 및 STI 폭은 레이아웃의 그림 6-28(a)에 나와 있다. 레이아웃에서 게이트의 길이는 40nm로 유지되고, 게이트 사이의 거리(게이트 공간)는 0.25mm로 유지되며, 게이트와 STI 사이의 거리(게이트-STI)는 2mm로 유지되고, 리소그라피 근접 효과로 인한 선폭 변화는 보정되었다. 플레이트의 게이트 수가 증가함에 따라 그림 6-28(b)와 같이 MOSFET(화이트 게이트에 해당)의 $V_{\text{th_sat}}$가 변경된다.

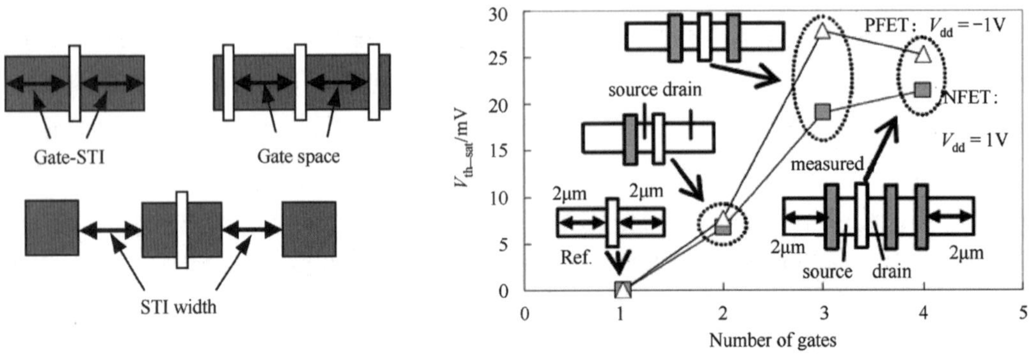

그림 6-28 게이트의 기하학적 위치가 문턱 전압에 미치는 MOSFET의 영향 [17]

문헌 [18]에서는 레이아웃 설계를 최적화하기 위해 타이밍이 중요한 데이터 경로의 시뮬레이션이 제안되었으며, 40nm 기술 노드에서 100mm^2 설계 레이아웃에 성공적으로 사용되었다. 구체적인 프로세스는 세 부분으로 나뉜다.

(1) 경로 선택. 완전한 SPICE 분석을 수행하려면 많은 시간이 소요되므로 대부분의 설계 시나리오, 특히 주파수 도메인, 표준 셀 구동 강도 및 인터커넥트 라인 지연이 지배하는 타이밍 경로를 포함하는 대부분의 설계 시나리오를 포괄할 수 있는 최소한의 타이밍 경로 또는 테스트 케이스를 선택해야 한다. 주변 환경의 영향을 고려하기 위해 이러한 타이밍 경로는 드문드문한 그래픽 영역

과 밀집된 그래픽 영역 모두에 배치해야 한다.

(2) **SPICE 넷리스트 생성 및 시뮬레이션.** 이 단계에서는 표준 타이밍 분석 툴을 사용하여 타이밍 정보를 얻고 기준 SPICE 넷리스트를 구축한 다음, 몬테카를로를 사용하여 SPICE-STA 상관관계 분석, 환경 인식 SPICE 분석, 표준 셀 전압 강하 분석, 프로세스 분석, 편차 분석 등 다양한 분석을 수행한다.

(3) 결과 보고서를 생성한다.

문헌 [19]에서는 아날로그 회로의 전기적 핫스팟에 대한 e-DFM 흐름이 제안되어 있다. 이 흐름은 설계 제약 조건 수집, 전기 핫스팟 감지, 전기 핫스팟 분석, 전기 핫스팟 보정의 네 단계로 나뉜다. 첫 번째 단계에서는 사전 정의된 전기 파라미터 제약 조건과 물리적 레이아웃 정보를 수집하고 레이아웃에서 각 제약 조건과 해당 소자 간의 관계를 설정하고, 두 번째 단계에서는 리소그라피 및 응력으로 인한 공정 편차가 소자 파라미터에 미치는 영향을 계산하고 조정된 소자 파라미터를 소자의 SPICE 넷리스트에 업데이트한 후 시뮬레이션을 수행하여 사전 정의된 전기 제약 조건에서 편차가 있는 소자를 식별하고 전기 불량 지점으로 표시한다; 세 번째 단계에서는 전기적 불량 지점이 있는 소자의 파라미터를 분석하여 리소그라피 공정 및 응력 변화에 가장 큰 영향을 받는 파라미터를 파악한 후 전기적 불량 지점을 복구하기 위한 힌트를 생성하고, 네 번째 단계에서는 힌트를 기반으로 설계 규칙, 플레이트 크기, 권선 경로 등의 제약 조건을 고려하여 최적의 그래픽 보정량을 결정한다. 보정된 레이아웃은 초기 설계 사양을 충족할 수 있으며 설계 규칙 검사를 통과할 수 있다.

성능 민감도를 고려한 DFM 방법(민감도 인식 DFM)이 문헌에 소개되어 있다[20]. 이 방법의 감도는 표준 셀 내부의 모든 타이밍 아크 지연의 가중치 값으로 정의된다. 구체적인 절차는 다음과 같다. 먼저 특성화 툴을 사용하여 셀 라이브러리의 각 셀에 대해 감도 분석을 수행하여 감도가 높은 표준 셀과 이러한 셀에서 가장 민감한 트랜지스터를 식별한다. 이 흐름의 특성화 툴은 SPICE 모델을 사용하여 트랜지스터 수준의 SPICE 시뮬레이션을 수행한 다음 셀에 대한 지연 감도 분석을 수행한다. 그런 다음 디바이스 성능 파라미터와 플레이트 파라미터의 감도를 분석한다. 감도에 영향을 미치는 레이아웃 파라미터에는 폴리 라인-엔드 확장, 폴리-액티브 코너 간격 등이 포함된다. 마지막으로, 각 셀에서 가장 민감한 트랜지스터 레이아웃을 입력으로 받아 DFM 기준의 분류에 따라 DFM 툴에서 최적화하여 DFM 위반 점수를 최소화한다.

6.6.2 구리 인터커넥트와 관련된 DFR

기술 노드가 축소됨에 따라 후면 채널(BEOL) 금속 링키지의 크기가 작아져 회로 밀도가 증가하고 전류에 의한 재료 이동성(EM)이 더욱 심해진다. 스루홀의 높은 온도와 응력도 전기 이동을 더욱 악화시킬 수 있다. EM에 가장 취약한 곳은 전원 공급 장치 네트워크로, 높은 작동 전류를 전달하기 때문이다. 따라서 전도성 금속 와이어의 신뢰성을 개선하기 위해 레이아웃 설계 시 EM 효과(EM 인식)를 고려해야 한다.

EM 연구에서는 [21]에서 금속 인터커넥트의 고장 시간(TTF)을 전류 밀도, 온도, 전류 밀도 구배, 온도 구배, 응력 구배, 원자 농도 구배 등과 연관시키는 경험적 방정식을 제안하고, 이러한 각 양과 관련하여 금속 와이어의 원자 농도 사이의 관계를 설명하기 위해 수학적 모델을 개발했다. 이 방정식을 기반으로 금속 와이어의 TTF를 계산할 수 있으며, 판을 최적화하여 TTF를 확장할 수 있다.

6.7 설계 기반 측정 및 DFM 결과의 검증

6.7.1 설계 기반 측정(DBM)

웨이퍼에 구현된 패턴의 품질은 궁극적으로 전자 현미경(CD-SEM)을 통해 측정한다. 전자 현미경 측정을 위해서는 먼저 측정 절차를 설정해야 하는데, 일반적으로 측정할 노출 영역을 찾은 다음 측정할 패턴을 찾고 측정 위치를 설정한 후 측정을 수행한다. 전체 프로세스는 그림을 식별하고 최종적으로 측정할 위치를 찾기 위해 여러 번 수행해야 한다. 각 측정 위치에 대해 이러한 그래프 식별을 수행해야 한다. 전자현미경 측정 프로그램을 만드는 데는 엔지니어의 작업 시간뿐만 아니라 전자현미경 시간도 많이 소요된다. 기존 접근 방식과 달리 설계 기반 계측(DBM)은 설계 데이터베이스와 밀접하게 연결되어 있으며 물리적 설계 레이아웃을 사용하여 계측 파일을 자동으로 생성하는 것을 핵심 요소로 한다. DBM 시스템을 사용하면 대규모 패턴을 측정할 수 있으며 몇 시간 내에 칩의 모든 중요 패턴을 측정할 수 있다. DBM 시스템은 DFM에 대량의 웨이퍼 데이터가 필요한 것을 보장하기 위해 개발되었다.

DBM의 출발점은 설계 레이아웃이다. 먼저 레이아웃에서 측정할 그래픽의 위치, 각 위치의 식별 그래픽, 좌표, 측정할 정보 등을 추출하여 계측 사이트 목록(MSL)을 구성한다. 레이아웃에서 직접 포인트 앤 클릭으로 선택하여 MSL을 생성할 수 있어 조작이 간편하다. 그런 다음 MSL의 레이아웃 좌표는 마스크의 좌표로 변환된 후 웨이퍼의 좌표(디자인-마스크-웨이퍼, DMW)로 변환된다. 측정 패턴을 인식하는 과정(패턴 인식)에서 기존 CD-SEM은 저장된 사진을 비교하는 방식으로 이루어지지만, DBM은 디자인-마스크-웨이퍼를 비교하는 방식으로 이루어진다. 마지막으로 전자 현미경의 측정 과정을 직접 제어하는 측정 파라미터를 설정한다. 일반적으로 Fab에서 CD-SEM의 측정 매개변수(예: 필터, 임계값, 감도 등)는 최적화되어 있으며 이를 "가장 잘 알려진 방법(BKM)"이라고 한다. DBM은 이러한 BKM 파라미터를 측정 파일로 가져올 수 있다. 레이아웃에서 측정 목록(MSL)을 생성하는 과정은 그림 6-29에 그래픽으로 표시되어 있다. 그림 6-29(a)와 같이 플레이트에 MSL이 생성되고, 그림 6-29(b)와 같이 플레이트 좌표가 마스크 좌표와 웨이퍼 좌표로 변환되며, 설정된 측정 파라미터가 그림 6-29(c)와 같이 지정된 상태에서 측정하도록 전자 현미경을 구동한다.

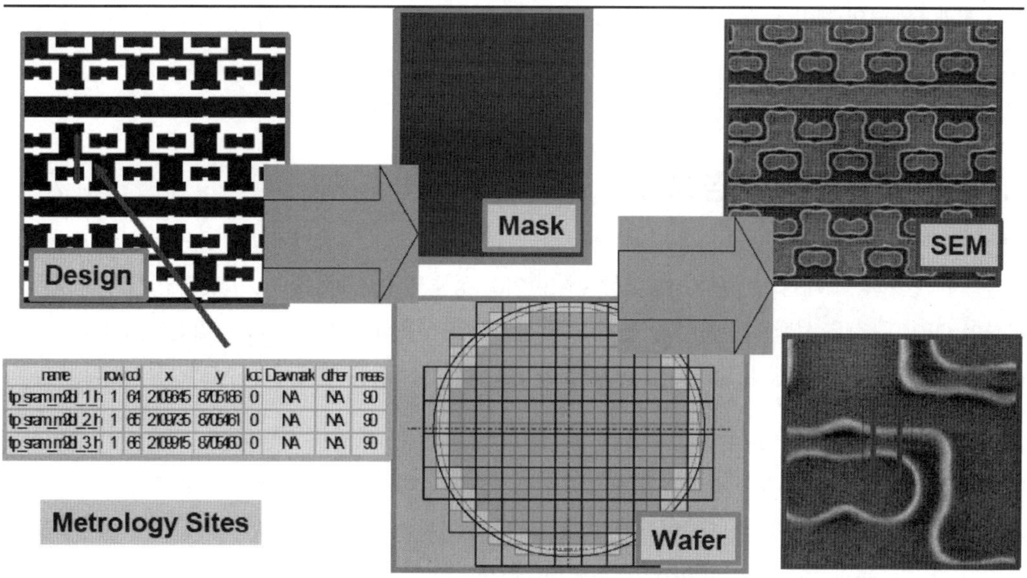

(a) (b) (c)

그림 6-29 레이아웃에서 측정 목록(MSL)을 생성하는 프로세스 [22]

라인 폭을 측정하는 것 외에도 DBM은 그림 6-30(a)와 같이 실제 패턴의 에지와 설계 패턴의 에지 사이의 차이를 측정할 수 있는 에지 배치 오류(EPE)도 측정할 수 있다. 또한 DBM은 그림 6-30(b)와 같이 웨이퍼의 이전 층에서 설계 정보를 사용하여 측정 위치를 결정하는 기능도 지원한다. 이전 리소그라피 레이어에 의해 정의된 직사각형 트랩을 가로지르는 포토레지스트 라인의 폭은 그림 6-30(b)에서 측정해야 한다. 이전 레이어의 플레이트 정보를 사용하면 정확한 측정 위치를 확보할 수 있다.

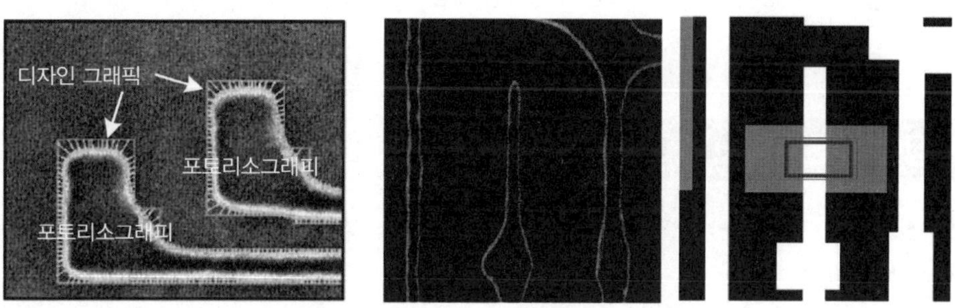

(a) (b)

그림 6-30 DBM의 다른 역할 [23]

DBM 측정은 DFM 공정에서 광범위하게 사용되며, 가장 일반적으로 불량 도트를 측정하는 데 사용된다. DBM 시스템은 먼저 FEM 웨이퍼를 측정하고 그 결과를 설계와 비교하여 불량 도트가 나타나는 위치를 찾는다. 이렇게 하면 공정 창 내에서 레이아웃의 어느 위치에서 불량 도트가 나타날지 알 수 있다. 주요 패턴의 전자 현미경 사진을 처리하여 패턴의 2D 윤곽(2D 컨투어)을 추출한다. 추출된 2D 윤곽은 시뮬레이션 결과와 비교하여 시뮬레이션 모델을 보정하는 데 사용할 수 있다. 또한 DBM 시스템을 사용하여 트랜지스터의 게이트 길이와 같은 칩의 주요 지표를 측정하여 칩에서 해당 주요 치수의 분포를 얻을 수 있다.

6.7.2 DFM 규칙의 효과성 평가

DFM을 수행하는 데 드는 비용은 일반적으로 칩 면적과 전력 소비가 증가하고 흐름이 지연될 가능성이 있다. 이러한 비용에 대한 보상은 수율 향상과 디바이스 성능 안정성 향상이다. 일반적인 설계 규칙과 비교하여 DFM 규칙은 선택 사항이며 구현 정도는 설계자와 사용하는 툴에 따라 달라진다. DFM의 수익을 정량적으로 평가하는 방법, 즉 DFM 규칙의 효과를 평가하는 것은 업계에서 주요 관심사이다.

DFM 도구는 레이아웃을 분석하고, 수율에 영향을 미칠 수 있는 영역을 식별하고, 그에 따라 수정하는 데 사용된다. 플레이트 수정의 결과는 정량적으로 평가되어야 하며, 평가 결과는 DFM 툴에 다시 피드백되어 DFM 규칙을 더욱 개선한다. 이러한 DFM 규칙 학습 주기는 테스트 패턴, 즉 문제가 발생하기 쉬운 다양한 패턴을 노출하고, Si 웨이퍼의 수율 데이터를 측정하고, DFM 규칙을 분석 및 개선하는 과정을 통해 달성할 수 있다.

문헌 [24]에서는 실제 실패한 IC를 분석하여 DFM 규칙의 효과를 평가할 것을 제안한다. 먼저 플레이트에 대한 DFM을 수행하여 DFM 규칙의 모든 위반 사항을 찾아 테이블을 만든다. 진단의 출력은 레이아웃에서 의심되는 레이아웃 위치, 즉 진단 도구가 가능한 장애로 간주하는 위치이다. 이 두 가지 결과 세트를 비교하여 이러한 실제 장애가 해당 DFM 규칙으로 커버될 수 있는지 여부를 확인할 수 있다. 각 DFM 규칙에 해당하는 칩의 최종 불량이 얻어지며, 여기에는 레이아웃의 규칙 위반 빈도 및 칩의 불량 빈도도 포함된다. 이 방법의 범위에는 현재 생산 중인 실패한 제품과 테스트 칩이 포함된다. 그러나 성숙한 제품의 레이아웃은 DFM 검사를 통과해야 하기 때문에 성숙한 제품에는 사용되지 않을 가능성이 높다.

이 장의 참조 사항

[1] 발라신스키 A. 제조 가능성을 위한 설계: 90–22nm 기술 노드의 경우 1D에서 4D까지[M]. NewYork: Springer, 2014.

[2] DIXIT U S, KANT R. 설계 및 제조를 위한 시뮬레이션: AIMTDR 2016의 일부 논문[C]. Singapore: Springer, 2018.

[3] MANSFIELD S, GRAUR I, HAN G, MEIRRING J, LIEBMANN L, CHIDAMBARRAO D. DfM에서의 리소그라피 시뮬레이션 – 달성 가능한 정확도 대 요구 사항[C]. Proc SPIE, 2007, 6521, 652106.

[4] WONG B, ZACH F, MOROZ V, MITAL A, STARR G, KAHANG A. 제조가능성을 위한 나노-CMO 설계: 65nm 이하 기술 노드를 위한 견고한 회로 및 물리적 설계[M]. NewJersey: John Wiley & Sons, 2009.

[5] CHIANG C, KAWA J. 나노 스케일 CMOS[M]의 제조 가능성 및 수율을 위한 설계. New York: Springer, 2007.

[6] LIEBMANN L, MAYNARD D, MCCULLEN K, SEONG N, BUTURLA E, LAVIN M, HIBBELER J. 통합된 디자인–투–실리콘 솔루션에 DfM 구성요소를 통합[C]. Proc SPIE , 2005, 5756.

[7] SALEM R, RAHMAN A, MOUSLY E, EISSA H, DESSOUKY M, ANIS M H. 45nm 디지털 설계에서 표준 셀 및 임계 경로 성능에 대한 리소그라피 및 스트레스 효과를 분석하기 위한 DFM 툴[C]. 2010 제5회 국제 설계 및 테스트 워크샵, IEEE, 2010:13.

[8] PATHAK P, MADHAVAN S, MALIK S, WANG L T, CAPODIECI L. 20nm 이하 레이아웃 설계의 제조 가능성을 개선하기 위한 권장 규칙 및 DFM 점수 모델을 식별하는 프레임워크[C]. 2012, Proc SPIE 8327, 83270U.

[9] YU B, PAN D Z. 고급 리소그라피로 제조 가능성을 위한 설계[C]. Springer, 2016.

[10] TORRES J A, BERGLUND C N. 심부 파장 프로세스를 위한 집적 회로 DFM 프레임워크[C]. Proc SPIE, 2005, 5756.

[11] HO J, WANG Y, HOU Y C, LIN B S, YU C C 외. DFM: 기존 90nm 제품의 개선된 공정 윈도우를 위한 실용적인 레이아웃 최적화 절차[C]. Proc SPIE, 2006, 6156, 61560C.

[12] CHANG C C, SHI I C, LIN J F, YEN Y S, LAI C M, HANG W C, LIU R G, KU YC. DFM[C]에 대한 레이아웃 패터닝 검사. Proc SPIE, 2008, 6925, 69251R.

[13] HOWARD W, AAPIROZ J T, XIONG Y, MACK C, VERMA G, VOLK W, LEHON H, DENG Y, SHI R, CULP J, MANSFIELD S. 레티클 및 웨이퍼 시뮬레이션을 통한 집적 회로 데이터베이스 검사: 제조를 위한 설계에 대한 통합 접근법 (DFM)[C]. Proc SPIE, 2005, 5756.

[14] HA N, LEE J, PAEK S W, KIM K S, CHEN K H, GOWER–HALL A, GBONDO–TUGBAWA T, HURAT P. 32nm CMP 모델을 이용한 블록 레벨 시뮬레이션을 위한 인–디자인 DFM CMP 흐름[C]. Proc SPIE, 2001, 7974, 79740W.

[15] SHIN T H, KIM C, YANG H, BAHR M. 자동화된 비트 라인 패턴 더미를 위한 고급 DFM 애플리케이션[C]. Proc SPIE, 2016, 9781, 978114.

[16] NEUREUTHER A, POPPE W, HOLWILL J, CHIN E, WANG L, YANG J 등. 협업 플랫폼, 도구 키트 및 DfM을 위한 물리적 모델[C]. Proc SPIE, 2007, 6521, 652104.

[17] TSUNO H, ANZAI K, MATSUMURA M, MINAMI S, HONJO A, KOIKE H, HIURA Y, TAKEO A, FU W, FUKUZAKI Y, KANNO M, ANSAI H, NAGASHIMA N. 고급 분석 및 레이아웃 변동으로 인한 MOSFET 특성 변동의 모델링[C]. 2007 IEEE 심포지엄 VLSI 기술 요약 기술 논문 다이제스트, 2007: 204.

[18] SM S, BRAHME A, RAMAKRISHNAN V, 만달 A. DFM: 고성능 설계에서의 영향 분석[C]. 2011 IEEE: 제12회 국제 품질 전자 설계 심포지엄, 2011:110.

[19] EISSA H, SALEM R F, ARAFA A, HANY S, EL–MOUSLY A, DESSOUKY M, NAIRN D, ANIS M. 아날로그 회로를 위한 파라메트릭 DFM 솔루션: 전기 기반 핫스팟 감지, 분석 및 수정 흐름[C]. IEEE TRANSACTIONS ON VLSI (VLSI) SYSTEMS, 2013,21(5): 807.

[20] SUNDARESWARAN S, MAZIASZ R, ROZENFELD V, SOTNIKOV M, KONSTANTIN M. DFM 가이드라인을 위한 셀 레이아웃 개선을 위한 민감도 인식 방법론[C]. 제12회 국제 품질 전자 설계 심포지엄, IEEE, 2011:431.

[21] JING J P, LIANG L, MENG G. 금속 라인에 대한 전기이동 시뮬레이션[J]. 전자 패키징 저널, 2010, 132(1).

[22] CAPODIECI L. 설계 중심 계측: DFM 지원 공정 특성화 및 제어를 위한 새로운 패러다임: 확장성 및 한계[C]. Proc SPIE, 2006, 6152, 615201.

[23] 로루소 G F, 카포디에치 L, 스톨러 D, 슐츠 B, 롤링 S, 슈람 J, 타베리 C. CD SEM에서 설계 기반 계측을 사용한 고급 DFM 애플리케이션[C]. Proc SPIE, 2006, 6152, 61520B.

[24] BLANTON R D, WANG F, XUE C, NAG P K, XUE Y, LI X. IC 진단 데이터를 이용한 DFM 평가[C]. 집적 회로 및 시스템의 컴퓨터 지원 설계에 관한 IEEE 트랜잭션, 2017,36 (3): 463–474.

협업 설계 및 프로세스 최적화

CHAPTER 7

설계와 제조가 분리된 현재 IC 산업 모델에서는 프로세스에 대한 모든 정보가 PDK(Physical Design Kit)와 표준 셀 라이브러리에서 나온다. 설계자는 물리적으로 검증된 GDSII 레이아웃을 파운드리로 전달하고, 그 공정과 관련된 DPT, SMO 및 OPC 프로세스는 파운드리에서 완료되며 설계자는 완전히 보이지 않는다. 설계자는 서로 다른 설계가 결국 제조 과정에서 어떤 종류의 프로세스 윈도우에 직면하게 될지, 그리고 이것이 제조 문제를 일으킬지 여부를 알 방법이 없다.

파운드리의 관점에서 볼 때 파운드리는 설계가 달성해야 하는 특정 기능, 타이밍, 전력 소비 또는 면적 요구 사항에 대해 신경 쓰지 않는다. 디자이너는 디자인 규칙 및 제조 가능성 검사를 통과하고 프로세스 창의 요구 사항을 충족할 수 있는 한 제조를 위해 제공할 수 있는 레이아웃을 제공한다. 이 과정에서 다음과 같은 두 가지 문제가 발생한다.

(1) 제조업체가 잠재적으로 문제가 있다고 판단한 레이아웃의 영역은 설계자에게 더 엄격한 성능 제약이 있는 중요한 영역일 가능성이 높으며 수정할 수 없다.
(2) 설계자가 수정이 가능하더라도 레이아웃 및 설계의 변경으로 인해 설계의 일부 또는 전부에 대한 재수정 및 검증이 필요하므로 객관적으로 TTM(time-to-market) 시간이 연장된다.

IC 제조 개발의 초기 단계에는 설계 부서와 제조 부서 간의 커뮤니케이션이 거의 없었다. 나중에 형상 크기가 계속 축소됨에 따라 DFM(제조용 설계)은 파운드리에서 설계자까지 단방향 통신 경로를 설정하는 데 도움이 되었다. 기술 노드가 계속 진화함에 따라 DFM은 더 이상 IC 제조의 요구 사항을 충족할 수 없었고 설계 및 제조를 지원하기 위해 새로운 방법론을 도입해야 했기 때문에 DTCO가 탄생했으며 DTCO 원리의 개략도가 그림 7-1에 나와 있다. DTCO는 프로세스 및 설계 정보를 결합하고 설계에서 제조까지 전체 체인을 통해 이 상호 작용을 수행하여 동기식 피드백을 형성한다. 설계 및 프로세스 정보를 결합함으로써 DTCO는 설계 및 프로세스 측면의 공동 노력으로 제조 프로세스(특히 리소그라피 프로세스)의 병목 현상을 극복할 수 있으며 최종적으로 양호도 및 신뢰성을 향상시키는 목적을 달성할 수 있다. DTCO는 개념상 DFM과 다르다는 점을 지적해야 한다. DFM은 설계 단계에서 제조 요소의 고려를 강조하는 반면 DTCO는 개념을 더 큰 범위로 확장하여 설계 단계에서 프로세스의 정보를 고려해야 할 뿐만 아니라 설계 요구 사항도 프로세스 설계에서 충분히 고려해야 하며 강조해야 할 것은 설계와 프로세스 간의 정보 상호 작용 및 시너지 효과이다.

DFM 워크플로에서 팹에서 디자이너로의 통신은 단방향이며 점점 더 강화되는 디자인 규칙 검사에 크게 의존한다. DFM은 공정 흐름과 메뉴 가 완전히 굳어지면 다이 흐름 전에 디자인 규칙 검사를 수행한다 . DTCO는 새로운 프로세스 기술 노드의 개발 단계에서 시작되어 설계자와 팹이 관련된 여러 정보 상호 작용 및 최적화 주기를 포함하여 개발 프로세스 전반에 걸쳐 계속된다. 그것의 의미와 확장은 여전히 더 개선되고 있다. 이 장에서는 설계 흐름의 관점에서 DTCO를 프로세스 흐름 설정 중 DTCO, 설계 프로세스 중 DTCO를 포함하여 구분하고 플레이트 기반 수율 분석 및 불량 지점 감지를 위한 DTCO에 중점을 둔다.

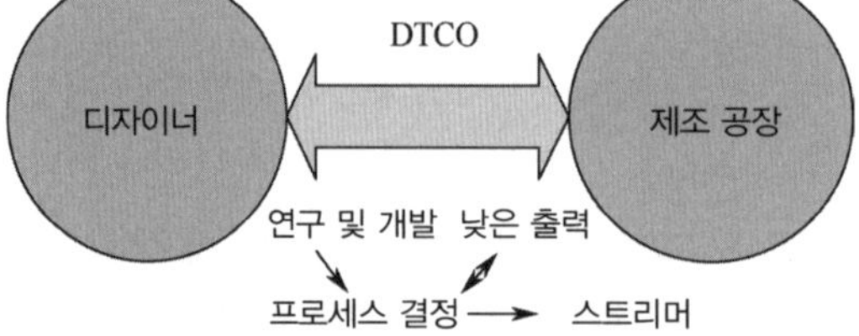

그림 7-1 DTCO 원의 개략도

7.1 프로세스 수립 과정에서의 DTCO

새로운 공정 수립 초기에 Fabricator는 기본 장치 구조와 공정 메뉴를 파악 및 정의하고 이를 기반으로 물리적 설계 라이브러리를 구축해야 한다. 장치 구조, 프로세스 메뉴 및 물리적 디자인 라이브러리는 서로 상호 작용하고 다양한 버전의 테스트 및 반복 최적화의 피드백을 통해 마무리된다. 이 프로세스에서 장치 구조 및 프로세스 메뉴는 프로세스 측에 속하며 물리적 설계 라이브러리는 프로세스 정보를 매개변수로 통합하고 장치의 전기적 매개변수를 전송하는 기능을 수행하므로 설계자는 프로세스 세부 사항을 알 필요가 없다. 예를 들어, SPICE 모델을 통해 전기적 파라미터를 추출할 수 있고, 설계 규칙을 통해 레이아웃을 그리기 위한 제약 조건과 규칙을 이해할 수 있다. 따라서 프로세스 흐름 수립 단계에서 물리적 설계 라이브러리는 프로세스와 설계 간의 주요 브리지 역할을 하며 DTCO 최적화의 주요 목표이다. 이 단계는 물리적 설계 라이브러리를 구축하고 프로세스를 최적화할 때 더 많은 탐색 공간과 프로세스 매개변수에 대한 더 정확한 피드백을 얻기 위해 장치 구조와 전기 매개변수, 프로세스, 특히 리소그라피 프로세스를 밀접하게 연결하는 사전 탐색에 중점을 둔다.

7.1.1 다양한 기술 노드에 대한 DTCO의 진화 [1]

새로운 프로세스 개발 초기의 핵심 문제는 형상 크기를 더욱 압축하여 전력, 성능, 면적 및 비용(PPAC(Power Performance Area Cost)) 개선을 얻는 방법을 결정하는 것이다. DTCO 관점에서 다음과 같은 요소를 고려해야 한다.

(1) 새로운 프로세스 기술 노드의 프로세스 기능을 합리적으로 최적화하고 활용하여 프로세스 복잡성과 피처 크기 감소의 균형을 맞춘다.
(2) 새로운 기술 노드의 물리적 설계를 처리하고 최적화하기 위한 적합한 EDA 도구의 가용성.
(3) PPAC 매개변수가 새로운 프로세스 기술 노드로 인한 오버헤드와 일치하도록 향상되었는지 확인한다.

새로운 공정 기술 노드의 경우 가장 먼저 집중해야 할 것은 금속 피치(MP), 접촉 폴리 피치(CPP) 및 핀 사이클(핀 피치, FP)과 같은 장치의 몇 가지 주요 치수이다. 반도체 공정의 경우 표 7-1은 물리적, 재료 및 공정 제약 조건에 따라 결정되는 위 치수의 한계 값을 보여준다. 14nm에서 3nm 고급 기술 노드에 이르기까지 업계에서는 일반적으로 표 7-1의 여러 차원 매개변수의 한계 값을 받아들인다. MP의 경우 80nm는 단일 193i 노출 하의 분해능 한계이고, 40nm는 이중 노출 하의 분해능 한계이며, 24nm는 금속 간격을 위한 구리 상호 연결의 RC 지연에 필요한 한계이다. CPP의 경우 장치 게이트 제어 기능을 보장하기 위해 FinFET이 허용하는 한계는 40nm이다. FP의 경우 24nm는 Fin의 제조 공정에서 결정되는 한계이다. 위의 매개변수는 함께 새로운 공정 기술 노드 개발을 위한 형상 크기 제한을 정의한다. 다음은 기술 노드가 발전함에 따라 프로세스 및 장치와 함께 고려해야 하는 핵심 요소를 설명하기 위한 AOI(and-or-inverter) 논리 셀의 예다.

표 7-1 새로운 프로세스 기술 노드 개발을 위한 기능 크기 제한

기술 노드	N20①	N14	N12	N10	N7	N5	N3
MP / nm	80	64	56	48	40	32	24
CPP② / nm	100	80	70	60	50	40	30
FP③/nm	—	48	42	36	30	24	—

참고: ① 업계 관행에 따르면 특정 나노기술 노드를 NX 기술 노드라고 하고 X는 N20이라고 하는 20nm 기술 노드와 같은 특정 노드 크기다.
② 1CPP = 5/4 MP.
③ 1FP = 3/4 MP.

1. N14 ~ N10 기술 노드

N10 기술 노드의 경우 M1 금속층(이하 M1층)의 피치가 48nm로 3회 노출 기법이 필요하다. 원칙적으로 48nm MP는 두 번째 노광을 사용하여 달성할 수 있지만 더 작은 종단 간 피치를 달성해야 하는 필요성을 고려하면 이를 달성하기 위해 세 번의 노광이 필요하다. 그림 7-2(a)는 9 트랙(트랙은 표준 셀 라이브러리 크기에 대한 측정 단위이며 일반적으로 M2 레이어의 간격 값으로 정의되며 업계에서는 일

반적으로 트랙을 T로 지칭한다. 명확성을 위해 T와 트랙은 나중에 혼용하여 사용됨), 그림 7-2(b)는 N10 기술 노드(여기서 M1 레이어는 삼중 리소그라피를 사용함)에 대한 9T AOI 표준 셀을 보여주고 그림 7-3(c)는 N10 기술 노드에 대한 9T AOI 표준 셀을 보여준다.)은 N10 기술 노드의 7.5T AOI 표준 셀을 보여준다. M1 레이어의 3중 노출로 인한 추가 공정 비용을 보상하고 작은 end-to-line 간격을 활용하기 위해 설계 규칙 및 레이아웃 최적화를 통해 표준 셀 높이를 9T에서 7.5T로 줄일 수 있으며 이에 따라 핀 수도 압축하여 AOI 면적을 53% 줄인다.

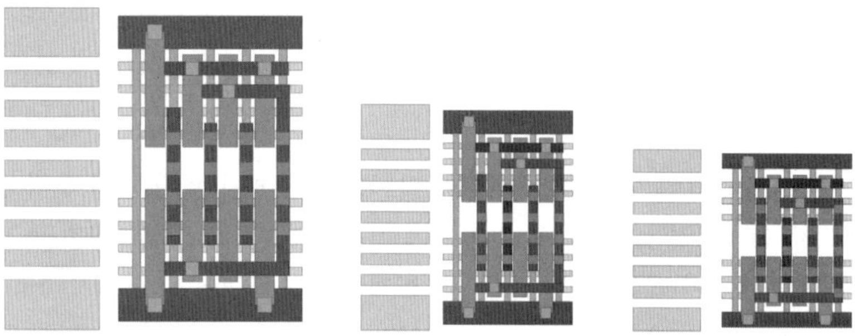

(a) (b) (c)

그림 7-2 서로 다른 프로세스 기술 노드에서 AOI 표준 장치의 버전

2. N10 ~ N7 기술 노드

7nm 기술 노드에서 피처 크기는 10nm 기술 노드보다 더 압축되어 DTCO에 대한 수요가 더 시급하다. 10/7nm 기술 노드에서 AOI 표준 셀의 레이아웃은 그림 7-3에 나와 있으며 양방향 정렬이 있는 M1 레이어는 더 이상 기존 설계 방법으로 노출을 완료할 수 없다. 그림 7-3에서 그림 7-3(a)는 N10 기술 노드의 M1 레이어에 대한 단방향 레이아웃이 있는 7.5T AOI 셀을 보여주고 그림 7-3(b) ~ 그림 7-3(e)는 몇 가지 다른 디자인 옵션을 보여준다. 인터리브된 폴리 접점 및 그림 7-3(e)는 동일한 핀

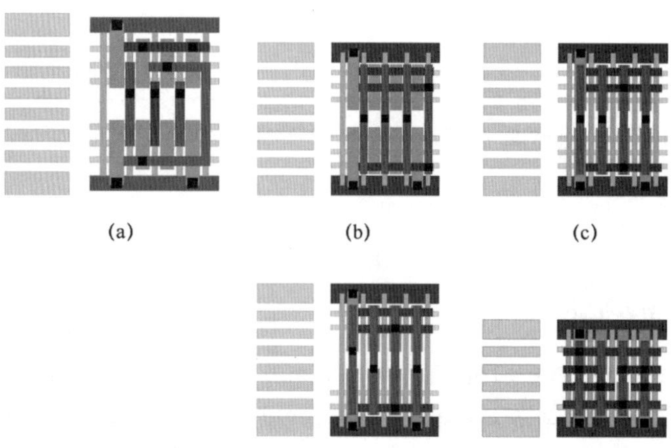

(a) (b) (c)

(d) (e)

그림 7-3 10/7nm 기술 노드에서 AOI 표준 셀의 버전

번호가 있는 6T 높이의 표준 셀을 사용한다. 양방향 정렬로는 기존 방식으로는 노광을 완료할 수 없다는 모순을 해결하기 위해 설계자들은 셀간 연결[그림 7-3(a)의 단일 레이어 M1 양방향 정렬]을 수평 M0 레이어와 수직 M1 레이어[각각 그림 7-3(b)의 수평 금속선과 수직 금속선에 해당]로 나누어 핀 연결과 트랜지스터 정렬의 설계를 최적화하여 디자인 룰을 확보하였다. 그림 7-3(c)에서 그림 7-3(e)는 그림 7-3(b)를 기반으로 더욱 최적화된다. 예를 들어, 그림 7-3(e)에서는 6T 표준 셀 디자인이 사용되었으며 그림 7-3(d)의 6.5T 표준 셀 방식에 비해 면적 감소는 56%이다. 특히, 표준 셀 최적화의 중요한 부분인 핀 연결은 섹션 7.1.4에서 구체적으로 논의된다.

3. N7에서 N5로의 기술 노드

7nm 기술 노드와 비교할 때 5nm 기술 노드는 특히 Fin 및 Poly 레이어의 경우 더 복잡한 문제에 직면하게 된다. 표준 셀 라이브러리의 높이를 더 줄이려면 공정 및 설계 측면 모두에서 기술 솔루션을 제안해야 한다. 공정에서 폴리실리콘 게이트 접촉이 Fin 위에 형성된다. 디자인에서 중간 프로세스의 처음 몇 개의 금속 레이어의 크기는 압축되는 반면 다른 레이어의 크기는 상대적으로 느슨하게 유지된다. 그림 7-4와 같이 그림 7-4(a)는 N7 기술 노드에 대한 표준 6T AOI 셀을 보여주고 그림 7-4(b)는 단방향 레이아웃과 결합된 EUV 리소그라피 방식을 사용하는 N5 셀을 보여준다. 그림 7-4(c)는 그림 7-4(b)에 비해 N5 셀에 대해 더 컴팩트한 M0 설계 규칙을 채택하여 그림 7-4(b)에 비해 48% 면적 감소를 달성한다[2].

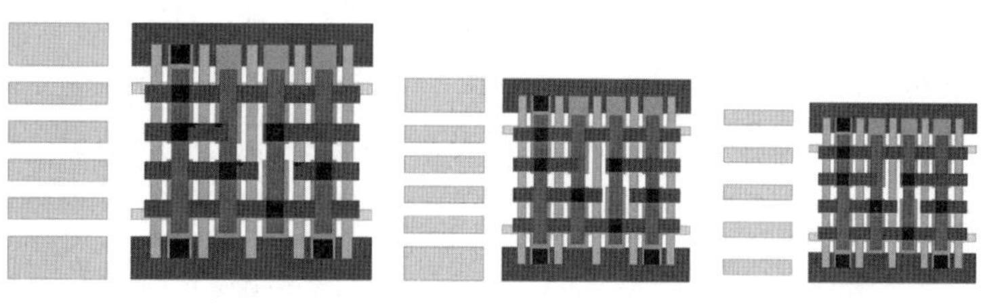

그림 7-4 7/5nm 기술 노드의 AOI 표준 셀 버전

4. N5에서 N3 기술 노드로

3nm 기술 노드에서 전체 장치 구조는 GAA(gate-all-around) 구조 사용과 같은 파괴적인 변화에 직면해 있다. GAA 소자는 소자 구조 면에서 기존의 평면 MOSFET 및 FinFET 소자와 완전히 다르기 때문에 해당 DTCO 기술도 변경될 것이다. 3nm 기술 노드에서 DTCO는 특정 상용 구현이 많지는 않지만 장치 엔지니어링에 중점을 둔다. 다른 기술 노드와 비교할 때 3nm 기술 노드의 DTCO에는 더 많은 획기적인 아이디어와 솔루션이 필요하다.

새로운 기술을 혼합하여 주류 기술에 통합하면서 특정 칩 크기에서 코어 유닛(예 : 논리적 CPU, GPU 및 SRAM)의 트랜지스터 수 또는 유효 영역을 늘리는 아이디어를 기반으로 한다. 하이브리드 시스템 및 기술 공동 최적화를 달성하기 위해 다양한 신기술이 주류 기술에 혼합된다. 이러한 기술에는 칩에서 IO/아날로그 분리, 코어 로직 구성 요소의 유효 영역 증가, 메인 칩 크기 축소 및 3D 통합이 포함된다. 기본적으로 STCO는 DTCO의 자연스러운 진화 버전으로, 기술 노드의 진화로 인해 새로운 프로세스/설계 솔루션으로 진화하므로 관례적으로 여전히 DTCO로 분류된다.

7.1.2 장치 구조 탐색

섹션 7.1.1은 다양한 기술 노드에 대한 프로세스 진화 및 DTCO 최적화에 대한 요약 설명을 제공하지만 장치의 전기적 성능을 다루지는 않는다. 앞서 언급한 바와 같이 제조 가능성 요구 사항을 고려하는 것 외에도 DTCO의 더 중요한 목표는 가능한 한 빨리 프로세스 정보를 전기 성능 요구 사항과 연결하고 최소 프로세스 및 면적 비용으로 더 나은 전기 성능을 달성하는 것이다. 장치 매개변수는 회로의 전기적 성능을 직접 결정하므로 프로세스 정보와 요구 사항을 결합하여 적절한 장치 구조를 결정해야 한다.

예를 들어 FinFET 장치에서 게이트 길이, 게이트 측벽(스페이서) 폭 및 소스-드레인 접촉 영역은 장치 성능을 결정하는 세 가지 중요한 매개변수이다. 게이트 길이가 길수록 디바이스의 문턱값 이하 특성은 좋아지지만 게이트 커패시턴스는 커진다. 게이트 측벽이 넓을수록 신뢰성과 커패시턴스 특성이 좋아진다. 소스-드레인 접촉 면적이 클수록 소스-드레인 접촉 저항이 작아진다. 위의 세 가지 매개 변수 사이에 설계 충돌이 있으므로 공정 제조 수준에서 지원할 수 있는 동안 회로의 전기적 요구 사항을 충족하는 장치 구조를 찾기 위해 최적화가 필요하다.

표 7-2는 14/10/7 nm 기술 노드에 대한 공정 파라미터 및 기본 설계 규칙을 나타내며, 7 nm 기술 노드에서 CPP는 42 nm이고, 게이트 영역에서는 게이트 길이(gate), 게이트 측벽 두께(spacer), 소스-드레인(S/D) 접촉 면적(contact) 길이(contact), 접촉 저항(contact)이 모두 요구됨을 알 수 있다. 3개의 매개변수는 게이트 주기가 요구 사항을 충족하도록 균형을 이루고 있으며 3개 매개변수의 조합은 그림 7-5에 나와 있다. 표 7-2에서 T_{spacer}는 게이트 측벽의 두께, R_{beol} 및 C_{beol}은 각각 전면 채널 금속의 단위 저항 및 커패시턴스, V_{dd}는 공급 전압이다.

표 7-2 14/10/7 nm 기술 노드에 대한 공정 매개변수 및 기본 설계 규칙[2]

기술 노드	단위	14nm	10nm	7nm
CPP	nm	90	64	42
의원	nm	64	48	32
FP	nm	48	36	24
게이트 길이	nm	30	24	18
핀 폭	nm	10	7	5
핀 높이	nm	30	30	35
$T_{스페이서}$	nm	14	8	6
$R_{입}$	W/μm	25	60	135
$C_{입}$	F/μm	0.195	0.175	0.16
V_{dd}	V	0.75	0.7	0.65

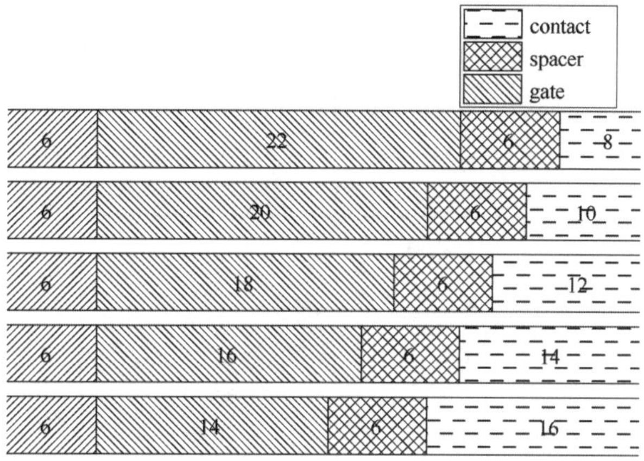

그림 7-5 CPP = 42nm에 대한 소스-드레인 접촉 영역, 게이트 측벽 및 게이트 길이의 다양한 크기 조합

(1) **접촉 영역**: FinFET 접촉 저항 크기와 접촉 영역 구조 매개변수 및 재료 매개변수는 밀접한 관련이 있다. 접촉 영역 구조 매개변수 및 재료 매개변수에는 접촉 구멍 크기, 접촉 영역 및 접촉 저항률이 포함된다. 장치 구조가 에피택셜로 형성된 S/D 접촉 영역이든 Fin이 S/D를 둘러싼 구조이든 관계없이 접촉 저항은 접촉 영역 폭이 감소함에 따라 상당히 높아진다. 예를 들어, 에피택셜로 형성된 S/D 접촉 영역이 있는 3핀 FinFET의 경우 전체 직렬 저항을 약 600Ω으로 제한하려면 저항률을 5×10^{-9} cm^2미만으로 제어해야 한다. 프로세스에서 직접적인 금속-실리사이드(실리사이드) 접촉 또는 금속-절연체 반도체(MIS) 접촉이 필요하다. 절연체 반도체(MIS) 접촉을 달성한다. 접촉 저항률을 더 낮추려면 더 복잡하고 진보된 공정을 고려해야 한다.

(2) **핀 높이**: 핀 높이는 장치 구동 전류와 양의 상관관계가 있으므로 핀 높이가 높을수록 제조 공정에서 허용하는 범위 내에서 더 좋지만 핀 높이 증가는 다른 전기적 매개변수(예: 접촉 저항)에 악영향을 미칠 수 있다. 에피택셜 S/D 접점이 있는 장치의 경우 핀 길이가 증가함에 따라 접점 저항 감소가 빠르게 포화된다. 동일한 저항에서 흐르는 전류가 높을수록 전압 강하(게이트 소스 전압 V_{gs} 및 소스 드레인 전압 V_{ds})가 높아져 소자 간 전압 분포가 고르지 않게 된다. 그러나 접촉 면적이 Fin으로 둘러싸인 소자 구조의 경우 Fin의 높이가 높아짐에 따라 접촉 저항이 크게 감소하는 경향이 있으므로 소자 구동 전류가 증가한다.

접촉 저항 외에도 핀 높이 증가의 또 다른 효과는 게이트 커패시턴스 C_{gate} 및 게이트 드레인 커패시턴스 C_{gd}의 동시 증가한다 . 에피택셜 S/D 접촉 구조 FinFET 소자의 경우 주파수 곡선은 Fin 높이가 35nm에 도달할 때 변곡점을 향하고, 그 전에는 Fin 높이가 증가함에 따라 주파수가 증가하고 이후에는 Fin 높이가 증가함에 따라 주파수가 감소한다. Fin 구조 FinFET 소자로 둘러싸인 접촉 영역의 경우 주파수 변곡점은 40~45nm이다. 두 장치 구조 모두에서 C_{gd} 및 C게이트의 증가가 동적 전력 소비의 증가로 이어질 것이라는 점은 주목할 가치가 있다.

(3) **게이트 측벽**: 게이트 측벽의 재료 선택은 장치의 AC 특성에 직접적인 영향을 미친다. 그림 7-6은 링 발진기의 AC 특성을 나타낸다. 게이트 측벽의 두께가 클수록 장치의 접촉 저항이 높아지고 장치 포화 전류 Idsat가 작아진다 . 게이트 측벽의 두께가 얇을수록 커패시턴스가 커진다. 따라서 저항과 정

전 용량 간의 균형을 찾아야 한다. 그림에서 우리는 5~6nm의 게이트 측벽 두께가 적절한 값임을 알 수 있다. 조정할 수 있는 또 다른 매개변수는 게이트 측벽 재료의 k-값이다. 게이트 측벽의 k값을 낮추면 게이트 커패시턴스를 줄일 수 있기 때문에 주파수 특성을 향상시킬 수 있다. 그러나 k-값이 너무 낮으면 신뢰성 문제가 발생할 수 있으므로 전력 소비/성능과 신뢰성 간의 균형을 찾아야 한다.

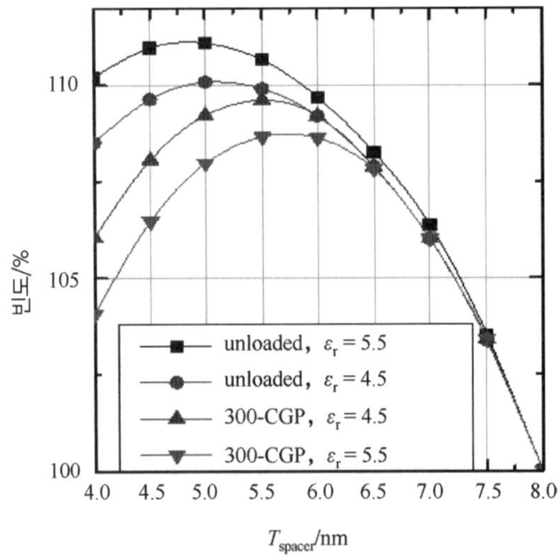

그림 7-6 링 발진기의 AC 특성

7.1.3 설계 규칙 최적화

설계 규칙은 최종 설계가 제조 가능성 요구 사항을 충족하고 따라서 제조 수율을 보장하도록 레이아웃 설계에 대한 규칙을 정의한다. DTCO 개념이 등장하기 전에는 제조업체에서 설계자로의 단방향 커뮤니케이션이 주로 설계 규칙의 검증을 통해 이루어졌다. 설계 규칙에는 일반적으로 일반 레이아웃 정보, 신뢰성 설계 규칙, 래치업 효과 및 정전기 방전에 대한 규칙 등이 포함된다. 대규모 기술 노드의 경우 새로운 기술 노드에 대한 설계 규칙은 이전 기술 노드에서 동일한 규모로 직접 얻을 수 있다. 더 작은 기술 노드의 경우 신기술 노드 단계에서 새로운 프로세스와 새로운 장치를 결합하여 축소된 설계 규칙을 수정하는 것도 필요하다. 그러나 수정하는 과정에서 프로세스 관점에 너무 치중하게 되어 디자이너는 프로세스 제약 하에 설정된 디자인 룰에 따라서만 레이아웃을 설계할 수 있어 디자인과 프로세스를 전체적으로 통합하는 최적의 디자인 룰이 되지 못한다. 이에 DTCO 기반의 디자인 룰 최적화가 업계의 주목을 받고 있다. DTCO 기반 설계 규칙 최적화 연구는 설계자가 설계를 진행하기 전에 공정 제조를 고려할 수 있도록 도와준다. 동시에 팹은 기술 노드 개발 중에 공정 개발을 위해 실제 설계와 유사한 레이아웃을 직접 채택할 수 있다.

프로세스 수립 프로세스에서 DTCO는 설계 규칙 및 프로세스의 선택 및 최적화를 강조한다. 디자인 규칙의 경우, 특히 새로운 프로세스나 새로운 장치 구조가 도입될 때 해당 프로세스 기술 노드 아래의 디자인 규칙에 대한 이러한 새로운 요소의 영향에 초점을 맞춰야 한다. 프로세스 선택 측면에서 이 섹션에서는 리소그라피 프로세스 메뉴 체계를 예로 들어 설계 규칙과 프로세스 간의 상호 작용을 설명한다. 또한 레이아웃 정보를 기반으로 한 공정 민감점 설정은 신규 공정의 디버깅 및 최적화, 디자인 룰 설정에 있어 중요한 역할을 하며, 이 부분에 대해서는 아래에서 좀 더 논의하도록 하겠다.

1. 디자인 룰의 조기 수립 및 평가

프로세스의 경우 디자인 규칙은 가장 중요한 디자인 관련 매개변수 메트릭 중 하나이며 디자인 규칙의 작은 변화는 제조에 큰 영향을 미칠 수 있다. 설계 규칙은 플레이트 면적, 프로세스 편차, 전력 소비 및 성능과 직접적으로 관련된다. 설계 규칙은 프로세스 제조업체에서 설정하기 때문에 설계 규칙을 체계적으로 평가하고 확장하는 것은 기술적 과제였다. 특히 딥 서브미크론 기술 노드에 진입한 이후에는 칩의 각종 파라미터에 리소그라피 등의 공정 요소가 미치는 영향이 커지고, 디자인 룰 수립 과정에서 실제 디자인에 대한 검증을 대량으로 받기 어려워 이 문제가 더욱 악화된다. 프로세스 수립 및 디버그 단계에서 정확하고 통계적 모델을 기반으로 설계 규칙을 평가할 수 있는 방법을 찾는 것이 중요하다.

개발된 디자인 룰 평가 시스템의 구조는 그림 7-7 [3]과 같으며, 이는 정확한 평가 모델이 없고 초기 디자인 룰 개발의 목적이 프로세스 및 디자인 기법이 완성될 때까지 공정 시운전을 목적으로 하는 공정 수립 이전에 디자인 룰 평가에 사용된다. 따라서 제조 가능성 및 공정 편차와 같은 공정 관련 정보에 대해 근사 모델을 사용한다. 설계 규칙이 적용되는 방대한 범위를 고려하여 영역 평가는 레이아웃 토폴로지 논리 생성 접근 방식을 사용하여 수행된다.

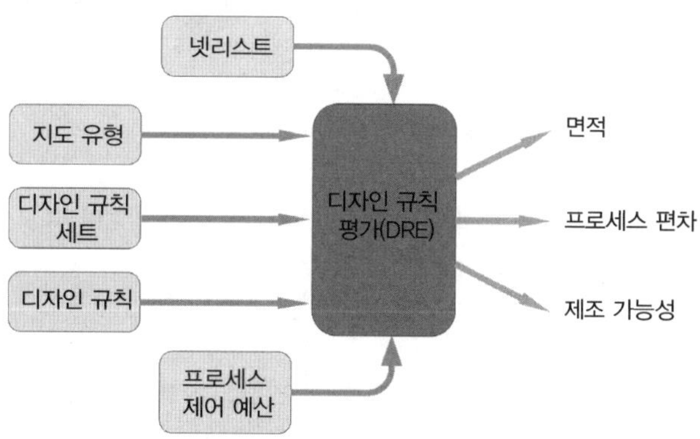

그림 7-7 개발된 디자인 룰 평가 시스템의 아키텍처 다이어그램

평가 시스템에 대한 입력은 장치의 넷리스트, 플레이트 유형, 설계 규칙 설정, 설계 규칙 및 프로세스 제어 예산이다. 이 시스템에서는 평가된 설계 규칙만 수정되고 나머지는 변경되지 않는다. 수정된 설계 규칙은 레이아웃을 평가하고 영역, 제조 가능성 및 프로세스 편차와 같은 주요 매개변수를 결정하는 데 사용된다. 다음은 이러한 주요 매개변수를 평가하는 방법에 대한 간략한 설명이다.

영역 평가: 영역 평가는 주로 플레이트 토폴로지 논리 생성 및 금속 정렬 밀집 정도와 관련된다. 레이아웃 토폴로지 로직 생성 기술에는 N/P 트랜지스터 쌍, 트랜지스터 폴딩, 트랜지스터 체인 적층, 트리거 체인의 분할 및 시퀀싱이 포함되며, 이 모든 기술은 적절한 금속 정렬 공간을 확보하면서 영역을 압축하는 것을 목표로 한다. 그림 7-8은 4입력 OAI(or-and-inverter) 표준 셀을 보여준다.

디자인 규칙을 평가할 때 면적 외에도 제조 가능성도 고려해야 하는 요소이다. 일반적으로 제조 가능성은 수율 측정 기준에 반영되며 일반적으로 리소그라피 공정에서 수율에 영향을 미치는 다음 세 가지 요소로 요약된다.

- **오버레이 오류**: 서로 다른 레이어 간의 정렬 오류이다.
- **Contact-through-hole 오류**: 정렬 문제로 인해 접촉과 관통 구멍 사이의 오류이다.
- **임의 입자 오류**: 프로세스 중에 생성된 임의 입자로 인해 발생하는 오류이다.

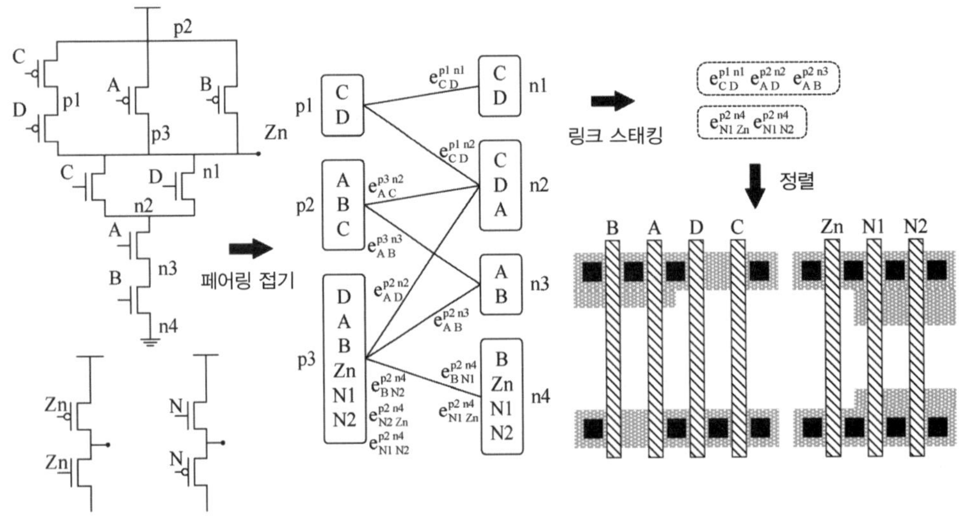

그림 7-8 4입력 OAI 표준 유닛

최종 총 오차는 위의 세 가지가 결합된 효과의 집합이며 다음 공식으로 표현된다.

$$Y = Y_{\text{overlay}} \cdot Y_{\text{contacts}} \cdot Y_{\text{particles}} \tag{7-1}$$

오버레이 관련 수율은 리소그라피에서 라인 엔드 단락과 결합된 오버레이 오류를 피할 수 있는 POS(신뢰성 생존) 확률로 근사화할 수 있다. 오버레이 벡터는 x 방향과 y 방향을 포함하며 일반적으로 프로세스 매개변수와 관련된 제로 오류 및 3σ의 균일한 분포를 사용하여 추정된다. POS 추정에는 다음이 포함된다: 콘택홀과 다결정/M1/확산 영역 사이의 연결 오류, 게이트에서 확산 영역까지의 오버레이 오류, 다결정에서 확산 영역까지의 오버레이 오류.

접촉 구멍 오류의 확률론적 특성을 고려하면 $Y_{\text{접촉}}$은 접촉 결함의 평균값 m가 플레이트의 접촉 구멍 수 N_c에 접촉 구멍의 접촉 오류 확률 D_t를 곱한 것과 동일한 포아송 모델로 근사된다 .

$$Y_{\text{contacts}} = e^{-\lambda} = e^{D_t \times N_c} \tag{7-2}$$

무작위 입자로 인한 수율 손실의 경우 업계에서는 일반적으로 음의 이항 분포를 사용한다.

$$Y_{\text{particles}} = \prod_{l=1}^{L} Y_{\text{particles},l}$$

$$Y_{\text{particles},l} = \prod_{j=1}^{k} \left(1 + \frac{A_{c,j} * D_0}{\alpha}\right)^{-\alpha} \tag{7-3}$$

어디 층 l의 입자로 인한 수율 손실 ; k는 결함 유형(예: 회로 개방, 회로 단락)이다. 결함 j의 평균 임계 영역이다 . D_0는 평균 결함 밀도이고; 결함 클러스터링 매개변수이다.

공정 편차도 수율에 영향을 미치는 핵심 요소이다. 단파장 리소그라피 영역에서 세 가지 리소그라피 관련 프로세스 편차 소스가 가장 큰 영향을 미친다. 확산 영역과 폴리실리콘 경계의 에지 불균일성, 슬리브 리소그라피 편차 및 끝 후퇴의 영향으로 인한 라인 엔드 리소그라피 오류, 다양한 리소그라피 기술의 한계로 인한 CD 편차이다. 채널 폭과 길이에 대한 위 요인의 효과는 개별적으로 모델링할 수 있다. 설계 규칙에 반영된 최종 영향은 다음과 같이 요약할 수 있다.

$$\Delta\left(\frac{W}{L}\right) = \frac{\sum_{\text{al lg ates}} \left|\Delta\left(\frac{W}{L}\right)_i\right|}{\left(\frac{W_{\text{tot}}}{L}\right)_{\text{ideal}}} \tag{7-4}$$

여기서 i는 프로세스 오류의 원인을 나타낸다.

디자인 룰 조기 평가 시스템의 검증을 위해서는 특정 디자인의 조합이 필요하다. 예를 들어 Nangate의 45nm PDK 설계의 경우 상용 공정 라인의 경우 실제 공정은 65nm이다 . 표 7-3은 65/45nm 프로세스 정보를 보여준다.

표 7-3 65/45nm 프로세스 정보

모수	45nm	65nm
평균 결함 밀도/결함/m^2	1 395	1757
임계 결함 크기/nm	34	45
최대 결함 크기/nm	250	250
FabFab 청결도	삼	삼
클러스터링 매개변수(a)	2	2
콘택트홀 비율/ppm①	0.00004	0.00004
슬리빙 오류(3v)/nm	13	15
라인 엔드 풀백(평균)/nm	10	14
게이트CDU(3v)/nm	2.6	3.3
M1 키 라인 폭/nm	10	15
폴리 키 라인 너비/nm	15	20
접점 키 선폭/nm	10	15

참고: ① 100만분의 1, 즉 10^{-6}.

폴리 그래프를 예로 들면, 그림 7-9는 셀 높이가 10 트레이스인 서로 다른 폴리 그래프를 사용하는 45nm 프로세스에 대한 면적, 제조 가능성 및 공정 오류 값을 제공한다. 5가지 그래프 구성 방법이 비교된다. 1D 고정 피치에 폴리 피치 고정 제한을 추가하는 1D 고정 피치, 1D 방법에 고정 폴리 피치 제한을 추가하는 것; LTD, 다결정이 동일한 P 또는 N 트랜지스터 네트워크의 인접한 게이트에만 연결될 수 있는 제한된 다결정 배선 방법; LTD 방식에 고정 폴리 피치의 제한을 추가한 LTD 고정 피치; 2D, 2차원 다결정 배선 방법으로 다결정은 기존의 배선 제약 하에서 모든 트랜지스터에 연결할 수 있다. 다결정은 기존 배선 제약 하에서 모든 트랜지스터에 연결할 수 있다. 보시다시피 제한된 다결정 배선 모드와 비교하여 2D 다결정은 15% 면적을 절약할 수 있다. 그러나 2D 다결정화는 1D 다결정화에 비해 공정 편차가 3배 증가하여 CDU가 증가한다. 유한 다결정화는 1D 다결정화에 비해 면적이 3%만 절약되지만

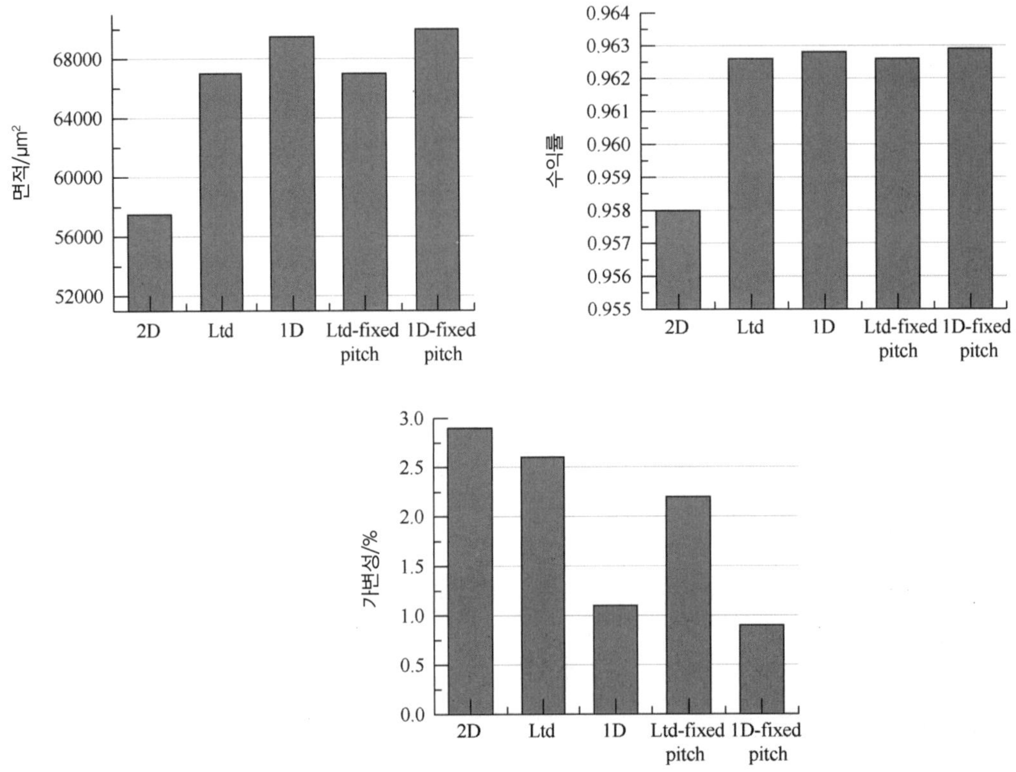

그림 7-9 예제 다이어그램

공정 편차가 더 커진다. 따라서 다결정층에서 H, U 및 Z와 같은 RET 기술 호환 그래픽 형상을 사용하도록 허용하는 것은 공정 및 영역 관점에서 모두 유익하지 않다. 고정 피치를 갖는 1D 다결정 구조는 비고정 피치를 갖는 1D 다결정 구조에 비해 면적 구현이 거의 동일하다. 이러한 평가 결과는 프로세스 흐름 탐색 중에 디자인 규칙을 설정하는 데 중요한 지침과 참조를 제공한다.

2. 그래프 기반 디자인 룰 평가

앞에서 설명한 신속 평가 시스템은 수율 관점에서 설계 규칙을 평가하는 데 중점을 둔다. 설계 관점에서 레이아웃 그래픽에 대한 배선 요구 사항을 고려하고 파운드리에서 새로운 기술 노드의 개발 단계에서 표준 셀의 레이아웃 선형성에 미치는 그래픽의 영향을 고려한다면 레이아웃 선형성 관점에서 새로운 기술을 평가하고 선택하는 것이 설계와 프로세스 요구 사항의 균형을 맞추는 DTCO 솔루션이다.

문제가 있는 그래픽에 대한 두 가지 극단적인 후보 솔루션이 있다. 첫 번째 해결책은 디자인 규칙을 통해 문제가 있는 그래픽을 금지하여 디자인 단계에서 문제를 처리하는 것이다. 그러나, 모든 그래픽을 금지하는 것은 디자인에 너무 제한적이며 표준 셀의 레이아웃을 매우 어렵게 만들고 결국 표준 셀의 면적을 증가시킨다. 또 다른 해결책은 설계 단계에서 문제 그래픽을 제한하지 않고 배선 후 프로세스 최적화를 통해 문제 그래픽을 제거하는 것이다. 그러나 일부 문제 패턴은 절대 해결되지 않을 수 있다.

위의 문제에 대한 해결책은 설계 단계에서 금지된 형상 중 일부를 선택하고 레이아웃 및 배선 후 프로세스 최적화를 통해 나머지 형상을 해결하는 하이브리드 방식을 채택하는 것이다. 그래픽을 금지 그래픽으로 선택하는 원칙은 다음과 같다. 수율에 큰 영향을 미치는 그래픽; 표준 셀 레이아웃의 선형성에 덜 영향을 미치는 그래픽. 리소그라피 시뮬레이션은 수율에 큰 영향을 미치는 그래픽을 식별할 수 있다. 천의 선형성에 미치는 영향이 작은 그래프는 설계 단계에서 금지 하더라도 표준 셀의 설계 및 배선에 큰 영향을 미치지 않는 그래프이다 . 문제 그래픽과 유사한 또 다른 상황은 LELE 및 SADP와 같은 제한적 패터닝 기술의 등장이다. 단일 노출과 달리 이러한 패터닝 기술에는 일부 제조할 수 없는 그래픽이 있으며 팹이 새로운 기술 노드에서 올바른 패터닝 기술을 선택하는 것이 중요한 문제가 된다.

배선 중심 설계 규칙 평가 최적화 흐름[4]은 그림 7-10에 나와 있다. 이 흐름에 대한 입력에는 설계 규칙 세트, 표준 셀의 트랜지스터 네트워크 및 금지된 그래픽 세트가 포함된다. 표준 셀의 가상 라이브러리를

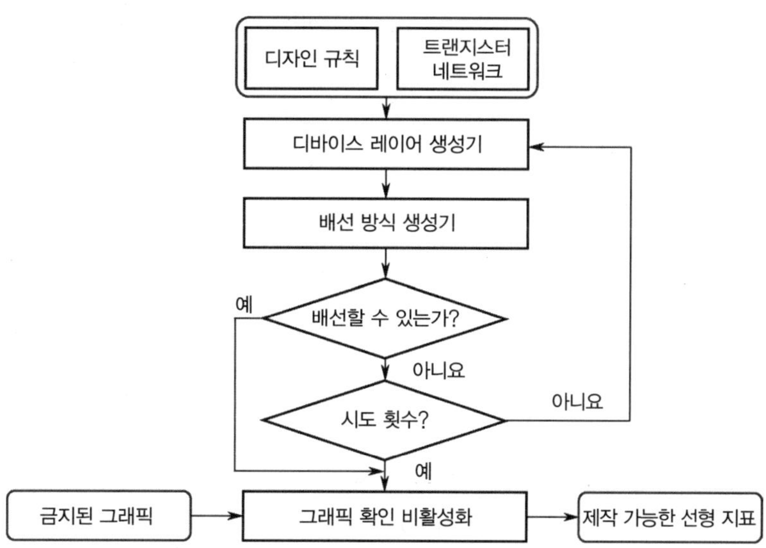

그림 7-10 배선 중심 설계 규칙 평가를 위한 최적화 흐름

생성함으로써 주어진 금지 그래프의 사용을 피하면서 각 셀에 대한 가능한 배선 방식을 평가한다. 프런트 엔드용 레이어를 생성한 후 표준 셀이 연결되지 않을 수 있다. 이 경우 표준 셀을 재생성하고 다른 구성표를 사용하여 배선을 시도하며 여전히 배선할 수 없는 경우 배선이 성공하거나 특정 시도 횟수에 도달할 때까지 계속 시도한다. 프레임워크는 결국 배선의 선형성에 대한 메트릭을 제공하고 생성된 레이아웃의 모든 그래프를 계산한다. 다음은 프로세스의 다양한 부분에 대한 간략한 설명이다.

1) 장치 계층 생성기

프로세스는 주어진 표준 셀에 필요한 장치 계층을 생성하는 것으로 시작된다. 이 프로세스는 주어진 설계 규칙과 표준 셀의 트랜지스터 네트워크에 따라 필요한 트랜지스터를 생성해야 한다. 표준 셀의 트랜지스터 네트워크는 연결 위치와 함께 장치 계층 생성기를 사용하여 먼저 생성된 후 데이터가 다음 모듈, 즉 배선 체계 생성기로 공급된다. 생성된 표준 셀이 연결 불가능한 것으로 확인되면 전체 흐름이 수렴될 때까지 장치 계층 생성기가 다시 호출된다.

2) 케이블 구성 생성기

배선 솔루션 생성기는 각 셀 네트워크에 대해 가능한 배선 솔루션을 찾으려고 시도한다. 셀의 모든 네트워크가 주어지면 배선 솔루션 생성기는 각 셀에 대한 후보 배선 솔루션 목록을 생성한다. 생성기는 케이블 연결을 위한 특정 토폴로지를 사용하는 대신 가능한 모든 케이블 연결 솔루션을 열거한다. 각 네트워크 내에서 경계 상자의 범위는 네트워크 내의 연결 지점 위치에 따라 결정된다. 네트워크 경계 상자의 높이와 너비가 특정 임계값 미만이면 경계 상자를 여러 트랙으로 확장하여 네트워크 랩어라운드를 용이하게 해야 한다. 각 네트워크에 가능한 케이블 연결 체계는 먼저 경계 상자 내의 각 트랙에 백본을 배치한 다음 백본에서 수직 분기를 만들어 각 연결 지점에 도달하는 것이다. 각 네트워크에 대한 모든 케이블링 시나리오의 경우 각 표준 장치에 대해 완전한 케이블링을 구성해야 한다. 물론 다른 네트워크의 케이블 연결이 교차하여 충돌을 일으킬 수 있기 때문에 모든 조합이 유효한 케이블 연결 체계로 이어지는 것은 아니다. 다른 케이블 연결 방식의 예는 그림 7-11에 나와 있다. 왼쪽 그림은 서로 다른 두 네트워크 사이의 충돌하고 비효율적인 케이블 연결 체계를 보여주고 오른쪽 그림은 유효한 케이블 연결 체계의 예를 보여준다.

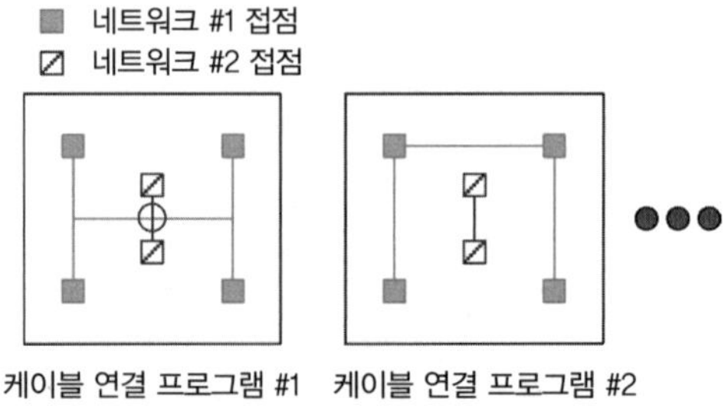

그림 7-11 다양한 배선 방식의 예

3) 충돌 확인(연결 가능)

네트워크 충돌은 두 네트워크의 배선이 겹치거나 교차하는 경우이다. 이러한 경우는 각 그래프의 노드 표현 순서에 대해 AND 연산을 수행하여 확인할 수 있다. AND 연산 결과에 0이 아닌 항이 있으면 연산에 관련된 네트워크 간에 충돌이 있음이 분명하다. 서로 다른 네트워크 간의 AND 연산에 의한 네트워크 충돌 검사는 그림 7-12에 나와 있다.

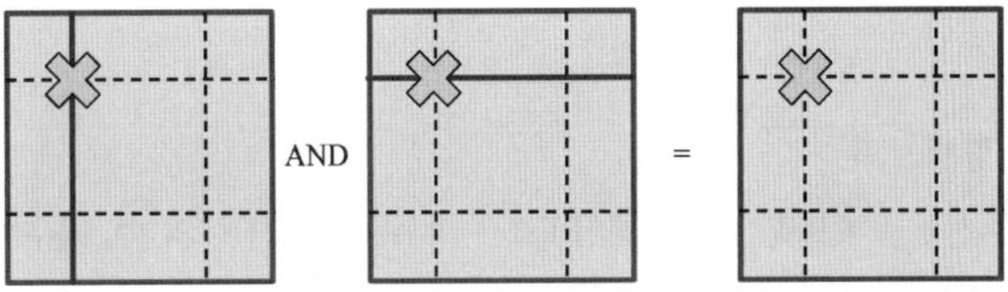

그림 7-12 서로 다른 네트워크 간의 AND 연산에 의한 네트워크 충돌 체크

경우에 따라 연결 체계 생성기가 연결할 수 있는 체계를 찾지 못할 수 있다. 이 경우, 연결 불가능한 네트워크 수가 가장 적은 솔루션을 반환으로 선택한다. 문제는 정수 선형 프로그래밍 문제(ILP)로 정의할 수 있다.

4) 금지된 그래프 확인

생성된 배선 체계는 주어진 금지 그래프와 비교하여 확인된다. 스캔 창은 트랙 너비 단계로 레이아웃 위로 미끄러지며 행과 열의 각 조합에서 원하는 크기의 그래프를 형성하기 시작한다. 그래프의 트랙은 그림 7-13과 같이 입력 금지 그래프에 빠르게 일치시키기 위해 직렬로 표시된다. 그림 7-13의 왼쪽에는 연결할 접점을 나타내는 십자 표시가 있는 장치 계층 생성기에 의해 생성된 셀이 있다. 이 셀에는 a1, a2, Net_000 및 Zn의 네 가지 네트워크가 있다. 중간 및 오른쪽 다이어그램은 두 가지 가능한 배선 방식을 보여준다. 연결 구성표에 금지된 그래픽이 포함되어 있으면 해당 그래픽은 버려진다. 그림 7-14(a)는 금지된 그래픽을 보여주며 그림 7-14(b)에 표시된 배선 체계는 폐기된다.

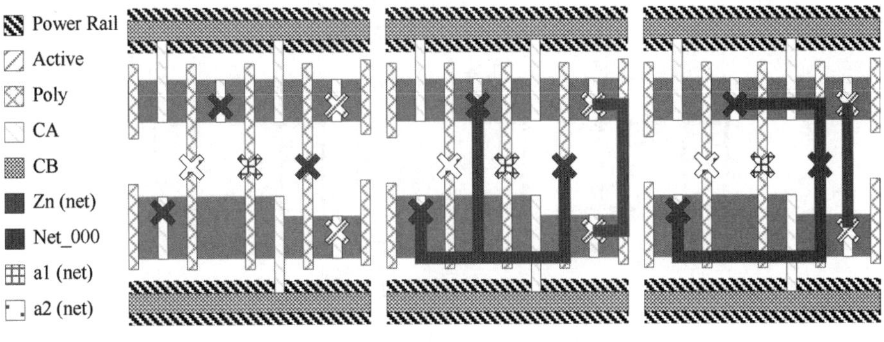

그림 7-13 AND2_X1 셀의 예

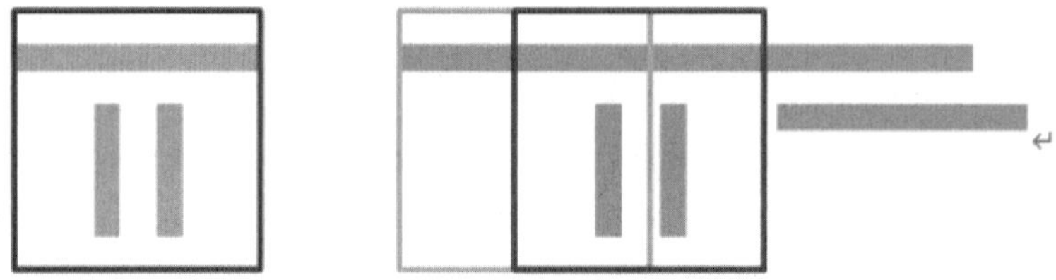

(a) 금지된 그래픽 (b) 스캔 창이 레이아웃 위로 미끄러진다

그림 7-14 금지된 그래픽 검사

5) 분배 가능한 선형 메트릭

프로세스의 출력은 선형성 메트릭이다. 프레임워크는 라우팅 가능한 셀의 수, 라우팅 체계의 총 수 및 "라우팅 가능한 라이브러리에 대한 간격"을 생성한다. 처음 두 메트릭은 금지된 그래픽을 사용하지 않고 셀 라우팅의 용이성을 나타낸다. 금지된 형태 세트로 인해 배선 솔루션의 수가 현저히 줄어들면 설계 단계에서 이러한 형태를 금지해서는 안 된다.

금지된 그래프의 두 세트 A와 B를 비교할 때 먼저 세트 A와 B를 별도의 입력으로 평가한다. 그룹 A에서 연결 가능한 셀 수가 적으면 그룹 A의 금지된 그래프가 의상 적합성에 더 큰 영향을 미친다. 둘 다 동일한 수의 라우팅 가능한 유닛을 갖지만 그룹 A의 라우팅 가능한 솔루션 수가 적으면 그룹 A는 그룹 B보다 금지된 그래픽에 더 큰 영향을 미친다. 그룹 A가 라우팅 가능한 유닛 수가 적으면 그룹 A는 그룹 B보다 금지된 그래픽에 더 큰 영향을 미친다. 그룹 A와 그룹 B 사이에 하나의 그래프만 다른 경우 특정 그래프에 대한 라우팅 가능성의 민감도를 추가로 조사한다.

예를 들어, 두 가지 다른 리소그라피 방식인 LELE와 SADP를 이 공정에 적용하여 얻은 비교 결과이다. SADP 체계는 LELE보다 내포 오류에 훨씬 더 관대하며, SADP의 내포를 더 잘 활용하기 위해 프로세스에서 전단 마스크가 허용되지 않는다고 가정한다(내포 오류의 제한 때문에). LELE 방식에서는 스플릿팅에서 홀수 주기의 문제는 그래픽을 스플라이싱함으로써 모두 해결할 수 있지만, SADP 방식에서는 이러한 접근이 불가능하다. 금지된 그래프 의 예는 그림 7-15에 나와 있다. 그림의 이 모든 그래프는 스티칭 그래프 기법이 필요하므로 LELE 방식과만 호환되고 SADP 방식과는 호환되지 않는다.

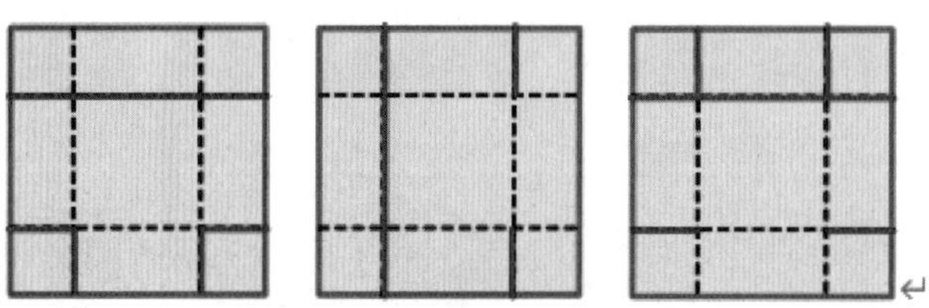

그림 7-15 금지된 그래픽 세트의 예

22nm 평면 CMOS 방식을 예로 들어 입력된 92개의 표준 셀 중 78개만 현재 설계 규칙에 따라 배선할 수 있다. 이러한 셀을 기반으로 LELE 방식(즉, 금지된 그래픽 없음)의 결과를 SADP 방식(금지된 그래픽 사용)의 결과와 비교하기 위한 벤치마크로 사용하고 그 결과를 다음과 같은 주요 특징과 함께 표 7-4에 나타내었다.

표 7-4 SADP 방식과 LELE 방식의 분석결과 비교

프로그램	유선 장치	케이블링 솔루션	백분율	배선 방식의 차이점
SADP	77	2766	17.1%	1
렐레	78	3338	0%	0

(1) **연결 가능한 장치**: 하나 이상의 배선 체계가 있는 표준 장치의 수이다.

(2) **배선 방식**: 모든 장치에 대한 배선 방식의 총 수이다.

(3) **배선 방식 분산**: 현재 배선 방식과 기본 방식의 배선 방식 수 간의 차이이다.

경우에 따라 평가 최적화 프로세스는 배선 체계를 찾기 위해 다른 디바이스 레이어 디자인을 시도할 수 있지만 셀 영역도 변경된다. 따라서 라우팅 가능성을 기준으로 공정한 비교를 하기 위해서는 SADP 방식에 대해 생성된 셀 영역과 LELE 방식에 대해 생성된 셀 영역이 동일하도록 반복 횟수를 제한할 필요가 있다.

표 7-4의 실험 결과에 따르면 SADP 중첩 오류를 이용하기 위해 배선 가능한 셀의 1.3%와 배선 선택의 17.1%가 희생되었다. 올바른 선택을 위해서는 LELE 체계와 호환되지만 SADP 체계와 호환되지 않는 모든 그래프를 금지 그래프로 나열하고, SADP 체계와 호환되지만 LELE 체계와 호환되지 않는 모든 그래프를 나열하고 두 경우의 결과를 비교해야 한다 . 이들 그래프를 몬테카를로 방식으로 선택하여 다수의 랜덤 그래프를 생성하고 이들 그래프에 대해 LELE 및 SADP 분해를 수행한 후 LELE 방식과 호환되는 그래프와 SADP 방식과 호환되지 않는 그래프를 SADP 방식의 금지 그래프로 사용하고 그 반대의 경우도 마찬가지다.

3. DPT 기반 디자인 룰 최적화

이중노광(DPT)은 22나노 기술 노드 이후 일반적인 노광 공정 솔루션, 즉 하나의 패턴을 두 개의 패턴으로 나누어 단계적으로 노광하는 기술로 노광기 및 공정이 직면한 장비 / 공정 한계를 완화하기 위한 솔루션이다. 그러나 그래픽 분할은 OPC와 같은 이후 조정 후에도 여전히 존재할 수 있는 그래픽 스플라이싱 경계와 같은 문제를 야기하여 칩 수율에 직접적인 영향을 미친다. 설계 규칙 생성 과정에서 DPT 고려 사항을 도입하고 설계 및 프로세스 최적화를 채택하면 이러한 문제의 영향을 줄이고 설계 규칙의 견고성을 향상시킬 수 있다. 다음에서는 14/10nm 기술 노드에서 DP 방식으로 구현된 M1 레이어를 사용하여 공정 설정 중에 설계 규칙이 어떻게 설정되고 최적화되는지 설명한다. DPT 기반 디자인 룰 최적화의 흐름은 그림 7-16과 같으며 단계는 다음과 같다.

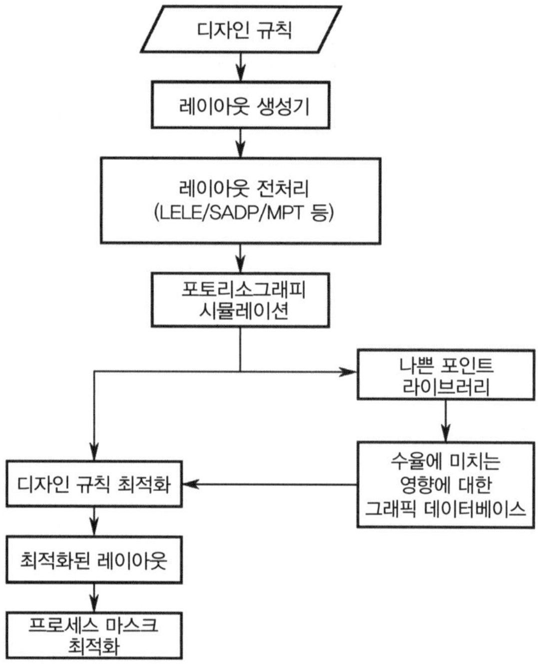

그림 7-16 DPT 기반 설계 규칙 최적화 흐름

(1) **디자인 룰 수집 및 작성:** 더 많은 수의 랜덤 플레이트를 생성하기 위한 기초로 충분한 수의 초기 디자인 룰을 선택한다. 이러한 플레이트의 대부분은 개별 선, 조밀한 선 등과 같은 고전적인 그래픽이지만 U자형, 삼각형, 모서리 모양 등과 같은 일부 특수 그래픽도 포함한다. 특수 그래픽의 예는 그림 7-17, 그림 7-17(a)는 U자 모양의 특수 그래픽, 그림 7-17(b)는 삼각 특수 그래픽, 그림 7-17(c)는 모서리 모양의 특수 그래픽이다. 표 7-5는 디자인 규칙 및 그래프 생성 조건의 예를 보여준다.

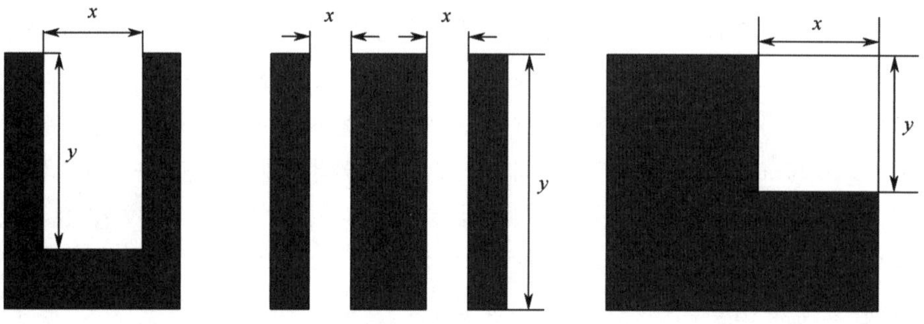

그림 7-17 특수 그래픽 예

표 7-5 디자인 룰 및 그래픽 생성 조건 예시

규칙	정황	결과
(a)	y < 0.154μm인 경우	x ≥ 0.056μm
(b)	y ≥ 0.070μm인 경우	x ≥ 0.084μm
(c)	x ≤ 0.056μm인 경우	y ≥ 0.056μm

이러한 규칙은 각 그래프의 배치, 서로 다른 그래프 간의 관계 등을 반영해야 한다. 위에서 언급한 기본 그래프를 기반으로 다수의 후속 무작위 그래프가 생성된다. 다른 유형의 그래프에 대해 다른 가중치가 할당된다. 예를 들어 이 예에서 레이어 M1의 경우 가로 방향보다 세로 방향에 더 많은 그래프가 있으므로 세로 방향에 더 높은 가중치가 할당된다. 두 가지 주요 설계 규칙은 다음과 같다. 최소 형상 라인 폭(CD)은 22nm이고 최소 피치는 44nm이다.

(2) **플레이트 전처리**: 파워 트랙 라인 제거 및 주요 그래픽 분할 구현 포함.

파워 트랙 라인 삭제: 규칙 파일 및 기타 관련 매개변수를 설정한 후 특수 레이아웃 무작위 생성 소프트웨어로 스케일 무작위 레이아웃을 얻을 수 있다. 먼저 전체 레이아웃을 전체적으로 분석하여 무리한 부분을 제거한다. 예를 들어, 실제 설계 고려 사항에서 전원 공급 장치 트랙 설계는 그다지 가깝지 않을 것이다. 따라서 그림 7-18의 상자에 표시된 것처럼 생성된 대규모 레이아웃에서 전원 공급 장치 트랙 라인을 제거한다. 둘째, 레이아웃의 불규칙한 생성으로 인해 최종 생성된 레이아웃에 일부 비정상적인 그래픽이 있어 프로세스 창을 조일 수 있으며 실제 디자인에도 나타나지 않아야 한다.

중요한 그래픽 분할 실현: DPT의 경우 업계에서 가장 성숙한 두 가지 솔루션은 LELE와 SADP이다. 이 프로세스는 리소그라피 솔루션으로 LELE를 선택한다. 전체 LELE 패턴 분할은 세 단계로 나뉜다. 먼저 임계 패턴을 처리한 다음 비 임계 패턴을 처리하고 마지막으로 각 분할 패턴에 대해 정확한 광학 모델과 광원을 설정하고 전체 플레이트의 모델 기반 패턴 스티칭 및 OPC를 완료한다.

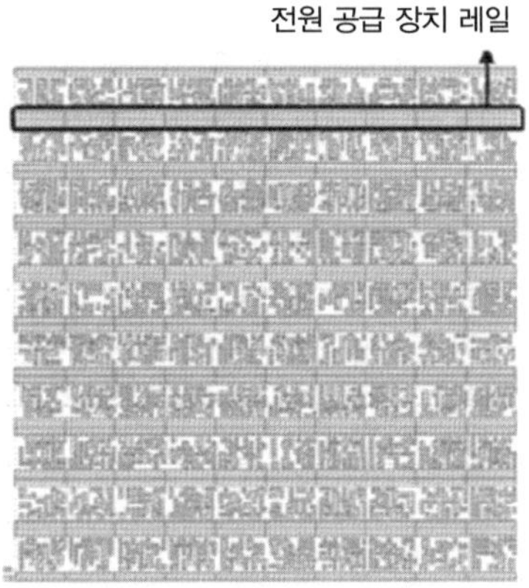

그림 7-18 지도의 생성된 대규모 무작위 버전

(3) **설계 규칙 최적화**: 획득한 정확한 광학 모델과 광원 분포를 기반으로 해당 공정 창을 계산한다. 프로세스 윈도우가 프로세스 제조에 허용되는 범위를 충족할 수 있으면 현재 디자인 규칙을 수락할 수 있고, 그렇지 않으면 디자인 규칙을 조정하여 DOF를 확장해야 한다. 디자인 룰은 나쁜 점을 찾고 주변 그래픽을 관찰하여 최적화된다.

1단계, 적절한 셀 크기를 선택한다. 또한 실제 디자인에는 일반적으로 나타나지 않고 프로세스 창의 축소로 이어지는 일부 비정상적인 그래픽을 제거해야 한다. 위의 원칙에 따라 그림 7-19와 같이 두 개의 셀 창을 최적화 예제로 선택했는데 여기서 작은 날카로운 모서리와 같은 비정상적인 그래픽이 두 예제 그래픽에서 제거되었다.

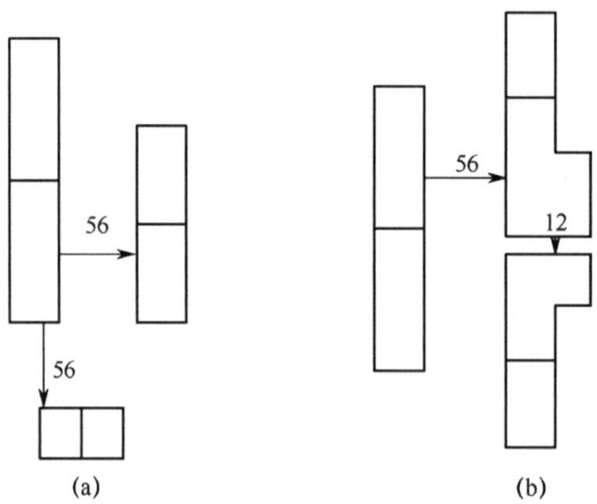

그림 7-19 두 분할 그래프의 셀 창

2단계, 설계 규칙 최적화. 위의 그래프 분할에 대한 SMO 결과는 디자인 규칙을 최적화하는 방법에 대한 단서와 최적화 방향을 제공한다. SMO 최적화 반복을 지속적으로 수행하면 흐름이 그림 7-20에 표시된다. 최적화 흐름은 프로세스 윈도우가 없는 그래프에서 시작하여 만족스러운 프로세스 윈도우를 얻을 때까지 그래프의 크기나 위치를 지속적으로 조정하고 SMO 시뮬레이션을 수행하며 예비 설계 규칙도 결정한다.

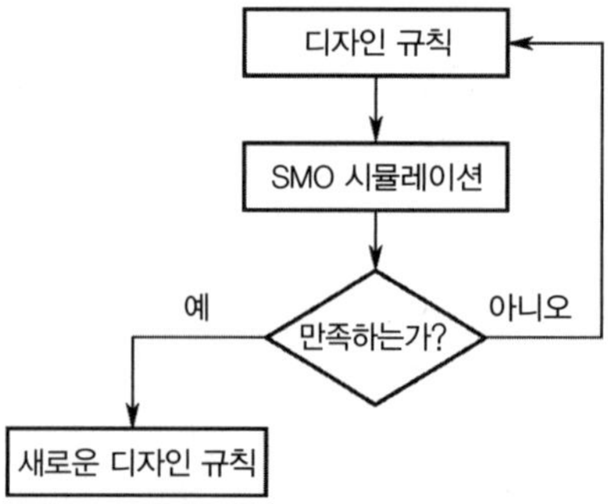

그림 7-20 설계 규칙 최적화 흐름

3단계에서는 그래픽 분할 및 OPC 시뮬레이션을 통해 디자인 규칙을 추가로 조정한다. 그래픽 분할 후 레이아웃 및 리소그라피 윤곽은 이 단계에서 최적화를 위한 초기 지점이다. 이 예에서 일반적인 U자형 및 L자형 그래픽은 개별적으로 미세 조정되어 그래픽 크기와 위치를 로컬로 조정하여 디자인 규칙을 더욱 최적화한다. 그림 7-21(a)는 원래 L자형 레이아웃 그래픽을 보여주고 그림 7-21(b)는 초기 노출 프로필과 최적화된 노출 프로필의 비교를 보여준다. 이전의 30nm는 50nm로 확장되어 두 개의 인접한 L자 모양 사이에 충분한 거리가 유지되도록 했다. 기존의 브리징 문제는 설계 규칙을 조정하여 해결하였다.

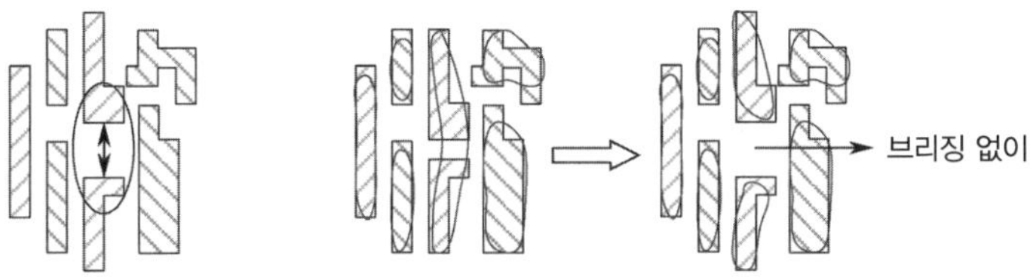

(a) 원본 L자형 레이아웃 그래픽

(b) 초기 노출 프로필과 최적화된 노출 프로필 비교

그림 7-21 원본 L자형 레이아웃 그래픽과 OPC 결과 비교

7.1.4 표준 셀 라이브러리용 DTCO

기존 표준 셀 라이브러리의 설계에는 업계에서 완전히 맞춤화된 설계 및 최적화를 따르기 때문에 상당한 수동 개입이 필요하다. 일반적으로 설계자는 디지털 모듈 레이아웃 배선의 품질 요소를 반복적으로 평가하여 표준 셀 라이브러리의 성능을 개선한다. 이 수동 접근 방식은 설계 수렴 시간을 크게 연장하며 설계자는 설계 압력을 줄이기 위해 레이아웃 설계의 성능을 신속하게 반영할 수 있는 자동화된 표준 셀 라이브러리 최적화 평가 도구가 필요하다.

또한 서로 다른 표준 셀 솔루션은 설계 및 프로세스의 시너지 최적화를 위한 여지를 제공한다. 표준 셀 라이브러리 높이의 최적화는 성능과 직접적인 관련이 있는 반면, 표준 셀 라이브러리 핀은 후속 레이아웃 및 라우팅에 직접적인 영향을 미치며 결과는 리소그라피 솔루션의 선택과 불가분의 관계가 있다. 또한 리소그라피 관점에서 표준 셀 라이브러리의 스티칭도 설계 시 고려해야 할 문제이다.

1. 표준 셀 라이브러리의 높이 최적화 [5]

새로운 프로세스 노드의 경우 평가 요소 중 하나는 웨이퍼의 단위 면적당 트랜지스터 수와 프로세스 노드의 흐름 비용을 직접 결정하는 활성 영역이다. 논리 회로의 경우 활성 영역은 표준 셀의 트랙 높이에 의해 결정된다. 표준 셀 뱅크의 트랙 높이는 일반적으로 표준 셀 뱅크의 실제 높이를 금속층 피치로 나누어 정수 값을 얻는다. FinFET 구조의 경우 트랙 높이는 표준 셀의 활성 영역에 수용할 수 있는 핀의 수에 따라 결정된다. 그림 7-22는 서로 다른 표준 셀 설계의 전력 및 주파수 특성을 보여주며 성능과 전력 소비 사이에 절충안이 있음을 알 수 있다. n7_Pex_100CPP는 7nm 공정 표준 셀 라이브러리이고 n10_Pex_100CPP는 10nm 공정 표준 셀 라이브러리이다.

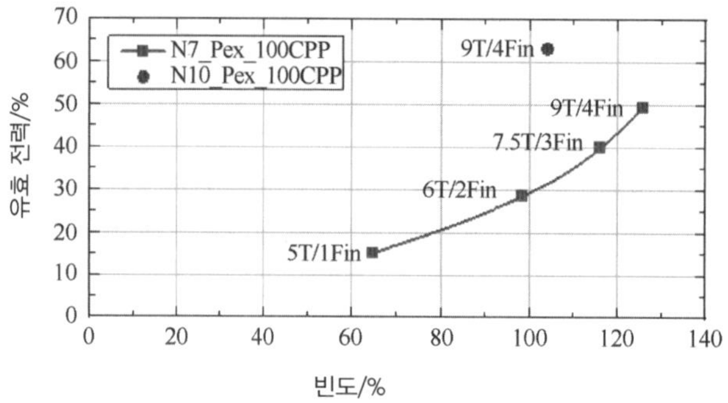

그림 7-22 서로 다른 표준 셀 설계(핀의 서로 다른 수)에 해당하는 전력 소비 및 주파수 특성

다른 표준 셀 라이브러리 높이에는 다른 구조와 구현 프로세스가 필요하다. 다음 논의는 DTCO 고려 사항뿐만 아니라 7.5 트랙, 6.5 트랙 및 6 트랙 표준 셀 구조 및 구현 프로세스에 중점을 둔다. 9개의 트랙 구조는 7.5개의 트랙 구조와 높이가 유사하므로 여기서는 자세히 설명하지 않는다.

1) 7.5트랙 표준 셀 구조

7.5 트랙 구조에서 M1 레이어와 FEOL 사이의 중간 레이어에 있는 MINT 금속 레이어는 수평으로 정렬된다. MINT 레이어를 추가하면 FEOL 레이어를 보다 유연하게 연결할 수 있고 BEOL의 권선 레이어에 더 많은 공간을 제공할 수 있다. M2/MINT 주기는 32nm이고 전체 표준 셀의 높이는 240nm이며 단일 장치는 3Fin을 수용할 수 있다. 핀에서 폴리 컷까지의 간격은 23nm이다. M0G는 셀 중앙에 위치하며 M0A와 M0G 사이의 간격은 11nm이다. M0A와 M0G 사이의 간격은 11nm이며, 이 거리는 그림 7-23(a)와 같이 충분한 슬리브 편차를 보장할 수 있다. 그림 7-23(b)에 표시된 NAND(및 비게이트) 구조에서 게이트 연결은 M0G를 사용하여 반전되고 더미 게이트를 사용하여 격리된다.

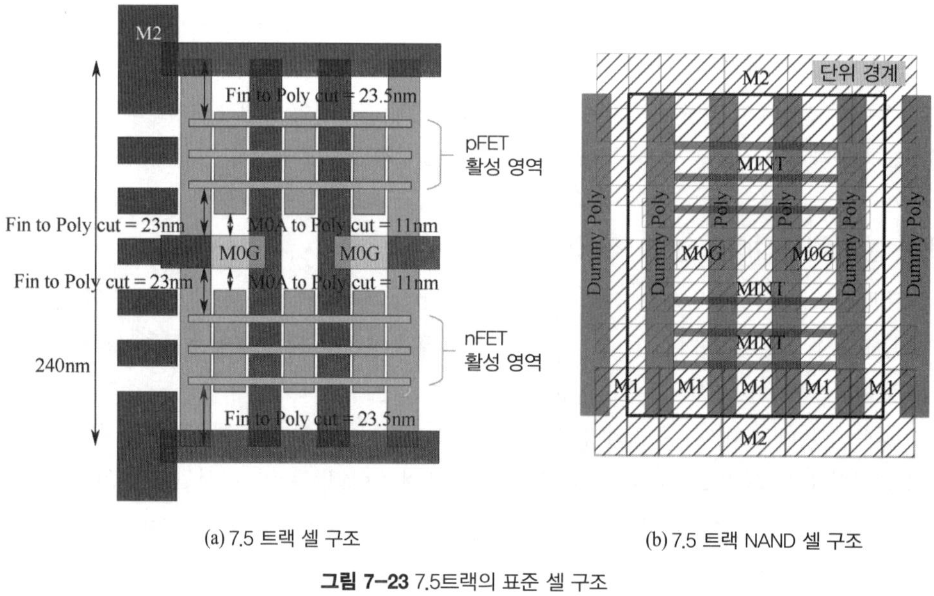

(a) 7.5 트랙 셀 구조　　(b) 7.5 트랙 NAND 셀 구조

그림 7-23 7.5트랙의 표준 셀 구조

2) 6.5트랙 표준 셀 구조

6.5 트랙 구조는 7.5 트랙 구조와 동일한 기본 설계 규칙을 가진다. 6.5 트랙 구조에는 5개의 MINT 와인딩 트랙만 있어 2개의 신호 와인딩 트랙이 줄어든다. vdd/vss 트랙은 MINT로 이동하고 M2에는 더 많은 신호 권선 공간이 있으며 M0G는 모든 게이트 연결에 사용된다. 6.5 트랙 구조는 7.5 트랙 구조와 유사하다. 6.5 트랙 구조는 두 개의 게이트마다 격리를 위해 더미 게이트가 필요하다는 점에서 7.5 트랙 구조와 유사하다. 6.5 트랙 구조는 SAGC(Self Aligning Gate Contact) 기술을 사용하여 높이를 압축하여 게이트 접점의 레이아웃에 대한 더 많은 옵션을 제공하고 더 적은 더미 게이트 삽입이 필요하므로 해당 배선에 필요한 리소스가 더 적다. 구조는 그림 7-24에 나와 있다.

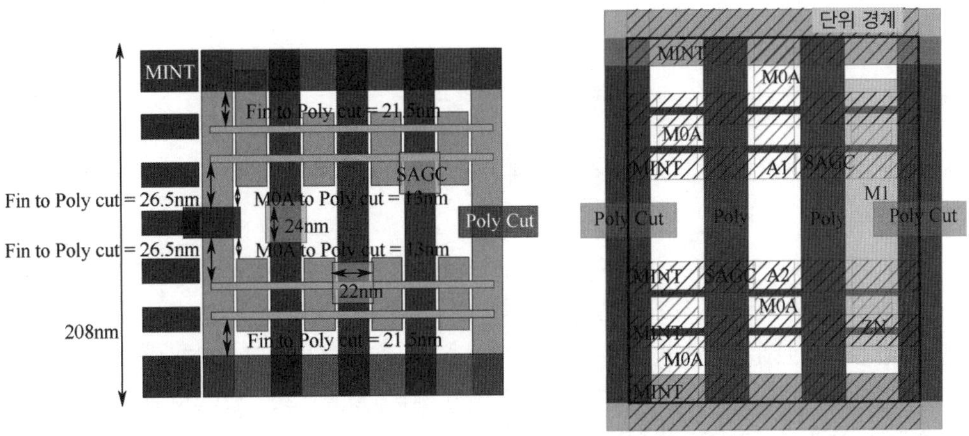

(a) 기본 6.5 트랙 셀 구조 (b) 6.5 트랙 유닛 구조(SAGC 포함)

그림 7-24 6.5트랙 표준 셀 구조

3) 6 트랙 표준 셀 구조

6 트랙의 표준 셀 구조는 그림 7-25에 나와 있다. 6트랙 구조와 다른 구조의 차이점은 파워트랙 Buried Layer 기술을 채택하고 파워트랙을 MINT에서 Buried Layer 트랙으로 변경하여 너비가 단일 피처 크기의 너비인 MINT 트랙보다 약간 크며 파워트랙의 중요한 특징은 트랙의 깊이가 일반적으로 70nm보다 커서 전압 강하를 크게 줄인다는 것이다. 파워 트랙 매립층은 표준 셀의 상단과 하단에 배치되며, M0A는 둘 사이의 스루홀 연결 없이 파워 트랙 매립층에 직접 연결된다. 6 또한 트랙 구조는 계속해서 SAGC 기술을 사용하여 보다 유연한 옵션과 배선 공간을 제공한다.

표준 셀 라이브러리의 경우 다음과 같은 주요 매개변수, 즉 면적 및 대기 시간이 평가된다. 7.5 트랙, 6.5 트랙 및 6 트랙 표준 셀 구조를 각각 영역 및 지연에 대해 평가하고 비교한다. 7.5 트랙 구조는 비교를 위한 기준선으로 사용되며 표준 셀 라이브러리의 셀은 게이트 유무 또는 게이트 없는 것과 같은 기본 셀 구조를 포함하여 평가된다.

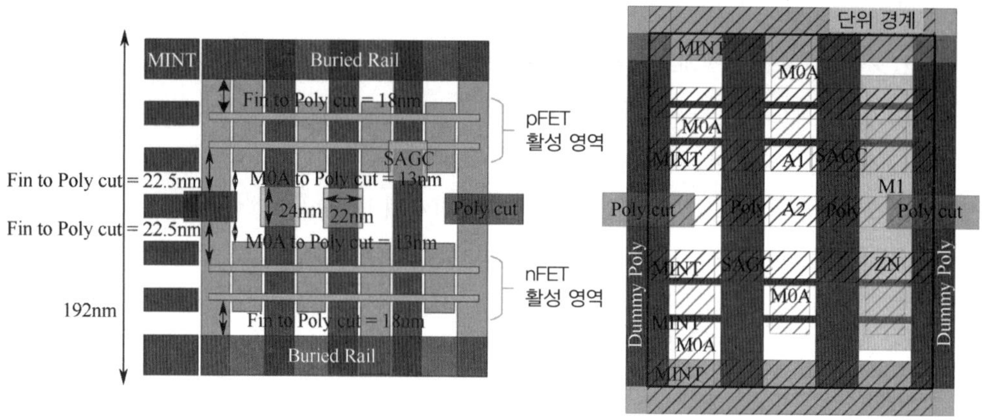

(a) 기본 6 트랙 셀 구조 (b) 6 트랙 유닛 구조(SAGC 포함)

그림 7-25 6트랙의 표준 셀 구조

(1) **면적 평가 및 비교.** 7.5 트랙 구조에 비해 다른 표준 셀 구조에 의해 절약된 면적 이득은 그림 7-26에 나와 있다.

그림에서 6.5 트랙 -NSG는 SAGC 기술이 없는 기본 구조 6.5 트랙 표준 셀 라이브러리에 해당한다. 일반적으로 대부분의 셀의 경우 영역은 7.5 트랙 구조에 비해 다양한 정도로 감소하지만 OAI22 셀과 같은 일부 예외가 존재한다. 여기서 6.5 트랙 -NSG는 각 셀이 4개의 입력과 1개의 출력을 포함하기 때문에 7.5 트랙 구조에 비해 더 큰 영역을 갖기 때문에 MINT 리소스가 줄어들면 배선이 더 어려워지고 설계자는 내부 배선을 완료하기 위해 더 많은 의사 그리드 구조가 필요하다. 표준 셀 라이브러리의 모든 고압축 구조 중에서 6.5 track-NSG는 영역 압축에서 가장 작은 이점을 나타내며 일부 셀의 경우 영역이 감소하는 대신 증가한다. 표준 셀의 6.5 트랙 및 6 트랙 구조는 일반적으로 면적이 감소하고 감소 추세가 비교적 완만하며 기본적으로 0.3 ~ 0.6의 면적 이득 범위에 집중된다.

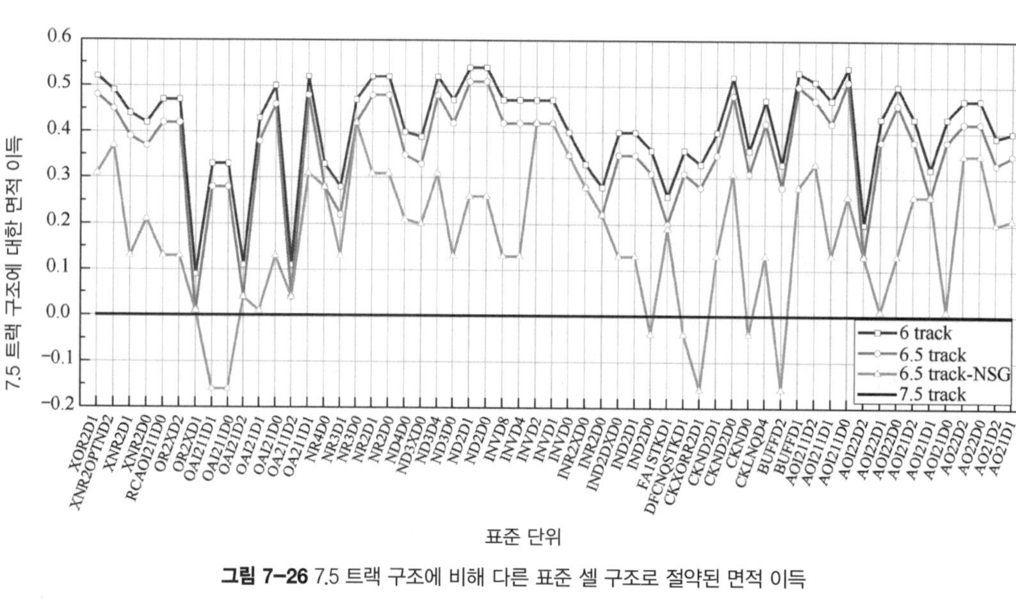

그림 7-26 7.5 트랙 구조에 비해 다른 표준 셀 구조로 절약된 면적 이득

(2) 지연 평가 및 비교. Cadence의 Liberate를 이용하여 표준 셀의 지연을 계산하고 GDS 형식 레이아웃 파일과 SPICE 모델을 입력으로 사용하여 입력 클록 스큐 및 출력 부하 커패시턴스의 시뮬레이션을 통해 표준 셀의 전기적 성능을 얻는다. 7.5 트랙 구조에 대한 서로 다른 표준 셀 구조의 백분율 지연 감소가 그림 7-27에 나와 있다. 6.5트랙 및 6트랙 구조의 지연 성능은 7.5트랙 구조에 비해 53% 향상되었으며, 지연 성능 향상의 주요 원인은 더 작은 셀 구조의 더 작은 기생 커패시턴스 때문이다. 셀의 약 34.6%는 7.5 트랙 구조에 비해 지연 시간이 1%에서 10% 증가했으며, 셀의 다른 12%는 지연 시간이 10% 이상 증가했다. 전반적으로 평균적으로 6.5 트랙 및 6 트랙 구조는 7.5 트랙 구조보다 4.5% ~ 5% 느리다. 그 이유는 셀 구조의 설계가 출력단의 Fin이나

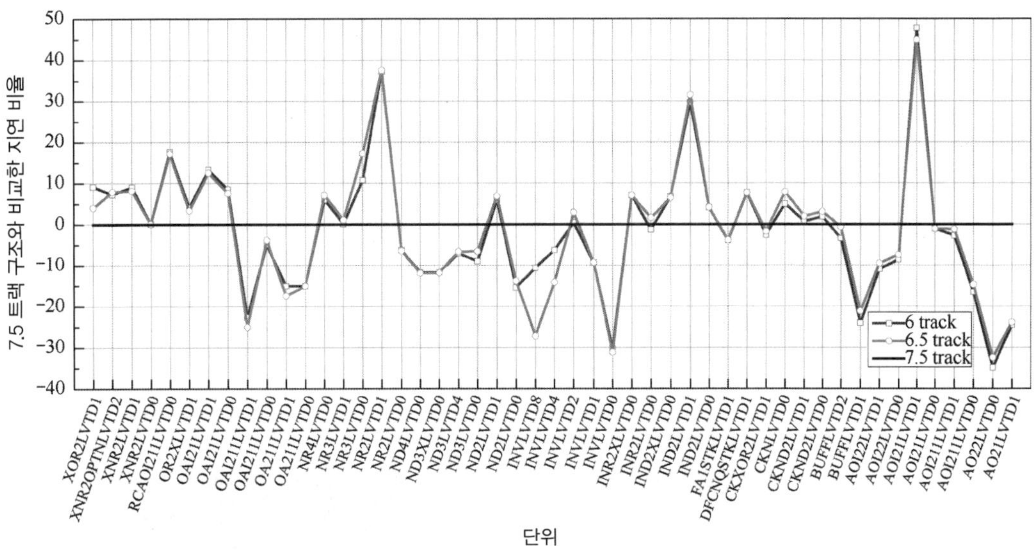

그림 7-27 7.5 트랙 구조에 대한 서로 다른 표준 셀 구조의 지연 감소 비율

트랜지스터의 수를 늘리지 않고 단일 게이트의 구동 능력이 제한되기 때문이다. 따라서 저전압 영역에서 이러한 구조는 제대로 작동하지 않는다. 이 성능 결함은 Fin 또는 트랜지스터의 수를 늘려서 개선할 수 있으며 이로 인해 일부 영역 오버헤드가 확실히 발생하지만 최종 영역은 여전히 7.5 트랙 셀 라이브러리보다 낫다.

전반적으로 7nm 기술 노드는 성능이 요구 사항을 충족하도록 보장하면서 표준 셀 라이브러리 높이를 최대한 압축하여 프로세스 업데이트 이점을 최대화해야 한다. 그러나 표준 셀 라이브러리의 압축은 앞에서 설명한 장치 매개변수의 영향을 받는 것 외에도 표준 셀을 상호 연결할 때 핀 액세스 및 배선과 같은 요인의 조합이 필요하므로 이러한 각 매개변수의 균형을 맞추고 최적화하여 설계 요구 사항을 더 잘 충족하는 표준 셀 라이브러리를 얻을 수 있다. 따라서 핀 액세스가 표준 셀 라이브러리의 설계에 미치는 영향은 이후 내용에서 논의될 것이다.

2. 표준 셀 라이브러리의 핀 연결 수 최적화[7]

표준 셀 라이브러리의 핀 연결성은 특성화 지표 중 하나인 노드 액세스 수로 직관적으로 특성화할 수 있다. 핀 연결의 수와 배치는 표준 셀과 주변 회로의 후속 상호 연결 및 배선 용이성을 직접 결정하며 회로 성능에도 영향을 미친다. 따라서 핀 연결 수에 대한 연구가 필요하다.

핀 연결 지점은 핀 Mx와 핀 M$(x+1)$ 트랙 사이의 교차점으로 간주할 수 있다. 예를 들어 x가 1이면 핀 M1과 M2 트랙 사이의 연결 지점이라고 한다. 일반적으로 표준 셀의 입력 핀 수는 출력 핀 수보다 훨씬 많다. 예를 들어, 4입력 및 비게이트 NAND4X1 핀 연결 회로도 및 레이아웃은 그림 7-28에 나와 있으며 3개의 입력 A, B, C 및 1개의 Z 출력이 있다. 표준 셀 높이는 12M TRACKS 이다 . GIL은 로컬 연결 레이어이고 GIL은 V0 레이어를 통해 다결정 게이트와 M2 레이어를 연결한다. m1 계층은 DP 방식을 사용하여 구현된 2차원 그래픽 계층이다. NanGate 15nm의 대부분의 표준 셀 핀은 M1 레이어에 있고 일부는 M2 레이어에 있다.

일반적으로 입력 핀은 접촉 구멍(예: V0)을 통해 M1을 다결정 게이트 층에 연결하는 데 사용된다. 예를 들어, 그림 7-28에서 M1의 핀 A에는 총 5개의 액세스 포인트가 있다. 핀 A에 대한 액세스 포인트 수에는 두 개의 엔드포인트가 포함되지 않으므로 핀 A에 대한 액세스 포인트 수는 7개가 아니라 5개이다. 출력 핀은 일반적으로 M1 레이어에서 서로 다른 트랜지스터의 소스-드레인 연결이며 출력 핀은 일반적으로 여러 라인 세그먼트로 구성되므로 입력 핀에 비해 더 많은 액세스 포인트를 제공한다.

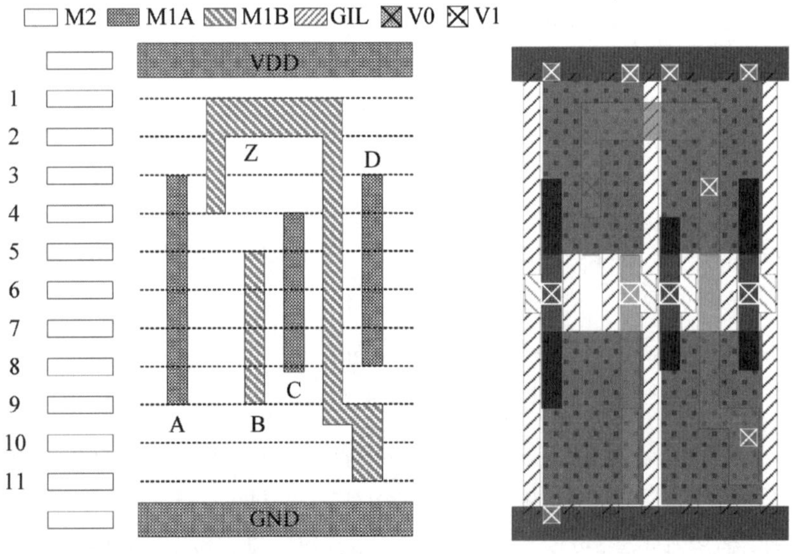

(a) 안내도　　　　(a) 영역도

그림 7-28 4-입력 및 비게이트 NAND4X1 핀 연결 회로도 및 레이아웃

연결 지점의 수는 핀 연결 가능성을 직관적으로 나타내는 지표이다. 그러나 핀 분포가 조밀하고 금속 영역에 의해 제한되는 실제 레이아웃에서 문제가 없어 보이는 연결 지점을 통해 핀을 연결하면 주변의 다

른 핀이 연결되지 않을 수 있다. 분명히 포인트가 주변에 연결 가능한지 여부와 특히 주변에 다른 핀 연결 포인트가 있는지 여부 사이에는 직접적인 상관 관계가 있다. 핀이 멀리 떨어져 있으면 이러한 문제를 완화하거나 모두 제거할 수 있다.

표준 셀의 경우 핀 액세스 포인트의 수가 적절하고 핀 분포가 더 분산될수록 표준 셀의 핀 연결성이 향상되고 배선에 더 도움이 된다. 그러나 더 많은 수의 핀 액세스 가능 지점은 더 긴 연결, 더 큰 기생 커패시턴스 및 표준 셀의 타이밍 성능에 대한 후속 가능한 영향을 의미한다.

위의 문제를 최적화하는 직관적인 방법은 칩 레벨에서 새로운 셀 뱅크의 정렬이 영향을 받는 정도를 평가하면서 주어진 표준 셀 뱅크에 대해 각 셀의 핀 수를 점진적으로 압축하여 새로운 셀 뱅크를 형성하는 것이다. 이 최적화 프로세스는 실제 레이아웃 및 프로세스 구현의 가능성도 고려한다. 그림 7-29를 예로 들면 그림 7-29(b)는 그림 7-29(a)를 기준으로 셀의 핀 수를 압축하여 얻은 새로운 셀이다. 실제 공정에서 그림 7-29(b)와 같은 사다리꼴 연결 가능 점 분포는 셀의 대부분의 위치가 누출 소스의 확산 영역이기 때문에 실제 설계에서는 거의 존재하지 않는다.

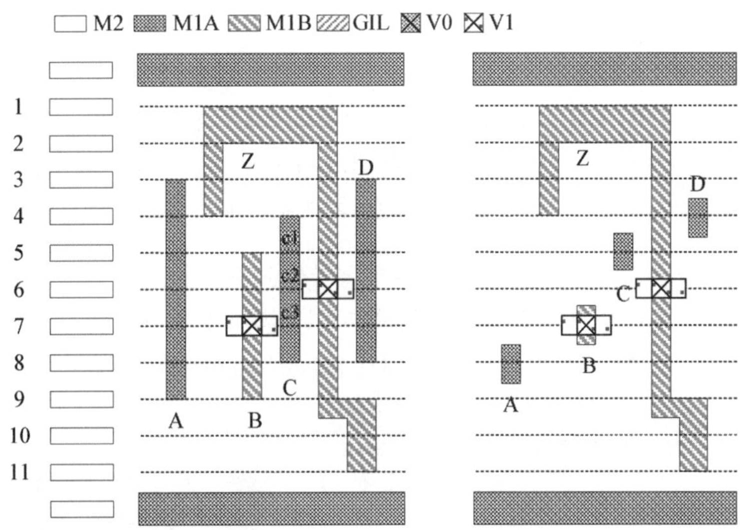

(a) 하나의 핀 접근성 포인트 (a) 래더 핀 액세스 포인트 배포

그림 7-29 핀 수 압축 후 핀 접근 방식

이러한 문제는 그림 7-30(a)에 더 잘 설명되어 있다. 여기서 4개의 입력 핀은 모두 GIL에 의해 고정된다. M1과 GIL을 연결하는 V0가 확산 영역 위에 위치할 수 없기 때문에 이 셀의 GIL 위치를 이동하기 어렵고 당연히 그림 7-30(b)와 같은 사다리 모양의 핀 분포를 사용할 수 없다. 그림 7-30(b)에 표시된 핀 분배 체계는 연결 거리가 최소이지만 배선 관점에서 여전히 문제가 될 수 있는 반면, 그림 7-31은 핀 사이의 거리 분포를 분리하여 보다 적절한 절충안이다.

위의 예에서 표준 셀의 분배 가능성은 각 핀에 해당하는 연결 가능한 지점의 수와 관련이 있음을 알 수 있다. 핀 액세스 설정은 사후 시퀀스 배선 단계와 밀접한 관련이 있다.

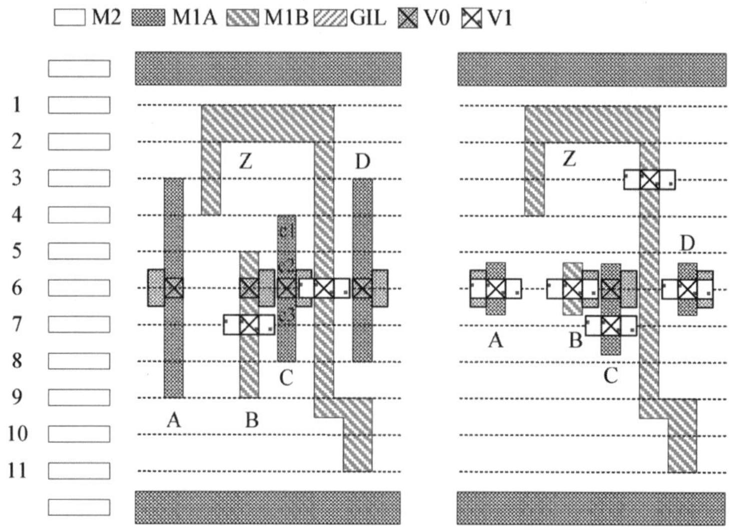

(a) 핀 섹션은 V0 및 GIL 연결로 제한된다.　　(a) 최소 핀 길이 연결 방법

그림 7-30 핀 배치가 제한된 핀 연결

(1) 동일한 회로에서 배선에 사용할 수 있는 금속층 리소스가 많을수록 핀 액세스 문제가 완화될 가능성이 높다. 배선에 사용할 수 있는 금속층 리소스가 적을수록 핀 액세스 문제가 더 심각해진다.

(2) 핀 액세스 문제가 많을수록 더 많은 관통 구멍을 도입해야 한다.

(3) 셀에 접속할 수 있는 핀의 수가 일정 설정값보다 적으면 배선이 곤란해지고 실패하는 경우도 많다.

위의 결론은 고급 노드의 표준 셀 라이브러리에 대한 일반적인 적용 가능성과 의의가 있으므로 표준 셀 라이브러리를 설계할 때 핀 액세스 포인트의 수를 충분히 고려해야 한다. 또한 핀 액세스 포인트의 위치는 표준 셀 라이브러리에 성공적으로 액세스하고 배선할 수 있는지 여부와도 관련이 있다.

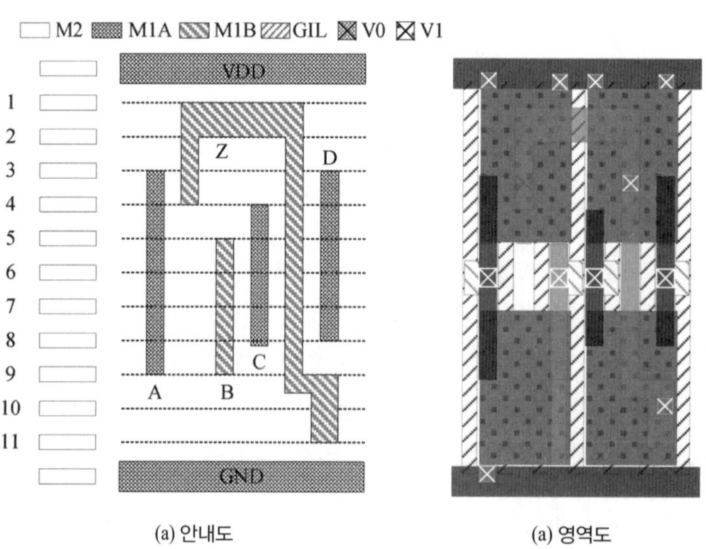

(a) 안내도　　(a) 영역도

그림 7-31 핀 위치는 내부 신호 배선에 의해 제한된다(레이블이 없는 선은 배선 장벽임).

7.2 설계 과정에서의 DTCO

새로운 프로세스의 흐름이 결정되면 해당 PDK 및 표준 셀 라이브러리가 설정된다. 설계자는 위의 정보를 파운드리에서 얻고, 시스템 아키텍처부터 시작하여 2장에서 설명한 것처럼 프런트엔드 설계, 프런트엔드 검증, 백엔드 구현, 백엔드 검증의 여러 프로세스를 점진적으로 완료한다. 물리적 설계 단계에서 백엔드 구현 및 검증은 단위 라이브러리를 호출해야 하지만 표준 단위 라이브러리는 파운드리에서 제공하지만 모든 매개변수가 고정되어 수정할 수 없으므로 이 섹션에서 논의하는 DTCO는 프로세스 관련 정보를 물리적 설계 프로세스에 도입하는 방법에 중점을 둔다. 구체적인 초점은 프로세스 정보를 사용하여 설계 흐름의 다양한 측면을 최적화하여 성능과 수율을 개선하는 데 있다.

7.2.1 설계 및 프로세스 관련성을 고려한 물리적 설계 방법

VLSI 설계의 복잡성이 계속 증가함에 따라 물리적 레이아웃 단계와 제조 프로세스 흐름의 형상 간의 상호 작용이 점점 더 강렬해진다. 이상적으로는 물리적 설계 검증 단계는 후속 프로세스에서 수율 저하를 유발할 수 있는 물리적 설계의 모든 형상을 캡처할 수 있어야 하지만 기존 물리적 설계의 설계 규칙 검사는 프로세스 중 변형으로 인해 장치 수율에 영향을 미칠 수 있는 이러한 패턴을 확인하지 않는다.

물리적 설계에는 계층 내 및 계층 간 차원 데이터가 매우 풍부하지만 DRC 검증을 수행할 때 이 계층 내 및 계층 간 차원 데이터의 극히 일부만이 실제로 마이닝 및 분석된다. 이상적인 물리적 레이아웃 분석/검증 도구는 설계에서 찾을 것으로 예상되는 구성이나 치수에 대해 선험적으로 가정하지 않는다. 기존 EDA 도구의 접근 방식은 알려진 형상을 합격/불합격으로 분류하는 동시에 해당 프로세스 데이터가 부족한 새로운 형상 및 치수 정보를 발견하는 것이다. 따라서 기존의 DRC 도구처럼 지도 데이터를 생성할 수 있을 뿐만 아니라 데이터 축적을 통해 설계와 프로세스 간의 새로운 상관 관계를 설정하기 위해 자율 학습을 위한 입력 데이터를 생성하는 방법은 DTCO가 물리적 설계에서 고려해야 할 핵심이다. 이후에는 이 개념을 바탕으로 물리적 설계 분석기를 구성하는 물리적 치수 설정, 물리적 치수 측정, 데이터 처리 및 분석 구성 요소에 이르기까지 물리적 설계 프로세스 전반에 걸쳐 DTCO 개념이 어떻게 사용될 수 있는지에 대해 설명할 것이다[7].

1. 물리적 설계 분석기

Physical Design Analyzer에는 규칙 생성기, 물리적 치수를 측정하기 위한 모듈, 관련 데이터를 필터링하기 위한 데이터 변환 및 압축 모듈, 데이터의 통계 분석을 위한 계산 모듈, 다양한 디자인의 데이터를 저장하기 위한 데이터베이스, 맞춤형 보고서를 생성하기 위한 보고 엔진 등의 모듈이 포함된다. Physical Design Analyzer 도구의 흐름 및 아키텍처 다이어그램은 그림 7-32에 나와 있다. 모든 중요한 레이어 내 및 레이어 간 치수를 보고할 수 있는 것 외에도 이 도구는 디자인 전체를 비교하고 디자인

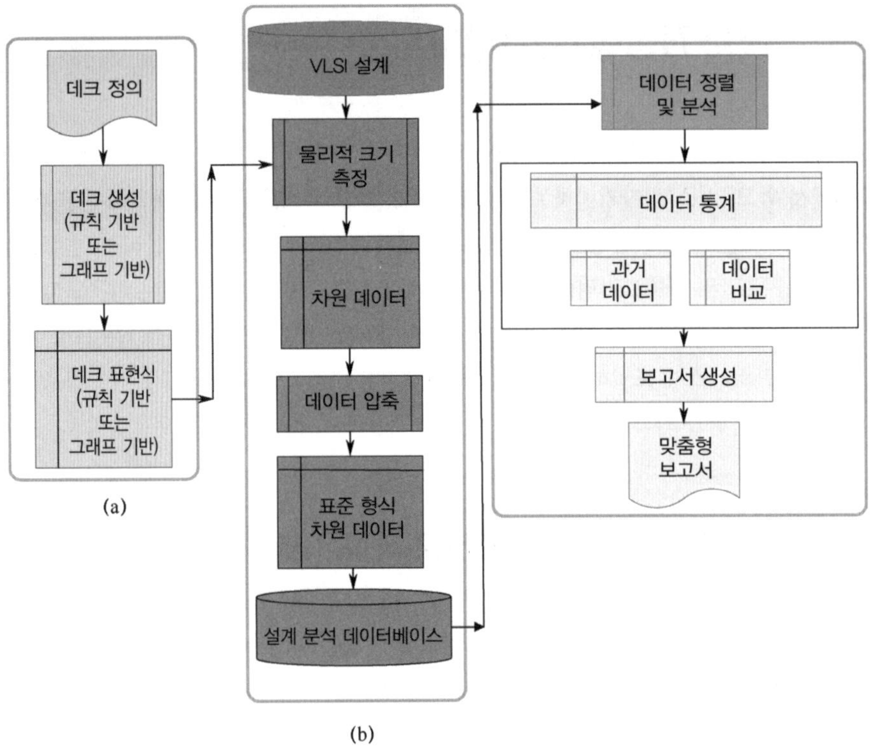

그림 7-32 물리적 설계 분석기 도구 흐름 및 아키텍처

간에 관찰된 중요한 치수 차이를 보고할 수 있다. 프로세스 데이터를 추가함으로써 도구를 확장하여 웨이퍼 수율을 예측하는 설계 스코어링 모델을 구축할 수 있다.

데크(기하학적 규칙을 정의하고 설명하기 위한 그래픽 프레임워크)는 VLSI 설계에 대한 치수 측정을 출력하며 그림 7-32에 표시된 흐름의 첫 번째 모듈이다. 그림 7-33은 데크가 있는 기술 노드에 대한 프로세스 가정을 함께 정의하는 설계의 모든 관련 차원에 대해 데크가 구성되고 완전히 측정되는 방법을 보여준다.

다각형의 각 면에는 그림 7-33(a)에 표시된 것처럼 하나는 다각형 내부를 향하고 다른 하나는 다각형 외부를 향하는 두 개의 변이 있다. 그림 7-33(b)는 디자인의 서로 다른 두 레이어 내부 및 사이의 가장자리 방향의 다섯 가지 다른 조합을 모두 보여준다. 차원 이름은 두 부분으로 구성된다. 첫 번째 부분은 측정과 관련된 레이어의 수이다. 두 번째 부분은 "IN"은 내부, "EX"는 외부, "EN"은 외부이다. 이 명명 규칙을 사용하여 그림 7-33(c)와 같이 5개의 조합을 1LEX, 2LEX, 1LIN, 2LIN 및 2LEN으로 나타낼 수 있다. 그림은 또한 이러한 치수의 등가 패턴을 보여준다. 여기서 레이어 1은 "1"로 표시되고 레이어 2는 "2"로 표시되며 두 레이어는 "3"으로 표시되고 레이어는 "0"으로 표시되지 않는다.

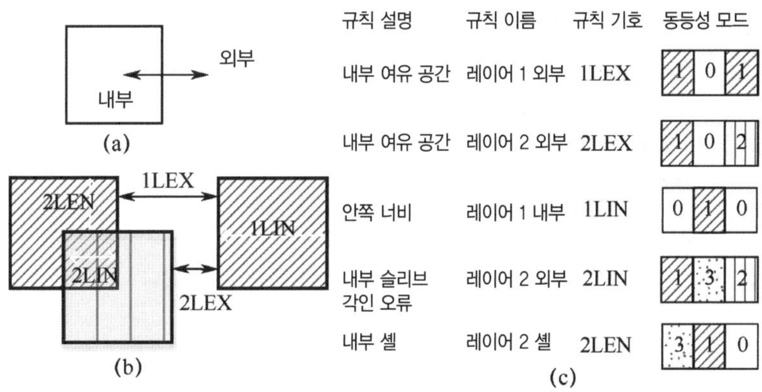

그림 7-33 데크 빌드 다이어그램

설계의 모든 관련 차원을 체계적으로 열거하기 위해 그림 7-34와 같이 매트릭스 기반 접근 방식이 사용되었다. 내부(간격) 치수는 그림 7-34(a), 외부(너비) 치수는 그림 7-34(b), 둘러싸는 치수는 그림 7-34(c)의 세 가지 유형의 치수가 있다. 행렬은 행 및 열 방향과 흐름 순서에 따라 디자인 레이어를 나열하여 구성된다. 매트릭스에는 수평 및 수직 방향의 각 내부, 외부 및 엔클로저 치수에 대한 정보가 포함되어 있다. 차원이 프로세스에 중요한 경우 매트릭스의 각 셀이 해당 규칙 이름으로 채워진다. 그림 7-34(a)의 상단에 있는 수직 공간 측정(외부) 목록의 매트릭스에서 왼쪽 상단 모서리의 셀은 수직 공간 측정을 나타내는 1LEX로 채워져 있다. 행 3, 열 1의 셀은 비어 있다. 레이어 L1과 L3 사이의 수직 공간 치수가 공정 관점에서 중요하지 않기 때문이다. 데크 생성 모듈은 매트릭스 배열을 입력으로 받아 해당 규칙 또는 1D 패턴 데크를 생성한다. 복잡한 패턴/규칙 기반 데크는 다른 구성 요소를 변경하지 않고도 프로세스에서 동일하게 쉽게 사용할 수 있다.

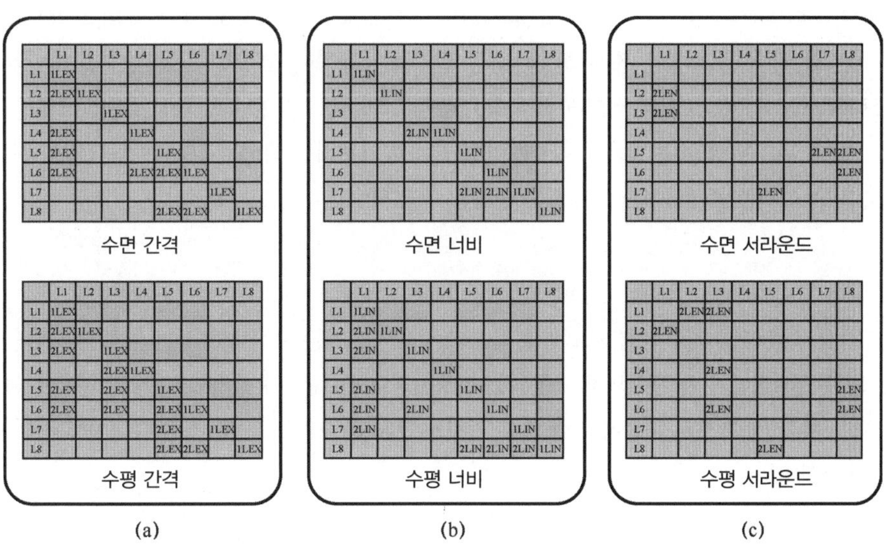

그림 7-34 물리적 설계 계층의 하위 집합에 대한 임계 크기 열거 행렬

2. 데이터 추출 및 저장

데이터 추출 모듈은 출력에서 관련 정보를 추출하여 다음 기능을 수행한다.

(1) 모든 레이어의 설계 데이터는 적당한 크기의 데이터베이스에 저장된다.
(2) 통계 정보의 완전성을 보장하고 수율 예측을 수행할 수 있다.
(3) 후속 분석(시뮬레이션 및 모델 테스트)을 위해 대표적인 슬라이스 그래프가 생성된다.
(4) 데이터를 UCF(Universal Format)의 표준 형식으로 변환할 수 있다.

3. 데이터 분석

첫째, 데이터는 후속 데이터 분석을 위해 표준화된 형식으로 변환된다. 여기에 사용된 크기 값은 DRC의 경우 0, DFM(Design for Manufacturability of Semiconductor Wafers)의 경우 1의 인덱스 값을 갖는 "불량 포인트 인덱스"로 정규화되고 보고된다. 분산, 각 크기 값의 빈도를 표시하는 막대 차트, 정규화된 분포를 표시하는 밀도 차트 등. 그래픽 시각화는 디자인에서 크기 추세를 명확하게 확인하는 데 도움이 된다. 또한 이 섹션에서는 평균, 중앙값, 명목, 최소값, 최대값, 분위수, 표준 편차 및 분산과 같은 통계 메트릭이 계산된다. 예를 들어, 크기의 "최소"는 디자인이 해당 크기에 비해 DRC 값에 얼마나 가까운지를 나타내고, "공칭"은 가장 일반적인 크기를 나타내며, "전체"는 주어진 크기에 대한 사용 빈도 등을 나타낸다. 주어진 크기에 대한 사용 빈도 등을 나타낸다.

데이터 분석의 또 다른 역할은 규칙 내 및 규칙 간의 서로 다른 차원 간의 상관 관계를 찾는 것이다. 예를 들어 그리드의 길이와 너비의 조합, 이 조합 또는 상관 관계는 일반 디자인 규칙보다 훨씬 복잡한 그래픽을 분석하는 데 유용하다. 서로 다른 설계 치수의 분포를 기반으로 중요한 설계 그래픽의 차이를 감지할 수 있으며 서로 다른 설계의 서로 다른 수율을 기반으로 비교하여 어떤 설계 구조가 수율 향상에 더 유리한지 도출할 수 있다. 임의의 두 분포 집합(교차 규칙 비교, 교차 설계 비교 또는 둘의 조합) 간의 차이는 평균, 중앙값, 명목 등과 같은 통계 측정의 표준 편차를 사용하여 강조할 수 있다. 뿐만 아니라 히스토그램 비교 메트릭(예: KLD 거리, EMD 거리 등). 위의 크기 및 크기 종속성 분석을 기반으로 특정 기준에 따라 위치 목록을 생성할 수 있으며 시뮬레이션 또는 라이브러리 생성과 같은 후속 작업을 위해 이 위치 목록을 기반으로 설계 슬라이스 그래프를 생성할 수 있다.

4. 신고

데이터 분석이 완료되면 다중 형식 보고서를 작성할 수 있다. 기본 분석 보고서는 지정된 디자인에 대한 권장 규칙 목록, 지정된 디자인에 의해 구동되는 지정된 디자인 규칙의 난이도, 지정된 규칙에 대한 디자인 규칙 위반 여부 및 지정된 규칙에 대한 치수의 전체 분포에 중점을 둔다. 기본 분석 보고서의 예는 그림 7-35에 나와 있다.

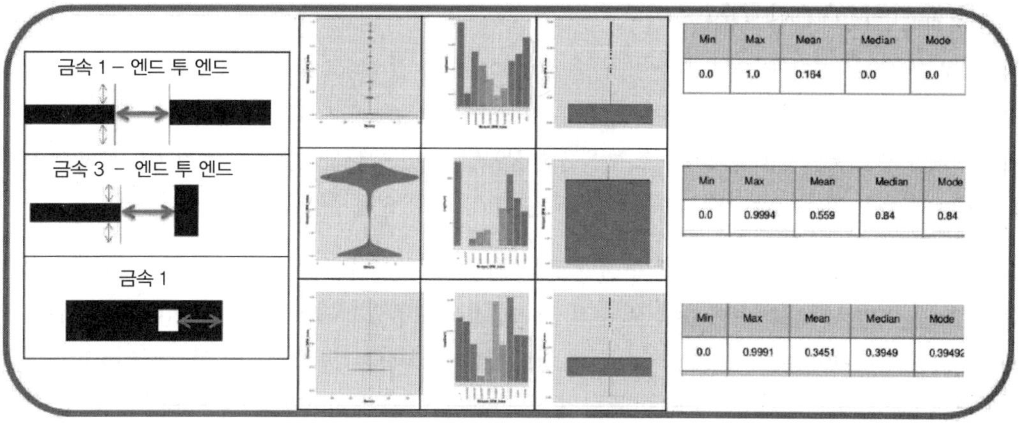

그림 7-35 기본 분석 보고서의 예

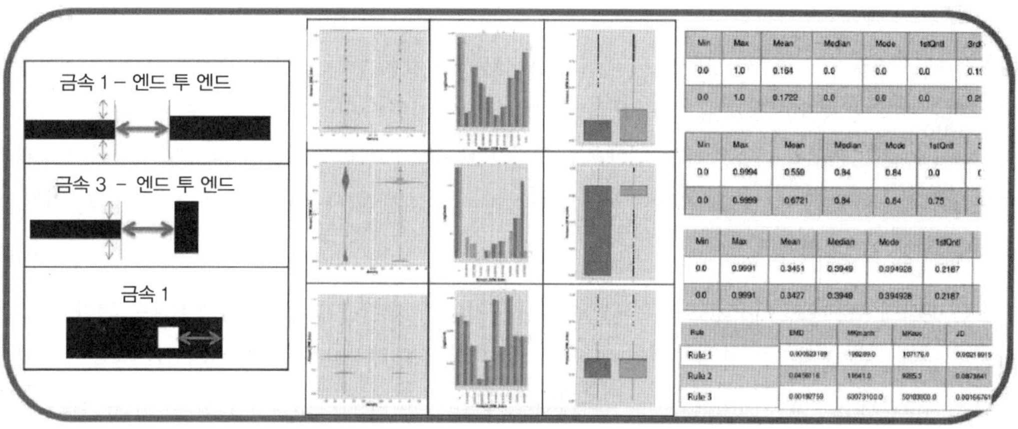

그림 7-36 서로 다른 디자인 간 비교를 위한 기본 보고서의 예

경우에 따라 사용자는 설계 전체에서 비교 분석을 수행해야 한다. 이러한 비교에는 디자인 전체에서 주어진 규칙에 대한 디자인 스타일의 차이, 규칙을 사용하는 디자인 구조에 대한 올바른 임계값, 핵심 규칙 측면에서 가장 유사한 디자인은 무엇인지, 모든 디자인 규칙에서 더 작은 여백을 갖는 디자인, 디자인 스타일의 전반적인 차이가 포함된다. 디자인 간 비교에 사용되는 기본 보고서의 예는 그림 7-36에 나와 있다.

물리적 디자인의 백엔드에서 데이터는 시간이 지남에 따라 데이터베이스에 축적된다. AI 알고리즘의 지속적인 개선으로 기계 학습 모듈을 물리적 설계 프로세스에 추가하면 프로세스 수율과 밀접한 관련이 있는 차원의 통계적 특성을 보다 포괄적으로 발견할 수 있으므로 물리적 설계에서 성능 및 수율 분석의 정확도를 더 향상시킬 수 있다.

7.2.2 배선의 DTCO 고려

레이아웃 라우팅은 레이아웃에서 모듈 및 금속 정렬의 배치를 결정하고 최종 칩의 영역과 성능에 상당한 영향을 미치는 물리적 설계 흐름의 중요한 부분이다. 공정 기술 노드가 10nm 이하로 축소되면 단방향 배선 설계가 제조 복잡성을 크게 줄이고 수율을 향상시킬 수 있으므로 단방향 배선 설계가 점점 더 많이 사용된다. 다음 논의는 단방향 배선을 기반으로 하는 DTCO 기술에 초점을 맞출 것이다.

단방향 배선은 한 레이어가 수평 금속 연결만 포함하고 인접 레이어는 수직 금속 연결만 포함함을 의미한다. 2차원 배선은 동일한 층에 수평 및 수직 금속 연결이 모두 포함되어 있음을 의미한다. 2차원 배선은 2차원 금속 패턴이 허용되는 것을 의미하며 선로 길이 최소화를 기반으로 와이어러가 I/O 핀을 연결하지만 패턴의 밀도가 증가함에 따라 이 접근 방식의 효율성이 크게 저하되어 2차원 배선 문제가 극적으로 복잡해진다. 단방향 배선은 2차원 금속 그래픽을 엄격히 금지하며 배선 방향을 변경한다는 것은 배선 레이어를 변경하고 관통 구멍과 배선 길이를 늘리는 것을 의미한다. 일반적으로 단방향 배선은 2차원 배선보다 제조에 더 적합하지만 솔루션 공간이 더 제한적인 금속 패턴을 생성한다.

단방향 배선 기술은 종종 Metal2(M2) 및 Metal3(M3)과 같은 중간 금속 레이어의 처음 몇 레이어에 사용된다. 그러나 복잡한 설계 규칙과 고밀도 배선 패턴 으로 인해 단방향 배선도 매우 까다로워지고 있다. 7nm 기술 노드로의 이동은 배선 제약으로 인한 프로세스 스케일링 때문일 것이다. 즉, 배선 자원의 경쟁력이 높아져 모든 네트워크 연결에 제조 친화적인 배선 패턴을 사용하여 배선 마감을 얻기 위해 완화된 설계 창이 필요하다.

단방향 배선의 제조상의 이점에도 불구하고 솔루션 공간이 더 제한될 수 있으며 IC 설계를 위한 배선 폐쇄의 자동화 흐름에 상당한 영향을 미칠 수 있다. 특히, 단방향 배선은 표준 셀 핀의 접근성을 제한하여 배선 프로세스에서 리소스 경쟁을 더욱 악화시킨다. 또한 사후 라우팅 최적화를 위해 기존의 중복 스루홀 삽입 방법은 단방향 배선 접근 방식과 함께 구식이므로 수율 개선 작업이 매우 어렵다. 따라서 단방향 배선의 경우 이러한 문제를 해결하기 위해 설계 프로세스 공동 최적화 관점에서 최적화된 설계 솔루션이 필요하다.

1. 단방향 배선 최적화 기법

전통적인 배선 최적화 방법에는 예제 기반 순차 배선 및 협동 혼잡 기반 배선 방식이 포함되며, 둘 다 배선 그리드에서 검색하여 얻는다. 일반적으로 협동 혼잡 기반 배선 방식은 패러다임 기반 순차 배선보다 리소스 경쟁 문제를 더 잘 해결할 수 있다. 배선자가 히스토리 기반 휴리스틱을 따라 특정 배선 네트워크를 따르는 것을 피하기 때문이다.

기존의 물리적 설계 흐름을 개선하여 단방향 배선 폐쇄를 달성할 수 있다. 새로운 물리적 설계 흐름은 그림 7-37 [9]에 나와 있으며 회색으로 표시된 기존 흐름에 새로운 단계가 추가되었다. 이러한 새로운 단계는 유효한 히트 포인트 조합 매개변수를 핀 접근성 평가로 사용하여 표준 셀 라이브러리 디자인과 결합된 프로세스 친화적인 표준 셀 핀 액세스 디자인을 제안한다.

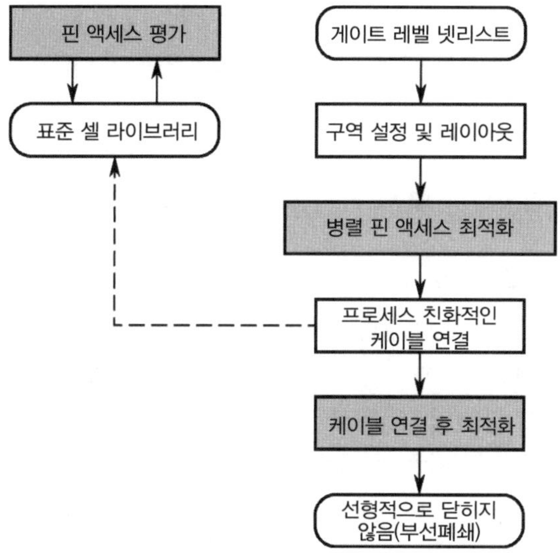

그림 7-37 새로운 물리적 설계 흐름

- 정의 1 히트 포인트: 와이어링 트랙(표준 셀 아키텍처에 의해 미리 정의됨)과 I/O 핀 모양의 겹침은 특정 I/O 핀의 히트 포인트로 정의된다.
- 정의 2 히트 포인트 조합: 각 I/O 핀이 한 번만 액세스되는 히트 포인트 세트(왼쪽 또는 오른쪽 액세스 방향으로 정의됨)

히트 포인트의 수는 개별 I/O 핀의 접근성을 정량화하는 반면, 히트 포인트 조합의 수는 고급 제조 제약 조건에서 핀 간 충돌을 통해 전체 셀의 핀 접근성을 평가한다. 따라서 히트 포인트 조합은 설계자가 더 나은 표준 셀 핀 접근성을 위해 I/O 핀 모양을 최적화할 수 있는 보다 직접적인 메트릭을 제공한다. 이 아이디어를 기반으로 표준 셀 레이아웃의 공동 최적화 개념이 추가로 제안된다. 핀 접근성은 표준 셀 설계자에게 신속하게 피드백될 수 있으며 혼합 정수 선형 프로그래밍 접근 방식을 기반으로 그래프에서 라인-엔드 확장 및 디자인 규칙 검사를 동시에 수행하여 히트 포인트 조합이 유효한지 여부를 결정한다. 그림 7-38은 I/O 액세스 포인트 연결 설계에 대한 히트 포인트 조합의 예 세트를 보여준다. 그림 7-38(a)는 표준 셀 I/O 접점 및 M2 배선 트랙을 보여주고, 그림 7-38(b)는 히트 포인트 및 M2 셀 내부 상호 연결을 보여주며, 그림 7-38(c)는 M2 접점 연결에 대한 히트 포인트 조합 세트를 보여주고, 그림 7-38(d)는 M2를 통한 라인 엔드 확장을 보여준다. 그림 7-38(b)에서 M2 트랙과 M1 접점의 중첩 영역은 연결이 이루어질 수 있는 유효 비아 범위, 즉 히트 포인트를 나타낸다. 대부분의 히트 포인트는 세로 M1 접점의 너비에 의해 결정되는 길이가 상대적으로 짧다. 그러나 액세스 포인트 그래프가 가로 방향일 때 더 긴 히트 포인트를 얻을 수 있어 비아 위치에 더 큰 유연성을 제공한다. 점선 상자의 히트 포인트 세트는 히트 포인트 조합 세트이며 검은색 화살표는 이 히트 포인트의 연결 방향을 나타낸다. 그림 7-38(c)는 셀 연결을 만들기 위해 이 일련의 히트 포인트를 사용하는 한 가지 방법을 보여준다. 먼저 히트 포인트와 그 방향이 각 I/O 접점에 대해 선택된 다음 해당 히트 포인트에 대한 합법적인 비아 위치가 결정되어 최종 비아 그래프가 LELE 친화적이다. 비아 분할 방식을 기반으로 M2 라인을 설계하여 접점을 연결할 수 있다. 파선 상자는 트리밍 마스크에서 잘못된 지점을 유발하는 모든 선 끝 쌍을 나타낸다. 그림 7-38(d)는 그림 7-38(c)의 불량 지점이 효과적인 솔루션인 라인 엔드 확장 기술을 사용하여 수리될 수 있음을 보여준다.

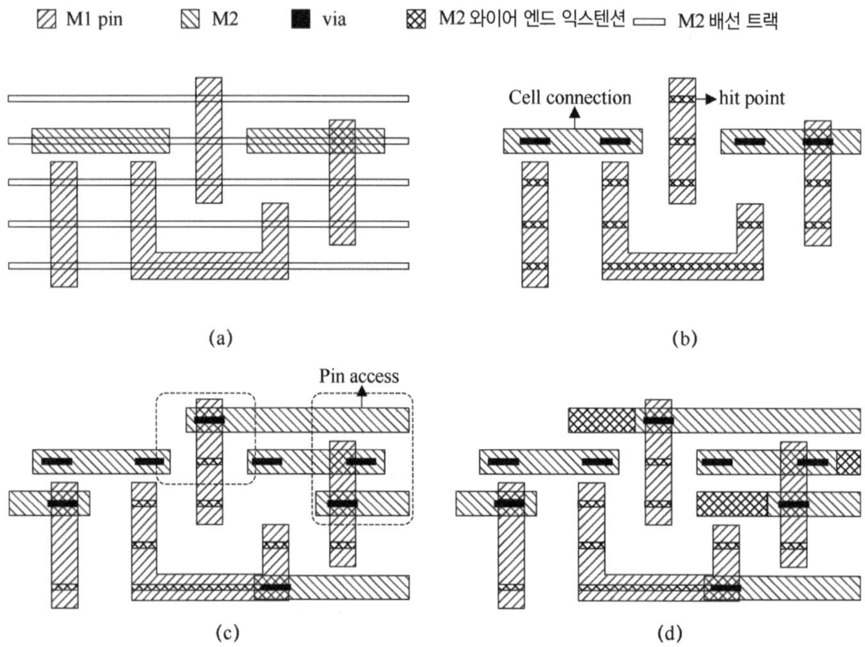

그림 7-38 I/O 액세스 포인트 연결 설계를 위한 일련의 히트 포인트 조합 예

단방향 배선을 활용하는 트랙 기반 배선 간격 생성 방식은 기존의 그리드 기반 방식과 달리 효율성을 향상시킬 수 있다. 트랙 기반 핀 액세스 간격 생성 후 핀 액세스 간격이 서로 중첩/충돌할 수 있다. 충돌 감지의 목표는 중복 없이 트랙에서 충돌하는 모든 영역을 캡처하는 것이다. 충돌 영역은 간격 벡터를 생성하고 플레이트를 왼쪽에서 오른쪽으로 스캔하여 중첩을 감지하여 캡처할 수 있다.

페널티 대상에 대한 충돌 제약을 완화하는 라그랑지안 이완(LR)은 위의 문제를 해결할 수 있다. 선택 제약 조건을 유지하면서 일련의 라그랑주 승수(LM)를 도입하여 충돌 제약 조건을 완화된다. 정수 선형 프로그래밍 문제는 풀 수 있으므로 반복 솔루션 프로세스 중에 LR 문제에 대한 유계 솔루션을 얻을 수 있다. 예를 들어, 그리디 알고리즘은 LR의 각 반복을 해결하는 데 사용할 수 있으며 초기 솔루션을 얻은 후 충돌하는 제약 위반이 있는 핀 액세스 간격 할당이 감지된다. 모든 위반에 대해 경사하강법을 사용하여 해당 LM을 조정하여 페널티 대상을 점진적으로 늘린다.

2. 단방향 배선에서 중복 로컬 루프 삽입

반도체 제조 기술의 규모 축소로 인해 제조 공정은 공정 변동 및 무작위 결함에 더욱 민감해지고 있다. 특히 BEOL(back-end of line) 공정에서 비아 및 인터커넥트 라인의 결함은 IC의 수율에 영향을 미칠 수 있다. 따라서 RV(Redundant Via) 및 RW(Redundant Wire) 삽입 기술을 사용하여 후면 배선 단계에서 잠재적인 비아 및 상호 연결 와이어 결함을 줄이기 위해 제조 수율을 개선한다[10]. 기존의 RVI(Redundant Via Insertion)는 와이어 폭 요구 사항의 적절한 완화와 와이어 굽힘을 결합하여 달성할 수 있다. 이 기술은 실제로 널리 사용되어 왔으며 금속 상호 연결 층의 제조 수율을 향상시켰다.

그러나 고급 기술 노드, 특히 10nm 이하의 기본 금속층의 경우 패턴 감소로 인해 패턴 밀도가 매우 높아져 패턴 레이아웃을 제한하는 다중 리소그라피 및 단방향 설계와 같은 매우 복잡한 제조 가능성 설계 제약이 발생한다. 기존의 RVI 구현(이중 비아 접근 방식 사용)은 단방향 설계의 그래픽에 대해 배선 트랙의 편차가 금지된다는 사실 때문에 이러한 계층에서 제거된다. RLLI(Redundant Local-Loop Insertion)는 하부 금속층 배선의 새로운 대체 기술로 도입되어 Redundant Via와 Redundant Line을 모두 삽입할 수 있으며, 이를 통해 여러 층에 걸친 3차원 연결 구조를 형성하여 단방향 배선의 제조 수율을 향상시킨다. RLL(Redundant Local-Loop)은 단방향 설계의 제약 조건을 충족하고 SAL(Self-Aligning Via) 및 RL(Redundant Line)과 같은 일부 고급 제조 프로세스와 호환되는 기능이 있는 비아 및 라인을 도입한다. 중복 로컬 루프(RLL)는 단방향 설계 제약 조건을 준수하고 자체 정렬 비아(SAV)와 같은 일부 고급 제조 프로세스를 수용할 수 있는 비아 및 라인을 도입한다. 동시에 일부 특수한 루프 구조를 제외하고 타이밍에 대한 영향은 미미하거나 무시할 수 있다.

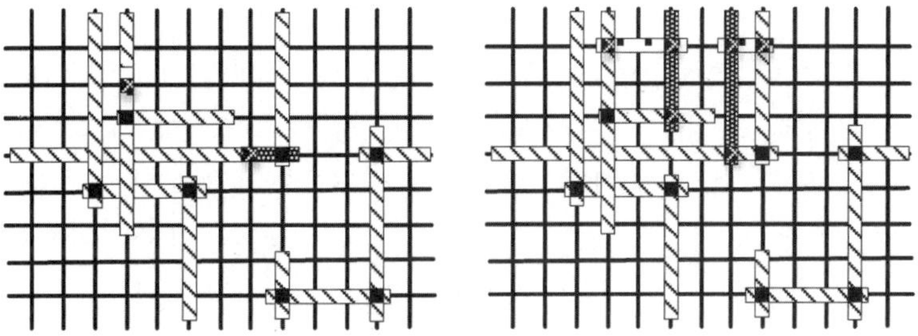

그림 7-39 서로 다른 배선 체계 하의 중복 삽입 체계

중복 로컬 루프를 삽입하려면 삽입을 위한 프로세스 구현의 제한과 배선에 도입된 비아 및 라인의 영향을 모두 고려해야 한다. 이는 물리적 설계 흐름에서 일반적인 DTCO 문제이다.

그림 7-40과 같이 RLL은 M3, M2 및 관통 구멍 레이어로 구성되며 RLL은 사선 도식 부분이다. rll1, rll2 및 rll3은 각각 3×3×1, 5×3×2 및 rm3×rm2×3의 구조를 가지며, 여기서 RLL1은 3개의 중복 M3 격자점, 3개의 중복 M2 격자점 및 1개의 중복 관통 격자점으로 구성되고 RLL2는 5개의 중복 M3 격자점으로 구성된다. RLL2는 5개의 중복 M3 격자점, 3개의 빨간색 undant M2 그리드 포인트 및 2개의 중복 스루홀 그리드 포인트. RLL1에는 M3 중복 격자점이 3개만 있고 RLL2에는 RLLI의 위치를 제한하는 M3의 기존 배선 패턴이 있기 때문에 이러한 제한 없이 5개가 있다. RLL을 삽입하면 루프의 개별 비아 홀의 고장률을 줄일 수 있다. 그림 7-40에서 각 RLL이 차지하는 배선 자원이 다르고 배선 자원은

일반적으로 배선 길이에 반영될 수 있음을 알 수 있으며, 각 RLL이 소모하는 배선 자원을 정량적으로 분석할 필요가 있다. 한편으로 비아 수가 다르면 타이밍에 미치는 영향이 달라지며 비아 수가 적을수록 좋다. 반면에 다른 구조를 기반으로 하는 RLL은 주로 특정 제조 공정에 따라 수율에 미치는 영향이 다르다.

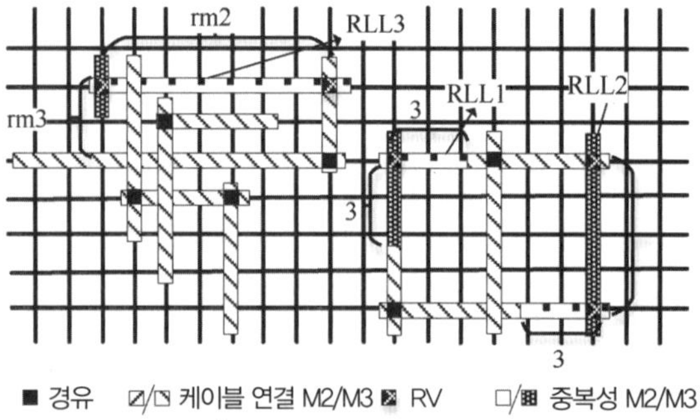

그림 7-40 RLL 구조의 개략도

10nm 이하의 기술 노드에서 기본 비아 홀 사이의 최소 중심 간격은 리소그라피 해상도보다 작으며 SAV는 서브 해상도 비아 홀 패터닝을 위한 대체 기술 솔루션이 된다. 그림 7-41은 SAV에 대한 스루홀 전단 패턴 및 중복 스루홀 생성 방식 설계 제약을 보여준다. 그림 7-41(a)는 관통홀 전단의 개략도를 보여주고 있는데, 수평방향으로 인접한 관통홀은 관통홀 전단 패턴으로 결합될 수 있으며 선택적 에칭을 사용하여 전단 패턴 영역 내에 다수의 단일 관통홀(single via, SV)이 생성된다. 그림 7-41(b)는 배선 네트워크의 단일 관통 구멍에 대한 설계 제약 조건 하의 관통 구멍 생성 그래프를 보여준다. SAV 제약 조건 하에서 위쪽 배선 방향을 따라 있는 격자점은 RV를 생성할 수 없는 반면, 아래쪽 레이어의 배선 방향을 따라 있는 격자점은 해당 네트워크 내에서 중복 관통 구멍만 생성할 수 있다.

CMP(Chemical Mechanical Polishing)와 같은 공정에서는 레이아웃 패턴 밀도가 제조 수율에 영향을 미치므로 국부적인 스루홀 밀도를 일정 범위 내로 유지해야 한다. 스루홀 밀도는 밀도 창으로 정의되며, 여기서 스루홀 레이어는 일련의 사각형 영역으로 분할되고 사각형 내의 모든 스루홀(실제 및 중복 스루홀 포함)은 스루홀 밀도 계산에 참여한다. 실제 응용 분야에서 RLL은 여러 관통 구멍 밀도 창에 걸쳐 있을 수 있으며 RLLI 최적화는 전체 관통 구멍 밀도 균형을 달성하기 위해 모든 관통 구멍 밀도 창을 동시에 고려해야 한다.

1) RLLI 결과 분석

(1) **타이밍 분석.** 그림 7-40에서 볼 수 있듯이 RLL은 배선 네트워크에 새로운 루프 구조를 생성하여 이전 트리형 배선보다 타이밍 분석을 더 복잡하게 만든다. 간단한 RC 네트워크를 기반으로 개별 비아홀로 인한 지연에 대한 RLL 루프 구조의 영향을 분석하기 위한 근사 모델을 구축할 수 있다. RLLI 구조의 대략적인 지연은 주로 루프의 저항 및 커패시턴스 매개변수에 따라 달라진다. 일부 특정 RLL 구조에서 바이패스 저항과 커패시턴스가 높으면 지연도 커지므로 이러한 구조를 레이아웃에 삽입할 수 없다.

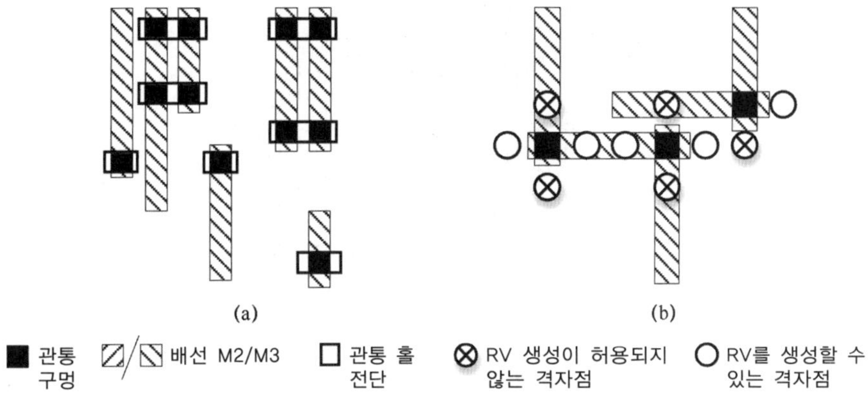

그림 7-41 SAV에 대한 스루홀 전단 그래프 및 중복 스루홀 생성 방식 설계 제약

정확한 타이밍 분석을 위해 Elmore 지연은 SPICE 모델에 비해 상대적으로 보수적이다. 따라서 타이밍에 대한 RLL의 정확한 영향을 분석하려면 금속 와이어와 스루홀의 저항과 커패시턴스에 대한 정확한 모델을 구축한 다음 한편으로는 복잡한 RC 네트워크를 생성해야 한다. 반면에 우리는 RC 네트워크에 대해 포괄적인 SPICE 시뮬레이션을 수행해야 한다. RLL 구조의 지연 분석을 완료한 후 타이밍 경계를 정의하고 경계 외부의 구조를 금지된 RLLC 구조로 룩업 테이블을 구성할 수 있다.

(2) **RLLC 생성.** 위의 부분을 결합하여 SV용 RLLC를 생성하는 방법을 소개한다. SV의 경우 열거를 통해 유한 공간에 모든 RLLC를 생성한다. SV 유한 공간은 rm$x$+1 및 rm$x$ 레이어의 정사각형 영역으로 정의된다. 그림 7-42에서와 같이 SV1의 생성 영역은 점선 상자로 표시된다. RLLC를 생성하는 동안 영역의 모든 격자점을 통과하며 제약 조건에 의해 금지된 격자점은 건너뛸 필요가 있다. 예를 들어, SAV 제약 조건에 의해 금지된 스루홀 격자점이 그림에 이미 표시되어 있으므로 이러한 격자점을 포함하는 RLLC는 유효하지 않다. SV1에 대한 유효한 RLLC는 이미 그림에 표시되어 있으며 이 RLLC는 SV2도 포함한다. 순차 생성 방법 때문에 동일한 배선 네트워크의 다른 관통 구멍은 동일한 RLLC를 생성한다. (예:SV2용 RLLC도 다음을 생성한다. 그림에 표시된 루프, 이 두 RLLC는 동일하므로 그 중 하나만 유지하면 된다.)

(3) **RLLI 문제의 최적화.** RLLC를 생성한 후 특정 최적화 문제는 다음과 같이 정의할 수 있다. 단방향 배선 설계 및 밀도 창에서 RLLI 문제는 스루홀 커버리지를 최대화하고 RLL 삽입 비용을 최소화하는 동시에 생성된 RLL은 고급 제조 프로세스의 제약 조건 및 타이밍 효과를 준수해야 한다. RLLI의 최적화는 기존의 RVI보다 더 복잡하며, RLLI는 최적화를 위해 정수 선형 프로그래밍 문제로 변환될 수 있다.

2) RLLI와 DVI의 비교

우리는 RLLI와 비교하기 위해 기존의 DVI(double-via insertion) 방법을 선택하고 주로 타이밍, 무작위 실패율 및 배선 리소스 점유에 미치는 영향을 분석한다. DVI에서 라인 벤딩의 폭과 길이를 각각 1과 2의 금속층 격자점이라고 가정하고 그림 7-43의 5가지 경우를 분석한다.

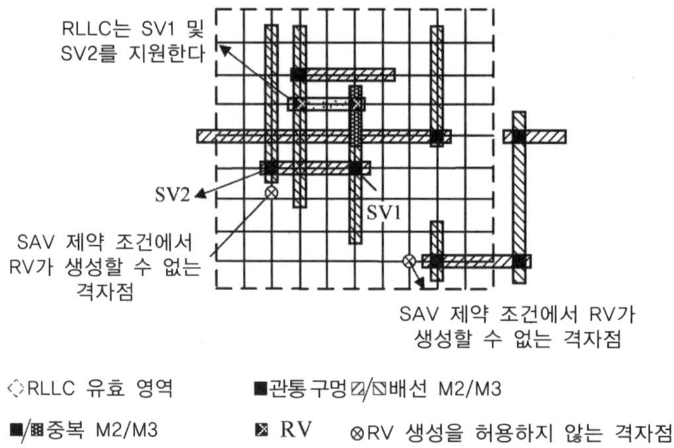

그림 7-42 단일 스루홀 생성 RLLC

그림 7.42 단일 스루홀 세대 RLLC

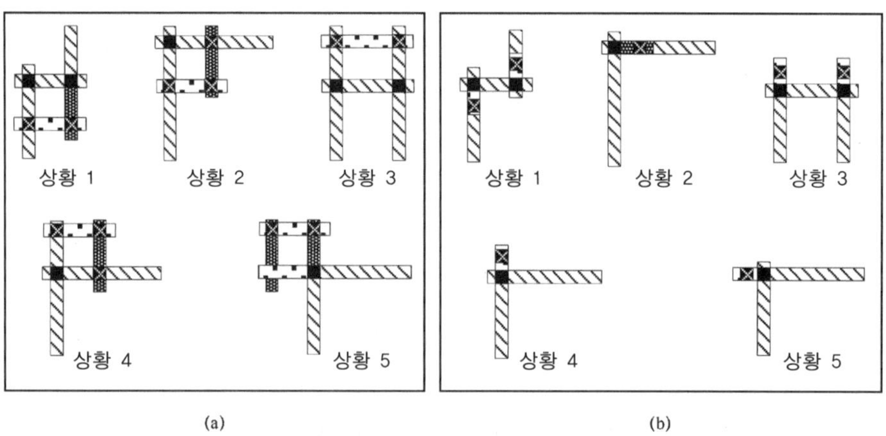

그림 7-43 RLLI 및 DVI 삽입 체계

(1) 타이밍 영향. 동일한 프로세스 조건에서 RLLI와 DVI의 4가지 팬아웃 지연 비교: 단일 스루홀의 경우 DVI는 RLLI보다 팬아웃 지연을 0.3% 향상시킨다. 일반적으로 RLLI에 의해 생성된 루프 구조는 더 많은 중복 저항과 커패시터를 생성하므로 RLLI는 첫 번째 경우를 제외하고 DVI보다 타이밍에 더 큰 영향을 미친다. RLLI 동안 타이밍 저하에 주의해야 한다.

(2) 무작위 실패. 분석을 단순화하기 위해 관통 구멍의 고장률만 고려한다. 단일 관통 구멍의 실패 확률이 p이고 관통 구멍 실패가 서로 독립적이라고 가정한다. 각 이중 관통 구멍 및 중복 로컬 루프의 실패 확률은 확률 계산에 따라 얻을 수 있다. 일반적으로 리던던트 루프 구조의 불량률은 듀얼 비아 구조에 비해 1~2배로 RLL이 DVI만큼 견고하지는 않지만 싱글 비아에 비해 불량률에 대한 RLL의 개선이 매우 크며 불량률을 8~9배 감소시킬 수 있다.

(3) 케이블 연결 리소스. 케이블링 리소스 점유에 대한 주요 고려 사항은 중복 금속 레이어(rm2 및 rm3)와 중복 비아 홀 그리드 지점의 수이다. 그러나 RLLC는 일반적으로 여러 개의 독립적인 비

아 홀을 커버하므로 RLLI가 차지하는 평균 배선 리소스가 향상된다. 또한 배선 후 단계에서 RLLI와 DVI를 모두 수행하고, 배선 후 남은 배선 리소스를 RLLI와 DVI의 입력으로 사용하여 독립된 비아 홀의 커버리지를 극대화하는 것을 목표로 한다. 따라서 RLLI가 더 많은 케이블링 리소스를 소비하더라도 전체 케이블링에 추가적인 영향은 없다.

3. 매달린 금속층을 기반으로 한 배선

현재 단방향 설계의 경우 레이어는 주로 다결정 및 금속 레이어에 중점을 둔다. 단방향 디자인 셀은 제조성 측면에서 매우 유리하지만 배선 측면에서도 한계가 있다. 표준 셀의 설계 및 레이아웃은 일반적으로 다결정의 피치를 기준으로 수행된다. 금속 배선의 경우 금속의 피치를 거리 기준으로 사용한다. 금속 피치는 일반적으로 다결정 피치보다 작으며 이러한 피치 차이로 인해 금속층의 와이어 세그먼트가 표준 셀 내부의 트랙에 있지 않아 금속 레이아웃의 선형성이 크게 감소한다. 기존 배선에서는 표준 셀 내부의 금속층 위치가 고정되어 설계자가 이동할 수 없다. 배선 최적화 공간을 더욱 확장하기 위해 연구원들은 공정 관점에서 현수 금속층의 사용을 제안했는데, 이는 표준 셀 내부의 금속층 위치를 변경할 수 있도록 허용한다[10]. 그림 7-44는 M2 레이어에 대한 다양한 배선 방식을 보여준다. 여기서 그림 7-44(a)는 다중 피치 M2 기반 배선을 보여주고 그림 7-44(b)는 온레일 M2 배선을 보여주고 그림 7-44(c)는 매달린 M2 기반 배선을 보여준다. 단방향 설계에서 플로팅 메탈은 M2 라우팅 가능성을 효과적으로 향상시킬 수 있다. 그림 7-44(c)와 같이 배치가 완료되고 모든 M2 트랙이 식별되면 각 M2 세그먼트가 가장 가까운 M2 트랙으로 당겨진다. 매달린 M2가 사용되기 때문에 M2 배선 트랙 간격을 늘릴 필요가 없으며 배선 간격은 금속 간격으로 유지된다. 이 접근 방식은 배선에 더 큰 유연성을 제공한다.

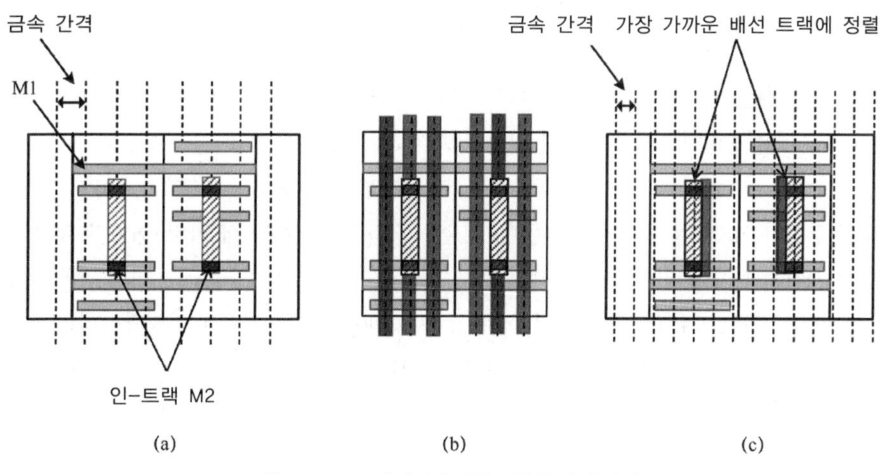

그림 7-44 M2 레이어에 대한 다양한 배선 방식

현수 금속층 기술을 사용한 표준 셀 레이아웃은 추가 고려 사항과 함께 재설계되어야 한다. 예를 들어 수평 M1을 최대한 확장하여 M2를 더 유연하게 만들어야 한다. 그림 7-45(a)와 같이 M1은 가로 그래프이고 M2는 세로 그래프이다. M2를 유연하게 이동하려면 M1을 확장해야 한다. M1이 충분히 확장되지

않으면 플로팅 M2 금속을 이동할 수 없다. 그림에서 M2를 좌우로 움직이면 M1과 V1이 겹치는 현상이 발생하여 설계 규칙을 위반하고 설계 실패로 이어진다. 따라서 그림 7-45(b)와 같이 M1은 적절하게 확장되어야 하며, Whalf는 트랙 폭의 절반 값, Shalf는 트랙 거리의 절반 값, Dmax는 플로팅 M2가 이동할 수 있는 최대 거리이다. 금속층 부양 방법에 의한 재설계의 조합은 이전에 실패한 설계가 설계 규칙 제약을 만족하도록 한다.

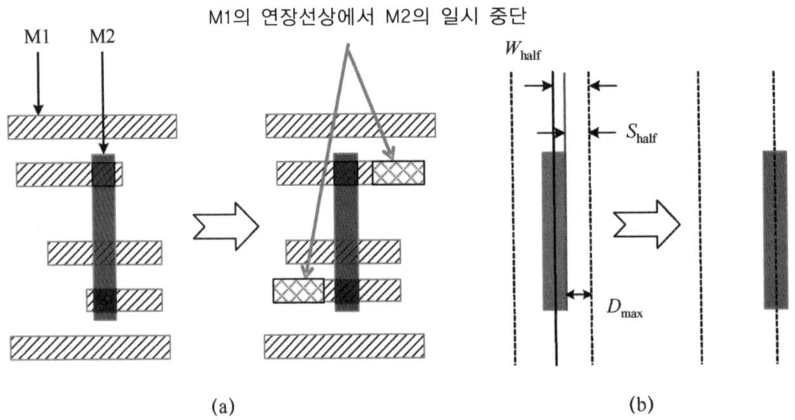

그림 7-45 M1의 확장인 서스펜션 M2

7.2.3 다이 흐름 이전의 DTCO

설계 회사가 칩 설계의 승인을 완료한 후(물리적 설계 승인 프로세스는 2장에서 자세히 설명함) 설계는 레이아웃 파일의 형태로 웨이퍼 제조업체에 전달되고 웨이퍼 제조업체는 레이아웃 파일을 기반으로 칩 준비를 완료한다. 그런 다음 설계 회사가 전통적인 사인오프 작업을 완료하는 시간부터 팹이 준비를 시작하는 시간까지 복잡성이 계속 증가함에 따라 수정된 그래픽이 웨이퍼가 노출된 후에도 원하는 해상도 및 크기 제약 조건을 충족하는지 확인하기 위해 일반적으로 OPC 수정 및 검증을 완료해야 한다. 이 아이디어를 바탕으로 LFD(리소그라피 친화적 설계)라는 개념이 등장하기 시작했다. OPC 섹션은 4장에서 자세히 설명하며 여기서는 반복하지 않는다. 기술 노드가 계속 압축됨에 따라 OPC에 대한 압력이 증가하고 반복 시간과 비수렴 위험도 증가한다. 그림 7-46은 서로 다른 Defocus[12]로 얻은 그래프 노출 결과를 제공한다. 그림 7-46(a)에서 개방 회로 상황이 200nm 디포커스에서 명확하게 발생하는 것을 볼 수 있다. 이는 공정 편차의 경우 제작된 회로가 위험할 수 있음을 의미하며 사전에 미리 파악해야 한다. 따라서 업계에서는 프로세스 정보, OPC 후 그래픽 윤곽선 등을 포함하여 가능한 한 설계 측면에 프로세스 정보를 제공하는 개발 프로세스를 시작하여 이러한 상황에 대응했다. 설계 측면에서 수율 제어를 보장하기 위한 시도이다.

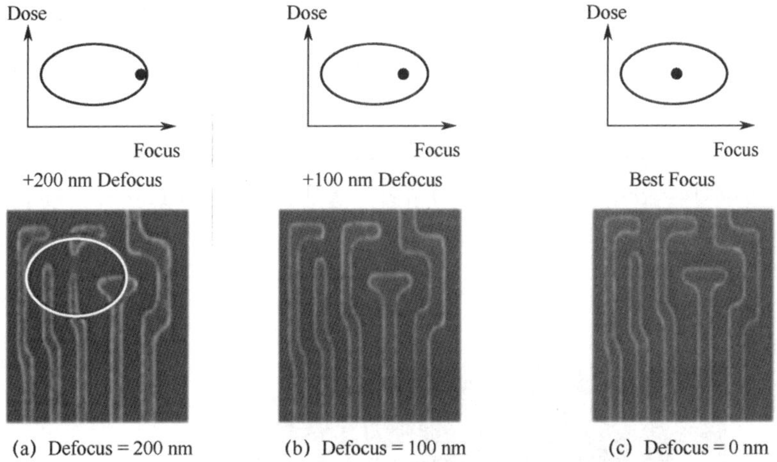

그림 7-46 서로 다른 디포커스 조건에서 얻은 그래픽 노출 결과

이 하위 섹션에서는 Mentor의 Caliber LFD 도구[12]를 기반으로 하는 설계 프로세스의 리소그라피 친화적 설계에 대해 간략하게 소개한다. LFD의 흐름도는 그림 7-47에 나와 있다. 주요 기능은 웨이퍼 제조업체에서 제공하는 리소그라피 모델(서로 다른 초점 깊이 및 선량)을 기반으로 설계의 포스트 OPC 그래픽 프로필을 계산하고 OPC 메뉴를 통해 프로세스 변동 대역, 즉 리소그라피 프로필에서 프로세스 변동의 경계 상황을 계산하는 것이다. 공칭 공정 조건(Nominal condition)의 리소그라피 윤곽도 파운드리에서 설정한 시뮬레이션 결함 정의에 따라 잠재적 결함 위험과 공정 변동 대역에 따라 결함에 대해 판단된다. 이 정보는 디자인의 해당 위치에서 결함이 발생할 위험의 정도를 판단하고 나타낼 수 있다.

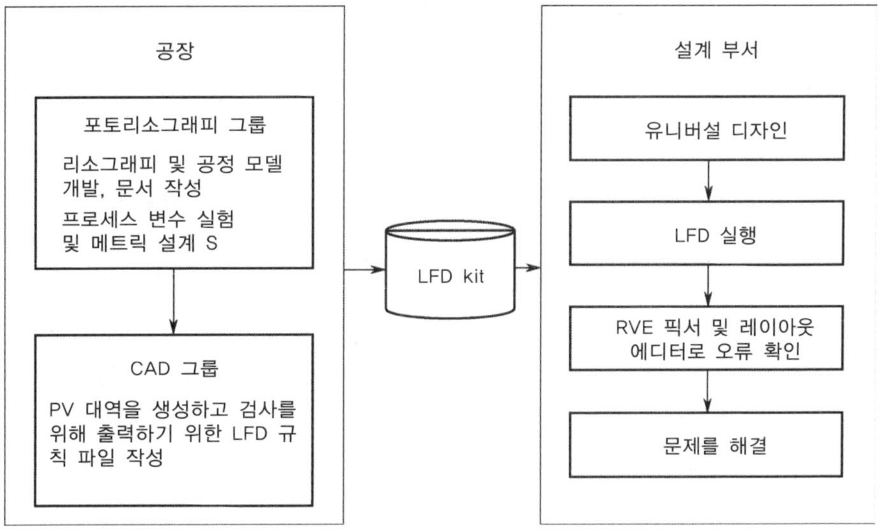

그림 7-47 LFD 흐름도

LFD는 사용자가 제공하는 리소그라피 공정 모델에 따라 다양한 리소그라피 윈도우 조건에서 왜곡된 판 패턴을 정확하게 출력할 수 있다. 그림 7-48과 같이 왜곡된 패턴의 외곽선과 원판 사이의 영역을 절대

PV-대역이라고 하며 그 영역 크기는 리소그라피 전후의 판 패턴의 왜곡 정도를 반영한다. 이를 바탕으로 LFD는 DRC 검사와 유사한 불량점 검출 방식을 사용자에게 제공한다. LFD 제약조건 파일에 체크할 항목을 설정하고, 각 항목에 위배 여부를 판단하기 위한 DRC 규칙과 LFD 규칙을 설정함으로써 설계자는 시뮬레이션된 판의 제약조건을 확인하고 최종적으로 불량점의 위치 정보와 왜곡 정도를 반영하는 특정 파라미터를 출력할 수 있다. 일반적으로 LFD 규칙은 현재 공정 기술 노드가 사후 왜곡 패턴을 확인하기 위한 DRC 규칙보다 더 관대한다. 예를 들어, 45nm 기술 노드의 경우 M3층 금속에 대한 DRC의 최소 선폭은 64nm이고 LFD의 최소 선폭은 45nm이다.

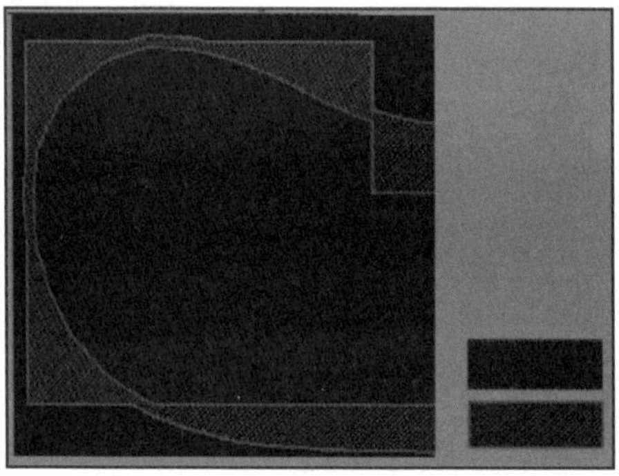

그림 7-48 절대 공정 변동 영역의 개략도[12]

일반적인 LFD 검사 항목에는 최소 너비 검사(MWC), 최소 간격 검사(MSC) 및 라인 끝 검사(LEC) 등이 포함된다. MWC는 플레이트 파손에서 발생하는 개방 회로 오류 가능성을 측정하고, MSC는 플레이트 브리지에서 발생하는 단락 오류 가능성을 측정하며, LEC는 라인 끝 압입에서 발생하는 스루홀 커버리지 문제 가능성을 측정한다. 주요 결과 메트릭에는 SPACE(MSC), PVI(MSC), minCD(MWC) 및 MAX(LEC)가 포함된다[12].

SPACE(MSC)는 nm 단위의 최소 간격 검사에서 상호 연결 간격 정보이다. LFD 룰 파일에서는 최소 간격을 임계값으로 사용하여 해당 위치에 리소그라피 배드 스팟을 출력할지 여부를 제어한다. 예를 들어 LFD의 최소 피치는 52nm로 설정되어 있으므로 피치가 52nm 미만인 모든 영역은 브리지 오류가 발생할 수 있는 불량 지점으로 간주된다. MSC 검사에서 동일한 원판에 대해 불량 지점의 SPACE가 작을수록 단락 가능성이 높다. SPACE가 0이면 상호 연결된 두 패턴이 완전히 단락된다. SPACE 정보를 리소그라피 후 패턴이 효과적으로 분리되는지 여부의 기준으로 사용할 수 있는 것은 이러한 특성 때문이다. VIP 지수는 프로세스 창 영역에 대한 왜곡 영역의 비율의 합과 같다. PVI (MSC)는 공정 변동 지수(공정 변동 지수)이다. 인덱스, PVI) 최소 피치 검사에서. PV-대역은 그래픽 왜곡 영역을 나타내며 동일한 원본 레이아웃의 경우 VIP 크기는 왜곡 정도에 비례한다. 왜곡이 심하여 배선이 단락되면 SPACE는 항상 0이 된다. 이때 VIP는 연결의 심각도를 보다 시각적으로 반영할 수 있으며 매우 중요한 지표이다.

minCD(MWC)는 nm 단위의 최소 너비 검사에서 너비 정보이다. LFD 룰 파일에서 최소 너비는 출력하기에 리소그라피적으로 불량한 포인트인지를 제어하기 위한 임계값으로 사용된다. MWC 검사에서는 동일한 원판에 대해 불량점의 minCD가 작을수록 단선 가능성이 높다. minCD가 0이면 상호 연결이 완전히 개방된 회로이다.

MAX(LEC)는 줄 끝 검사에서 최대 들여쓰기이며 nm 단위로 들여쓰기할 때 값은 음수이다. LFD 룰 파일에서 최대 인덴트를 기준점으로 사용하여 해당 포인트가 출력하기에 리소그라피적으로 불량한지 여부를 제어한다. 압입의 음수 양이 작을수록(절대값이 클수록) 라인 끝의 압입이 더 심각하고 스루홀 커버리지 문제의 가능성이 커진다.

LFD는 많은 양의 공정 정보를 불러와야 하기 때문에 시뮬레이션 과정은 많은 시간과 연산 자원을 소모하므로 한정된 시간과 자원 내에서 LFD를 수행하기 위한 전략이 필요하다. 커버리지를 확보하면서 컴퓨팅 시간을 최대한 줄일 수 있는 하위 모듈과 계층 구조를 사용한 분할 정복 전략이 일반적으로 권장된다. 기능에 따라 칩은 디지털 부분, 아날로그 부분 및 타사 IP(지능형 재산)로 나눌 수 있다. 계층 구조에 따라 표준 유닛 레벨, 모듈 레벨, 풀 칩 레벨로 나눌 수 있다. 기본 원칙은 다음과 같다.

(1) 계층의 관점에서.
 표준 모듈: 전체를 다뤄야 한다.
 모듈: 더 작은 영역의 모듈과 디자이너가 집중하는 모듈은 전체를 다뤄야 한다.
 전체 칩: LFD 검증을 수행할 영역을 결정하기 위해 프로젝트 주기 및 시간 긴급성에 따라 유연하다.
(2) 하위 기능의 관점에서.
 타사 IP: 이전에 LFD에서 검증하지 않은 IP로 LFD 검증을 진행해야 한다.
 Own IP: 이미 LFD에서 검증된 경우 건너뛸 수 있다.

발견된 불량 지점에 대해서는 근본 원인 분석 후 그래픽 일치 및 기타 스캔을 위해 스캔하고 전체 칩에 대한 영향 범위를 스캔하고 솔루션을 결정한 다음 일괄 수리를 위해 통합한다. LFD에서 중요한 민감한 그래픽을 어떻게 빨리 찾고 찾는지는 효율적인 시뮬레이션을 달성하기 위한 핵심 요소 중 하나이다. 주요 그래픽 찾기는 기능 설명의 매개 변수 설정과 그래픽 일치의 두 가지 방법으로 달성할 수 있다.

일반적으로 주요 그래픽의 기능 설명은 매개변수 설정을 기반으로 하며 이러한 특정 매개변수 설정을 사용하여 이러한 그래픽을 찾을 수 있다. 이 접근 방식의 문제점은 칩이 완성될 때까지 매개변수 설정으로 그래픽 기능을 정확하게 표현할 수 없다는 것이다. 일부 그래픽의 경우 선 너비 범위와 선 끝 간격 범위만 제공되는 end-to-end 그래픽과 같은 더 간단한 매개 변수 설정으로 찾을 수 있다. 일부는 그래픽의 가는 선 사이에 끼인 두 개의 넓은 선, 중간 선의 너비, 그래픽의 두 면과의 최소 거리, 그래픽의 두 면의 위치 사이의 관계와 같은 더 복잡한 설정이 필요하다. 다층 그래픽의 경우 레이어 중 하나의 그래픽 모양을 설명할 뿐만 아니라 그래픽 간격의 다른 레이어에 해당 면을 제공하기 위해 매개 변수로 설명해야 한다.

그래픽 매칭도 주요 그래프를 찾는 효과적인 방법 중 하나이다. 그러나 매개변수 설정 방식과 비교할 때, 정확한 매칭 기반의 그래프 매칭 방식은 선의 끝이 약간만 바뀌는 등 유사한 그래프만 나타나면 그래프 매칭이 불가능하여 핵심 그래프가 검색에서 누락되는 등 유동적이지 않다. 왼쪽과 오른쪽의 그래프는 대부분 일치하는 반면 가운데의 줄 끝 길이만 아래쪽의 줄 간격과 다르다. 그래프 일치에서 정확한 일치를 달성할 수 없지만 매개 변수 설정을 사용하면 선 끝 길이와 줄 간격의 변경 범위가 주어지는 한 유연하게 그래프 일치 제어를 달성할 수 있다. 그래프 매칭의 적응 범위를 향상시키기 위해 이후에 정확한 매칭에서 퍼지 매칭이 개발된다. 예를 들어 그래프 특징 벡터를 사용하여 그래프 특징을 얻고 동일하지 않은 두 그래프의 유사성을 판단하기 위해 적절한 임계값을 설정한다.

Pattern Match는 알려진 불량 지점(Siemens Mingle 소유)을 찾기 위한 더 빠른 도구이며 칩 수준 스캐닝에 적합하지만 앞서 언급한 LFD는 느리고 전체 칩 계산에 적합하지 않다. Pattern Match와 LFD 기술의 조합은 물리적 설계의 속도와 정확성과 다이 흐름 이전에 긴급한 리소그라피 위험 패턴 식별 요구 사항의 균형을 맞출 수 있다.

패턴매치는 총 3가지의 매칭 방법이 있는데, 정확히 매칭, 가변 에지 매칭, 매칭 시 특정 패턴을 합치거나 거부하는 방법이다[13].

패턴 매치는 DRC 수정을 돕는 등 보다 폭넓은 매칭 제어를 달성하기 위해 시도할 수 있는 더 많은 기능을 가지고 있다.

리소그라피 위험 패턴 식별을 위한 패턴 매치의 주요 용도: 먼저 웨이퍼 제조 하우스가 실리콘 검증에서 얻은 알려진 선험적 불량 포인트 패턴의 패턴 매치 패키지를 만든 다음 설계 측에서도 자체적으로 알려진 불량 포인트 패턴의 패턴 매치 패키지를 만들고 이 둘을 틀이 전체 칩 스캔을 수행하는 불량 포인트 라이브러리로 합성한다. 이는 Pattern Match가 전체 칩에서 문제가 있는 그래픽의 영향을 평가하는 중요한 도구이며, 후속 일괄 처리를 돕는 중요한 도구이기도 하다는 것을 이해할 수 있다.

7.3 레이아웃 기반 수율 분석 및 불량 지점 감지를 위한 DTCO

수율은 IC 설계/제조에서 중요한 평가 지표이며 수율 수준은 칩의 신뢰성과 가격에 직접적인 영향을 미친다. 따라서 수율에 대한 관심은 칩 설계에서 제조에 이르기까지 모든 단계에 걸쳐 있다. DTCO의 관점에서 수율 최적화는 설계에서 제조에 이르기까지 다단계 협업 및 반복 프로세스이다. 예를 들어 칩 테스트 후에 칩 수율의 영향에 대한 정보를 얻고 이 정보에서 위쪽으로 추적하고 이 프로세스에서 설계 및 제조 정보를 상호 운용하고 통합하여 후속 설계/제조 프로세스를 최적화하여 수율을 향상시킨다. 레이아웃 관점에서 보면, 수율에 영향을 미치는 불량점 패턴을 파악하고 그에 따른 완벽한 불량점 패턴 라이브러리를 구축하고 그에 따른 나머지 칩 디자인에 대해서도 동일한 프로세스를 기반으로 고정밀하고 효율적인 불량점 식별을 완료함으로써 수율 손실을 방지하는 중요한 방법 중 하나이다.

7.3.1 수율에 영향을 미치는 중요한 그래픽 감지

45nm 기술 노드부터 시스템 결함은 각각의 새로운 기술 노드에 대한 장치 수율 손실에 상당한 영향을 미친다. 현재의 상용 제조 환경에는 공정 견고성을 특성화하기 위한 PWQ(Process Window Qualification) 방법과 같이 웨이퍼의 장치에서 시스템 결함을 식별하기 위한 잘 확립된 인라인 웨이퍼 검사 방법이 있다. PWQ 방법은 입증된 특성화 방법으로 업계에서 널리 입증되었지만 여전히 실제 문제를 해결하지 못한다. PWQ 방법은 효과적인 특성화 방법으로 널리 입증되었지만 여전히 IC 생산에서 자주 발생하는 문제를 해결하지 못한다. 장치 테스트 관점에서 시스템의 수율 평가기는 전기 웨이퍼 분류(EWS) 후에 수행된 자동 테스트 패턴 생성기(ATPG) 테스트 진단 결과로 식별할 수 있으며, 이는 수율 손실을 유발하는 네트워크 또는 셀을 식별한다. 테스트 진단은 수율 손실을 일으키는 네트워크 또는 셀을 식별할 수 있다. 그러나 디자인 패턴 결함의 식별은 더 복잡하며 많은 전기 고장 분석 조사에 상당한 시간과 자원이 필요하다. 신속한 진단을 돕고 장치 수율을 개선하기 위해 장치 테스트와 장치 제조 간에 정보 공유를 설정하는 방법은 수율 향상 측면에서 DTCO가 해결해야 하는 주요 문제이다.

제조 환경에서 감지된 중요한 설계 그래픽과 관찰된 장치 수율 손실의 상관관계를 파악하는 것은 공정 개선에서 수율을 진단하는 새로운 방법이다. 많은 EDA 공급업체가 이 개념을 기반으로 수율 분석 및 개선 도구를 개발했으며 다음은 Synopsys의 수율 확장 도구인 Yield Explorer와 Siemens Mindray와 같은 다른 EDA 공급업체의 유사한 도구의 예다. 기본 아이디어는 다음과 같다.

전체 레이아웃의 OPC 시뮬레이션 결과를 인라인 웨이퍼 검사 도구에서 발견한 시스템 결함과 결합하여 제조 설계 그래픽 라이브러리를 생성하고 이 제조 설계 그래픽 라이브러리를 진단 및 통계 분석을 통해 제품 수율 손실과 연관시킨다. 전기 고장 분석은 각 결함 유형의 근본 원인과 각 결함 유형에 대해 추정된 수율 손실을 식별한다. 이 도메인 간 분석 접근 방식은 전기적 고장 분석을 고장 네트워크가 아닌 제조 설계 그래픽에 집중함으로써 제품 생산 반복을 줄이고 제조 설계 그래픽에 대한 데이터 마이닝 노력을 통해 제품 수율을 향상시키는 것을 목표로 한다[14].

일반적인 장비 테스트 진단은 결함 정렬 다이어그램을 제공할 수 있다(정렬 다이어그램이라고도 하는 파레토 다이어그램은 다양한 원인으로 인한 결함의 수 또는 일관성 없는 순서를 이벤트 빈도순으로 표시하여 제품 품질에 영향을 미치는 주요 요인을 식별하는 방법이다). 고장률이 높고 서로 다른 회선 네트워크에서 고장을 일으키는 특정 설계 그래프의 경우 기존의 결함 분석 방법을 사용하여 이 특정 그래프로 인한 고장을 감지하는 데 필요한 시간이 많이 소요되며 시스템 결함이 식별될 때까지 반복해야 한다. 그럼에도 불구하고 식별된 시스템 결함이 수율 저하를 유발하는 주요 요인이라고 판단할 수는 없다. 따라서 어떤 식으로든 그래픽과 수율을 연관시키는 방법은 위의 문제에 대한 근본적인 해결책이다.

프로세스의 핵심 아이디어는 장치 수율 분석에서 제공하는 전기적 결함 정렬 그래프를 네트워크 및 셀 기반에서 디자인 그래프 기반 정렬 그래프로 변경하는 것이다. 사용자는 모든 전기적 결함에서 장치 수율 손실을 유발하는 중요한 설계 형태를 신속하게 선택할 수 있다. 중요한 디자인 패턴이 식별되면 중요한 디자인 패턴의 수율 손실을 추정할 수 있다.

EFA(Electrical Failure Analysis) 관점에서 설계 패턴 결함을 식별하는 데는 많은 시간과 리소스가 필요하다. 설계 패턴을 기반으로 하는 새로운 전기 결함 정렬 다이어그램 표현을 통해 사용자는 전체 네트워크 셀을 분석하지 않고도 확인해야 하는 중요한 설계 패턴을 필터링할 수 있으므로 EFA 시간을 크게 줄일 수 있다.

1. 그래픽 및 제품 연관 프로세스 설계

EWS 테스트 후 사용자는 ATPG 진단을 실행하여 네트워크 또는 셀에서 식별된 결함이 있는 전기적 결함 정렬 맵을 생성할 수 있다. 생산 중인 장치의 경우 무작위 결함을 포함한 전체 결함과 시스템 결함을 분리하기 위해 여러 생산 웨이퍼에서 수율 분석이 수행된다.

새로운 프로세스에 필요한 추가 정보는 제조 프로세스와 관련된 알려진 잠재적으로 중요한 모든 디자인 그래픽을 설명하는 제조 디자인 그래픽 라이브러리다. 여러 가지 결함이 있는 네트워크 또는 셀을 공통 설계 그래픽으로 결합할 수 있으며 사용자는 관심 있는 설계 그래픽의 특정 네트워크 또는 셀에 대해 전기적 결함 분석을 수행할 수 있다. 이 표현은 설계 그래프에 포함된 수율 손실을 추출하고 다양한 설계 그래프가 수율 손실에 미치는 영향을 추정할 수 있다.

1) 제조 설계 그래픽 라이브러리 생성

제조 설계 그래프 라이브러리에는 제조 프로세스에 중요한 정보가 포함된 알려진 모든 설계 그래프 목록이 포함되어 있다. 웨이퍼 팹의 경우 제조 디자인 패턴 라이브러리는 리소그라피 엔지니어, 식각 엔지니어, 테스트 팀 및 RET 팀이 공동으로 수행하여 디자인 패턴의 임계점을 줄임으로써 장치 수율을 향상시킨다.

Fabs는 이제 일반적으로 PWQ 접근 방식을 사용하여 장치 시스템 결함을 식별하고, 노광 선량으로 디자인 그래픽의 견고성을 특성화하고, 두 가지 중요한 리소그라피 공정 매개변수를 사용하여 웨이퍼의 무작위 결함에서 시스템 결함을 걸러내기 위해 마스크 공정 창을 식별한다. 중요한 설계 형태의 첫 번째 소스는 전체 칩 OPC 시뮬레이션을 위한 입력으로 이후에 사용되는 제작 설계 형태의 라이브러리를 제공하는 데 사용된다.

2) 제조 설계 그래픽 라이브러리에 대한 수율 진단 흐름

제조 설계 그래픽 라이브러리와 제품 수율 간의 상관 관계는 EWS 테스트 중에 감지된 대규모 ATPG 문제 해결 결과를 기반으로 하며, 이는 중요한 설계 그래픽과 관련된 시스템 오류를 식별하기 위해 통계적으로 분석된다. 대규모 진단 프로세스에는 논리적 네트리스트, 물리적 설계, ATPG 테스트 그래픽 및 테스터 실패 로그가 포함된다. 프로세스는 두 단계로 수행된다.

(1) 그림 7-49와 같이 논리적 네트리스트와 물리적 설계 및 결함 시뮬레이션을 사용하여 결함 후보 그래프를 식별하여 테스트 결함을 진단한다.

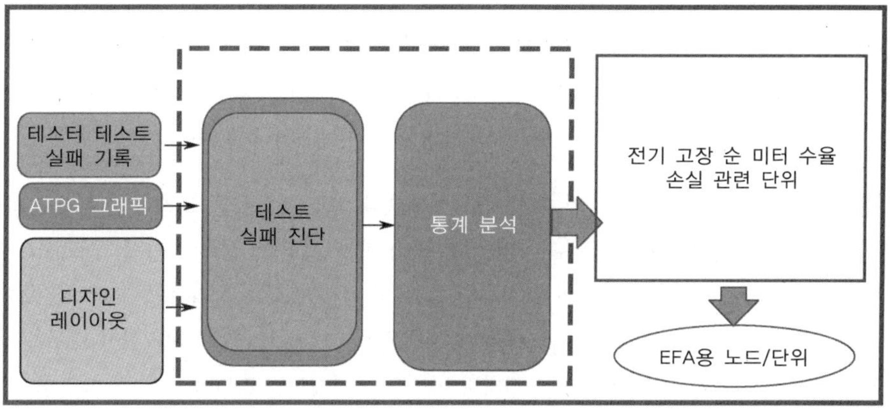

그림 7-49 전형적인 EWS의 진단 및 통계 분석

(2) 그림 7-50과 같이 설계 전반에 걸쳐 중요한 설계 그래픽과 관련된 실패 후보 그래픽의 통계 분석. 이 접근 방식은 EFA 분석 시간을 줄이고 주어진 그래픽과 관련된 수율 손실량을 제공하며 마스크 시퀀스, 프로세스 변경 솔루션 또는 DFM 라이브러리 업데이트와 같은 문제를 해결하기 위한 최상의 솔루션을 찾는다.

디자인 그래픽을 제품 수율과 연관시키기 위해 먼저 디자인 그래픽 매칭 엔진을 실행하여 그래픽 매칭을 수행한다. 모든 디자인 그래픽의 매칭 식별이 완료되면 진단 결과에서 후보 그래픽으로의 상관 관계 프로세스도 완료된다.

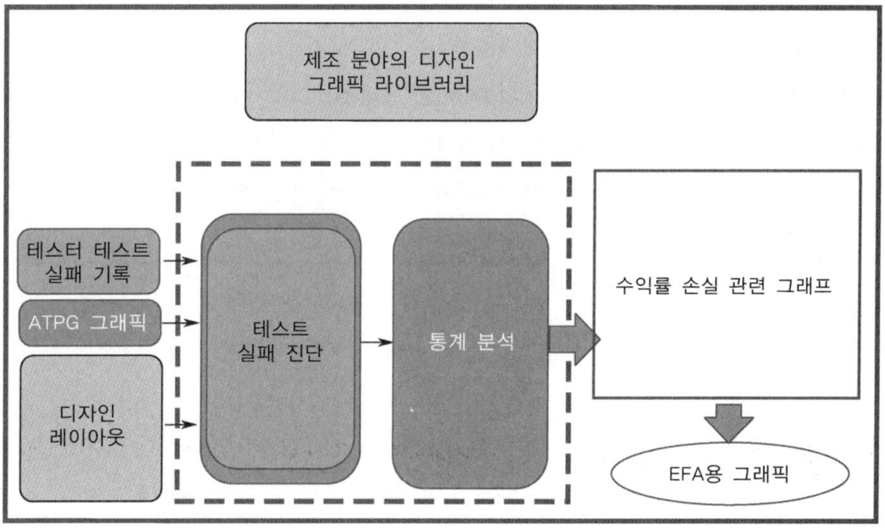

그림 7-50 제조 설계 그래픽 라이브러리를 사용한 EWS 볼륨의 향상된 진단 및 통계 분석

2. 제조 설계 그래픽 라이브러리 및 장치 수율 상관 관계 결과

다음은 28FDSOI 프로세스에 대한 제품 수율 흐름과 설계 그래픽을 연관시키는 방법의 예다. EWS 테스트 후, 웨이퍼의 공정 편차를 피하기 위해 수율이 현재 수율 추세와 일치하는 9개 웨이퍼의 3개 배치를 선택했다. 사용된 EWS 테스트에는 결함 라이브러리의 98.5%를 다루는 ATPG 테스트와 수율 분석이 포함된다. 제조 설계 그래픽 라이브러리 설정에는 OPC 시뮬레이션 후 얻은 백엔드 금속층의 불량점 그래픽과 검사 시 문제가 있는 웨이퍼에 해당하는 현재 설계의 그래픽이 포함된다.

이 책에서는 금속층(M2~M6)을 논의 대상으로 선택했다. OPC 불량점 그래픽은 이러한 레이어의 OPC 시뮬레이션에서 얻었으며 결함 감지 지표에는 금속선 개방 회로, 금속선 단락, 금속선/스루홀 간 커버리지 및 너무 좁은 금속선 간 거리가 포함된다. 웨이퍼 검사에 사용된 디자인 그래픽은 M2 레이어를 선택하였고, KLA-Tencor 2915 웨이퍼 광학 검사 도구와 eDR-7000 전자빔 검사 도구를 사용하여 웨이퍼 검사를 수행하였다. 설계 기반 결함 필터링 방법으로 체계적인 결함을 선택한 후 결함 패턴을 설계의 전체 레이아웃과 그래픽으로 일치시킨다. 예를 들어, 웨이퍼 검사에서 발견된 11개의 가능한 결함이 M2의 그래픽과 그래픽으로 일치되었다. 일치 결과는 421개의 그래픽이며 일부 일치 결과는 표 7-6에 나와 있다. (M2 레이어만 해당)

제조 설계 그래픽 라이브러리가 구축되고 EWS ATPG 진단 분석이 9개의 웨이퍼에 대해 완료되면 전기 결함 네트워크에 대한 설계 그래픽과 진단 인스턴스 간에 공간적 상관 관계를 설정할 수 있다. 그 결과 중요 설계 그래픽과 물리적으로 일치하고 수율 손실의 원인을 제공하는 모든 후보 그래픽이 식별된다. 그래프 레이어와 결함 유형은 그림 7-51과 같이 정렬 다이어그램으로 표시된다.

표 7-6 제조 디자인 그래픽 라이브러리 및 레이어별 및 결함 유형별 결함 수

결함 유형	그래픽 소스	M2	M3	M4	M5	M6
금속 와이어 넥	OPC 시뮬레이션	395	1093	919	291	135
금속 와이어 브리지	OPC 시뮬레이션	998	2118	2072	1252년	687
금속 와이어 - 커버리지를 통해	OPC 시뮬레이션	997	11 020	6901	4685	2979
금속 와이어 - 거리를 통해	OPC 시뮬레이션	490	904	876	286	530
금속 와이어 MinArea	OPC 시뮬레이션	99	38	8	2	0
결함 검사	웨이퍼 검사	421	0	0	0	0

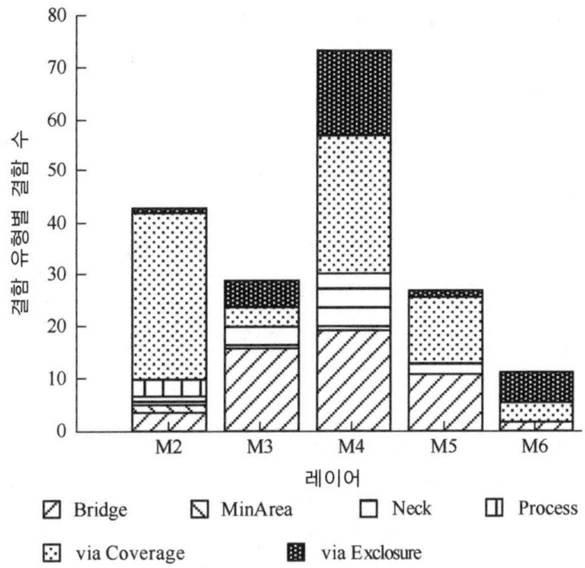

그림 7-51 제품 수율 손실에 대한 후보 디자인의 그래픽 통계

1) 디자인 그래픽 결과의 OPC 시뮬레이션

OPC 결과에 의해 프롬프트된 설계 그래픽의 경우 OPC 결과에 표시된 결함 네트워크와의 연관성이 반드시 전기 네트워크 오류의 근본 원인은 아닌다. 따라서 결함이 있는 여러 설계 그래픽에서 전기적 결함 분석을 수행해야 한다. 금속 개방 회로 설계 그래픽 및 금속 와이어 스루 홀 커버리지 설계 그래픽의 전기적 결함 분석은 단면의 실제 결함을 결정할 수 있으므로 전기적 결함이 제조 설계 그래픽 결함과 관련이 있음을 증명할 수 있다.

예를 들어 금속 라인 스루 홀 커버리지 결함의 경우 EFA를 위해 상관 설계 패턴을 가진 5개의 결함 후보를 선택할 수 있으며 5개 결함의 근본 원인은 모두 네트워크의 설계 패턴 결함과 관련되며 웨이퍼 간 및 배치 간 상관 관계 분포도 추출할 수 있다. 금속 라인 스루 홀 커버리지 설계 패턴에 대한 수율 손실은 0.9%로 추정되며 금속 라인 스루 홀 커버리지와 제품 수율 결과 사이의 상관 관계는 그림 7-52에 나와 있다.

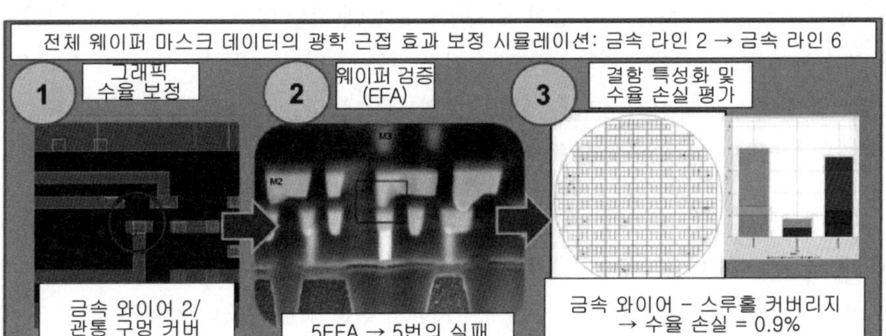

그림 7-52 금속 와이어 스루 홀 커버리지와 제품 수율 결과 간의 상관 관계

특히 웨이퍼 검사 후 보정된 금속 라인 스루 홀 커버리지 관련 결함은 선택된 웨이퍼에서 EWS에 의해 제공된 수율 손실과 관련될 수 있으며 이러한 유형의 결함은 기존의 인라인 웨이퍼 검사 방법으로는 감지하기 어렵다는 점에 유의하는 것이 중요하다.

2) 웨이퍼용 디자인 패턴 결과

웨이퍼 검사 결과 해당 디자인 그래픽에 대해 웨이퍼에서 디자인 그래픽 결함이 발견되었음을 나타낸다. 제조 디자인 그래픽 라이브러리의 웨이퍼 검사 카테고리에 속하는 디자인 그래픽이 전기적 결함 네트워크와 연관되어 있다면 해당 디자인 그래픽과 전기적 결함 사이의 연결 가능성이 높기 때문에 전기적 결함 분석에 따라 조사할 필요가 없다.

예를 들어, 제조 설계 그래픽 라이브러리의 U자형 결함의 경우 일부는 전기 결함 네트워크와 연관될 수 있다. 그런 다음 수율 분석 도구에서 웨이퍼 서명 정보와 웨이퍼 간 및 로트 간 결함 분포를 추출할 수 있다. 이 경우 수율 손실은 0.4%로 추정할 수 있으며 실리콘의 설계 그래픽(결함 감지)과 제품 수율 결과 간의 상관 관계는 그림 7-53에 나와 있다.

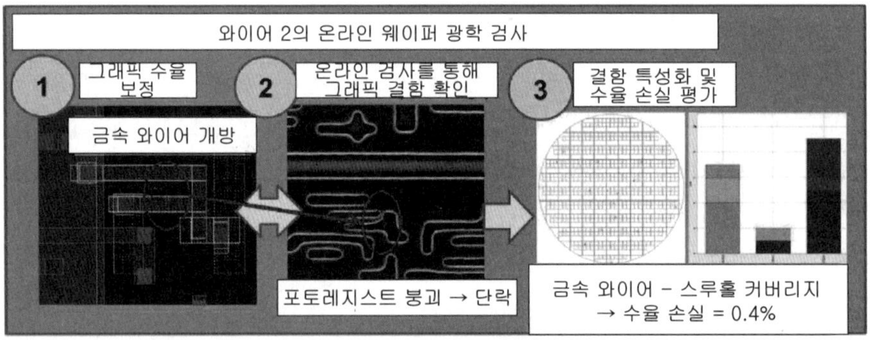

그림 7-53 실리콘의 디자인 그래픽(결함 검출)과 제품 수율 결과 간의 상관관계

위의 방법 외에도 수율 진단을 위해 테스트와 물리적 설계 흐름을 결합하려는 연구원이 있다. 실리콘 테스트는 테스트 진단 결과에서 수율 손실을 연구하기 위해 웨이퍼를 테스트하고 실리콘 테스트 결과를 수집하는 방식으로 수행된다. 대부분의 경우 감지된 시스템 결함이 주요 문제이거나 전체 수율 손실의 원인 중 하나이다. 실리콘 테스트는 전기 결함 네트워크 및 셀에 대한 테스트 데이터에서 정보를 추출하며 때로는 복잡한 신호 네트워크에서 결함 영역이 숨겨져 있을 때 여러 네트워크 및 셀이 신호 오류를 표시한다. 고장 진단 방법과 설계 분석 기법을 결합하여 실리콘 테스트 정보 시스템을 물리적 레이아웃 정보로 자동 변환할 수 있다면 수율 진단 및 최적화의 효율성이 크게 향상될 것이라고 생각할 수 있다.

프로세스의 기본 아이디어는 다음과 같다. 동일한 제품에 대한 새로운 웨이퍼 세트 배치에서 새로운 테스트 결과 세트를 수신한 다음, 어떤 프로세스 변경이 수율에 영향을 미치는지 모니터링하기 위해 서로 다른 기간의 모든 진단 결과를 연관시켜 오류 보고서에서 어떤 회로 블록이 강조 표시되는지 확인한다. 또한 전기 테스트에서 실패한 모듈의 연결과 여러 번 강조 표시된 공통 장치를 찾는다. 실리콘 테스트 데이터를 축적하고 분석함으로써 수율에 영향을 미치는 공정 및 제조 환경 변화를 모니터링하여 시스템 결함 감지 프로세스를 가속화할 수 있다. 동일한 제품에 대해 서로 다른 웨이퍼 및 서로 다른 웨이퍼의 테스트 데이터가 상호 참조되어 진단 보고서의 각 네트워크 또는 셀에 대한 통계를 생성한다.

팹 웨이퍼 테스트 환경과 통합된 설계 분석 방법은 테스트 검증 정보를 다시 물리적 설계 정보에 매핑하고 해당 신호를 강조 표시하여 근본 원인 탐지를 위해 식별하기 쉽게 만든다. 또한 물리적 설계 정보에 대한 지식을 통해 웨이퍼 테스트 데이터를 더 잘 이해하여 실리콘 칩 오류의 전체 디버깅 프로세스를 가속화할 수 있으므로 물리적 설계 프로세스에서 협업 설계 프로세스 최적화를 진정으로 가능하게 한다.

7.3.2 플레이트 기반 불량점 검출

기술 노드가 점차 축소됨에 따라 리소그라피 중 플레이트 이미징은 공정 변동에 점점 더 민감해지고 이미징 결과가 기대에 미치지 못하는 경우가 있어 제조 결함으로 이어질 수 있다. 그림 7-54에서와 같이 그림 7-54(a)는 우리가 최종적으로 얻고자 하는 그래픽인 타겟 플레이트 그래픽을 보여주고, 그림 7-54(b)는 마스크 플레이트의 그래픽과 시뮬레이션된 컨투어 이미지를 보여주고, 그림 7-54(c)는 포토레지스트에서 얻은 최종 전자현미경 사진을 보여준다. 그림 7-54(c)의 상자 위치는 두 패턴 사이에 브리징 문제가 있음을 나타내며 이러한 불량 지점이 있으면 프로세스 결함이 발생하여 장치가 고장날 수 있다. 수율을 확보하기 위해서는 실제 양산 전에 불량도트 검출이 필요하다.

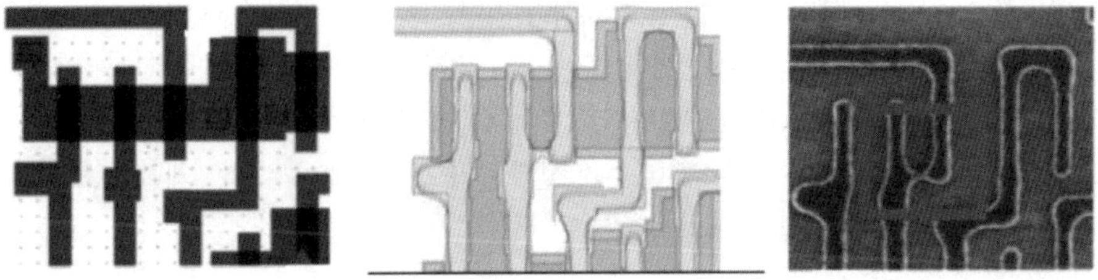

(a) 타겟 플레이트의 그래픽 (b) 마스크 플레이트의 그래픽 및 시뮬레이션된 윤곽선 (c) 포토레지스트의 전자 현미경 사진

그림 7-54 타겟 플레이트 그래픽, 시뮬레이션 등고선 지도 및 전자현미경 사진

전통적인 설계 흐름에서 산업계는 일반적으로 실제 제조 전에 리소그라피 불량 지점을 식별하기 위해 특정 공정 상승 및 하강 내에서 얻은 웨이퍼 패턴과 실제 패턴 간의 차이를 기반으로 IC 공정의 제조 가능성을 분석하기 위해 설계 레이아웃에 대한 리소그라피 시뮬레이션을 수행해야 한다[16]. 그림 7-55와 같이 왼쪽 그래프에 나타난 브리지 링크 결함은 공정 변동 대역폭으로 쉽게 식별할 수 있으며 모서리와 라인 끝 사이의 거리를 적절하게 늘려 수리한다. 시뮬레이션 모델에 통합된 광학 및 화학 모델은 리소그라피 공정의 광화학 공정을 보다 정확하게 시뮬레이션할 수 있으므로 이 검출 방법의 결과는 매우 정확하지만 전체 칩 크기에서 계산 비용이 높다. 특히, 불량점 검출은 반복적인 최적화 과정이며, 각각의 불량점 수정은 특정 영역에서 플레이트의 레이아웃을 변경하여 새로운 불량점 생성으로 이어질 수 있으므로

수정 영역을 다시 시뮬레이션해야 한다. 반복 최적화 프로세스는 리소그라피 시뮬레이션의 계산 압력을 더욱 증가시켜 적용을 제한한다.

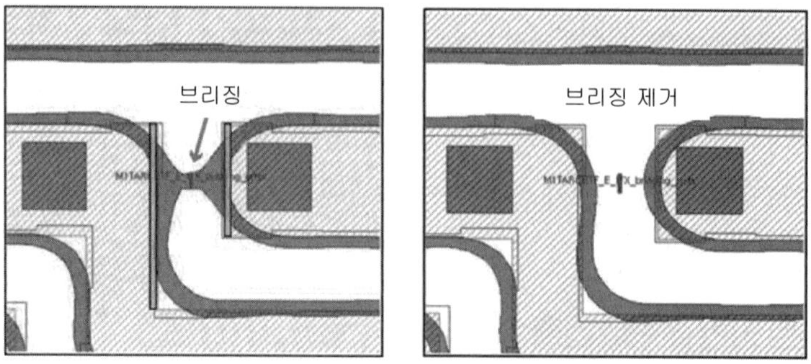

그림 7-55 리소그라피 시뮬레이션에서 발견된 잘못된 브리지 연결

한편, 디자인 레이아웃에 나타나는 불량 도트 패턴을 해결하기 위해 업계 최초로 디자인 룰 기반 처리 방법[15]을 제안하였으며, 그 흐름은 그림 7-56과 같다. 이 방법은 발견된 불량 포인트 그래픽을 분석하여 몇 가지 추가 설계 규칙을 정의하므로 물리적 설계 단계에서 이러한 그래픽을 생성하지 않도록 설계 엔지니어에게 경고한다. 이 방법은 디자인 공간이 더 편안한 노드에서 널리 사용된다. 그러나 기술 노드가 발전함에 따라 디자인 그래픽의 핵심 치수는 점점 작아지고, 그래픽 간의 근접 효과의 역할은 점점 더 조밀해지고, 고려해야 할 그래픽 구조는 점점 더 복잡해지고, 불량점 그래픽 구조는 더 이상 단순한 디자인 규칙으로 설명할 수 없으며, 불량점 그래픽을 보호하기 위해 더 복잡한 규칙을 디자인 규칙 기반에 삽입해야 하므로 결국 단위 면적에서 고려해야 할 규칙의 수가 급격히 증가하게 된다. 각 설계 규칙에 해당하는 크기가 점점 더 커졌다. 또한 숙련된 엔지니어가 수동 정의를 통해 추가 설계 규칙을 추가해야 하므로 전체 프로세스의 인건비가 증가하고 부적절한 추가 설계 규칙도 설계에 너무 많은 제한을 초래하여 IC의 전체 성능에 부정적인 영향을 미칠 수 있다.

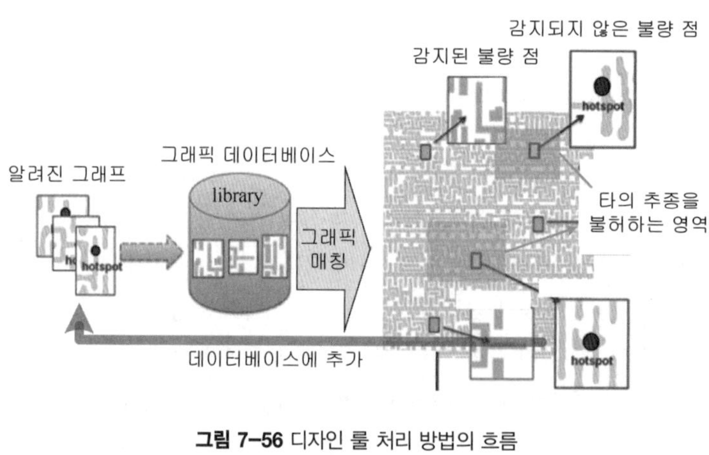

그림 7-56 디자인 룰 처리 방법의 흐름

불량점 그래픽을 디자인 규칙으로 변환할 때의 잠재적인 위험을 고려하여 업계에서는 레이아웃의 불량점 영역을 기하학적 형태의 형태로 직접 특성화하기 시작했고 그래프 매칭 기술을 기반으로 해당하는 불량점 감지 프로세스를 확립했다[17]. 이 방법의 핵심은 알려진 다양한 그래픽 템플릿을 포함하는 그래픽 데이터베이스를 만드는 것이다. 그래프 매칭 기법을 이용하여 디자인 레이아웃을 스캔하고, 데이터베이스에서와 동일한 그래프가 검출되면 매칭 그래프의 속성에 의해 해당 영역이 불량인지 여부를 판단한다. 감지되지 않은 그래픽이 있는 경우 결과를 확인하고 그래픽 데이터베이스에 추가하기 위해 리소그라피 시뮬레이션도 필요하다. 프로세스 개발의 초기 단계에서 매칭 결과의 정확성을 보장하기 위해 데이터베이스는 불량점 그래픽뿐만 아니라 불량점이 아닌 모든 그래픽을 포함해야 한다. 점점 더 많은 디자인 플레이트가 패턴 매칭에 의해 감지됨에 따라 그래픽 데이터베이스는 점점 더 완벽해지고 패턴 매칭 영역의 비율은 점점 더 높아지고 감지 속도는 점진적인 과정이다.

패턴매칭 기반 방법은 다시 완전매칭과 퍼지매칭의 두 가지로 나뉜다[18]. 그 중 정확히 일치는 그래픽 템플릿이 일치하는 그래픽과 정확히 일치해야 하므로 탐지 결과가 매우 정확하지만 그래픽 데이터베이스도 상대적으로 커서 탐지 속도에 영향을 미친다. 또한, 완전 일치 기반 방법의 일반화 능력은 데이터베이스에 포함되지 않은 그래픽을 감지하기에는 너무 열악하다. 퍼지 매칭 기반 방법에서 그래픽 템플릿의 그래픽 크기는 범위이며 요구 사항을 충족하는 모든 디자인 그래픽은 일치로 계산될 수 있으므로 데이터베이스 크기를 단순화하고 일정한 일반화 기능을 가질 수 있지만 그래픽 크기의 범위 임계값은 여전히 신중한 고려가 필요하다.

퍼지 매칭 기반 방법은 알려지지 않은 그래프에 대한 특정 감지 기능이 있지만 일반적으로 그래프 템플릿은 여전히 사람이 정의해야 하므로 적용 편의성이 어느 정도 약화된다. 기계 학습의 급속한 발전과 함께 업계에서도 이를 나쁜 점 탐지 분야에 도입하려고 시도하기 시작했다.

기계 학습 기반의 불량 지점 탐지 연구에서는 전통적인 학습 방법과 딥 러닝 방법이 모두 탐색되었다. 기계 학습의 적용에는 특징 추출이 필요하며 전통적인 학습 방법은 일반적으로 수동 특징 추출에 의존하는 반면 베이지안 최적화 및 이중 선형 보간 기술[20, 21]과 같은 응용 프로그램도 특징 추출을 위해 탐색되고 있다. 딥 러닝 방법은 CNN(컨볼루션 신경망)을 통해 자동으로 기능을 추출하므로 과도한 인적 오버헤드를 피할 수 있다. 불량점 데이터베이스[22]의 데이터 불균형 문제에 대해 심층 컨볼루션 신경망 접근 방식은 예측 정확도를 향상시킬 수 있다. 이산 코사인 변환(DCT)을 사용하여 특징을 추출할 수 있고 오프셋 학습 기술을 사용하여 불량점 데이터베이스 내의 데이터 불균형을 처리할 수 있으며, 이는 궁극적으로 결합하여 불량점의 예측 정확도를 최적화하기 위해 얕은 깊이의 컨볼루션 신경망 구조를 형성할 수 있다.

머신러닝 기반 불량점 검출의 기본 아이디어는 머신러닝의 특성을 이용하여 데이터를 자동으로 가공 및 분석하고, 플레이트 그래픽에서 중복 정보의 영향을 줄이고, 불량점 형성과 가장 관련성이 높은 그래픽 특징을 추출하여 불량점 여부를 판단하는 것이다[23]. 기계 학습을 기반으로 한 불량 지점 탐지 프로세스는 그림 7-57과 같다. 그 단계는 주로 특징 추출, 조각 추출 및 기계 학습 모델의 세 부분으로 구성된다.

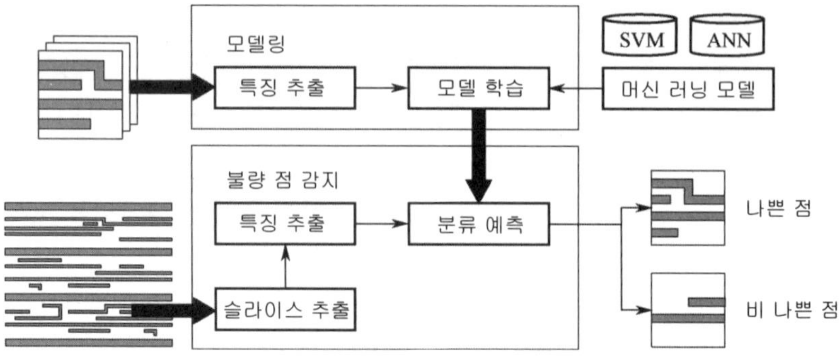

그림 7-57 머신러닝 기반 불량점 검출 과정

현재 평판 그래프 특징 추출에 사용되는 방법은 밀도 샘플링 기반, 기하 분석 기반 및 광학 변환 기반 방법의 세 가지 범주로 분류할 수 있으며 몇 가지 고전적인 평판 그래프 특징 추출 방법이 그림 7-58에 나와 있다.

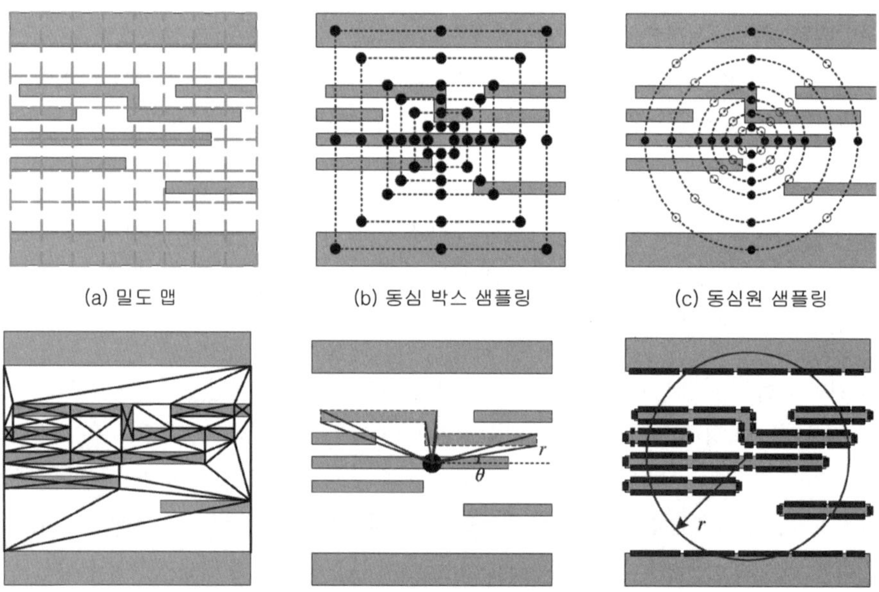

그림 7-58 레이아웃 그래픽에 대한 고전적 특징 추출 방법

밀도 기반 샘플링 방법은 미리 정의된 샘플링 지점을 기반으로 플레이트 그래픽에서 그래픽 밀도 또는 픽셀 값을 추출하여 서로 다른 위치에서 그래픽 분포를 특성화한다. 다른 샘플링 포인트 설정은 완전히 다른 기능 표현을 초래한다. 밀도 맵 기반 접근법[24]에서 샘플링 포인트는 고정 간격 그리드로 설정되고 그래프를 덮는 각 그리드의 밀도는 정렬된 특징 벡터로 인코딩된다. 그래프의 중앙 영역이 이미징 과정에서 주변보다 더 많은 영향을 미친다는 점을 고려하여 Lin et al [25]은 중앙 영역에 대해 계산된 밀도 값에 가중치를 부여하기 위해 그리드 가중치를 설정했다. 동축 상자 샘플링[26]은 그래프의 중앙 영역에서 주변 사각형 상자까지 간격이 점차 증가하는 여러 동축 사각형 상자에 샘플링 포인트가 분포된 그

래프의 중앙 영역 샘플링을 향상시키는 또 다른 방법을 사용했다. 동심원 샘플링[27] 방법은 동축 상자를 동심원으로 대체한다. 회절된 빛은 리소그라피 노출 동안 동심원에서 바깥쪽으로 전파되기 때문에 원형으로 분포된 샘플링 포인트는 이 프로세스 동안 이웃 영역 간의 상호 관계를 특성화할 수 있으므로 더 나은 일반화 기능을 얻을 수 있다.

플레이트 그래프의 회절과 상호간섭에 의해 불량점이 발생한다는 점을 고려할 때, 불량점 그래프는 대개 유사한 기하학적 분포를 가지며, 특정 그래프의 일부 조합은 불량점으로 이어지므로 플레이트 그래프의 기하학적 구조에 대한 분석적 샘플링도 특징 추출에 효과적인 방법이다. 딜로니 삼각형 해부법[28]은 플레이트 그래프의 다각형 꼭짓점을 입력으로 하여 딜로니 삼각형을 생성한다. 반면 접선공간법은 각도와 반지름을 매개변수로 플레이트 그래프 내 다각형의 기하학적 정보를 기술한다. 조각 기반 특징 추출 방법[29]은 다각형의 가장자리를 원래 다각형의 모양, 가장자리 길이, 모서리 및 기타 정보를 특성화하는 치수를 가진 직사각형 조각으로 변환한다. 각 조각에 대해 유효 범위 내 다른 조각의 크기와 간격을 계산하여 주변 모양이 중앙 조각에 미치는 영향을 특성화한다.

광학 변환 기반 방법은 광학적 관점 분석에서 플레이트 그래픽의 특징을 추출한다. 그 중 스펙트럼 기반 특징 추출 방법은 평판 그래픽에서 이산 푸리에 변환(DFT), 이산 코사인 변환 등의 스펙트럼 변환을 수행한다. 스펙트럼 기반 특징은 주파수 영역에서 그래픽의 분포를 반영하고 투영 이미징 프로세스와 높은 상관 관계를 가지므로 고정밀 예측 모델을 얻을 수 있다. 또한 스펙트럼 특성은 플레이트 그래프의 오프셋에 대해 더 견고하다[30].

다양한 유형의 분류 문제에 대한 많은 학습 모델이 기계 학습 분야에 이미 존재하지만, 기존 연구는 해당 개선과 함께 나쁜 점 탐지 문제의 기능을 계속해서 다루고 있다. Yu et al [31]은 각 커널이 해당하는 주요 기능 클러스터에 집중할 수 있으므로 모델이 단일 커널보다 매우 유연하고 정확하기 때문에 지원 벡터 머신을 기반으로 하는 피드백 커널이 있는 멀티 코어 학습을 도입했다. 심층 신경망에서 컨벌루션 커널 크기, 활성화 함수, 풀링 방법 및 학습률과 같은 하이퍼 매개변수는 모델 예측 성능에 영향을 미칠 수 있으며[32], 하이퍼 매개변수 체계의 보다 합리적인 조합을 찾아냄으로써 우리는 특히 나쁜 점 탐지 문제를 위한 일반화된 심층 신경망 모델을 구축할 수 있다.

슬라이스 그래픽의 추출은 일반적으로 도메인 지식을 기반으로 구축되며 플레이트의 단순 그래픽은 테스트할 플레이트의 형상에 대한 통계 분석을 통해 걸러지고 불량 지점이 있을 수 있는 복잡한 영역만 감지되며 분석 지표에는 형상의 밀도, 최소 선 너비 및 간격, 삼각형 해부 결과의 질량 중심이 포함된다. 테스트할 샘플 수를 더 줄이기 위해 그래프 매칭 방법[25]을 사용하여 플레이트를 필터링할 수 있으며 트레이닝 세트의 불량 포인트 그래프 중앙에 있는 다각형을 템플릿으로 추출하고 테스트할 플레이트에서 해당 영역을 슬라이스하여 추출한다. 그러나 테스트할 샘플의 수는 크게 줄었지만 템플릿 선택이 불완전하면 플레이트의 일부 불량 지점을 놓칠 수 있다.

머신 러닝 기반의 불량점 탐지의 경우 현재 접근 방식의 대부분은 감독 학습에 초점을 맞추고 있다. 즉, 모델 교육에 많은 양의 샘플 데이터를 사용할 수 있다. 이러한 학습 데이터는 레이블이 지정된 데이터 샘플이며 레이블은 이러한 샘플 플레이트에 잘못된 도트 패턴이 포함되어 있는지 여부에 대한 정보이다.

성숙한 노드 제조 개발의 경우 모델 학습을 위한 데이터로 충분하다. 그러나 신기술 노드 개발 초기 단계에서는 레이블이 지정된 데이터 샘플, 즉 불량점 샘플은 그 수가 제한되어 있는 반면, 레이블이 지정되지 않은 데이터 샘플, 즉 불량점을 포함하고 있는지 여부를 알 수 없는 샘플 데이터는 쉽게 사용할 수 있다. 완전 지도 학습은 레이블이 지정된 샘플만 사용하여 훈련할 수 있다는 점을 감안할 때 레이블이 지정된 샘플의 수가 제한되면 훈련 모델의 성능이 크게 저하된다. 따라서 기술 노드 개발 초기 단계에서는 사용 가능한 불량 및 정상 샘플의 수가 제한되어 있으며, 많은 수의 데이터 샘플이 필요한 완전 지도 학습으로 훈련된 불량 탐지 모델의 성능이 영향을 받아 적용할 수 없다. 따라서 이러한 작은 표본 상황에 대해 반지도 학습 및 마이그레이션 학습과 같은 적절한 기계 학습 기술을 찾아 불량 지점 탐지의 정확도를 향상시켜야 한다.

첨단 기술 노드에서 제조 공정 수율은 불량점과 높은 상관관계가 있으며, 불량점 검출의 정확도와 효율성을 개선하기 위해 학계와 산업계 모두 더 많은 노력을 기울일 것으로 예상되며, 그래픽 인식 및 빅데이터 처리에 자연적인 이점을 가진 기계 학습이 이 분야에서 더 중요한 역할을 할 것으로 예상할 수 있다.

이 장의 참조 사항

[1] Liebmann L, Zeng J, Zhu XL 등 설계 기술 공동 최적화를 통한 스케일링 장벽 극복[C]. VLSI 기술에 관한 IEEE 심포지엄(VLSIT), 2016: 1-2.

[2] Raghavan P, Garcia Bardon M, Jang D, Schuddinck P. 7nm 노드[C]에 대한 전체적인 장치 탐색. 2015 IEEE 맞춤형 집적 회로 컨퍼런스, 2015.

[3] Rani S Ghaida, 푸니트 굽타. DRE: 설계 규칙, 기술 선택 및 레이아웃 방법론의 조기 공동 평가를 위한 프레임워크[J]. 집적 회로 및 시스템의 Computer-Aided Design에 관한 IEEE 트랜잭션, 2012, 31(9): 1379 -1392.

[4] 샤오칭 쑤. 고급 기술 노드의 표준 셀 최적화 및 물리적 설계[D]. 2017.

[5] Yingli Duan, Xiaojing Su, Ying Chen, Yajuan Su, Feng Shao, Recco Zhang, Junjiang Lei, Yayi Wei. 14/10nm Metal1 이중 패터닝 레이어[C]를 위한 설계 기술 공동 최적화. 프로시저

[6] Sherazi SMY, Jha C, Rodopoulos D. 스케일링 부스터를 사용하는 iN7의 낮은 트랙 높이 표준 셀 디자인[C]. Proc SPIE, (10148) 101480Y-1.

[7] 샹롱 팡, 청웨이 타이, 룽빈 린. 나노기술 표준 셀용 벤치마킹 핀 액세스[C]. VLSI에 관한 IEEE 컴퓨터 학회 연례 심포지엄, 2017,237-242.

[8] Somani, Shikha, Verma, Piyush, Madhavan. VLSI 물리적 설계 분석기 프로파일링 및 데이터 마이닝 도구[J]. 제조 가능성 IX를 위한 설계-공정-기술 공동 최적화, 2015.

[9] 샤오칭 쑤. 고급 기술 노드 [J]에서 단방향 라우팅 폐쇄를 향하여. 시스템 LSI 설계 방법론에 대한 IPSJ 트랜잭션, 2017, 10:2-12.

[10] 서아재우, 신영수. Floating Metal-2[J]를 사용한 단방향 표준 셀을 통한 라우팅 가능성 향상. Proc SPIE, 10148, 101480K.

[11] Liebmann L, Gerousis V, Paul Gutwin, Xuelian Zhu, Jan Petykiewicz. 규칙성 활용: 7nm 이하 배치 및 경로[J]의 혁신. Proc SPIE, 10148, 101480F.

[12] 칼리버® 석판 친화적 설계 사용자의 소프트웨어 버전2018.

[13] 매뉴얼 칼리버® 무늬 어울리는 사용 설명서소프트웨어 버전2018.

[14] 장치 수율 손실을 유발하는 제조 시스템 설계 패턴 오류를 빠르게 감지한다.

[15] KARIYA M, YAMANAKA E, YOSHIDA K, 외. 마스크 제작 오류가 고려되는 핫스팟 관리 [C]. 포토마스크 및 NGL 마스크 기술 XV, 2008년 절차.

[16] MATSUAWA T, YU B, PAN D Z. Laplacian 고유 지도-및 Bayesian 클러스터링 기반 레이아웃 패턴 샘플링 및 핫스팟 감지 및 광 근접 보정에 대한 응용[J]. 마이크로/나노리소그라피 저널, MEMS 및 MOEMS, 2016, 15(4): 043504.

[17] YAO H, SINHA S, XU J, 외. 프로세스-핫스팟 감지를 위한 효율적인 범위 패턴 일치 알고리즘 [J]. IET 회로, 장치 및 시스템, 2008, 2(1): 2-15.

[18] LIN Y, XU X, OU J, 외. 마스크/웨이퍼 핫스팟 감지 및 마스크 합성을 위한 기계 학습 [C]. Photomask Technology, Monterey, 캘리포니아, 유나이티드 주, 2017:104510A.

[19] Yibo Lin, Xiaoqing Xu, Jiaojiao Ou, David Z Pan 등. 마스크/웨이퍼 핫스팟 감지 및 마스크 합성을 위한 기계 학습 [C]. Proceedings Volume 10451, 포토마스크 기술 2017; 104510A.

[20] MATSUNAWA T, YU B, PAN D Z. 계층적 베이 모델[C]을 사용한 광학 근접 보정. Optical Microlithography XXVIII: 9426권, International Society for Optics and Photonics, 2015: 94260X.

[21] ZHANG H, ZHU F, LI H, 외. 쌍선형 리소그라피 핫스팟 감지[C]//물리적 디자인에 관한 국제 심포지엄에 관한 2017 ACM 간행물. ACM, 2017: 7-14.

[22] YANG H, LUO L, SU J, 외. 불균형 인식 리소그라피 핫스팟 감지: 딥 러닝 접근 방식[J]. 마이크로/나노리소그라피 저널, MEMS 및 MOEMS, 2017, 16(3): 033504.

[23] Tianyang Gai, Ying Chen, Pengzheng Gao, Xiaojing Su, Lisong Dong, Yajuan Su, Yayi Wei. 리소그라피 공정 최적화를 위한 계층적 클러스터 알고리즘을 기반으로 자동으로 레이아웃에서 샘플 패턴 추출[C]. ProcSPIE, 10962, 제조 가능성 XIII를 위한 설계-공정-기술 공동 최적화, 2019.

[24] WEN WY, LI JC, LIN SY 등. 리소그라피 핫스팟 감지를 위한 그리드 감소 기능이 있는 퍼지 매칭 모델 [J]. 집적 회로 시스템의 컴퓨터 지원 설계에 관한 IEEE 트랜잭션, 2014, 33(11): 1671-1680.

[25] LIN SY, CHEN JY, LI JC 등. 리소그라피 핫스팟 감지를 위한 새로운 퍼지 매칭 모델 [C]. 2013 50차 ACM/EDAC/IEEE DAC(Design Automation Conference) 절차, 미국 텍사스주 오스틴, 2013: 1-6.

[26] GU A, ZAKHOR A. 선형 회귀를 이용한 광학 근접 보정 [J]. 반도체 제조에 관한 IEEE 트랜잭션, 2008, 21(2): 263-271.

[27] MATSUNAWA T, YU B, PAN D Z. 계층적 Bayes 모델을 사용한 광학 근접 보정 [J]. 마이크로/나노리소그라피 저널, MEMS 및 MOEMS, 2016, 15(2): 021009.

[28] NITTA I, KANAZAWA Y, ISHIDAT, 외. 리소그라피 핫스팟 검출을 위한 그래프 커널 기반의 퍼지 패턴 매칭 방법 [C]. 제조 가능성 XI를 위한 디자인-프로세스-기술 공동 최적화 진행, San 캘리포니아 호세, 유나이티드 미국, 2017:101480U.

[29] YU B, GAO JR, DING D, 외. 계층적 데이터 클러스터링이 있는 주성분 분석 지원 벡터 머신 분류기를 기반으로 하는 정확한 리소그라피 핫스팟 감지 [J]. 마이크로/나노리소그라피 저널, MEMS 및 MOEMS, 2014, 14(1): 011003.

[30] SHIM S, SHIN Y. 리소그라피 테스트 패턴 합성을 위한 토폴로지 중심의 패턴 추출 및 분류 [J]. 마이크로/나노리소그라피 저널, MEMS 및 MOEMS, 2015, 14(1): 013503.

[31] YU YT, LIN GH, JIANG I HR, 외. 토폴로지 분류 및 중요 특징 추출을 사용한 기계 학습 기반 핫스팟 감지 [J]. 집적 회로 시스템의 컴퓨터 지원 설계에 관한 IEEE 트랜잭션, 2015, 34(3): 460-470.

[32] YANG H, LUO L, SU J, et al. 불균형 인식 리소그라피 핫스팟 감지: 딥 러닝 접근 방식 [J]. 마이크로/나노리소그라피 저널, MEMS 및 MOEMS, 2017, 16(3): 033504.